全国高等院校医学实验教学规划教材

大学计算机基础实践教程

主　编　张筠莉

副主编　高　昱　李锦平　张丽君

编　者　（按姓氏笔画排序）

王　琴　李锦平　宋敏杰

张丽君　张筠莉　姚　琳

耿　彧　高　昱　韩智涌

科 学 出 版 社

北 京

内 容 简 介

本教材根据教育部高等学校计算机基础教学指导委员会《医药类计算机基础课程教学基本要求》编写。在其他同类教材的基础上,突出了计算机在医学领域应用的介绍,比较系统地讲解了医药类各专业学生应该了解和掌握的计算机科学与技术的基础知识和应用。全书分学习篇、实验篇和测试篇三个部分,主要包括计算机基础知识、Windows XP 应用基础、计算机网络基础及 Internet 应用、Office 2003 应用、多媒体技术应用等内容。

本书可作为高等院校非计算机专业学生第一门计算机课程的教材,也可作为各类计算机基础培训教材和自学的参考书。

图书在版编目(CIP)数据

大学计算机基础实践教程 / 张筠莉主编 . —北京:科学出版社,2011
(全国高等院校医学实验教学规划教材)
ISBN 978-7-03-030449-0

Ⅰ. 大… Ⅱ. 张… Ⅲ. 电子计算机-医学院校-教材 Ⅳ. TP3

中国版本图书馆 CIP 数据核字(2011)第 034040 号

责任编辑:秦致中　周万灏 / 责任校对:宋玲玲
责任印制:刘士平 / 封面设计:范璧合

科 学 出 版 社 出版
北京东黄城根北街 16 号
邮政编码:100717
http://www.sciencep.com
新科印刷有限公司 印刷
科学出版社发行　各地新华书店经销
*

2011 年 3 月第 一 版　　开本:787×1092　1/16
2013 年 1 月第二次印刷　　印张:18
字数:421 000

定价:29.90 元
(如有印装质量问题,我社负责调换)

《全国高等院校医学实验教学规划教材》
总编委会

总　序

　　随着生命科学及其实验技术的飞速发展,我国高等医学教育对医学实验教学提出了更高的要求,大量先进医学实验进入实验教学课程体系将成为必然趋势,要全面推进现代医学实验教学的发展,必须加大对实验项目、实验条件、实验教学体系的改革力度,这对培养适应21世纪医药卫生事业发展的高素质医学人才具有重要意义。建立以能力培养为主线,分层次、多模块、相互衔接的实验教学体系,与理论教学既联系又相对独立,实现基础与前沿、经典与现代的有机结合是我们编写本系列教材的初衷。依照此要求编写的医学基础课实验系列教材,其基本理念是面向学生未来,立足创新能力教育,体现科学本质,突出科学探索,反映当代科学成果。设计思路突出"整合"和"探究"两大特点。力图从实际应用性出发构建具有自身特点的实验教学内容,进而通过实验结果的分析与思辨,期望在医学基础课实验教学体系和方法上有所继承与突破。

　　本系列实验教材由长期工作在教学和科研一线的教师编写而成,将实验内容分为基本实验操作及常用仪器使用、经典验证性实验、综合性实验和创新性实验,并将实验报告融入到实验教材中。系列教材共九本,包括《大学计算机基础实践教程》、《医学大体形态学实验》、《医学显微形态学实验》、《医学机能实验学》、《生物化学与分子生物学实验》、《医学免疫学与病原生物学实验》、《医用物理学实验》、《医用化学实验》和《临床技能学》。

　　本系列教材读者对象以本科、专科临床医学专业为主,兼顾预防、口腔、影像、麻醉、检验、护理、药学等专业需求,涵盖医学生基础医学全部的实验教学内容。

　　由于水平和时间的限制,缺点和错误在所难免,恳请读者和同行专家提出宝贵意见。

《全国高等院校医学实验教学规划教材》

总编委会

2011.1

前　言

　　大学计算机基础课程是各类非计算机专业学生必修的计算机基础课程，是其他计算机相关课程的基础课。因此，此类教材要尽力跟踪计算机技术的发展趋势；反映计算机技术在本学科领域的最新应用；构建支持学生终身学习的基础；以加强针对性、应用性、实践性为重点；为后续计算机知识的学习和应用打下必要的基础。

　　本教材根据教育部高等学校计算机基础教学指导委员会《医药类计算机基础课程教学基本要求》编写。在其他同类教材的基础上，突出了计算机在医学领域应用的介绍，比较系统地讲解了医药类各专业学生应该了解和掌握的计算机科学与技术的基础知识和应用。全书分为学习篇、实验篇和测试篇三个部分，学习篇主要包括计算机基础知识、Windows XP 应用基础、计算机网络基础及 Internet 应用、文字处理软件 Word 2003 应用、电子表格软件 Excel 2003 应用、演示文稿软件 PowerPoint 2003 应用、多媒体技术及应用共七章内容；实验篇针对学习篇的内容设置了七个专题实验，每个专题实验均以案例形式分成几个实验内容；测试篇依据教学内容给出了测试题，以便学生检查学习效果。

　　本书结构合理、内容充实、突出实用性，使学生既掌握计算机的基本理论和基础知识，又培养学生的动手能力和综合应用能力。本书可作为高等院校非计算机专业学生的第一门计算机课程的教材，也可作为各类计算机基础培训教材和自学的参考书。

　　全书由王琴、李锦平、宋敏杰、张丽君、张筠莉、姚琳、耿彧、高昱、韩智涌等 9位教师编写完成。第 1 章及实验 1 由耿彧编写，第 2 章及实验 2 由姚琳编写，第 3 章及实验 3 由李锦平编写，第 4、5、6 章及实验 4、5、6 和习题部分由高昱、宋敏杰、张丽君、王琴编写，第 7 章及实验 7 由韩智涌编写，张筠莉负责全书统稿及审阅。

　　参与本教材编写的教师均具有多年的教学经验，但由于作者水平有限，书中错误和不妥之处在所难免，恳请读者、同行及专家不吝批评和斧正。

编　者

2010 年 12 月

目　录

第1篇　学　习　篇

第 2 篇　实　验　篇

第 3 篇　测　试　篇

第1篇 学 习 篇

第1章 计算机基础知识

计算机是20世纪最伟大的科学技术发明之一,它从诞生伊始就和其他的学科有着密不可分的关系,不但积极地促进其他学科的发展,而且本身也以惊人的速度迅猛发展和推广。计算机已经渗透到社会生活的各个领域,广泛应用在工业、农业、国防、科技、文化、教育以及个人家庭生活等各个方面。当今,社会生活的各个方面都要求人们必须了解和掌握计算机的相关知识和技术,计算机的基本知识和操作技能已成为人们知识结构中不可缺少的组成部分。

1.1 计算机概述

1.1.1 计算机发展史

计算机系统是经过一系列历史演变过程的产物,它不仅是机械式计算器、机械式逻辑器、机械式输入输出装置、完整的计算器、现代计算机系统等一系列计算机器的历史,也凝聚着许许多多科学家和能工巧匠的智慧。

1. 现代计算机的发展

现代计算机孕育于英国,诞生于美国,并成长遍布于全世界。在计算机的发展历程中最重要的代表人物是英国科学家艾兰·图灵和美籍匈牙利科学家冯·诺依曼,他们为现代计算机科学奠定了基础。

(1) 图灵及图灵机:计算机科学奠基人是英国科学家艾兰·图灵。图灵对现代计算机的主要贡献有两个:一是建立图灵机(Turing machine)理论模型,奠定了可计算理论的基础;二是提出定义机器智能的图灵测试,阐述了机器智能的概念,为人工智能奠定了理论基础。为纪念图灵对计算机的贡献,美国计算机学会(ACM)于1966年专门设立了图灵奖,每年颁发给在计算机科学领域中做出突出贡献的研究人员,号称"计算机业界和学术界的诺贝尔奖"。

(2) ENIAC的诞生:1946年2月世界上第一台数字电子计算机 ENIAC(Electronic Numerical Integrator And Computer,电子数值积分计算机)(图1-1)在美国宾夕法尼亚大学诞生。ENIAC是一个30吨重的庞然大物,它用了18000个电子管、70000个电阻、10000个电容,耗电达140千瓦/小时,每秒钟可进行5000次加法运算,人们说 ENIAC 两小时解决的问题,一位物理学家要用100年才能完成。ENIAC 原来是计划为二战服务的,但它投入运行时战争已经结束,这样一来它便转向为研制氢弹而进行计算。至今人们仍然公认,ENIAC机的问世标志了电子计算机时代的到来,它的出现具有划时代的伟大意义。

图1-1 ENIAC

(3) 冯·诺依曼:冯·诺依曼被称为计算机之父。他和他的同事们研制了人类第二台电子计算机 EDVAC,EDVAC 利用水银延迟线作主存,用磁鼓作辅存,其运算速度比 ENIAC 提高了 240 倍,用于核武器的理论计算。对后来的计算机体系结构和工作原理都产生了重大影响。

(4) 计算机年代的划分:随着电子元器件从真空电子管、晶体管、中小规模集成电路发展到大规模、超大规模集成电路,计算机发生了四次更新换代。每一次更新换代都使计算机的体积和耗电量大大减小,功能大大增强,应用领域进一步拓宽。根据计算机采用的物理器件不同,一般将计算机的发展划分为 4 个年代(表 1-1)。

表 1-1 计算机年代划分表

发展阶段 / 性能指标	第1代 (1946—1958 年)	第2代 (1958—1964 年)	第3代 (1965—1970 年)	第4代 (1970 年—现在)
逻辑元件	电子管	晶体管	中、小规模集成电路	大规模、超大规模集成电路
主存储器	磁芯、磁鼓	磁芯、磁鼓	半导体存储器	半导体存储器
辅助存储器	磁鼓、磁带	磁鼓、磁带、磁盘	磁鼓、磁带、磁盘	磁带、磁盘、光盘
处理方式	机器语言、汇编语言	作业连续处理 编译语言	实时、分时处理 多道程序	实时、分时处理网络结构
运算速度(次/秒)	几千～几万	几万～几十万	几十万～几百万	几百万～几百亿
主要特点	体积大、耗电大、可靠性差、价格昂贵、维修复杂	体积小、重量轻、耗电小、可靠性高	小型化、耗电少、可靠性高	微型化、耗电极少、可靠性高
应用	科学计算	数据处理	广泛应用到各个领域	网络时代

20 世纪 80 年代开始,日本、美国和欧洲部分国家纷纷投入大量的人力和物力研制新一代计算机,新一代计算机与前四代计算机的本质区别是计算机的主要功能将从信息处理上升为知识处理,使计算机具有人类的某些智能。它的研制成功和应用,必将对人类社会的发展产生更为深远的影响。

2. 我国计算机的发展概况

我国从 1956 年开始研制第一代计算机。1958 年研制成功第一台电子管小型计算机 103 机。1959 年研制成功第一台大型通用电子数字计算机 104 机。20 世纪 60 年代初,我国开始研制和生产第二代计算机。1965 年研制成功第一台晶体管计算机 DJS-5 小型机。1965 年开始研究第三代计算机,并于 1973 年研制成功了集成电路的大型计算机 150 计算机。1974 年研制成功了以集成电路为主要器件的 DJS 系列计算机。1977 年 4 月研制成功第一台微型计算机 DJS-050,从此揭开了中国微型计算机的发展历史,我国的计算机发展开始进入第四代计算机时期。如今在微型计算机方面,我国已研制开发了长城系列、紫金系列、联想系列等微机并取得了迅速发展。

在国际科技竞争日益激烈的今天,高性能计算机技术及应用水平已成为展示综合国力的一种标志。1983 年由国防科技大学研制成功的银河-Ⅰ号亿次运算巨型计算机是我国自行研制的第一台亿次运算的计算机系统,该系统的研制成功填补了国内巨型机的空白,使我国成为世界上为数不多的能研制巨型机的国家之一。1992 年研制成功银河-Ⅱ号十亿次通用、并行巨型计算机。1997 年研制成功银河-Ⅲ号百亿次并行巨型计算机,该机的系统综合技术达到国际先进水平,被国家选作军事装备之用。1995 年 5 月曙光 1000 研制完成,这是我国独立研制的第一套大规模并行计算机系统。1999 年 9 月神威-Ⅰ号并行计算机研制成功并投入运行,其峰值运算速度达到每秒 3840 亿次,它是我国在巨型计算机研制和应用领域取得的重大成果,标志着我国继美国、日本之后,成为世界上第三个具备研制高性能计算机能力的国家。

近几年来,我国的高性能计算机和微型计算机的发展更为迅速。曙光信息产业有限公司于 2003 年岁末推出了全球运算速度最快的商品化高性能计算机——曙光 4000A,它采用 2192 个主频为 2.4GHz 的 64 位处理器,运算峰值达每秒 10 万亿次,位居世界高性能计算机的第 10 位,进一步缩短了我国高性能计算机与世界顶级水平的差距。2002 年 9 月,我国首款可商业化、拥有自主知识产权的 32 位通用高性能 CPU 龙芯 1 号研制成功,标志我国在现代通用微处理设计方面实现了零的突破。2005 年 4 月,我国首款 64 位通用高性能微处理器龙芯 2 号正式发布,最高频率为 500MHz,功耗仅为 3～5W,已达到 PentiumⅢ 的水平。我国的微机生产近几年基本与世界水平同步,诞生了联想、长城、方正、同创、同方、浪潮等一批国产微机品牌,它们正稳步向世界市场发展。

2009 年 10 月 29 日,我国国防科技大学自主研制的首台千万亿次超级计算机系统"天河一号"问世。其实测运算速度可以达到每秒 2570 万亿次。这标志着我国成为继美国之后,第二个能够研制千万亿次超级计算机的国家。

1.1.2　计算机在医学领域中的应用

1. 计算机在处理生理信号方面的应用

利用计算机处理生理信号的典型设备是心电、呼吸监护及中医系统的脉搏分析仪器。监护系统是对人体重要的生理(包括生化)指标有选择的经常或连续监测的设备。最典型的现代心电监护设备是由美国 Holter 实验室首先开发而得以命名的长时期记录和分析动态心电图的仪器——Holter 监护仪。Holter 用磁带记录器将患者正常活动时的心电信息持续记录并通过微处理器分析,以检测患者的异常心律、诊断早期的心血管疾病并研究评价药物作用,心律失常与生理间的相互关系。对异常心律的分析常采用模拟量判别和数字计算机图形识别的方法。

2. 计算机在专家诊断方面的应用

计算机专家诊断系统的应用和开发是建立在人工智能技术基础之上的。人工智能是利用机器模仿人类的智能,包括人工神经网络和符号处理。人工智能大师——费根鲍姆提出知识工程,开发出了世界上第一个专家系统程序 DENDRAL 和用于帮助医生诊断传染病和提供治疗建议的著名专家系统 MYCIN。DENDRAL 中保存着化学家的知识和质谱仪的知识,可以根据给定的有机化合物的分子式和质谱图,从几千种可能的分子结构中挑选出一个正确的分子结构。DENDRAL 的研究成功被认为是人工智能研究的一个历史性突破。

3. 计算机在处理医学图像方面的应用

现代医学离不开医学影像信息的支持,医学研究与临床诊断中许多重要信息都是以图像形式出现。而医学研究和临床诊断所需要的医学影像是多种多样的,一般分为两类:一类是信息随时间变化的一维图像,多数医学信号均属此类,如心电图、脑电图等;另一类是信息在空间分布的多维图像,如 X 射线照片、组织切片、细胞立体图像等等。

4. 计算机在肿瘤放疗方面的应用

计算机在肿瘤放疗方面的应用包括:辅助放疗计划方面的应用和立体定向放射外壳领域的应用。放射治疗计划是一种大剂量窄射束定向集中照射技术,它是以 CT、MR 和 Angiography 图像为诊断依据,用计算机技术进行三维重建、立体定位、制定精确的照射方案,准确地对颅内肿瘤进行定向照射,最大限度地减少正常组织的损伤,是一种高效、精确、无血、无痛的非手术治疗方法。可大大地缩短脑部肿瘤病人的治疗和痊愈时间,提高放射治疗的成功率。

5. 计算机在生化仪器方面的应用

计算机在生化仪器方面的应用着重体现在对患者信息识别、样品识别、检测信息的模数转换、检验结果的后处理、仪器的质量控制和对待验数据分析过程的监视等数据处理上。它具有加快分析速度、扩展仪器功能、提高测量精度的功能。具有代表性的如酶标仪、血液分析仪及血成分计数器等产品。

6. 计算机在人工脏器方面的应用

最为成功的人工脏器——人工肾(血液透析机)。此外,临床应用较好的人工脏器如心脏起搏器、人工胰脏、人工耳和人工眼睛等都与计算机的成功运用紧密相关。

7. 医院信息系统(HIS)

用以收集、处理、分析、储存和传递医疗信息、医院管理信息。一个完整的医院信息系统可以完成如下任务:病人登记、预约、病历管理、病房管理、临床监护、膳食管理、医院行政管理、健康检查登记、药房和药库管理、病人结账和出院、医疗辅助诊断决策、医学图书资料检索、教育和训练、会诊和转院、统计分析、实验室自动化和接口。

这些系统中较著名的如美国复员军人医院的 DHCP;马萨诸塞综合医院用 MUMPS 语言开发的 COSTAR 等。中国从 1970 年起开发了一些医院信息系统,并统一规划开发了医院统计、病案、人事、器材、药品、财务管理软件包。

8. 实验室(检验科)信息系统(LIS)

LIS 系统方案的实施,最主要的目的是提高检验的效率、效益。LIS 的工作流程是:通过门诊医生和住院医生工作站提出的检验申请,生成相应患者的化验条码标签,在生成化验单的同时将患者的基本信息与检验仪器相对应;当检验仪器生成检验结果后,系统会根据相应的关系,通过数据接口和检验结果核准将检验数据自动与患者信息相对应。

9. 影像归档和通信系统(PACS)

PACS 是应用在医院影像科室的系统,主要任务是把日常产生的各种医学影像(包括核磁、CT、超声、各种 X 光机、各种红外仪、显微仪等设备产生的图像)通过各种接口(模拟、DICOM、网络)以数字化的方式海量保存起来,当需要的时候在一定的授权下能够很快的调回使用,同时增加一些辅助诊断管理功能。PACS 可以减少物料成本和管理成本,提高工作效率及医院的医疗水平,为医院提供资源积累,通过远程医疗,可以促进医院之间的技术交流。

10. 医学情报检索系统

利用计算机的数据库技术和通讯网络技术对医学图书、期刊、各种医学资料进行管理。通过关键词等即可迅速查找出所需文献资料。美国国立医学图书馆编制的"医学文献分析与检索系统"(MEDLARS)是国际上较著名的软件系统,这是一个比较完善的实时联机检索的网络检索系统。其他著名的系统如 IBM4361,MEDLARS 等。中国开发了一些专题的医学情报资料检索系统,如中医药文献、典籍的检索系统。

11. 生物化学指标、生理信息的自动分析和医疗设备智能化

医疗设备智能化是指现代医疗仪器与计算机技术及其各种软件结合的应用,它使这些设备具有自动采样、自动分析、自动数据处理等功能,并可进行实时控制,它是医疗仪器发展的一个方向。

1.1.3　新型计算机

1. 仿生的生物计算机

生物计算机的主要原材料是生物工程技术产生的蛋白质分子,并以此作为生物芯片,利用有机化合物存储数据。运算速度要比当今最新一代计算机快 10 万倍,它具有很强的抗电磁干扰能力,并能彻底消除电路间的干扰。能量消耗仅相当于普通计算机的十亿分之一,且具有巨大的存储能力。由于蛋白质分子能够自我组合,再生新的微型电路,使得生物计算机具有生物体的一些特点,如能发挥生物本身的调节机能,自动修复芯片上发生的故障,还能模仿人脑的机制等。

2. 二进制的非线性量子计算机

量子计算机是利用原子所具有的量子特性进行信息处理的一种全新概念的计算机。量子理论认为,非相互作用下,原子在任一时刻都处于两种状态,称之为量子超态。原子会旋转,即同时沿上、下两个方向自旋,这正好与电子计算机的"0"、"1"完全吻合。如果把一群原子聚在一起,它们不会像电子计算机那样进行线性运算,而是同时进行所有可能的运算。量子计算机以处于量子状态的原子作为中央处理器和内存,其运算速度可能比目前的奔腾 4 芯片快 10 亿倍,就像一枚信息火箭,在一瞬间可搜寻整个互联网。

3. 光子计算机

光子计算机是一种由光信号进行数字运算、逻辑操作、信息存储和处理的新型计算机。光子计算机的基本组成部件是集成光路,要有激光器、透镜和核镜。由于光子比电子速度快,光子计算机的运行速度可高达一万亿次。它的存储量是现代计算机的几万倍,还可以对语言、图形和手势进行识别与合成。

目前,许多国家都投入巨资进行光子计算机的研究。随着现代光学与计算机技术、微电子技术相结合,在不久的将来,光子计算机将成为人类普遍的工具。

4. 混合计算机

混合计算机是可以进行数字信息和模拟物理量处理的计算机系统。混合计算机一般由数字计算机、模拟计算机和混合接口三部分组成,其中模拟计算机部分承担快速计算的工作,数字计算机部分承担高精度运算和数据处理,在各类处理机之间,通过一个混合智能接口完成数据和控制信号的转换与传送。混合计算机同时具有数字计算机和模拟计算机的特点,其运算速度快、计算精度高、逻辑和存储能力强、存储容量大和仿真能力强。随着电子技术的不断发展,混合计算机主要应用于航空航天、导弹系统等实时性的复杂大系统中。

5. 智能计算机

智能计算机已经成为一个动态发展的概念,它始终处于不断向前推进的计算机技术的前沿。在人机合作的和谐环境中,人主要负责提供涉及面很广的常识和从事有创造性的工作,机器作为人的助手从事需要一定智能的其他工作。

智能计算机技术还很不成熟,现主要在做模式识别、知识处理及开发智能应用等方面的工作。其中专家系统已在管理调度、辅助决策、故障诊断、产品设计、教育咨询等方面广泛应用。文字、语音、图形图像的识别与理解以及机器翻译等领域也取得了重大进展,这方面的初级产品已经问市。计算机产品的智能化和智能机系统的研究开发将对国防、经济、教育、文化等各方面产生深远影响。研制智能计算机可以帮助人们更深入地理解人类自己的智能,最终揭示智能的本质与奥秘。

6. 单片计算机

单片计算机是指将计算机的主要部件制作在一个集成芯片上的微型计算机。由于单片机的集成度高,所以单片计算机具有体积小、功耗低、控制功能强、扩展灵活、微型化和使用方便等优点,被广泛应用于智能仪器仪表的制造、通过构造应用系统应用于工业控制、家用智能电器的制造、网络通讯设备的使用和医疗卫生行业。

1.1.4 计算机的新技术

计算机技术的发展是日新月异的。从现今的技术角度来说,得到快速发展并具有重要影响的新技术有如下几种。

1. 嵌入式技术

嵌入式系统是以应用为中心,以计算机技术为基础,并且软硬件可裁剪,适用于应用系统对功能、可靠性、成本、体积、功耗有严格要求的专用计算机系统,它一般由嵌入式微处理器、外围硬件设备、嵌入式操作系统以及用户的应用程序等四个部分组成。

2. 网格技术

网格计算被誉为继 Internet 和 Web 之后的"第三个信息技术浪潮",有望提供下一代分布式应用和服务,对研究和信息系统发展有着深远的影响。基因研究是网格技术的自然应用;生物科技企业可用网格技术来分析基因数据;医生可以用网格技术制作出病人器官的三维模型,作为诊断疾病的辅助手段;网格可以处理来自商店现金记录或金融市场的数据流。航空、保险、运输和国防等其他行业也从中受益。如此看来,网格计算并非是可望不可及的乌托邦,其商业应用的广阔前景就在眼前。

3. 中间件技术

中间件(Middleware)是处于操作系统和应用程序之间的软件。中间件屏蔽了底层操作系统的复杂性,使程序开发人员面对一个简单而统一的开发环境,减少程序设计的复杂性,将注意力集中在自己的业务上,不必再为程序在不同系统软件上的移植而重复工作,从而大大减少了技术上的负担。目前,中间件技术已经发展成为企业应用的主流技术,并形成了多种不同的类别。中间件技术作为软件行业正在崛起的一个崭新的分支,正在全球范围迅猛发展,并把计算机应用推向了一个新的境界。

4. 普适计算

1999 年,IBM 提出普适计算(又叫普及计算)的概念。所谓普适计算指的是无所不在的、随时随地可以进行计算的一种方式;无论何时何地,只要需要,就可以通过某种设备访问到所需的信息。普适计算技术在现在的软件技术中将占据着越来越重要的位置,其主要应用方向有嵌入式技术,网络连接技术(包括 3G,ADSL 等网络连接技术),基于 Web 的软件服务构架(即通过传统的 B/S 构架,提供各种服务)。

5. 云计算

云计算概念由 Google 提出,是网格计算、分布式计算、并行计算、效用计算、网络存储、虚拟化、负载均衡等传统计算机技术和网络技术发展融合的产物。它旨在通过网络把多个成本相对较低的计算实体整合成一个具有强大计算能力的完美系统,并借助 SaaS(Software-as-a-Service,软件即服务)、PaaS(Platform-as-a-Service,平台即服务)、IaaS(Infra-structure-as-a-Service,基础设施即服务)、MSP 等先进的商业模式把这强大的计算能力分布到终端用户手中。云计算的一个核心理念就是通过不断提高"云"的处理能力,进而减少用户终端的处理负担,最终用户终端简化成一个单纯的输入输出设备,并能按需享受"云"的强大计算处理能力!

我国的云计算发展也非常迅猛。2010 年 8 月上海公布云计算发展战略,3 年内,云计算将为上海新增 1000 亿元的服务业收入,推动百家软件和信息服务业企业转型,培育 10 家年收入超亿元的龙头企业和 10 个云计算示范平台。然而中国云计算模式真正推广开来还需要解决市场环境不成熟的问题,任重道远。

6. 物联网

物联网通过传感器、射频识别(RFID)、全球定位系统等技术,实时采集任何需要监控、连接、互动的物体或过程,采集其声、光、热、电、力学、化学、生物、位置等各种需要的信息,通过各类可能的网络接入,实现物与物、物与人的泛在链接,实现对物品和过程的智能化感知、识别和管理。被称为继计算机、互联网之后世界信息产业发展的第三次浪潮。自 2009 年 8 月温家宝总理提出"感知中国"以来,物联网被正式列为国家五大新兴战略性产业之一。

有研究机构预计 10 年内物联网就可能大规模普及,这一技术将会发展成为一个上万亿元规模的高科技市场,其产业要比互联网大 30 倍。EPOSS 在《Internet of Things in 2020》报告中分析预测,未来物联网的发展将经历四个阶段,2010 年之前 RFID 被广泛应用于物流、零售和制药领域,2010~2015 年物体互联,2015~2020 年物体进入半智能化,2020 年之后物体进入全智能化。

7. 无线传感器网络

电系统、片上系统、无线通信和低功耗嵌入式技术的飞速发展,孕育出无线传感器网络,并以其低功耗、低成本、分布式和自组织的特点带来了信息感知的一场变革。无线传感器网络由部署在监测区域内大量的廉价微型传感器节点组成,通过无线通信方式形成一个多跳自组织网络。传感器网络、塑料电子学和仿生人体器官又被称为全球未来的三大高科技产业。

1.2 计算机中信息的表示

数据是人类能够识别或计算机能够处理的某种符号的集合,包括数字、文字、声音、图像等,经过加工处理后用于人们制定决策或具体应用的数据称做信息。由于计算机硬件是由电子元器件组成的,可以方便地用“0”和“1”表示出电子元器件的两种稳定的工作状态,因而在计算机内部普遍采用二进制,这就使得通过输入设备输入到计算机中的任何信息,都必须转换成二进制数的表示形式,才能被计算机硬件所识别。

1.2.1 进位计数制与数制转换

人们在生产实践和日常生活中创造了多种表示数的方法,这些数的表示规则称为数制。在采用进位记数的数字系统中,如果只有 r 个基本符号(例如 $0,1,2,\cdots,r-1$)表示数值,则称其为 r 进制数,r 称为该数制的“基数”,数制中的每一固定位置对应的单位值称为“权”。表 1-2 是常用的几种进位计数制。

任何一种进位计数制都可以用“数码”和“位权”来表示,形式如下。

$N=\pm(d_{n-1}\times r^{n-1}+\cdots+d_2\times r^2+d_1\times r^1+d_0\times r^0+d_{-1}\times r^{-1}+d_{-2}\times r^{-2}+\cdots+d_{-m}\times r^{-m})$

其中:d_i 为系数;r 为基数

任意 r 进制数的值都可表示为:各位数码本身的值与其权的乘积之和。即数值按位权展开。例如:

十进制数 234.56 按权展开

$234.56_D=2\times10^2+3\times10^1+4\times10^0+5\times10^{-1}+6\times10^{-2}$

八进制数 460.37 的按权展开

$460.37_O=4\times8^2+6\times8^1+0\times8^0+3\times8^{-1}+7\times8^{-2}$

表 1-2 计算机中常用的各种进制数的表示

进位制	二进制	八进制	十进制	十六进制
规则	逢二进一	逢八进一	逢十进一	逢十六进一
基数	r=2	r=8	r=10	r=16
基本符号	0,1	0,1,2,…,7	0,1,2,…,9	0,1,2,…,9,A,B,…,F
权	2^i	8^i	10^i	16^i
角标表示	B(Binary)	O(Octal)	D(Decimal)	H(Hexadecimal)

1. r 进制转换成十进制数

按位权展开法。例:

将 $(10001.011)_2$ 转换成十进制数。

$(10001.011)_2=1\times2^4+0\times2^3+0\times2^2+0\times2^1+1\times2^0+0\times2^{-1}+1\times2^{-2}+1\times2^{-3}$
$=(17.375)_{10}$

将 $(2BA)_{16}$ 转换为十进制数。

$(2BA)_{16}=2\times16^2+11\times16^1+10\times16^0=(698)_{10}$

2. 十进制数转换成 r 进制数

整数部分除以 r 取余数,直到商为 0 为止,得到的余数即为 r 进制数各位的数码,结果取余反序。

例:将十进制的 25 转换为二进制数

```
                    余数
  2 | 25            1    ↑
  2 | 12            0    |
  2 |  6            0    |
  2 |  3            1    |
  2 |  1            1    |
       0
```

$(25)_{10} = (11001)_2$

小数部分的转换用乘以 r 取整数,直至取走整数后余下的数为 0 止(如若干次后,取走整数部分后余下的数仍不为 0,满足精度要求停止计算),结果取整正序。

例:将十进制数 0.125 转换成二进制数。

```
              整数
    0.125
  ×   2     ____ 0    ↑
    0.25              |
  ×   2     ____ 0    |
    0.5               |
  ×   2     ____ 1    ↓
    1
```

$(0.125)_{10} = (0.001)_2$

3. 二进制、八进制、十六进制数间的相互转换

(1) 二进制与八进制间的转换:二进制数换算成八进制数的方法是:以小数点为基准,整数部分从右向左,三位一组,最高位不足三位时,左边添 0 补足三位;小数部分从左向右,三位一组,最低位不足三位时,右边添 0 补足三位。然后将每组的三位二进制数用相应的八进制数表示,即得到八进制数。将八进制数转换成二进制数的过程正好相反,将每一位八进制数用三位对应的二进制数表示,然后依次连起来,即得到二进制数。

例如:①将二进制数 $(10100101.01111101)_2$ 转换成八进制数。

$$\frac{010}{2} \ \frac{100}{4} \ \frac{101}{5} \ \cdot \ \frac{011}{3} \ \frac{111}{7} \ \frac{010}{2}$$

$(10100101.01111101)_2 = (245.372)_8$

②将八进制数 $(617.34)_8$ 转换成二进制数。

```
   6     1     7   ·   3     4
   ↓     ↓     ↓       ↓     ↓
  110   001   111     011   100
```

$$(617.34)_8 = (110001111.0111)_2$$

（2）二进制数与十六进制间的转换：二进制换算成十六进制数的方法是：以小数点为基准，整数部分从右向左，四位一组，最高位不足四位时，左边添 0 补足四位；小数部分从左向右，四位一组，最低位不足四位时，右边添 0 补足四位。然后将每组的四位二进制数用相应的十六进制数表示，即可以得到十六进制数。十六进制数换算成二进制数的方法是：将每一位十六进制数用四位相应的二进制数表示。

例如：①将二进制数$(1010101011.011)_2$转换成十六进制数。

$$\underset{2}{\underline{0010}} \quad \underset{A}{\underline{1010}} \quad \underset{B}{\underline{1011}} \quad \cdot \quad \underset{6}{\underline{0110}}$$

$$(1010101011.011)_2 = (2AB.6)_{16}$$

②将十六进制数$(C7E.9)_{16}$转换成二进制数。

$$\begin{array}{cccc} C & 7 & E & \cdot \quad 9 \\ \downarrow & \downarrow & \downarrow & \downarrow \\ 1100 & 0111 & 1110 & 1001 \end{array}$$

$$(C7E.9)_{16} = (110001111110.1001)_2$$

在计算机内部，一切信息的存储、处理与传送均采用二进制的形式。但由于二进制数的阅读与书写很不方便，所以在程序设计中，通常将书写起来很长、且容易出错的二进制数用简捷的八进制数或十六进制数表示。

（3）各进制之间的对应关系（表 1-3）

表 1-3 十进制、二进制、八进制和十六进制之间的对应关系

十进制	二进制	八进制	十六进制	十进制	二进制	八进制	十六进制
0	000	0	0	8	1000	10	8
1	001	1	1	9	1001	11	9
2	010	2	2	10	1010	12	A
3	011	3	3	11	1011	13	B
4	100	4	4	12	1100	14	C
5	101	5	5	13	1101	15	D
6	110	6	6	14	1110	16	E
7	111	7	7	15	1111	17	F

1.2.2 各种信息的表示

1. 数值数据

将一个数在计算机内的表示形式统称为"机器数"，机器数真正表示的数值称为这个机器数的真值。机器数的三个特点：

（1）机器数据表示的数的范围受计算机字长的限制

例如：8 位字长的微机无符号整数的最大范围是$(11111111)_2 = (255)_{10}$，运算时如果数值超过机器所能表示的范围，运算就会因出错而终止。这种情况称为"溢出"。

（2）机器数的符号位被数值化：数值数据有正负之分，机器数也有正有负。在计算机

中,总是用数的最高位表示数的符号,并且规定"0"表示正数,"1"表示负数。

(3) 机器数的小数点处于约定的位置:计算机中处理的数可以是整数也可以是小数,小数点的表示又分为定点数和浮点数。但在实际存储数据和计算时定点数是不方便的,范围也有限,因此通常采用浮点数表示。

2. 字符数据

由于计算机中的数据都是以二进制的形式存储和处理的,因此字符也必须按照特定的规则进行二进制编码才能进入计算机。

(1) 西文字符:目前,国际上使用的字母、数字和符号的信息编码系统是采用美国标准信息交换码(American Standard Code for Information Interchange),简称为 ASCII 码。国际上通用的 ASCII 码是 7 位码(即用七位二进制数表示一个字符),如表 1-4 所示。字符的二进制编码一般占八个二进制位,它正好占计算机存储器的一个字节,所以最高位用 0 表示。总共有 128 个字符($2^7=128$),其中包括:26 个大写英文字母,26 个小写英文字母,0~9 共 10 个数字,34 个通用控制字符和 32 个专用字符(标点符号和运算符)。

表 1-4 7 位 ASCII 代码表

低四位	高三位							
	000	001	010	011	100	101	110	111
0000	NUL	DLE	SP	0	@	P	`	p
0001	SOH	DC1	!	1	A	Q	a	q
0010	STX	DC2	"	2	B	R	b	r
0011	ETX	DC3	#	3	C	S	c	s
0100	EOT	DC4	$	4	D	T	d	t
0101	ENQ	NAK	%	5	E	U	e	u
0110	ACK	SYN	&	6	F	V	f	v
0111	BEL	ETB	,	7	G	W	g	w
1000	BS	CAN	(	8	H	X	h	x
1001	HT	EM	)	9	I	Y	i	y
1010	LF	SUB	*	:	J	Z	j	z
1011	VT	ESC	+	;	K	[	k	{
1100	FF	FS	'	<	L	\	l		
1101	CR	GS	-	=	M	]	m	}
1110	SO	RS	>	N	↑	n	~
1111	SI	US	/	?	O	↓	o	DEL

(2) 汉字编码:ASCII 码只给出了英文字母、数字和标点符号的编码。为了用计算机处理汉字,同样需要对汉字进行编码。汉字的字符数比西文字符量多,字形复杂,字音多变,常用汉字就有 7000 个左右。在计算机系统中使用汉字,必须解决以下几个问题:首先是汉字的输入,即如何把结构复杂的方块汉字输入到计算机中去,这是汉字处理的关键;其次,汉字在计算机内如何表示和存储? 如何与西文兼容? 最后,如何将汉字的处理结果从计算机内输出? 为了能直接使用西文标准键盘进行输入,必须对汉字进行编码。每一个汉字的编码都包括输入码、交换码、内部码和字形码。

1) 汉字输入码：汉字输入编码法的研究和发展非常迅速,已有几百种汉字输入编码法,但至今还没有一种完全集编码短,重码少,好学好记三个特点于一身的编码方法。目前常用的输入法大致分为三类:

A. 拼音码：以汉字的汉语拼音为基础,以汉字的汉语拼音或其一定规则的缩写形式为编码元素的汉字输入码统称为拼音码。常用的有智能 ABC、微软拼音等。由于汉字同音字太多,输入重码率很高。因此,按拼音输入后还必须进行同音字选择,影响了输入速度。

B. 拼形码：以汉字的形状结构及书写顺序特点为基础,按照一定的规则对汉字进行拆分,从而得到若干具有特定结构特点的形状,然后以这些形状为编码元素"拼形"而成汉字的汉字输入码统称为拼形码。如五笔字型、表形码等。五笔字型编码是最有影响的编码方法之一。

C. 音形码：音形码吸取了音码和形码的优点,将二者混合使用。常见的音形码有"自然码"、"郑码"等。其中自然码是目前比较常用的一种混合码,它以音码为主,以形码作为可选辅助编码,而且其形码采用"切音"法,解决了不认识的汉字输入问题。这类输入法的特点是速度较快,又不需要专门培训。适合于对打字速度有些要求的非专业打字人员使用,如记者、作家等。但相对于音码和形码,音形码使用的人还比较少。

2) 汉字交换码：汉字交换码是指不同的具有汉字处理功能的计算机系统之间在交换汉字信息时所使用的代码标准。自国家标准 GB2312-80 公布以来,我国一直沿用该标准所规定的国标码作为统一的汉字信息交换码。GB2312-80 标准包括了 6763 个汉字,按其使用频度分为一级汉字 3755 个和二级汉字 3008 个。此外,该标准还包括标点符号、数种西文字母、图形、数码等符号 682 个。

3) 汉字内码：汉字内码指计算机内部存储,处理加工和传输汉字时所用的由 0 和 1 符号组成的代码。输入码被接受后就由汉字操作系统的"输入码转换模块"转换为机内码,与所采用的键盘输入法无关。机内码是汉字最基本的编码,不管是什么汉字系统和汉字输入方法,输入的汉字外码到机器内部都要转换成机内码,才能被存储和进行各种处理。

汉字在计算机内部其内码是唯一的。汉字机内码＝汉字国标码＋8080H。为了避免 ASCII 码和国标码同时使用时产生二义性问题,大部分汉字系统都采用将国标码每个字节高位置 1 作为汉字机内码。这样既解决了汉字机内码与西文机内码之间的二义性,又使汉字机内码与国标码具有极简单的对应关系。

4) 汉字字形码：汉字字形码又称汉字字模,它是表示汉字字形信息(汉字的结构、形状、笔划等)的编码,用来实现计算机对汉字的输出(显示、打印)。每一个汉字的字形都必须预先存放在计算机内,例如 GB2312 国标汉字字符集的所有字符的形状描述信息集合在一起,称为字形信息库,简称字库。通常分为点阵字库和矢量字库。目前汉字字形的产生方式大多是用点阵方式形成汉字,即是用点阵表示的汉字字形代码。点阵规模愈大,字形愈清晰美观。字模点阵的信息量是很大的,所占存储空间也很大,以 16×16 点阵为例,每个汉字就要占用 32 个字节,两级汉字大约占用 256KB。

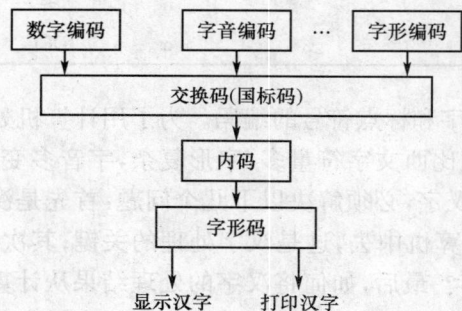

图 1-2　各编码之间的逻辑关系

5) 各种编码之间的关系：从汉字编码转换的角度,图 1-2 显示了四种编码之间的关系,其间都需要各自的转换程序来实现。

1.3　计算机系统

1.3.1　计算机系统的组成

完整的计算机系统由硬件系统和软件系统两大部分组成(图 1-3)。硬件(Hardware)泛指实际的物理设备,是看得见摸得着的。如键盘、鼠标、磁盘驱动器等。只有硬件的计算机称为裸机。软件(Software)是指计算机正常使用所必须的各种程序、数据以及相关文档的集合。硬件是计算机工作的物质基础,是软件运行的场所,软件是计算机的灵魂,它们相互配合,缺一不可。

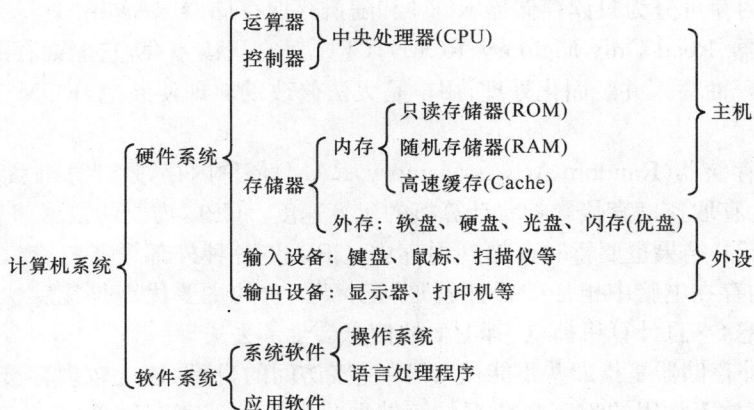

图 1-3　计算机系统组成

1. 计算机硬件系统

计算机硬件系统是指构成计算机所有物理设备的总和,是各类软件运行的环境。如图 1-4 所示。计算机硬件的基本功能是接受计算机程序的控制来实现数据输入、运算、数据输出等一系列根本性的操作。计算机的五大功能部件相互配合,共同实现它的基本功能。

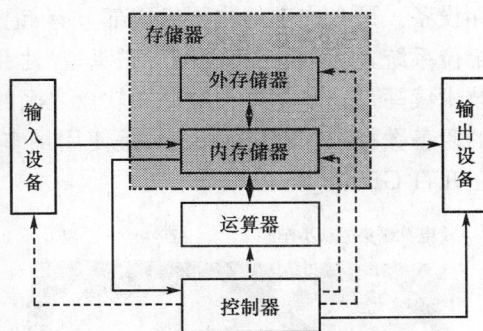

图 1-4　计算机的基本结构

(1) 运算器:运算器也称为算术/逻辑单元 ALU(Arithmetic/Logic Unit),是执行算术运算和逻辑运算的功能部件。计算机中最主要的工作是运算,大量的数据运算任务是在运算器中进行的。

(2) 控制器:控制器是计算机的指挥中心,它的主要功能是依次从存储器取出指令、分析指令、向其他部件发出控制信号、指挥计算机各部件协同工作。

运算器和控制器合在一起称为中央处理单元(Central Processing Unit,简称 CPU)。CPU 是计算机的核心,对微型机来说 CPU 也称为"微处理器"。CPU 的性能在很大程度上决定了计算机系统的整体性能。

(3) 存储器:存储器是计算机用来存储信息的重要功能部件。分为内部存储器(简称内存或主存)和外部存储器(简称外存或辅存)。无论内存还是外存,都需要用存储容量来衡

量其在计算机中所占的大小。其中,位(bit)是最小的存储单位,指存放一位二进制数即 0
或 1 的电子电路,简写为 b。字节(Byte)是最基本的存储单位,即 8 个二进制位组成一个字
节,用来存放一个字符,简写为 B。

存储器容量大小是以字节数多少来度量的,目前使用的度量单位有:kB、MB、GB、TB、
PB,其相互关系分别为:

kB	MB	GB	TB	PB
1024B	1024kB	1024MB	1024GB	1024TB

1) 内存:内存可分为只读存储器 ROM 和随机存取存储器 RAM 两类。

只读存储器(Read Only Memory,ROM),CPU 对它只读不存,它上面存放的信息一般
由计算机制造厂商写入并经固化处理,用户是无法修改的。即使断电,ROM 上面的信息也
不会丢失。

随机存取存储器(Random Access Memory,RAM)俗称内存,是计算机系统必不可少的
基本部件,它的存取速度直接影响着计算机的运算速度。CPU 需要的数据信息要从内存读
出来,CPU 运行的结果也要暂时存储到内存中,CPU 与各种外部设备打交道,也要通过内
存才能进行,内存在电脑中担任的任务就是"记忆"。它的主要优点是速度快,缺点是不适
合长久保留信息,一旦计算机掉电,其上面的信息会全部丢失。

2) 外存:外存储器是指那些不能被 CPU 直接访问的,读取速度较内存慢,容量比内存
大,通常用来存放不常用的程序和数据的存储器。常用的外存有磁盘(分为软盘和硬盘)、
光盘和闪盘(优盘)等。

A. 硬盘:硬盘(图 1-5)与其他记录介质相比,速度快、容量大,成为计算机中最重要的
存储设备。硬盘内部的主要组成部分有:记录数据的刚性磁片、电机、磁头(每个盘面一个)
及定位系统、电子线路。硬盘将磁头、盘片和驱动电机等装配在一个封闭体内,采用浮动磁
头技术读写。硬盘是介于内存和软盘之间的产品,速度比较快,存储容量大,操作系统和大
量的后备数据都保存在硬盘上,是使用最多的存储器。目前微机常用硬盘容量在几十 GB
甚至几百 GB。

图 1-5 硬盘及其内部结构

B. 光盘:光盘和光驱是激光技术在计算机中的应用,是靠盘面上一些能够影响光线反射的表面特征存储信息。光盘具有存储信息量大、携带方便、可以长久保存等优点,应用范围相当广泛,也是多媒体计算机必不可少的存储介质。光盘分只读光盘(CD-ROM)和可读写光盘(CDR/CDW)。普通光盘的容量为 650~700M。

衡量光盘驱动器数据传输速度的指标叫做光驱的倍速,它是衡量光驱在 1 秒钟时间内所能读取的最大数据量,以 150K 字节为单位。CD-ROM 光驱倍速从早期的单倍速发展到了今天的 48 倍速、52 倍速(通常记作 48×、52×)。

C. 闪盘:所谓闪盘是一种小体积的移动存储装置,其原理在于将数据储存于内建的闪存(Flash Memory)中,并利用 USB 接口以方便不同计算机间的数据交换。即插即用的功能使得计算机可以自动侦测到此装置,使用者只需将它插入计算机 USB 接口就可以使用。闪盘还具有防潮防磁,耐高低温(−40℃ ～ ＋70℃)等特性,安全可靠性很好。闪盘至少可擦除 1,000,000 次。闪盘里数据至少可保存 10 年。常见的闪盘有移动硬盘和 Flash 存储设备(图 1-6)。目前微机多使用 USB 2.0 接口,其传输率可达 480Mbps。注意使用优盘后要想拔除优盘,应先卸载然后拔除,否则可能导致数据的破坏或损伤优盘。

图 1-6　移动硬盘和 Flash 存储设备

3) 内存和外存的区别:内存与外存有许多不同之处,主要体现在以下几点:

A. 内存价格昂贵,外存价格便宜。

B. 内存是暂存信息的地方,计算机一旦掉电,其上的信息会全部丢失。外存不怕掉电,可以长期保存信息。

C. 由于价格和技术方面的原因,内存的存储容量受到限制,相对来说比较小。而外存比内存的存储容量大得多。

D. 由于 CPU 直接和内存交换数据,故内存的速度快。而外存中的数据需先放到内存中,然后再与 CPU 进行交换,故外存的速度慢。

(4) 输入设备:输入设备相当于人的各种感官,通过它摄取各种数据。输入设备是用来接收用户输入的原始数据和程序,并将它们转变为计算机能够识别的数字信息,存放到内存中。键盘和鼠标是计算机最基本的输入设备。此外,摄像头、扫描仪、光笔、手写输入板、游戏杆、语音输入装置等都属于输入设备。

1) 键盘:键盘通过连线一般接至计算机的 AT 接口(大口)、PS/2 接口(小口)或 USB接口。常用的键盘是 104 键,由主键盘区、功能键区、编辑键区和数字键区组成。

A. 主键盘区:主键盘区是整个键盘的主要部分,包括字符键和控制键两大类。主要用于输入各种应用软件和程序的命令。其中各控制键的功能如下:

[Caps Lock]键:大小写字母转换键。主要用于控制大小写字母的输入。按下此键,位于键盘右上角的“Caps Lock”指示灯亮,表明键盘此时处于大写字母输入状态。再按此键,

"Caps Lock"指示灯不亮,表明键盘此时处于小写字母输入状态。

[Shift]键:上档键。主键盘区左右各有一个,主要用于输入上符号,也可作为大小字母的转换键。

[Enter]键:回车键。主要用于执行当前输入的命令,在输入文字时,按此键表示换行。

[Space]键:空格键。按下此键可输入一个空格,同时光标右移一个字符。

[Win]键:菜单键。该键位于[Alt]和[Ctrl]键之间,标有 Windows 图标,任何时候按下此键都将弹出"开始"菜单。

[Back Space]键:退格键。删除光标左边的一个字符。

[Tab]键:制表键。该键用于使光标向左或向右移动一个制表位的距离。通常 8 个字符为一个制表位。

[Ctrl]键:控制键。通常与其他键配合使用,完成一定的控制功能。

[Alt]键:功能键。通常与其他键配合使用,完成一定的控制功能。

B. 编辑键区

[Insert]键:插入键。用于设定/取消字符的插入/改写状态。

[Delete]键:删除键。删除光标所在位置的字符,并使光标右面的字符左移一个字符的位置。

[Home]键:将光标跳移到该行的行首位置。

[End]键:将光标跳移到该行的行尾位置。

[Page Up]键:光标上翻一页。

[Page Down]键:光标下翻一页。

[Print Screen]键:拷屏键。

[Pause/Break]键:暂停/中断键。

[↑、↓、←、→]键:光标移动键。向各个方向移动一个字符的位置。

C. 功能键区

[F1]～[F12]:这 12 个功能键在不同的应用软件和程序中有各自不同的定义。

[ESC]键:退出键。

D. 数字键区

[Num Lock]数字锁定键。按下此键,如果对应的指示灯亮,表明处于数字输入状态;如指示灯不亮,表明处于编辑功能状态,此时各键的功能与编辑键区的各键功能相同。

2）鼠标:鼠标是控制显示屏幕上光标移动位置并向主机输入用户所选中某个通信位置点的一种手持式的常用输入设备。目前常用的鼠标有机械式和光电式。

机械式鼠标下面有一个可以滚动的小球,当鼠标在平面上移动时,小球与平面摩擦转动,带动鼠标内的两个光盘转动,产生脉冲,测出 X-Y 方向的相对位移量,从而反映出屏幕上鼠标的位置。光电式鼠标下面有一个光电转换装置,需要一块画满小方格的长方形金属板配合使用。鼠标在板上移动,安装在鼠标下的光电装置根据移动过的小方格数来定位坐标点。目前较为流行的是光电鼠标。

3）扫描仪:扫描仪是计算机输入图片使用的主要设备,它内部有一套光电转换系统,可以把各种图片信息转换成计算机图像数据,并传送给计算机,再由计算机进行图像处理、编辑、存储、打印输出或传送给其他设备。扫描仪的划分方法有两种,按色彩分成单色和彩色两种;按操作方式可分为手持式和台式扫描仪。

　　(5) 输出设备:输出设备是将存放在计算机内存中的信息转换为人们能够接受的形式的设备。常用的输出设备有显示器、打印机、数码复印机、绘图仪等。

　　1) 显示器:显示器是最主要的输出设备。显示器的种类很多,按所采用的显示器件分类,有阴极射线管 CRT 显示器、液晶 LCD 显示器、等离子 PDP 显示器等。目前液晶显示器是微机的主流产品,特点是辐射小、体积小、重量轻、耗电少。

　　显示器的技术参数主要有:屏幕尺寸、可视尺寸、横纵比、点距、像素数、显示分辨率和刷新频率等。显示器是通过显示卡与主机相连的,显卡通常插在主板的 I/O 扩展槽上。

　　2) 打印机:打印机是微机系统中常用的输出设备之一。利用打印机可以打印出各种文本、图形、图像等。根据打印机的工作原理,可以将打印机分为点阵打印机、喷墨打印机和激光打印机(图 1-7)三类。

(a) 针式打印机　　　　　　　　(b) 喷墨打印机　　　　　　　　(c) 激光打印机

图 1-7　打印机

　　点阵打印机又称针式打印机,是利用打印头内的点阵撞针,撞击打印色带,在打印纸上产生打印效果。优点是结构简单、耗材省、维护费用低、可打印多层介质;缺点是噪声大、分辨率低、体积较大、打印速度慢。现代针打越来越趋向于被设计成各种各样的专业类型,用以打印各类专业性较强的小票、报表、存折、发票、车票、卡片等。

　　喷墨打印机的基本原理是利用电阻加热喷墨(打印机的喷头也称墨头),使其中的墨水汽化而产生气泡,气泡膨胀后将墨水喷出喷嘴并印在纸上。目前喷墨打印机主要用于家庭和打印较少的办公场合。

　　激光打印机是一种高速度、高精度、低噪声的非击打式打印机。它是激光扫描技术与电子照相技术相结合的产物。激光打印机具有最高的打印质量和最快的打印速度,可以输出漂亮的文稿,也可以输出直接用于印刷制版的透明胶片。其主要用于办公场合。

　　(6) 主板:主板是机箱内最大的一块印刷电路板,是计算机系统中的核心架构产品。计算机通过主板把 CPU 和其他硬件连接成一个完整的系统,实现各部分之间数据的传输和协同工作。因此,主板是把 CPU、存储器、输入输出设备连接起来的纽带。主板由芯片、扩展槽、对外接口几部分构成。

　　(7) 总线:总线(Bus)技术是目前微型机中广泛采用的连接技术。所谓总线是系统部件之间传送信息的公共通道,各部件由总线连接并通过它传递数据和控制信号。总线经常被比喻为"高速公路",总线技术已成为计算机系统结构的重要方面。

　　根据所连接部件的不同,总线可分为内部总线和系统总线。内部总线是同一部件(如 CPU)内部的控制器、运算器和各寄存器之间的连接总线。系统总线是同一台计算机的各部件,如 CPU、内存、I/O 接口之间相互连接的总线。系统总线又可分为数据总线(DB)、地址总线(AB)和控制总线(CB),分别传递数据、地址和控制信号。

2. 计算机软件系统

计算机软件是指在计算机硬件上运行的各种程序及相关文档资料的总称。它的作用在于对计算机硬件资源的有效控制与管理,提高计算机资源的使用效率,协调计算机各部件工作,并在硬件提供的基本功能的基础上,扩大计算机的功能,提高计算机实现和运行各类应用任务的能力。计算机软件系统按功能分为系统软件和应用软件。

(1) 系统软件:系统软件是指管理、监控和维护计算机资源(包括硬件及软件)的软件,只能对其使用,而不能改变或者修改,是居于计算机系统中最靠近硬件的一层,它主要包括操作系统、语言处理程序、程序设计语言、数据库管理系统、支撑服务软件等。

1) 操作系统:操作系统是控制和管理计算机硬件和软件资源、合理地组织计算机工作流程并方便用户充分且有效地使用计算机资源的程序集合,为用户提供方便的、有效的、友善的服务界面。操作系统是系统软件的"核心",是用户与计算机之间的接口,也是其他系统软件和应用软件能够在计算机上运行的基础。常用的个人操作系统有:DOS、Windows、Linux、Unix、OS/2 等。其中基于图形界面、多任务的 Windows 操作系统使用最为广泛。

2) 语言处理程序:在所有的程序设计语言中,除了用机器语言编制的程序能够被计算机直接理解和执行外,其他的程序设计语言编写的程序都必须经过一个翻译过程(对汇编语言源程序是汇编,对高级语言源程序则是编译或解释)才能转换为计算机所能识别的机器语言程序,实现这个翻译过程的工具是语言处理程序,即翻译程序。用非机器语言写的程序称为源程序;通过翻译程序翻译后的程序称为目标程序。针对不同的程序设计语言编写出的程序,有各自的翻译程序,互相不通用。

3) 程序设计语言:程序设计语言是用户用来编写程序的语言,它是人与计算机之间交换信息的工具。程序设计语言是软件系统重要的组成部分。一般可分为机器语言、汇编语言和高级语言三类。它为人们编写各类应用软件提供了极大的方便。

A. 机器语言:第一代语言机器语言是以二进制数的序列组成的,它是 CPU 唯一能"理解"的语言。机器语言中的每个语句都是二进制形式的指令代码,包括操作码和地址码两部分。计算机所执行的全部指令的集合都是该计算机的指令系统。

机器语言的缺点是编程工作量大,难学、难记、难修改,只适合专业人员使用;由于不同的计算机,其指令系统不同,机器语言随机而异,通用性差,是面向机器的语言。机器语言优点是程序代码不需要翻译,所占空间少,执行速度快。现在已经没有人用机器语言直接编程了。

B. 汇编语言:第二代语言汇编语言是用助记符来表示机器指令的符号语言。将机器指令的代码用英文助记符来表示,代替机器语言中的指令和数据。用汇编语言写好的源程序必须翻译成机器语言的目标程序才能在机器上执行,这个工作由专门的汇编程序来完成。

汇编语言是面向机器的语言,运行速度快,但因机而异,掌握起来仍比较困难。

C. 高级语言:高级语言使程序员可以完全不用与计算机的硬件打交道,可以不必了解机器的指令系统。这样,程序员就可以集中精力来解决问题本身而不必受机器制约,编程效率高;由于与具体机器无关,因此程序的通用性强。每种高级语言都有编译或解释程序,把高级语言翻译成计算机执行的机器语言。

1954 年,第一个完全脱离机器硬件的高级语言——FORTRAN 问世了,经过几十年的发展,共有几百种高级语言出现,高级语言的发展也经历了从早期语言到结构化程序设计语言,从面向过程到非过程化程序语言的过程。相应地,软件的开发也由最初的个体手工作坊式的封闭式生产,发展为产业化、流水线式的工业化生产。1969 年,提出了结构化程序设计方法,1970 年,第一个结构化程序设计语言——Pascal 语言出现,标志着结构化程序设计时期的开始。80 年代初开始,在软件设计思想上,又产生了一次革命,其成果就是面向对象的程序设计,C++、Visual Basic、Delphi 就是典型代表。高级语言的下一个发展目标是面向应用,也就是说:只需要告诉程序你要干什么,程序就能自动生成算法,自动进行处理,这就是非过程化的程序语言。

4) 系统支撑和服务程序:这些程序又称为工具软件,它是开发和研制各种软件的工具,常见的工具软件有诊断程序、调试程序、排错程序、编辑程序、查杀病毒程序等,都是为维护计算机系统的正常运行或支持系统开发所配置的软件系统。这些工具软件为用户编制计算机程序及使用计算机提供了方便。

5) 数据库管理系统:主要用来建立存储各种数据资料的数据库,并进行操作和维护。在微机上运行最普及的数据库管理系统有 FoxBase,Visual Foxpro,Access,以及大型数据库管理系统 Oracle,DB2,SQL Server 等。

(2) 应用软件:应用软件是指计算机用户利用计算机及其提供的系统软件,为解决某一专门的应用问题而编制的计算机程序,是在操作系统平台上设计开发的,面向应用领域的软件系统。应用软件是多种多样的,常用的应用软件有以下几种:①各种信息管理软件;②各种文字处理软件;③各种计算机辅助设计软件和辅助教学软件;④实时控制软件;⑤各种软件包,如数值计算程序库、图形软件包等。

1.3.2　计算机的性能指标

一台微型计算机功能的强弱或性能的好坏,不是由某项指标来决定的,而是由它的系统结构、指令系统、硬件组成、软件配置等多方面的因素综合决定的。但对于大多数普通用户来说,可以从以下几个指标来大体评价计算机的性能。

1. 运算速度

运算速度是衡量计算机性能的一项重要指标。通常所说的计算机运算速度是指每秒钟所能执行的指令条数,一般用“百万条指令/秒”(MIPS,million instruction per second)来描述。微型计算机一般采用主频来描述运算速度,主频越高,运算速度就越快。

2. 字长

一般说来,计算机在同一时间内处理的一组二进制数称为一个计算机的“字”,而这组二进制数的位数就是“字长”。在其他指标相同时,字长越大计算机处理数据的速度就越快。目前微型计算机将进入 64 位时代。

3. 内存储器的容量

内存储器容量的大小反映了计算机即时存储信息的能力。内存容量越大,系统功能就越强大,能处理的数据量就越庞大。

4. 外存储器的容量

外存储器容量越大,可存储的信息就越多,可安装的应用软件就越丰富。目前,硬盘容量一般为 80G 至 250G,有的甚至已达到 1TB 或更高。

5. 扩展能力

主要指计算机系统配置各种外设的可能性和适应性。如一台计算机允许配接多少种外设,对计算机的功能有重大影响。

6. 软件配置情况

要想使一台计算机能够很好地发挥作用,必须为计算机配置功能强大的系统软件及相关的应用软件。

1.4 信 息 安 全

无论在计算机上存储、处理和应用,还是在通信网络上传输,信息都可能被非授权访问导致泄密,被篡改破坏导致不完整,被冒充替换导致否认,也可能被阻塞拦截导致无法存取。这些破坏可能是有意的,如黑客攻击、病毒感染;也可能是无意的,如误操作、程序错误等。信息安全的目标是机密性、完整性和可用性,即 CIA(Confidentiality,Integrity,Availability)。

1.4.1 已知安全威胁的种类

1. 蠕虫

蠕虫程序主要利用系统漏洞进行传播。它通过网络、电子邮件和其他的传播方式,像蠕虫一样从一台计算机传染到另一台计算机。因为蠕虫使用多种方式进行传播,所以蠕虫程序的传播速度非常快。一般情况下,蠕虫程序只占用内存资源而不占用其他资源。

2. 病毒

当已感染的软件运行时,这些恶性程序向计算机软件添加代码,修改程序的工作方式,从而获取计算机的控制权。

3. 木马

木马程序是指未经用户同意进行非授权操作的一种恶意程序。它不会自我繁殖,也并不"刻意"地去感染其他文件,它通过将自身伪装吸引用户下载执行,向施种木马者提供打开被种者电脑的门户,使施种者可以任意毁坏、窃取被种者的文件,甚至远程操控被种者的电脑,进行"偷窃"性的远程控制。

4. 广告软件

广告程序在不通知用户的情况下进入到用户的计算机中,有目的显示广告。广告软件一般被集成在免费的软件里面,在程序界面显示广告。广告程序常常会收集用户信息并把信息发送给程序的开发者,改变浏览器的设置(如首页、搜索页和安全级别等),创建用户无法进行控制的网络通信。广告软件通常会给用户带来经济上的损失。

5. 间谍软件

间谍软件是一种能够在用户不知情的情况下,从计算机上搜集信息,并在未得到该计算机用户许可时便将信息传递到第三方的软件,包括监视击键,搜集机密信息(密码、信用卡号、PIN 码等),获取电子邮件地址,跟踪浏览习惯等。

6. 流氓软件

流氓软件是介于病毒和正规软件之间的软件,通俗地讲是指在使用电脑上网时,不断跳出的窗口让自己的鼠标无所适从;有时电脑浏览器被莫名修改增加了许多工作条,当用户打开网页却变成不相干的奇怪画面,甚至是黄色广告。有些流氓软件只是为了达到某种目的,比如广告宣传,这些流氓软件不会影响用户计算机的正常使用,只不过在启动浏览器的时候会多弹出来一个网页,从而达到宣传的目的。

7. 风险软件

风险软件并不是真正的恶意程序,但它具有一些可能会给计算机带来威胁的功能。如果被不怀好意的人使用,就有可能带来危害。如远程管理软件、IRC 客户机程序等。

8. 玩笑程序

这种程序不会对用户造成真正的伤害,但会在一些特定条件下显示一些文本。玩笑程序常常会向用户发出一些虚假的危险警告,如发现病毒,硬盘正在被格式化等。但实际上这些危险并不存在。

9. 黑客工具

黑客工具一般是由黑客或者恶意程序安装到您计算机中,用来盗窃信息、引起系统故障和完全控制电脑的恶意程序。

1.4.2 计算机病毒及防范

计算机病毒是人为特制的能自我复制并破坏计算机功能的程序。这种程序利用操作系统的缺陷,隐藏在计算机系统的数据资源中,利用系统数据资源进行繁殖、生存,影响计算机系统的正常运行,并通过系统数据共享的途径进行传染。病毒具有传染性、隐蔽性、潜伏性、可激发性、破坏性五个方面的特点。

计算机病毒从单机到网络、从执行文件到电子邮件,破坏性越来越大,传播速度也越来越快,破坏范围也越来越广,编写病毒的技术也越来越高。

1. 计算机感染病毒后的特征

感染病毒的症状较多,因不同的病毒类变种使原病毒出现的症状也可能会不同,常见的症状有:

(1) 操作系统无法正常启动,关闭计算机后自动重启。操作系统报告缺少必要的启动文件,或启动文件被破坏。

(2) 经常无缘无故地死机。

(3) 运行速度明显变慢。

(4) 能正常运行的软件,运行时却提示内存不足。

(5) 打印机的通讯发生异常,无法进行打印操作,或打印出来的是乱码。

(6) 未使用软件,但自动出现读写操作。

2. 计算机病毒的防范

(1) 病毒的预防:即使最权威的,最可靠的预防措施也不能保证 100％不受病毒和特洛依木马感染,但是如果遵循某些规则的话,就可以有效减少受病毒攻击的危险,从而减小因病毒感染引起的损失。为有效预防病毒侵入,如下列出应遵循的主要安全规则:

1) 在计算机上安装反病毒软件和 Internet 防火墙软件:①定期地程序更新。由于每天都有大量的病毒变种出现,所以需要经常地更新病毒库来保证杀毒软件可以查杀最新的病毒。②使用杀毒软件实验室专家的推荐安全设置。使计算机从开机以后将会一直受到保护,并且病毒很难入侵到计算机内部。

2) 拷贝任何数据到计算机时,务必小心:①在拷贝数据前一定要先使用杀毒软件扫描一下然后再拷贝。②谨慎使用电子邮件。接收邮件时,在不确定的情况下,不要打开电子邮件的附件。③从互联网下载任何数据时请小心注意。④有选择的访问网站。很多网站上包含有恶意脚本病毒或者互联网蠕虫病毒。

3) 密切关注杀毒软件提供的所有信息。

在大多数情况下，杀毒软件实验室的专家能够提前预报病毒的爆发期。爆发前，受感染的机会比较小，如果能下载最新的反病毒数据库，就可有效抵御这些新病毒的入侵。

4) 请提防带有欺骗性质的病毒警告信息。

5) 使用 Windows 系统自带的更新工具，定期更新操作系统。

（2）病毒的清除：①清除未被激活的非系统文件中的病毒，采用常用的普通杀毒软件或用手工就能将其清除。②清除已经被激活的非系统文件中的病毒，杀除此类病毒应在 Windows 安全模式下进行。③清除系统文件中病毒，杀此类病毒一定要在干净的操作系统环境下进行。④清除通过网络传播的病毒，必须在断网、关闭网络共享的情况下才能清除。

3. 常用防病毒软件介绍

（1）诺顿（Norton AntiVirus）：诺顿是 Symantec 公司个人信息安全产品之一，亦是一个广泛被应用的反病毒程序。该项产品发展至今，除了原有的防毒外，还有防间谍等网络安全风险的功能。诺顿在其产品中沿袭了一贯的简洁易用的特色。诺顿防病毒软件比较注重实效，虽然数据指标不是非常突出，但发现的病毒基本上可以安全的进行处理，加之配合诺顿全球领先的服务体系，可以说是一款比较值得信赖的产品；但是诺顿在新版本中依然没有解决诺顿系列防病毒软件在压缩包及加壳格式处理方面的弱势。2009 年诺顿以 1（安装只要 1 分钟）：10（开机 10 秒内激活）：100（程序大小 100M 以内）作为口号，并以 Streaming definitions 流式更新技术（每 5-15 分钟即时背景更新病毒数据库）取代过去三到七天更新一次，号称目前 0 资源占用、市售最快、最能迅速反应疫情的杀毒软件。

（2）卡巴斯基：卡巴斯基总部设在俄罗斯首都莫斯科。公司为个人用户、企业网络提供反病毒、防黑客和反垃圾邮件产品。经过十四年与计算机病毒的战斗，被众多计算机专业媒体及反病毒专业评测机构誉为病毒防护的最佳产品。在病毒查杀技术上的领先地位稳固；目前比较不足的方面就是性能方面，占用 CPU 资源较多，尤其是扫描和更新时，对 CPU 的占用较大，对硬件要求过高等问题。

（3）江民杀毒软件：江民科技开发的 KV 系列产品是中国杀毒软件中的著名品牌，多年来保持市场占有率领先的地位。在系统资源占用方面，KV 的表现非常出色，而且和操作系统结合的很好，在资源管理器中可以直接把查杀毒情况显示出来，但这也造成每次开机后第一次打开资源管理器时会有一个明显的延迟；KV 在查毒率方面取得了仅次于卡巴斯基的好成绩。

（4）瑞星杀毒软件：瑞星品牌诞生于 1991 年，是中国最早的计算机反病毒标志。从面向个人的安全软件，到适用超大型企业网络的企业级软件、防毒墙，瑞星公司提供信息安全的整体解决方案。瑞星公司拥有业内唯一的"电信级"呼叫服务中心，以及"在线专家门诊"服务系统。在这些系统的支撑下，瑞星的产品和服务以专业、易用、创新等显著特点，赢得了用户的赞誉。除了提供商业级产品和服务之外，瑞星公司还向全社会免费提供公益性安全信息，如恶性病毒预警、恶意网站监测等。

2008 年 7 月，瑞星"云安全"系统正式运行，这是全球第一个投入商业应用的"云安全"系统。瑞星"云安全"系统以分布式计算、网格计算、未知病毒行为判断等世界前沿技术为基础，把 1.5 亿用户通过互联网连接起来，只要其中一个用户遭到攻击，智能服务器就会把解决方案提供给所有用户，从而彻底解决了"杀毒比病毒滞后，病毒库无限增长"的难题。

1.4.3　计算机使用安全常识

计算机及其外部设备的核心部件主要是集成电路,由于工艺和其他原因,集成电路对电源、静电、温度、湿度以及抗干扰都有一定的要求。正确的安装、操作和维护不但能延长设备的使用寿命,更重要的是可以保障系统正常运转,提高工作效率。下面从工作环境和常用操作等方面提出一些建议。

1. 电源要求

微型机一般使用 220V、50Hz 的交流电源。对电源的要求主要有两个:一是电压要稳,二是微机在工作时供电不能间断。电压不稳不仅会造成磁盘驱动器运行不稳定而引起读写数据错误,对显示器和打印机也有影响。为防止突然断电对计算机工作的影响,在断电后机器还能继续工作一小段时间,使操作员能及时保存好数据和进行必要的处理,最好配备不间断供电电源(UPS),其容量可根据微型机系统的用电量选用。此外,还要有可靠的接地线,以防雷击。

2. 环境洁净要求

微型机对环境的洁净要求虽不像其他大型计算机机房那样严格,但是保持环境清洁还是必须的。因为灰尘可能造成磁盘读写错误,还会减少机器寿命。

3. 室内温度、湿度要求

微型机的合适工作温度在 15℃ ～35℃之间。低于 15℃可能引起磁盘读写错误,高于35℃则会影响机内电子元件的正常工作。为此,微型机所在之处要考虑散热问题。

相对湿度一般不能超过 80%,否则会使元件受潮变质,甚至会漏电、短路,以至损害机器。相对湿度低于 20%,则会因过于干燥而产生静电,引发机器的错误动作。

4. 防止干扰

计算机应避免强磁场的干扰。计算机工作时,应避免附近存在强电设备的开关动作,那样会影响电源的稳定。

5. 注意正常开、关机

初学者一定要养成良好的计算机操作习惯,特别要注意的是不要随意突然断电关机,这样可能会引起数据的丢失和系统的不正常。结束计算机工作,最好按正常顺序先退出各类应用软件,然后利用操作系统提供的关机功能正常关机。

另外,计算机不要长时间搁置不用,尤其是雨季。磁盘片应存放在干燥处,不要放在潮湿的地方,也不要放在接近热源、强光源、强磁场的地方。

第 2 章　Windows XP 应用基础

操作系统（Operating System，简称 OS）是计算机系统中的系统软件，它管理和控制计算机系统中的硬件及软件资源，合理地组织计算机工作流程，并有效地利用这些资源为用户提供一个功能强大、使用方便和可扩展的工作环境，从而起到计算机与用户之间的接口作用。

操作系统是一个庞大的管理控制程序，主要包括 5 个方面的管理功能：进程与处理机管理、作业管理、存储管理、设备管理、文件管理。根据操作系统使用环境和对作业处理方式的不同，操作系统主要可以分为 6 种类型：批处理操作系统、分时操作系统、实时操作系统、个人计算机操作系统、网络操作系统、分布式操作系统。

2.1　常见的操作系统

目前常用的操作系统有 DOS、OS/2、UNIX、LINUX、Windows、Netware 等，下面介绍几种常见的操作系统。

1. Windows 操作系统

Windows 是美国 Microsoft（微软）公司推出的基于个人计算机的操作系统，它以友好的图形用户界面、强大的网络、多媒体技术支持、可靠的安全措施、所见即所得的显示风格、即插即用的硬件识别标准和操作一致的使用方法，深受广大用户的青睐，长期处于个人计算机操作系统领域的领先地位。

Microsoft 公司从 1983 年开始研制 Windows 系统，第一个版本 Windows 1.0 于 1985 年问世，它是一个具有图形用户界面的系统软件。之后依次推出可以相互叠盖的多窗口界面的 Windows 2.0、Windows 3.0。1995 年以后 Microsoft 公司陆续推出 Windows 9X 系列，包括 Windows 95，Windows 98，Windows 98 se 以及 Windows Me，这些都是面向单用户的操作系统。随着网络技术的发展，Microsoft 公司又推出了面向网络的操作系统，包括 Windows NT、Windows 2000、Windows XP、Windows Server 2003、Windows Server 2008 及最新的 Windows 7，目前使用最广泛的操作系统是 Windows XP 和 Windows 7。

Windows XP 发行于 2001 年 8 月，它集 Windows 2000 的技术核心与 Windows 98 的易用性于一身，增添了许多新功能，XP 是 Experience 的缩写，Windows XP 给用户更多的 Web 体验，允许用户发掘各种新用途，提供更多简化操作，强调计算机的智能性，还提供高稳定性、高可靠性和高保密性。Windows XP 在使用过程中最受批评的一点是系统经常出现安全漏洞，并且容易受到恶意软件、计算机病毒或缓存溢出等问题的影响。

2. UNIX 操作系统

UNIX 是一个强大的多用户、多任务，支持多种处理器架构的分时操作系统。1969 年由 Ken Thompson、Dennis Ritchie 和 Douglas McIlroy 在美国电报电话公司贝尔实验室开发。经过长期的发展和完善，已成长为一种主流的操作系统技术和基于这种技术的产品大家族。由于 UNIX 具有技术成熟、结构简练、可靠性高、可移植性好、可操作性强、网络和数据库功能强大、伸缩性突出和开放性好等特色，可满足各行各业的实际需要。

UNIX 主要安装在巨型计算机、大型机上作为网络操作系统使用,曾经是服务器操作系统的首选,占据最大的市场份额,但在跟 Windows Server 以及 Linux 的竞争中有所失利。UNIX 也可用于个人计算机和嵌入式系统,普通的个人用户很少使用,因为它对目前大多数主流的软件不支持,娱乐性能上跟微软也有着本质的区别,目前很多工厂企业使用的设备会安装 UNIX 或类 UNIX 操作系统,这样可以根据实际的使用情况编写程序。

3. Linux 操作系统

Linux 是一套免费使用和自由传播的操作系统,1991 年 4 月,芬兰赫尔辛基大学的学生 Linus Torvalds(当今世界最著名的电脑程序员、黑客)设计了一个系统核心 Linux 0.01,并将系统放在 Internet 上,允许自由下载,希望大家一起将它完善。Linux 经由世界各地成千上万的程序员设计改进,逐渐发展壮大起来,成为一个真正多用户、多任务的通用操作系统。

Linux 操作系统的应用范围非常广泛,现在绝大多数 Web 服务器都使用 Linux 系统作为平台,还有很多大型企业的数据库服务器也运行在 Linux 操作系统上,因为 Linux 自身消耗的资源很少,它不会和数据库进行资源抢夺。如 Google 使用了专门定制和优化的 Linux 平台构建起搜索设备,为广大用户服务。对于广大的程序员和电脑爱好者,Linux 也是很好的选择,只需花费一张 CD-ROM 的价钱或者花费从 Internet 上下载免费软件的时间就可以获得它,并可以自己获得公开的源代码。

4. 嵌入式操作系统

嵌入式系统本身是一个外延极广的名词,凡是与产品结合在一起的具有嵌入式特点的控制系统都可以叫嵌入式系统。我们日常生活中所使用的手机、空调、电冰箱、电视机、微波炉等都可以看做嵌入式系统。我们在智能手机中所使用的 Symbian、PALM、Windows Mobile 等系统就属于较常见的嵌入式操作系统。

嵌入式操作系统负责嵌入式系统的全部软、硬件资源的分配、任务调度、控制和协调并发活动。嵌入式操作系统在系统实时高效性、硬件的相关依赖性、软件固化以及应用的专用性等方面具有较为突出的特点。医疗设备和仪器也是嵌入式系统的重要应用领域,现代化医疗机构中,核磁共振成像扫描仪、电子血压仪、心电监护仪、电子计算机 X 射线断层扫描仪(CT)、心脏起搏器等设备,都属于嵌入式系统的产品。对于医疗设备所使用的嵌入式操作系统由于其自身特点要满足以下几个方面的要求。

(1) 安全可靠:医疗设备必须将安全性放在首位,绝不允许在使用时给医生或病人带来伤害,医疗仪器和系统要遵从一套明确的安全标准,在任何情况下不能以牺牲安全为代价。一台经常要关机重启、复位重置或在弹出的对话框中给出一个莫名其妙出错报告的医疗设备带给病人的不只是精神伤害,更可能会延误治疗时机。

(2) 性能卓越:对医疗设备系统要求能高效的运行 CPU、合理的使用内存并让各种外设及时响应,这些需要高效的特定操作系统才能实现。大多数医疗系统是实时运行的,它们工作速度快,而且必须要在特定时间做出响应,不能早也不能晚。

(3) 经济实用:全球医疗康护成本都在不断上升,控制医疗设备的开发成本是实现负担得起的医疗保健的关键之一,医疗设备需要尽可能的降低成本,在保证性能的情况下,医用操作系统应在更小的内存上运行高效软件并尽可能的选用非高端的 CPU 以降低制造成本。

(4) 功能完备:设计任何设备的意义都在于能为用户提供若干具体功能和用处。对于医疗设备,除了其专用的医用功能,也要求其便于携带和连接。虽然便携性始于对硬件的要求,但它对软件也产生重大影响,关键问题是合理使用 CPU 和内存、降低功耗、最大限度地延长电池寿命,这些都依赖于优秀的操作系统,便携式的医疗设备已逐步进入家庭,便携式的血糖测试仪、电子血压计等设备可以随时随地为病患服务。医用设备也广泛的应用无线技术(蓝牙、ZigBee 和 WiFi 等),远程心电监护仪可以让医生实时了解病人的情况,为医患提供极大的便利。

2.2　Windows XP 基本操作

Windows XP 操作系统是微软公司推出的图形用户界面操作系统,由于采用了图形用户界面,可以把各种操作以图标和窗口的形式显示在屏幕上,用户可以通过鼠标完成相应的操作。

2.2.1　Windows XP 的启动和退出

1. 启动

打开计算机电源后,Windows XP 就会自己启动系统进入桌面。如果用户设置了用户名和密码,需要选择用户名并输入正确的密码才能登录 Windows XP 桌面。

2. 退出

图 2-1　关闭计算机

如果想要结束 Windows XP 的操作,关闭计算机,可以选择【开始】菜单中的【关闭计算机】选项,在弹出的【关闭计算机】对话框中,用户可以选择相应的命令按钮进行待机、关闭计算机或重新启动计算机等操作,如图 2-1 所示。

在关闭或重新启动计算机之前,一定要先退出 Windows XP 正在运行的应用程序,否则可能会破坏一些没有保存的文件和正在运行的程序。

2.2.2　Windows XP 的桌面

Windows XP 将整个屏幕的背景区域称为【桌面】,它是用户操作的工作环境,如图 2-2 所示。在桌面上可以看到图标、【开始】菜单、快速启动栏、任务栏和通知区域等。

1. 桌面图标

桌面上的小型图片称为图标,图标是图形和文字说明的组合。一般情况下,桌面上都会有【我的电脑】、【网上邻居】、【回收站】、【我的文档】及【Internet Explorer】这些图标。用户可以双击图标,或者右击图标在弹出的快捷菜单中选择【打开】命令,来执行相应的程序。

(1)我的电脑:访问【我的电脑】可以看到本机上的所有硬件设备和软件资源,包括用户自己建立的文件等,并可以对这些资源进行管理。

(2)网上邻居:查看和管理用户所在的局域网内其他计算机的软件和硬件资源。用户可以进行配置本地网络、设置网络标识和设置访问控制等操作。

(3)回收站:用于临时存放从磁盘上删除的文件和文件夹。回收站中的文件可以恢复到原来保存的位置,回收站被清空以后,该文件即被彻底删除,一般不能恢复。

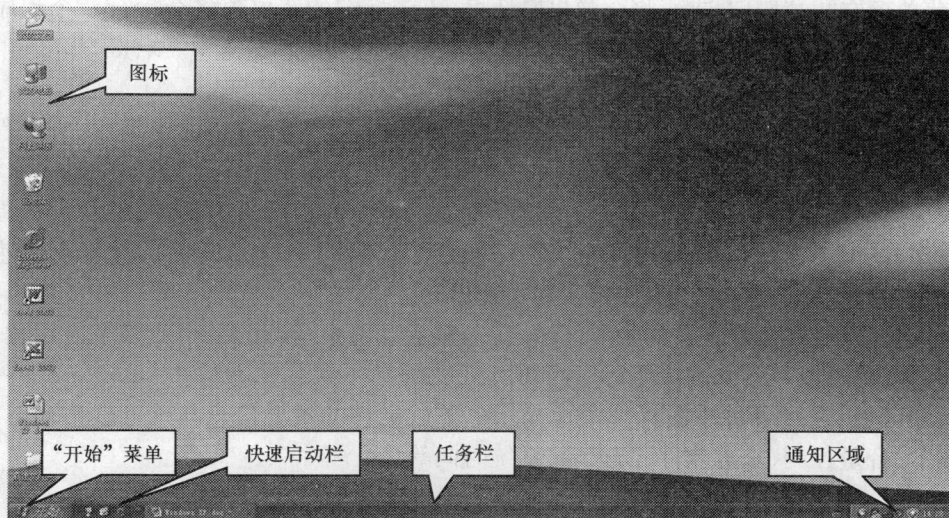

图 2-2　Windows XP 桌面

（4）我的文档：用于管理用户的各类文档，是用户创建文档的默认保存位置。

（5）Internet Explorer：启动 Internet Explorer 浏览器，登录 Internet 浏览信息、下载文件。

用户可以根据自己的需要在桌面上添加图标或在桌面上存放经常使用的文件或文件夹。桌面上的图标是可以移动的，可以用鼠标右击桌面空白处，在弹出菜单中选择【排列图标】，对图标按名称、大小、类型、修改时间和自动排列等方式进行排列。

左下角带有小箭头的图标被称为"快捷方式"。快捷方式是 Windows 提供的一种快速启动程序、打开文件或文件夹的方法，它是应用程序的快速连接。为了使用方便，用户可以创建自己常用程序的快捷方式，方法是从右键菜单中选择【新建】|【快捷方式】，并按提示操作。删除快捷方式只是删除和程序的连接，并不是真的删除程序。

2.【开始】菜单

【开始】菜单可以打开大部分安装的软件和控制面板，是 Windows 应用程序的入口，如图 2-3 所示为经典【开始】菜单。【开始】菜单主要包括以下选项。

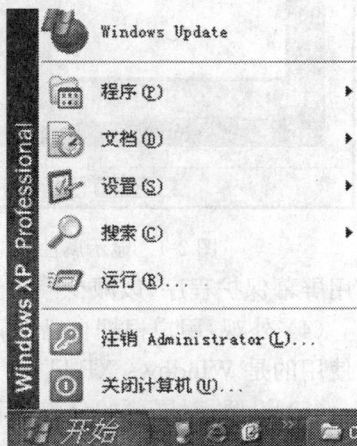

（1）Windows Update：自动从 Internet 上更新 Windows 系统。

（2）程序：显示可执行的程序清单。

（3）文档：显示最近打开过的文档。

（4）设置：对系统进行管理。

（5）搜索：查找文件、文件夹、用户和计算机等。

（6）运行：通过输入命令字符串的方式运行程序。

（7）注销：切换用户或原用户重新登录。

（8）关闭计算机：用于待机、关闭或重新启动计算机。

图 2-3　经典开始菜单

如果菜单项有"▶"标记，表示是级联菜单，即有下级菜单;菜单项有"…"标记,表示将会弹出对话框;不带标记的菜单项将会运行一个程序或打开一个文档;菜单项名字后面括号里的字母表示该菜单的快捷键。

3.【任务栏】

【任务栏】就是位于桌面最下方的小长条,主要由【开始】菜单、快速启动栏、应用程序区和通知区域组成。

快速启动栏:等同于快捷方式,但可以在不显示桌面的情况下方便的使用,大大提高了使用效率,鼠标单击就可以运行程序。在任务栏的【属性】中可以设置是否显示快速启动栏,需要快速启动的程序可以直接拖入到快速启动栏。

应用程序区:多任务工作的主要区域之一,显示系统中运行的一个或多个应用程序,单击相应的图标可以在不同的应用程序间切换。

通知区域:通过各种小图标形象地显示电脑软硬件的重要信息与杀毒软件动态,包括语言提示、音量控制、杀毒软件、防火墙、系统时间等。

2.2.3 桌面操作

1. 设置桌面

设置桌面实际上就是设置 Windows XP 的显示风格。在桌面的空白位置右击鼠标,弹出快捷菜单,选择【属性】命令,弹出图 2-4 所示的【显示属性】对话框。显示属性对话框包括主题、桌面、屏幕保护程序、外观和设置 5 个选项卡。

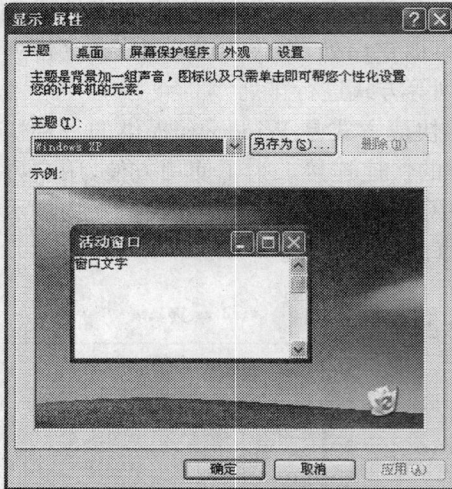

图 2-4　显示属性

（1）主题:桌面主题是图标、字体、颜色、声音和其他窗口元素的集合,它使桌面具有统一的外观。在【主题】选项卡中,可以从下拉列表中选择不同的主题风格。

（2）桌面:用户可以选择系统给出的图片作为桌面的背景,也可以通过【浏览】选择其他自己喜欢的图片作为背景。【位置】列表可以改变图片在桌面上的位置,有居中、平铺或拉伸 3 个选项。

（3）屏幕保护程序:当用户在一段指定的时间内没有使用计算机时,屏幕会显示随机亮度的动态画面或黑屏,以防止长期高亮对屏幕的灼伤。这种做法只对 CRT(阴极射像管)显示器起作用,对于现在广泛使用 LCD(液晶显示屏)不要使用屏幕保护程序,以减少液晶分子的开关次数,延长 LCD 显示器的使用寿命。

（4）外观:用户根据自己的喜好,设置窗口和按钮、色彩方案和字体属性等。默认状态下使用的是 Windows XP 风格。

（5）设置:对屏幕的分辨率和颜色质量进行设定,使显示到达最佳的视觉效果。屏幕分辨率可以通过拖动小滑块来调整,分辨率高,在屏幕上显示的项目多,但尺寸比较小。在【颜色质量】列表中的"最高 32 位",能让系统显示超过 40 亿种颜色;"中(16 位)",能让系统显示超过 65000 种颜色,选择颜色越多,屏幕显示的质量越好。

2. 设置开始菜单

右击【开始】菜单或【任务栏】空白处,在快捷菜单中选择【属性】,在弹出的【任务栏和开始菜单属性】对话框中选择【开始菜单】选项卡,如图 2-5 所示,可以对开始菜单进行设置。选中"【开始】菜单"选项并确定后,开始菜单以 Windows XP 风格显示,如图 2-6。

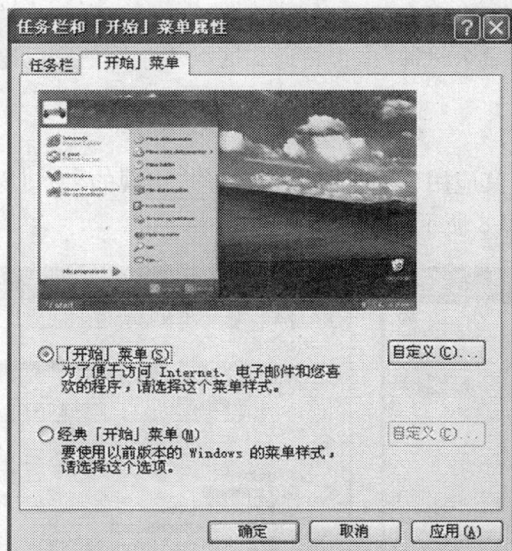

图 2-5　任务栏和开始菜单属性对话框

图 2-6　XP 风格开始菜单

在【开始菜单】选项卡中选择某一菜单样式后,点击右侧的【自定义】按钮,可以向【开始】菜单中添加程序,或删除【开始】菜单中已有的程序,并可以设置高级开始菜单选项,例如设置是否显示【运行】。

3. 设置任务栏

右击【开始】菜单或任务栏空白处,在快捷菜单中选择【属性】,在弹出的【任务栏和开始菜单属性】对话框中选择【任务栏】选项卡,如图 2-7 所示,可以进行如下设置。

(1) 锁定任务栏:决定是否可以更改任务栏的大小和位置。在不锁定任务栏的状态下,可以调整任务栏的高度,将鼠标放在任务栏的上边缘处,待鼠标变成双向箭头形状时,用鼠标上下拖动可以改变任务栏的高度,但最高只可调整至桌面的 1/2 处;在不锁定任务栏时,也可以改变任务栏的位置,在任务栏的空白处按下左键并拖动,任务栏可以拖动到桌面的顶部或两侧。

(2) 自动隐藏任务栏:设置自动隐藏后,任务栏为隐藏的不可见状态,当使用者将鼠标指针放于任务栏所在位置时,任务栏才会出现。

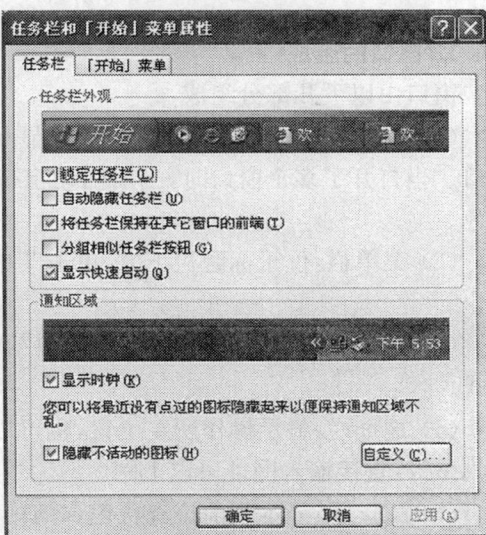

图 2-7　任务栏和开始菜单属性

（3）将任务栏保持在其他窗口的前端：若不选此项，窗口在最大化时显示在任务栏前端，任务栏被挡在窗口后面不可见，无法使用。

（4）分组相似任务栏按钮：当任务栏显示了多种应用程序时，将相近的应用程序按钮叠放在一起以节省任务栏空间。

（5）显示快速启动：设置快速启动栏是否出现在任务栏上。

（6）在通知区域处，我们可以设置是否显示时钟，是否将通知区域不常用的图标隐藏。

2.2.4 Windows XP 的窗口

Windows XP 是图形界面的操作系统，其应用程序都是以窗口形式出现的，窗口操作是 Windows XP 中的最基本操作。窗口如图 2-8 所示。

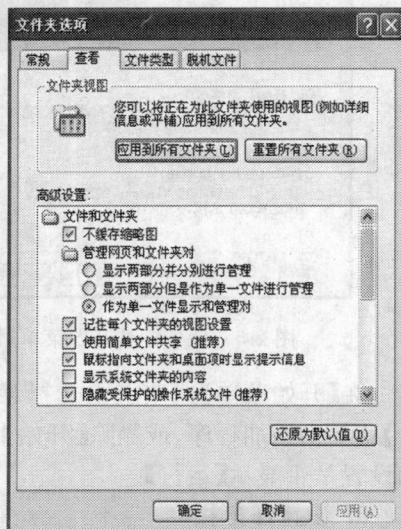

图 2-8 窗口　　　　　　图 2-9 对话框窗口

1. 窗口的组成

窗口由以下几部分组成：

（1）标题栏：位于窗口的顶部，用于显示当前窗口的名称，用鼠标拖动标题栏，可以移动窗口。当打开了多个窗口时，当前活动窗口的标题栏为高亮蓝色，其他窗口的标题栏为淡灰色。

（2）菜单栏：位于标题栏下方，单击菜单项弹出相应的下拉菜单，可以选择相应的操作命令。

（3）工具栏：位于菜单栏的下方，包括各种常用的工具按钮，可以看做菜单项的快捷方式。

（4）地址栏：显示操作所在位置，也可以从下拉列表中选择桌面、我的电脑、我的文档、回收站等，直接输入网址可以上网。

（5）工作区：显示当前位置所包含的内容。当窗口的内容太多，无法完整显示时，窗口中会出现滚动条，滚动条有 2 种：水平滚动条和垂直滚动条。工作区中文件和文件夹的显示方式，可以通过选择【查看】菜单中的缩略图、平铺、图标、列表和详细信息等选项来改变。

（6）状态栏：在窗口的底部，用于显示与当前窗口状态相关的信息。

（7）边、角：鼠标移动到边或角上，变形后拖动鼠标可以改变窗口的高和宽。

2. 对话框

对话框是一种简化的窗口，无最大化或最小化按钮，通常不能改变大小，如图 2-9 所示。当执行带省略号（…）的菜单命令或按钮命令时，将弹出对话框，但在任务栏上不显示对话框图标。对话框随着种类的不同，外观和复杂性也有所不同，典型的对话框由以下几部分组成：

（1）标题栏：标题栏中一般有对话框名称、【关闭】和【帮助】按钮。

（2）选项卡：系统将同一功能的对话框集合在一起，以选项卡的形式进行相互切换。用户可以通过对各个选项卡之间的切换来查看不同的内容。

（3）文本框：用户可以输入信息的矩形框。有的文本框需要用户手动输入一些内容，有的从展开的下拉列表中选择内容。

（4）列表框：列表框中有多行可供选择的项目。

（5）单选框：用来控制一些属性上相互制约的选项，当选择其中一项时，其他选项将被取消。

（6）复选框：设置一些不相关属性的选择，可以在所列出的选项中任意的选择。

（7）命令按钮：在对话框中有一系列的命令按钮，其中最基本的就是用来进行确认的两个按钮，即【确定】和【取消】按钮，分别用来执行所选定的操作或终止所选定的操作。

2.2.5　汉字输入法

一般情况下，Windows 操作系统都带有集中输入法，在系统装入时就已经默认安装，如微软拼音输入法、智能 ABC 输入法、全拼输入法等，当然用户可以根据自己的需要添加或者删除输入法。

1. 选择输入法

对于已经安装的多种输入法，用户可以利用键盘或鼠标调用其中的一种进行输入，并可以在不同的输入法之间切换。

（1）鼠标方式：单击任务栏中的输入法指示器，会弹出"选择输入法"菜单，菜单中列出了当前系统已经安装的输入法，单击即可选择使用。选择某一输入法后，输入法指示器的图标会变成已选的输入法标识。

（2）键盘方式：用户可以使用【Ctrl＋Shift】组合键在英文和各种中文输入法之间切换，【Ctrl＋Space】组合键用于启动或关闭中文输入法。

2. 智能 ABC 输入法

智能 ABC 输入法（又称标准输入法）是中文 Windows 中自带的一种汉字输入方法，由北京大学的朱守涛先生发明。它非常适合计算机初学者使用，只要用户掌握了汉字的拼音方法就能准确的进行输入。选择智能 ABC 输入法后，屏幕上出现输入法界面，如图 2-10 所示，下面依次介绍各按钮。

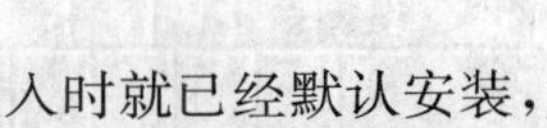

图 2-10　智能 ABC 输入法

（1）中英文切换按钮：单击中英文切换按钮可以实现中英文输入状态的切换。当按钮标识为"A"时，输入为英文。也可以使用键盘上的【Caps Lock】键实现智能 ABC 中英文输入的切换。

（2）输入方式切换按钮：智能 ABC 携带了双拼输入方法，使用输入方式切换按钮可以在"双打"和"标准"两种输入方式之间进行切换。在标准输入方式下，用户输入汉字的拼音就可以完成汉字及词的录入。

（3）全角和半角切换按钮：按钮标识为"●"是全角状态，月牙形状是半角状态，也可以使用【Shift＋Space】组合键切换。半角全角主要是针对标点符号，全角标点占两个字节，半角标点占一个字节，不管是半角还是全角，汉字都占两个字节。

（4）中英文标点切换按钮：按钮上句号显示为空心状态时输入为中文标点，句号显示为实心状态时输入为英文标点，可以使用【Ctrl＋.】组合键切换。

（5）软键盘：单击该按钮，用户可以使用软件的方式模拟键盘输入字符，如图 2-11 所示。通过使用软键盘用户还可以录入多种特殊符号，如"★"、"≌"、"Ⅳ"、"℃"、"ǔ"、"※"等。操作方法是用鼠标右击软键盘按钮，在弹出菜单中可以看到多种符号的软键盘，用户可以根据需要选用。

（6）使用方法：智能 ABC 使用时，用户输入拼音，按【Space】键后，出现选字菜单，用户可以用鼠标选字或用键盘输入对应的数字选字，如图 2-12 所示。若当前页里没有需要的字，可以使用【－】或【＋】键分别向前或后翻页。在输入词语时，如果给出的菜单中没有需要的词语，可以用【Back Space】键逐个选择需要的字自己组词。

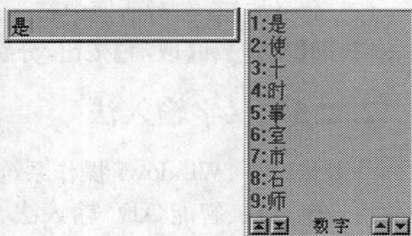

图 2-11 软键盘   图 2-12 智能 ABC 的使用方法

3. 微软拼音

微软拼音输入法（MSPY）是一种智能型的拼音输入法，用户不需要经过专门的学习和培训，就可以方便使用并熟练掌握这种汉字输入技术。

微软拼音输入法采用基于语句的整句转换方式，用户连续输入整句话的拼音，不必人工分词、挑选候选词语，微软拼音输入法具备自学习和自造词功能，经过一定时间的使用，能够识别用户的专业术语和用词习惯，因此微软拼音输入法的准确率会更高。微软拼音还支持中英文混合输入、逐键提示、候选窗口、词语模式、手写输入等功能。

图 2-13 微软拼音输入法

使用鼠标或键盘选择微软拼音输入法后，屏幕上出现输入法状态条，如图 2-13 所示。状态条指示当前的输入状态，通过点击上面的按钮来切换输入状态以及改变微软拼音输入法的属性设置。本书所用为微软拼音 2007，用户实际使用的输入法因版本不同，看到的状态条与图 2-13 可能稍有不同。下面依次介绍状态条上的按钮。

（1）输入法切换按钮：点击此按钮可以弹出输入法选择菜单，用户可以从中选择其他种类的输入法。

（2）体验按钮："体验"输入风格是微软拼音输入法的默认设置。在"体验"风格中用户

输入拼音的同时可以看到供选择的词条,如图 2-14 所示。点击【体验】按钮可以更改为【经典】风格,在输

jisuanji
1计算机 2计算 3肌酸 4机 5计 6及 7几　◀ ▶

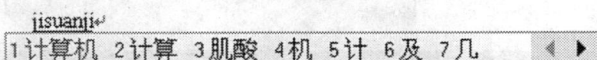

图 2-14　微软拼音体验风格

入时不在下方出现词条,而是直接在输入位置显示汉字。

(3) 中英文切换按钮:使用此按钮可以切换中英文输入状态,也可以使用【Shift】键切换,切换中英文时标点符号也会做相应变化。

(4) 中英文标点切换:点击此按钮用户可以切换中英文标点,也可使用【ctrl+.】组合键进行切换。

(5) 开启/关闭输入板按钮:点击此按钮可以开启或关闭输入板,输入板如图 2-15 所示为字典查询功能,用户可以使用部首检字的方式查找汉字并输入,也可以从【符号】选项卡中选择需要输入的符号。使用输入板左侧的【手写识别】按钮可以进入手写识别状态,用户可以按下鼠标左键在输入板中输入汉字,如图 2-16 所示。

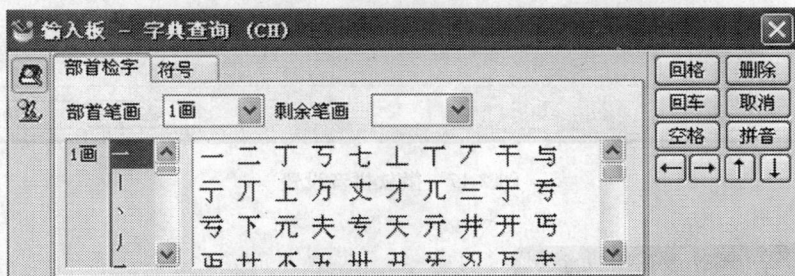

图 2-15　微软拼音输入板

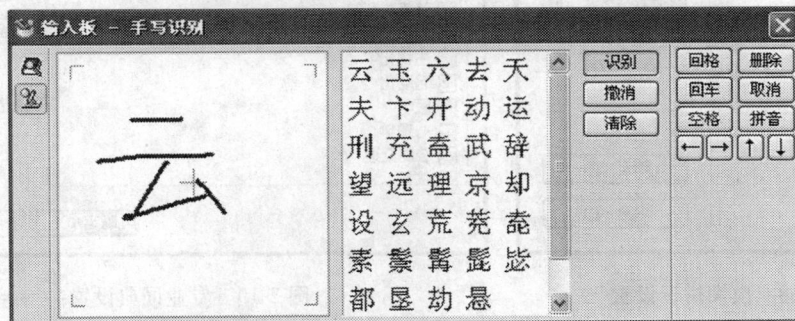

图 2-16　微软拼音手写识别

(6) 功能菜单按钮:左键点击此按钮在弹出菜单中选择【输入选项】可弹出如图 2-17 所示对话框,对微软拼音进行设置。用户在【常规】选项卡中可以设置输入风格,拼音方式及中英文切换键。在【微软拼音新体验及经典输入风格】选项卡中,可以设置是否模糊输入,点击【模糊拼音设置】按钮,弹出如图 2-18 所示对话框。也可以点击【专业词典】按钮,设置选用的专业词典,如图 2-19 所示。微软拼音输入法内置了 43 套专业词库,合理使用专业词库,输入相关的专业词汇就会十分迅速,可以极大提高您的输入速度。微软拼音 2007 默认使用了 5 套专业词库,它们分别是网络流行词汇、计算机科学、电子工程、生物化学和自动化,用户可以根据自己的需要来选择合适的专业词库。

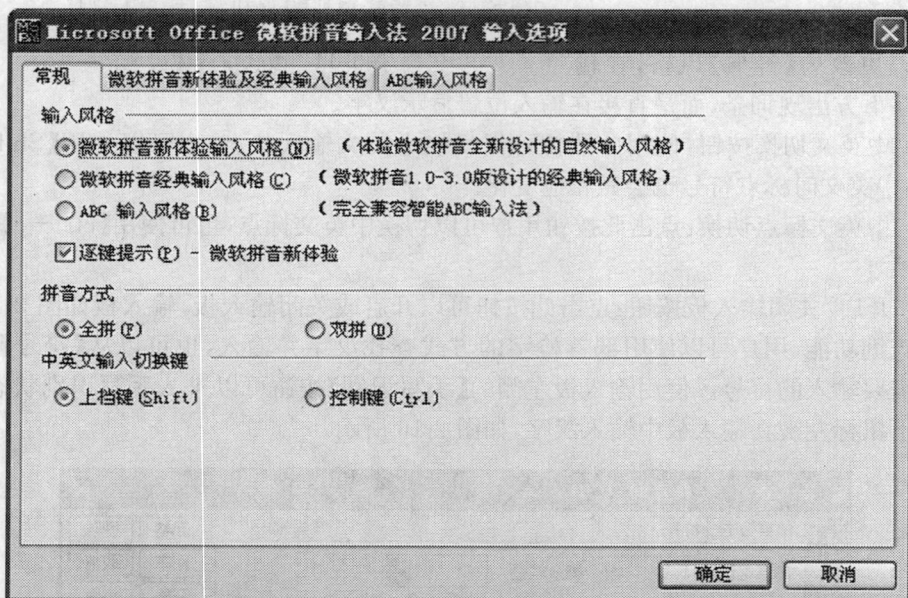

图 2-17 微软拼音设置

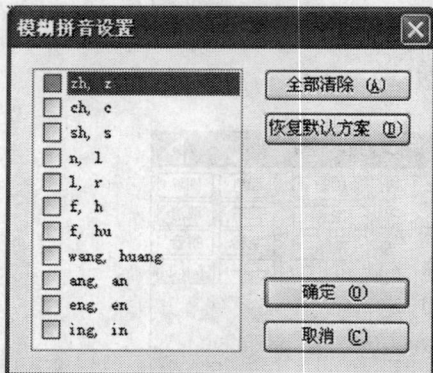

图 2-18 模糊拼音设置　　　　　图 2-19 专业词典设置

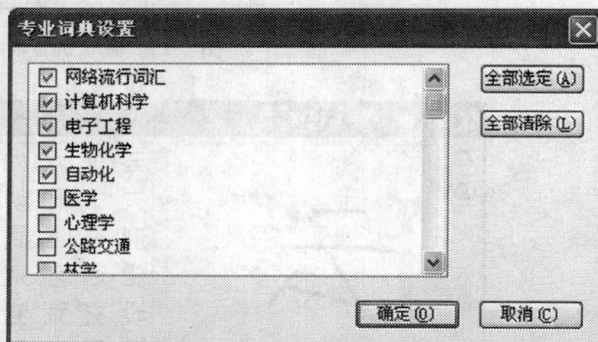

(7) 使用方法:使用微软拼音输入法时,输入汉字对应的拼音,就会在下方看到供选择的汉字词条,由于微软拼音支持成句输入,用户可以连续输入多个汉字后再逐个选字,直到遇到标点符号,如果词条中没有出现需要的字或词可以用【←】键,向左重新选字,词条翻页使用【一】和【＋】按键,选好的字词按下【Space】键确认使虚线消失,完成输入。

微软拼音可以在中文模式下输入英文,输入英文后按回车键即可。微软拼音支持音节切分符,例如在输入"西安"时,输入拼音"xi an"(中间加一个空格)或者"xi'an"都可以准确地得到"西安"这个词。(当然,直接输入 xian 也会有"西安"在候选词条中供您选择,但加了切分音可直接转换成"西安"而不用在候选词条中选取。)

4. 五笔字型输入法

五笔字型输入法是王永民在 1983 年 8 月发明的一种汉字输入法。五笔字型依据笔画和字形特征对汉字进行编码,将汉字笔划分为横、竖、撇、捺、折五种,用户必须熟练掌握汉字编码才可以输入汉字。五笔字根分布在除【Z】之外的 25 个按键上,这样每个键位都对应着几个甚至是十几个字根,如图 2-20 所示。

图 2-20　五笔字根表

现在广泛使用的五笔输入法有王码五笔、极品五笔、智能五笔、万能五笔等,它们在提供五笔输入方式的同时也支持拼音输入。

5. 设置默认输入法

计算机中可以安装多个输入法,为了使用方便用户可以把最常用的输入法设置为默认输入法,以避免反复切换输入法,方法为右键点击语言栏,在弹出菜单中选择【设置】,弹出【文字服务和输入语言】对话框,如图 2-21 所示。在【设置】选项卡中【默认输入语言】下拉列表中选择最常用的输入法。

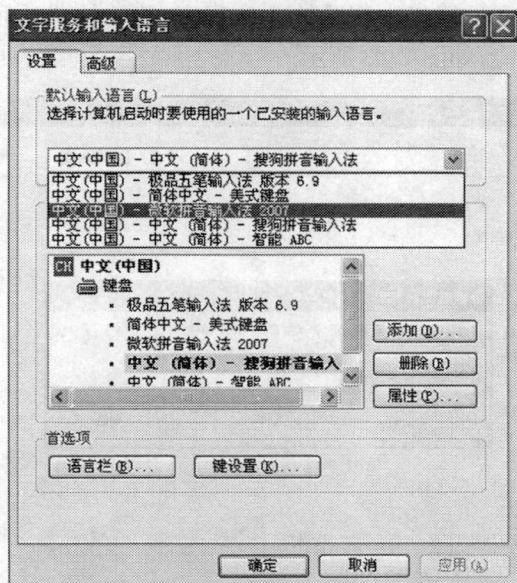

图 2-21　设置默认输入法

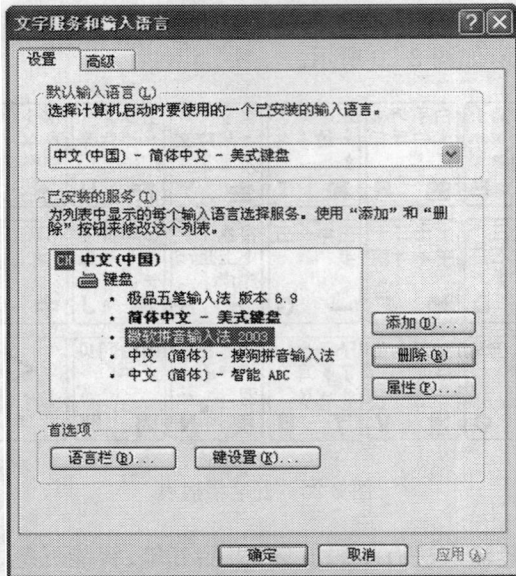

图 2-22　删除输入法

6. 删除输入法

对于不再使用的输入法，可以从语言栏中删除。方法为右键点击语言栏，在弹出菜单中选择【设置】，弹出【文字服务和输入语言】对话框，如图 2-22 所示，在【设置】选项卡中的【已安装的服务】列表中选择要删除的输入法，点击右侧的【删除】按钮，就可以将输入法从语言栏中删除，但并不是在计算机中删除输入法程序，删除输入法程序需在【控制面板】中使用【添加/删除程序】功能，如图 2-23 所示。

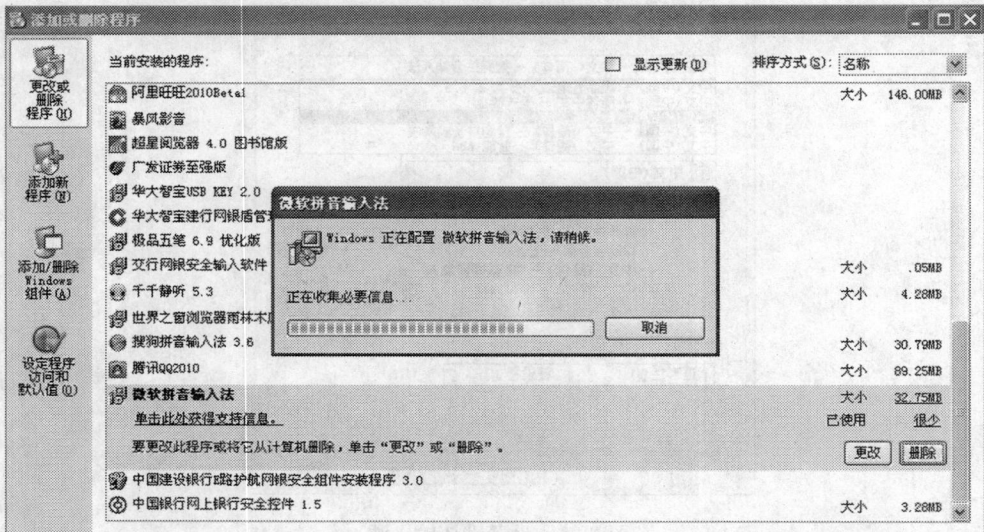

图 2-23　删除输入法程序

2.3　Windows XP 的文件管理

计算机中的所有资源都是以文件的形式组织存放的,Windows 系统以文件夹的形式组织管理文件,形成 Windows 的文件系统。

2.3.1　文件和文件夹

1. 文件

文件是存储在磁盘上的信息的集合,计算机中的文件可以是文档、程序、快捷方式和设备。文件由文件名和图标组成,每个文件都有一个文件名,也对应一个图标,一种类型的文件具有相同的图标。文件名是文件存在的标识,操作系统根据文件名来对文件进行控制和管理,不同的操作系统对文件命名的规则略有不同。

2. 文件名

文件名由主文件名和扩展名组成,主文件名和扩展名之间用间隔符(.)隔开。主文件名由用户自己定义,扩展名通常由 1～4 个合法字符组成,用来标识文件的类型,例如 readme. txt。

Windows XP 的主要命名规则:

(1) 文件名最长可以使用 255 个字符。

(2) 可以使用扩展名,扩展名用来表示文件类型,也可以使用多间隔符的扩展名。如 win. ini. txt 是一个合法的文件名,但其文件类型由最后一个扩展名决定。

(3) 文件名中允许使用空格,但不允许使用下列字符:“<”、“ >”、“ /”、“\”、“|”、“:”、“"”、“ * ”、“?”。

(4) Windows 系统对文件名中字母的大小写在显示时区分,但在使用时不区分。

3. 常用文件类型

根据文件的扩展名,可以判定文件的种类,从而知道其格式和用途,常用文件类型见表 2-1。

表 2-1 常用文件类型

系统文件	int、sys、dll、adt
可执行文件	以 com 和 exe 为扩展名的文件,单击即可执行
文档文件	txt(文本文档)、doc(word 文档)、hlp(帮助文件)、wps(金山文档)、xls(Excel 电子表格)、ppt (PowerPoint 演示文稿)、htm(网页文件)、pdf(可移植文档)
图像文件	bmp(位图文件)、tiff(标记图像文件格式)、gif(图像交换格式)、jpeg(联合图片专家组)、png(流式网络图形格式)
声音文件	cda(CD 音轨)、wav(Windows 声音文件)、aif(APPLE 公司的音频文件)、au(基于 UNIX 的数字音频格式)、mp3(由 winamp 播放)、ram(realplayer 播放)
动画文件	avi(常用动画处理软件可播放)、mpg(由 vmpeg 播放)、mov(由 activemovie 播放)、swf(用 flash 自带的 players 程序可播放)

4. 文件夹

文件夹是用来组织磁盘文件的一个数据结构。文件夹中除了可以包含程序、文档、打印机等设备文件和快捷方式外,还可以包含下一级文件夹。用户可以通过文件夹对不同的文件进行分组、归类管理。

5. 文件和文件夹操作

对文件和文件夹的基本操作有新建、选定、重命名、移动、复制、删除等。

（1）文件和文件夹的选定：对文件和文件夹进行操作之前，首先要选定操作对象，被选定的文件或文件夹会以反白显示，选择操作主要有以下几种：

1）选定单个文件或文件夹：直接在图标上单击。

2）选择连续多个相邻的文件：先单击第一个要选取的文件或文件夹，然后按住【Shift】不放，再单击最后一个要选取的文件或文件夹，就选择了中间这一片连续的对象。也可以用鼠标左键拖动的方式，画出一个虚线框，将要选定的文件包含在框内。

3）选定全部文件或文件夹：选择【编辑】|【全部选定】，或者使用【Ctrl＋A】组合键。

4）选择不连续多个文件或文件夹：按住【Ctrl】键不放，用鼠标点取要选择的文件，全部选择完毕后再松开【Ctrl】键。

5）取消选择：要在选定的多个对象中取消对个别对象的选定，可按住【Ctrl】键，再单击要取消选定的对象。如果要取消对所有文件的选定，只需单击空白位置。

（2）新建文件或文件夹：为了便于管理，我们可以创建不同的文件夹来存放不同用途的文件，也可以在已有的文件夹中创建新的文件夹。方法如下：

在需要新建文件夹位置的窗口菜单栏中，选择【文件】|【新建】|【文件夹】命令，在窗口工作区出现一个"新建文件夹"图标，输入文件夹名，按【Enter】键或在空白处单击确认。

也可以在需要新建文件夹位置的窗口工作区空白处右击，在弹出的快捷菜单中选择【新建文件夹】命令，出现一个"新建文件夹"图标，输入文件夹名，按【Enter】键或在空白处单击确认（在桌面上新建文件夹只能用此方法）。

新建文件时按上述方法在弹出的菜单中选择相应的文件类型，如文本文档、Microsoft Word 文档等。

（3）更改文件或文件夹名称：文件或文件夹的改名操作，步骤如下：

1）选定需要重命名的文件或文件夹。

2）在窗口菜单栏中，选择【文件】|【重命名】命令；或者右击重命名对象，在快捷菜单中选择【重命名】；也可以在选定对象后，单击文件或文件夹的名字。

3）名字变成反显加框状态后，输入新名字，按【Enter】键或在空白处单击确认。

（4）移动文件或文件夹：有时候需要将文件从一个文件夹移动到另一个文件夹，或者从一个驱动器移动到另一个驱动器。操作步骤如下：

1）选定要移动的文件或文件夹。

2）选择窗口菜单栏中的【编辑】|【剪切】命令，被移动的文件或文件夹图标会变成灰色。

3）打开目标驱动器或目标文件夹。

4）选择【编辑】|【粘贴】命令。

【剪切】和【粘贴】命令不只出现在窗口的菜单栏中，在工具栏按钮和右键快捷菜单中也可以找到。【剪切】命令对应键盘的【Ctrl＋X】组合键，【粘贴】命令对应键盘的【Ctrl＋V】组合键。

（5）复制文件或文件夹：文件或文件夹的备份可以通过复制操作来完成。复制就是创建一个文件或文件夹的副本，而原来的文件或文件夹不变。复制文件或文件夹的操作步骤如下：

1) 选定要复制的文件或文件夹。

2) 选择窗口菜单栏中的【编辑】|【复制】命令,此时系统会将当前选定的文件信息复制到剪贴板(见 2.3.3 节)中。

3) 打开目标驱动器或文件夹。

4) 选择窗口菜单栏中的【编辑】|【粘贴】命令,被复制的文件将会出现。

【复制】和【粘贴】命令不只出现在窗口的菜单栏中,在工具栏按钮及右键快捷菜单中也可以找到。【复制】命令对应键盘的【Ctrl+C】组合键,【粘贴】命令对应键盘的【Ctrl+V】组合键。

将硬盘中的文件或文件夹复制到其他移动设备时,可以右击文件或文件夹在弹出菜单中选择【发送到】,从下级菜单中选择目标位置。

(6) 删除文件或文件夹:在使用计算机时,应该及时删除无用的文件和文件夹,删除步骤如下:

1) 选中要删除的文件或文件夹。

2) 选择窗口菜单栏中的【文件】|【删除】命令;或者右击对象在快捷菜单中选择【删除】命令;也可以选中对象后按【Delete】键。

3) 在出现的【确认文件删除】对话框中选【是】按钮,若取消删除选【否】按钮。

文件不是直接从计算机中删除,而是放入回收站中。放入回收站中的文件在需要时可以恢复到原位置。如果希望直接删除对象不放入回收站中,可以在删除时使用【Shift】键。在删除 U 盘、移动硬盘或者网络上的文件时,不经过回收站,因此不可恢复。

(7) 文件或文件夹属性

1) 文件属性:在文件或文件夹图标上右击鼠标,在弹出的快捷菜单中,选择【属性】,弹出文件属性对话框,如图 2-24 所示。

图 2-24 文件的属性

文件属性对话框中主要包括:

A. 文件名、文件类型和打开方式。

B. 文件的存放位置和文件的大小。

C. 文件的创建时间、修改时间和最后访问时间。

D. 只读属性:设置只读属性的文件或文件夹,只能读取其内容,不能修改。

E. 隐藏属性:设置隐藏属性的文件和文件夹,其图标变成灰色,在系统设置"不显示隐藏文件和文件夹"时可以使其不出现在窗口中。通过选择窗口菜单栏【工具】|【文件夹选项】,在弹出对话框中选择【查看】选项卡中的【隐藏文件或文件夹】选项,可以设置是否显示隐藏文件,如图 2-25 所示。

2) 文件夹属性:文件夹的属性与文件的属性略有不同,如图 2-26 所示,其中显示了该文件夹所包含的文件个数和子文件夹个数。

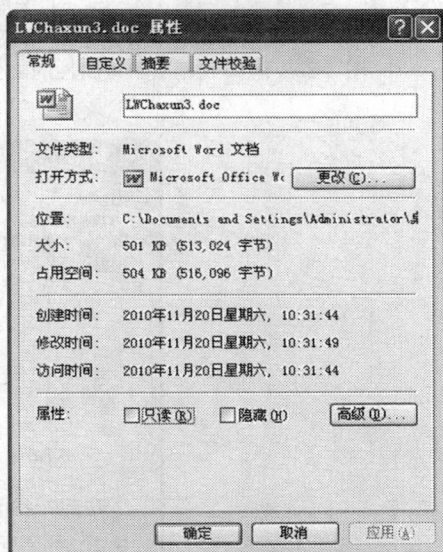

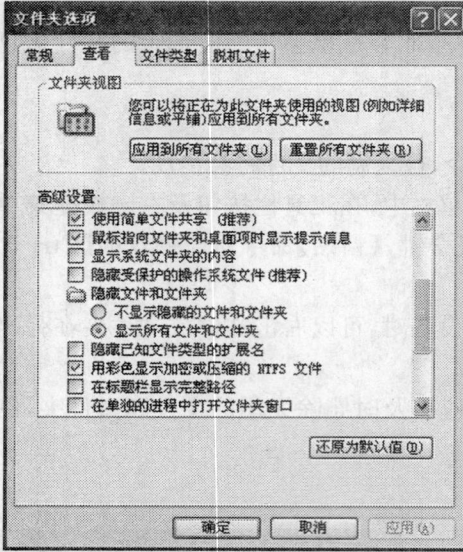

图 2-25 隐藏或显示隐藏属性的文件

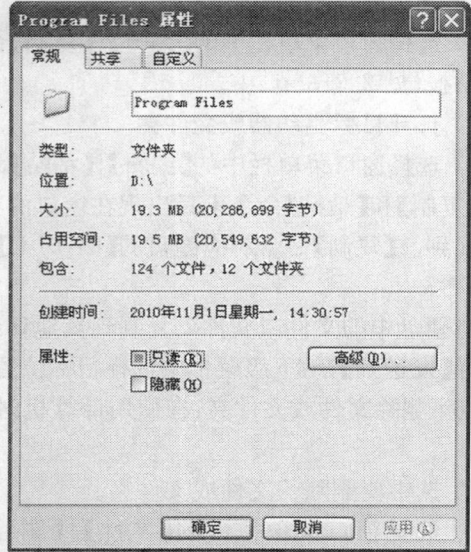

图 2-26 文件夹属性

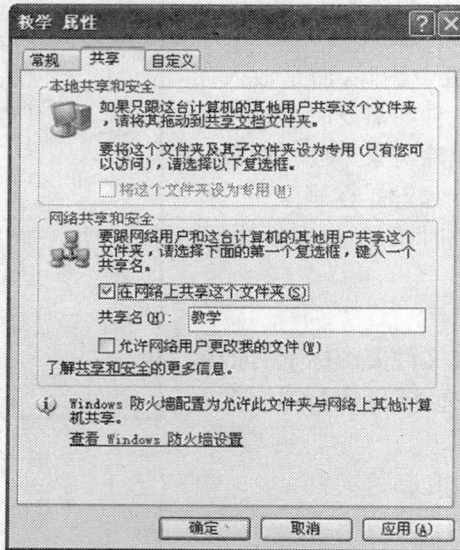

图 2-27 文件夹共享

如果要与其他用户共享这个文件夹,可以在文件夹共享选项卡中进行设置,如图 2-27 所示。

(8) 查找文件或文件夹:文件的查找是按文件的某种特征在某一范围内查找文件。具体方法有如下几种:

1) 在任何文件夹窗口的工具栏中单击【搜索】按钮。

2) 右击某一文件夹或盘符,从快捷菜单中选择【搜索】命令。

3) 选择【开始】|【搜索】|【文件或文件夹】。

使用以上方法都可以打开搜索窗口,如图 2-28 所示。用户在【全部或部分文件名】处填写文件名,选择搜索位置,点击【搜索】按钮,就可以在窗口右侧看到搜索结果。文件名可以使用通配符"＊"和"?","?"代表一位任意字符,"＊"代表任意多位任意字符,例如文件名以"a"开头的文本文档,可以表示为"a＊.txt"。

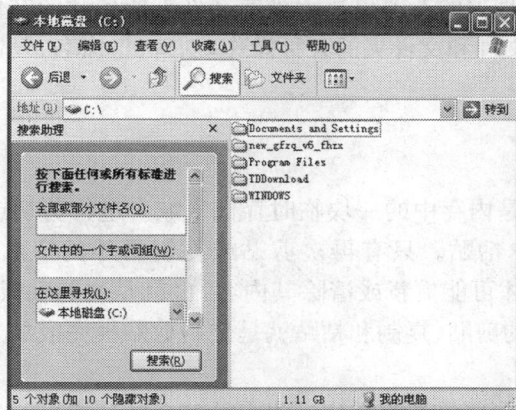

图 2-28　搜索窗口

2.3.2　资源管理器

【资源管理器】是 Windows 系统提供的资源管理工具,用它可以查看计算机中的所有资源,特别是它提供的树形文件系统结构,使用户能更清楚、更直观地认识计算机中的文件和文件夹,这是【我的电脑】所没有的。在实际的使用功能上【资源管理器】和【我的电脑】没什么不一样,两者都用来管理系统资源。

1. 资源管理器的启动

资源管理器的启动方法很多,可以选择下列之一:

(1) 右击任务栏上【开始】按钮,选择【资源管理器】。

(2) 右击桌面上【我的电脑】、【我的文档】、【网上邻居】、【回收站】等系统图标,从快捷菜单中选择【资源管理器】命令。

(3) 在【开始】|【程序】|【附件】中选择【资源管理器】。

(4) 使用组合键:【Winkey＋E】。

(5) 在【我的电脑】窗口中,单击工具栏上的【文件夹】按钮。

2. 资源管理器的组成

在资源管理器中,窗口分成左、右两个部分,左边区域显示计算机中所有文件夹的树形结构,称为文件夹框。右边区域显示当前文件夹的内容,称为文件夹内容框,左右窗口中间的分隔条可以改变左右窗口大小。与一般窗口一样,资源管理器也有菜单栏、工具栏、状态栏等部分,如图 2-29 所示。

(1) 左窗口:资源管理器的左窗口显示各驱动器及内部各文件夹的列表。被选中的文件夹称为当前文件夹,此时其图标呈打开状态,名称反向显示。文件夹左方有"＋"

图 2-29　资源管理器

标记表示该文件夹有下级文件夹。单击"＋"可展开文件夹,展开后左方变为"－"标记,没有"＋"或"－"标记表示没有下级文件夹。

(2) 右窗口:资源管理器的右窗口显示当前文件夹所包含的文件和下一级文件夹。资源管理器同样支持对于文件和文件夹的各种操作,创建、重命名、复制、移动、删除等操作都可以在此完成。

2.3.3 剪贴板

剪贴板(ClipBoard)是内存中的一块临时存储区域。进行剪切或复制操作时信息会保存在剪贴板上,等待用户粘贴。只有再次剪贴或复制另外的信息,或停电、或退出 Windows,或有意地清除时,才可能更新或清除其内容,也就是说剪贴或复制一次,可以粘贴多次。文件或文件夹操作的剪贴、复制和粘贴就是使用剪贴板完成的。下面介绍如何用剪贴板进行屏幕截图。

在实际应用中,用户可能需要将操作过程中的整个屏幕或当前活动窗口中的信息编辑到某个文件,这就需要利用剪贴板将图保存下来,方法如下:

(1) 保存整个屏幕:按下【Printer Screens】键

(2) 保存当前活动窗口:按下【Alt＋Printer Screens】组合键

保存到剪贴板中的图片,可以粘贴到"画图"或"Photoshop"等图像处理程序,进行后期处理。

查看剪贴板中的内容时,可以在【开始】|【附件】中找到它。若【附件】中没有【剪贴板】,依次点击【开始】|【运行】,在弹出的对话框中输入"clipbrd",即可打开剪贴板,可以查看或删除剪贴板中的内容。

2.4 系 统 设 置 及 维 护

2.4.1 磁盘管理

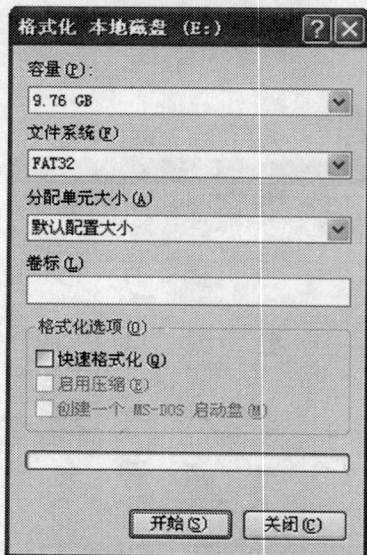

图 2-30 磁盘格式化

Windows XP 提供了一套完整的磁盘管理功能,包括格式化软硬磁盘、硬盘分区、卷标、磁盘清理、磁盘查错、磁盘碎片整理、备份等。用户可以在系统图文的指导下,完成工作。

1. 磁盘格式化

格式化是对磁盘或磁盘中的分区进行初始化的一种操作,这种操作会导致现有的磁盘或分区中所有的文件被清除,所以在对磁盘进行格式化操作之前一定要做好备份工作。格式化通常分为低级格式化和高级格式化,如果没有特别指明,对硬盘的格式化是指高级格式化。

在 Windows 的【资源管理器】或【我的电脑】中,右键点击需要格式化的分区,在弹出菜单中选择【格式化】,弹出对话框如图 2-30 所示,点击【开始】就可以格式化操作。

2. 磁盘驱动器属性

在【资源管理器】或【我的电脑】窗口中选择某驱动器图标，在右键快捷菜单中选择【属性】命令，会弹出驱动器属性对话框，如图 2-31 所示。

在驱动器属性对话框中，可以进行以下设置：更改驱动器的卷号、查看该驱动器的可用磁盘空间或该驱动器的总容量；对该磁盘进行查错操作、备份操作及碎片整理操作；将选择的磁盘驱动器设置为网络共享资源或取消该网络资源等。

3. 检查磁盘

用户在经常进行文件的移动、复制、删除及安装、删除程序等操作后，可能会出现坏的磁盘扇区，这时可执行磁盘查错程序，以修复文件系统的错误、恢复坏扇区。

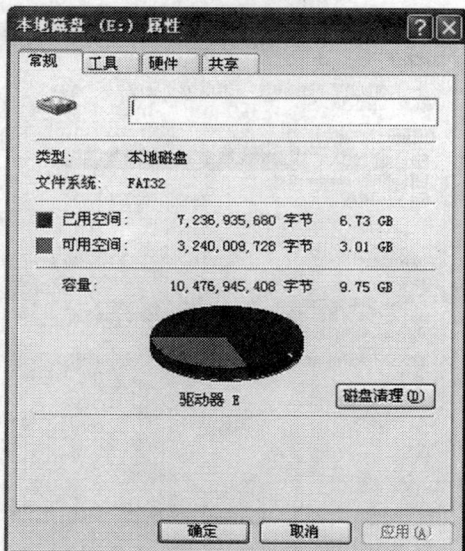

图 2-31　驱动器属性对话框

执行磁盘查错程序的具体操作如下：用鼠标右键单击需进行扫描的磁盘图标，在弹出的快捷菜单中选择【属性】，打开该磁盘的【属性】对话框。在对话框中单击【工具】选项卡，然后单击【开始检查】按钮，打开【检查磁盘】对话框。在对话框的【检查磁盘】中选择需进行检查的复选框，单击【开始】按钮开始检查，如图 2-32 所示。

若在【检查磁盘】对话框中选中了【自动修复文件系统错误】复选框，单击【开始】按钮后系统会弹出对话框提示需重新启动 Windows 才能进行该操作。

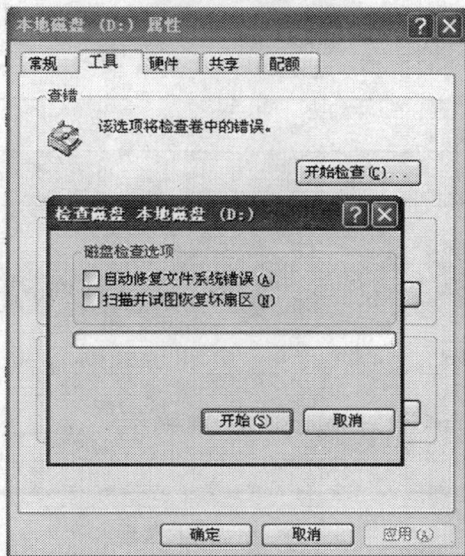

图 2-32　检查磁盘

4. 磁盘清理

磁盘清理工具通过在磁盘中搜索可以安全删除的文件，帮助用户释放硬盘上的空间。

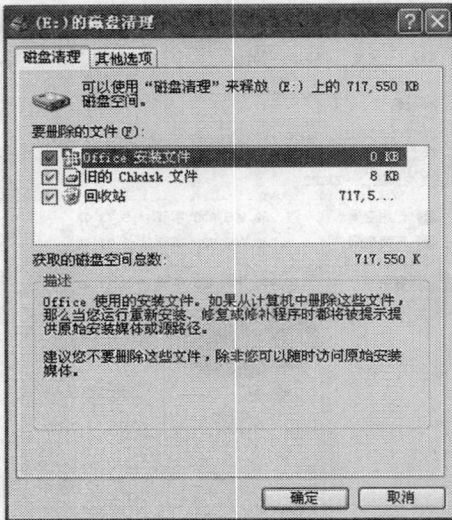

图 2-33 磁盘清理

磁盘清理可以选择删除以下的部分或全部文件来释放硬盘上的空间：删除临时 Internet 文件；删除下载的程序文件（例如，从 Internet 下载的 Active X 控件和 Java 小程序）；清空回收站；删除 Windows 临时文件；删除当前未使用的可选 Windows 组件；删除不再使用的已安装程序。

选择【开始】|【程序】|【附件】|【系统工具】|【磁盘清理】可以运行磁盘清理程序。也可以在 Windows 资源管理器或【我的电脑】中，右键单击要释放空间的磁盘，选择【属性】，单击【常规】选项卡，然后单击【磁盘清理】。磁盘清理程序如图 2-33 所示。

5. 磁盘碎片整理

磁盘碎片整理程序可以重新安排磁盘的已用空间和可用空间，可以优化磁盘的结构，也可以明显提高磁盘读写的效率。

选择【开始】|【程序】|【附件】|【系统工具】|【磁盘碎片整理程序】可以运行磁盘碎片整理程序，图 2-34 所示。也可以在 Windows 资源管理器或【我的电脑】中，右键单击要整理的磁盘，选择【属性】，单击【工具】选项卡，然后单击磁盘碎片整理。

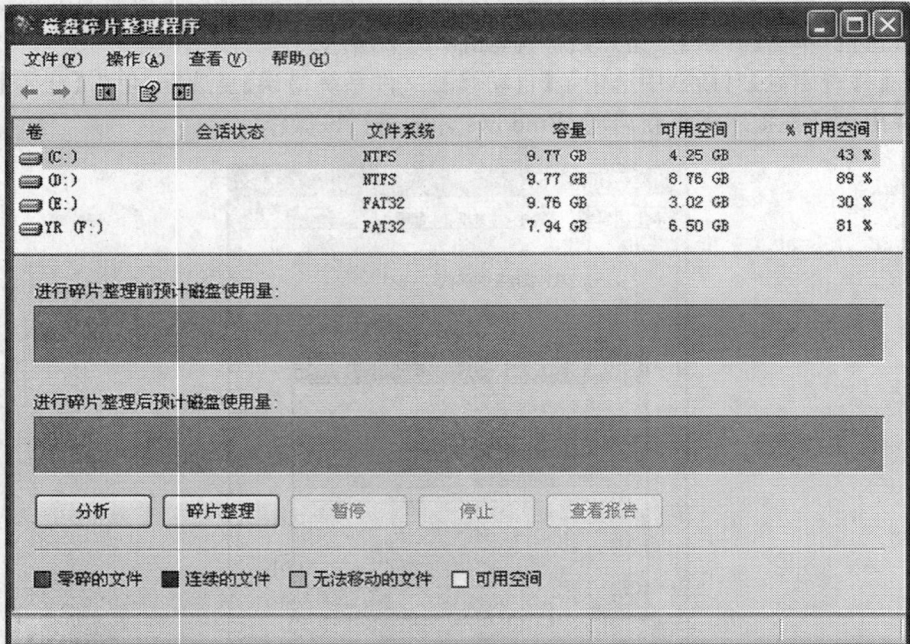

图 2-34 磁盘碎片整理

2.4.2 Windows XP 系统设置

在 Windows XP 中，系统环境或设备在安装时一般都已经设置好，但在使用过程中，也可以根据某些特殊要求进行调整和设置，这些设置需要在控制面板中进行。

1. 控制面板

控制面板是 Windows 图形用户界面的一部分,它允许用户查看并进行基本的系统设置和控制,比如添加硬件,添加/删除软件,控制用户账户,更改辅助功能选项等。控制面板可以通过【开始】|【设置】|【控制面板】打开,弹出窗口如图 2-35 所示。

控制面板有两种视图,图 2-35 为经典视图,以多图标形式显示,每个图标都可以用来调用一项功能,只要双击图标,就可以进行相关的设置。图 2-36 为分类视图,Windows 将相关的配置按类别进行归纳。

图 2-35　控制面板经典视图

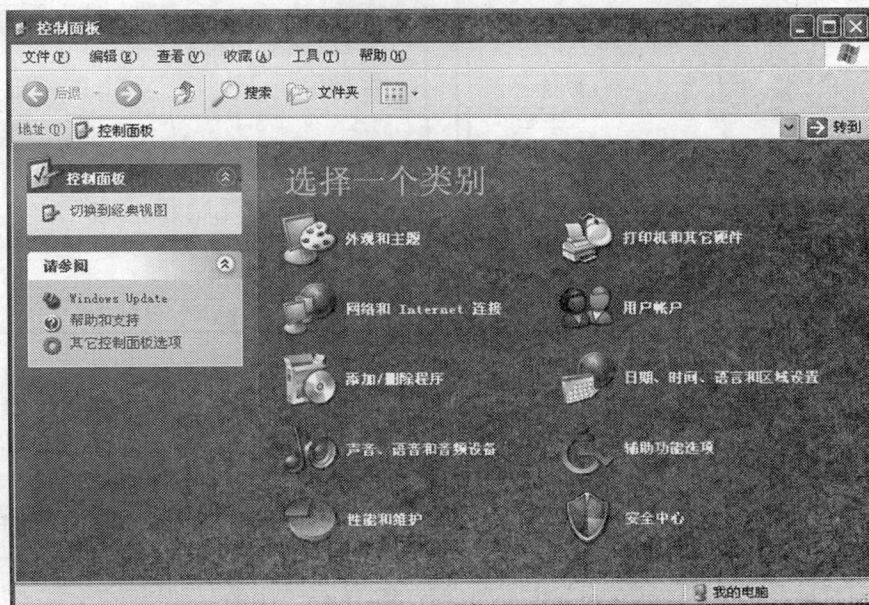

图 2-36　控制面板分类视图

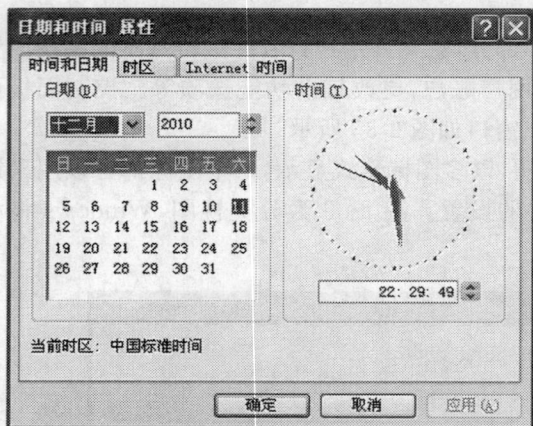

图 2-37 日期和时间属性

2. 设置日期、时间及语言

（1）设置日期、时间：在控制面板中双击【日期和时间】或在任务栏右端所显示的系统时间上双击，就可以打开【日期和时间属性】对话框，如图 2-37 所示，在该对话框中可以修改日期与时间，修改后确定即可。

（2）设置语言：选择控制面板中的【区域和语言选项】，在弹出对话框中选择【语言】选项卡中的【详细信息】，出现如图 2-38 所示的【文字服务和输入语言】对话框。

在【设置】选项卡中，用户可以为计算机设置一个默认的输入法，并可以添加、删除输入法和设置输入法的属性。默认输入法是计算机启动后的首选输入法，可以避免用户反复切换输入法。

3. 设置鼠标、键盘和声音

（1）设置鼠标：在控制面板中双击【鼠标】图标，出现如图 2-39 所示对话框。鼠标的属性设置主要有：切换主要和次要按钮；双击速度；单击锁定；鼠标指针方案；鼠标的指针移动速度、轨迹和滚轮移动的行数等。

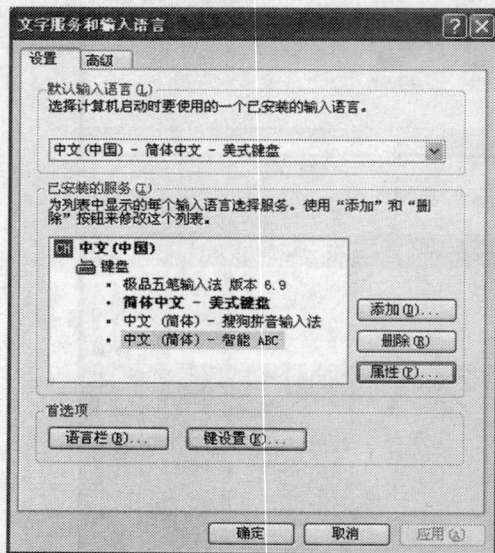

图 2-38 文字服务和输入语言

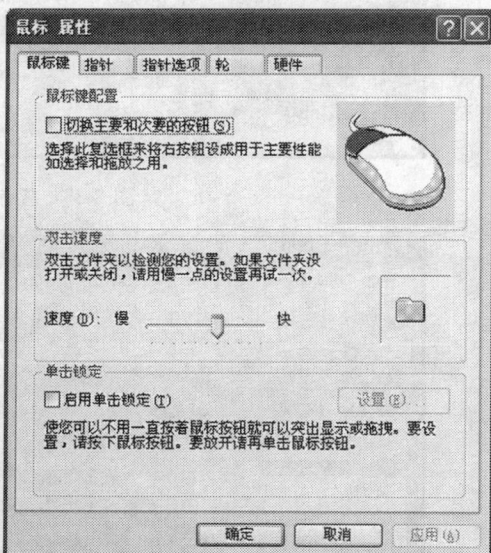

图 2-39 鼠标属性

（2）设置键盘：在控制面板中双击【键盘】图标，出现如图 2-40 所示对话框，可以设置键盘的属性。在【键盘属性】对话框中单击【速度】选项卡，可以设置字符重复延迟，一般设为"短"以便使字符显示时间加快；字符重复速度一般设为"中"；还可以设置光标的闪烁频率。在【键盘属性】对话框中单击【输入法区域设置】选项卡，可以添加不同的语言和键盘配置系统。

（3）设置声音：在控制面板中双击【声音和音频设备】图标，出现如图 2-41 所示的【声音和音频设备】对话框。在【音量】选项卡中,选择【静音】复选框会关闭声音,若选中【将音量图标放入任务栏】复选框,则在任务栏右侧的通知区域将会出现小喇叭图标,单击该图标可以调整音量或关闭声音。双击该图标可以打开【音量控制】对话框。

选择【声音】选项卡,在【声音方案】下拉列表框中选择声音方案,在【程序事件】选项中,选择需要发出声音的事件,在【声音】选项中,选择该事件发生时需要发出的声音,并单击【确定】即可为事件添加声音。例如启动 Windows 和退出 Windows 等事件发生时,会伴以特定的声音。

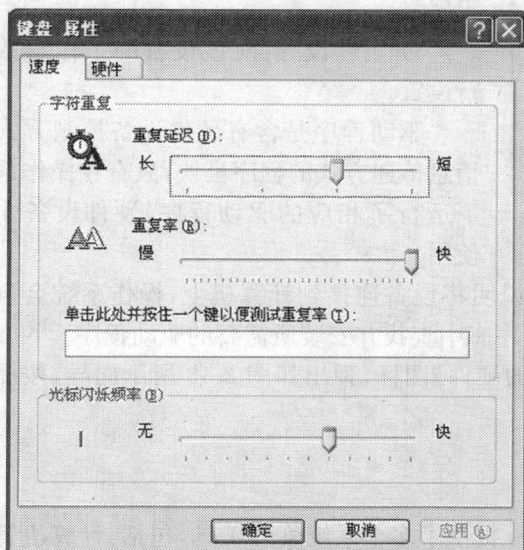

图 2-40 键盘属性

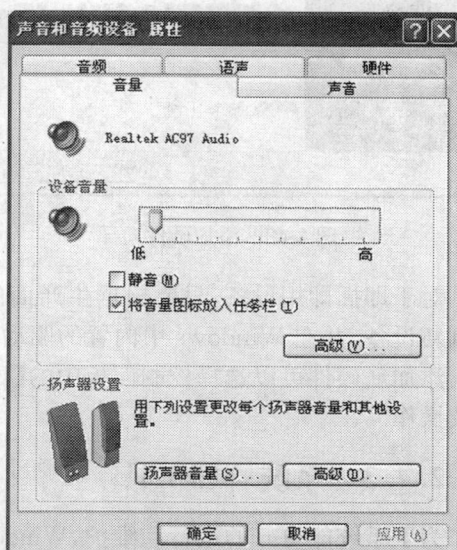

图 2-41 声音和音频设备属性

4. 添加或删除程序和添加硬件

（1）添加或删除程序:添加或删除应用程序在我们使用计算机的过程中非常普遍。删除不再使用的程序时,如果直接删除相应的文件夹,并没有删除在注册表中的注册信息,不是真正的删除。要想真正彻底的删除文件,需要使用【添加或删除程序】,它在彻底删除文件的同时不会损害系统,可以合理地帮用户管理计算机中的程序。

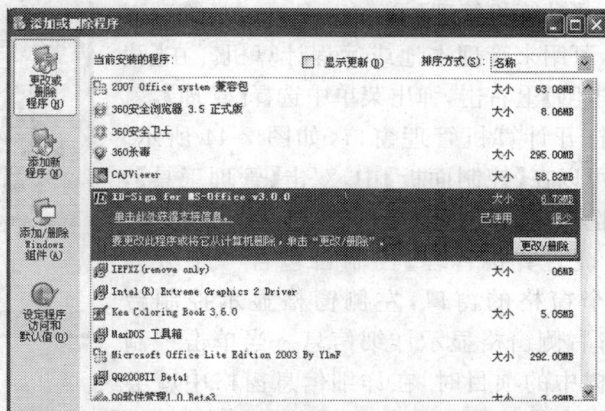

图 2-42 添加或删除程序

在控制面板中双击【添加或删除程序】图标,就会弹出【添加或删除程序】对话框,如图2-42 所示,在左侧列表中选择【更改或删除程序】之后,用户通过选择要删除的程序名称,单击【更改/删除】按钮即可删除程序。对于自带卸载功能的应用程序,用户可以通过自带的卸载程序进行删除。

在【添加或删除程序】对话框的左侧,用户还可以使用【添加新程序】按钮,为 Windows

系统添加设备驱动或更新操作系统,【添加/删除 Windows 组件】可以帮助用户向系统添加 Windows 系统程序或删除系统程序。

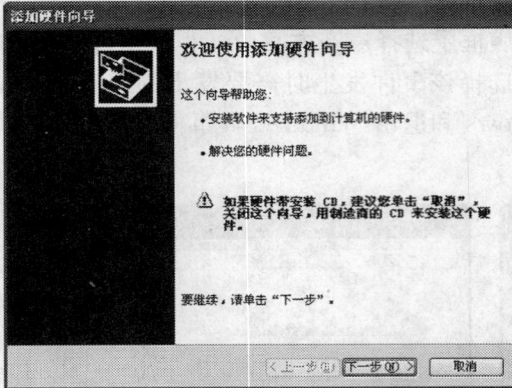

图 2-43 添加硬件向导

(2)添加硬件:要在计算机上安装新的硬件设备包括以下 3 步:

1)硬件连接:将硬件设备与计算机连接。

2)软件连接:运行该硬件设备的驱动程序。

3)属性设置:对该设备的工作参数进行设置。

驱动程序是含有硬件设备控制方式及信息传递方式的程序模块,只有在操作系统下运行了相应的驱动程序,硬件设备才能使用。

对于即插即用设备,只要根据生产商的说明将设备连接到计算机上,操作系统会自动检测新设备,并在 Windows 中内置的驱动程序库中查找并安装所需要的驱动程序。

添加新硬件可以选择控制面板中的【添加硬件】图标,弹出如图 2-43 所示向导,按提示继续操作。

2.4.3 系统管理工具

为了系统能更好的运行和维护,Windows 提供了多个系统管理工具,包括:计算机管理器、设备管理器、任务管理器和注册表等。

1. 计算机管理器

【计算机管理】是一组 Windows 管理工具,可用来管理本地或远程计算机。在【我的电脑】上右击,弹出菜单中选择【管理】,就会打开计算机管理窗口,如图 2-44 所示。也可以在【控制面板】中,双击【管理工具】,再选择【计算机管理】。

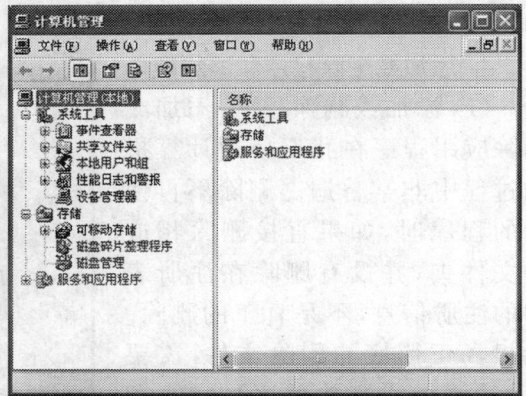

图 2-44 计算机管理

【计算机管理】控制台包含一个分为两个窗格的窗口,左侧窗格显示控制台树;右侧窗格显示详细信息。当单击控制台树中的项目时,在详细信息窗格中就会显示有关该项目的信息。在控制台树中,将管理工具分为三类:系统工具、存储及服务和应用程序。

(1)系统工具:系统工具中包含下面几个工具。

1)事件查看器:管理和查看在应用程序、安全和系统日志中记录的事件。可以监视这些日志以跟踪安全事件,并找出可能的软件、硬件和系统问题。

2)共享文件夹:查看计算机上使用的连接和资源,可以创建、查看和管理共享,查看打开的文件和会话,以及关闭文件和断开会话。

3）本地用户和组：创建和管理本地用户账户和组，只有在 Windows XP Professional 中可以使用"本地用户和组"。

4）性能日志和警报：监视和收集有关计算机性能的数据。

5）设备管理器：查看计算机上安装的硬件设备，更新设备驱动程序，修改硬件设置，以及排除设备冲突问题。

（2）存储：存储中包括可移动存储、磁盘碎片整理和磁盘管理服务。

1）可移动存储：跟踪可移动的存储媒体，并管理库或包含库的数据存储系统。

2）磁盘碎片整理程序：分析和整理硬盘上卷的碎片。

3）磁盘管理：列出所有磁盘情况，对各个磁盘分区进行管理操作。磁盘管理工具可以进行盘符更换、格式化分区、创建新分区和查看分区属性等操作，如图 2-45 所示。

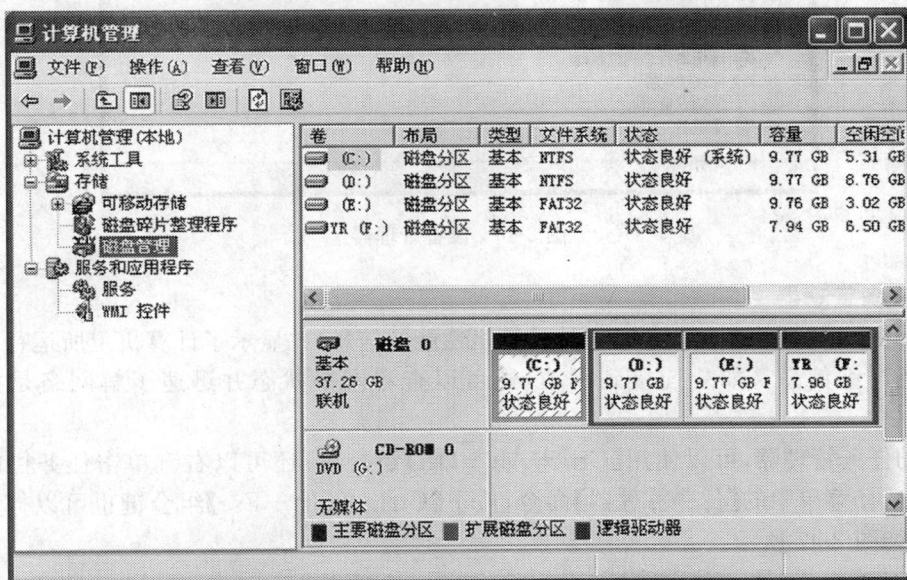

图 2-45　磁盘管理

（3）服务和应用程序：服务和应用程序包括服务和 WMI 控件。

1）服务：管理本地和远程计算机上的服务。可以启动、停止、暂停、继续或禁用服务。

2）WMI 控件：配置和管理 Windows Management Instrumentation（WMI）服务。

2. 设备管理器

Windows 的设备管理器是一种管理工具，用它来管理计算机上的设备，可以查看和更改设备属性、更新设备驱动程序、配置设备设置和卸载设备。设备管理器提供计算机上所安装硬件的图形视图。所有设备都通过一个称为设备驱动程序的软件与 Windows 通信。使用设备管理器可以安装和更新硬件设备的驱动程序、修改这些设备的硬件设置以及解决问题。

在【我的电脑】上右击，弹出菜单选【属性】，在弹出对话框中选择【硬件】选项卡，可以看到【设备管理器】按钮，弹出的窗口如图 2-46 所示。也可以在【计算机管理】的【系统工具】中找到【设备管理器】。这里显示了本地计算机安装的所有硬件设备，例如 CPU、硬盘、显示器、显卡、网卡、调制解调器等。

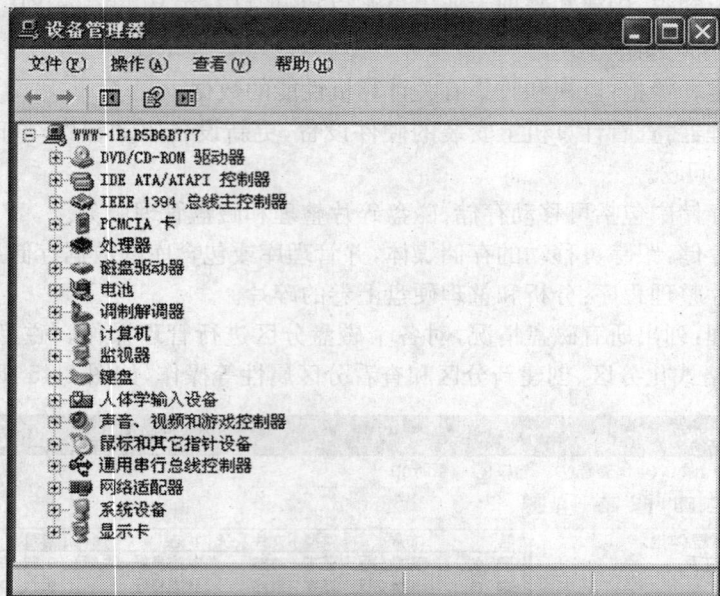

图 2-46 设备管理器

3. 任务管理器

Windows 任务管理器提供了有关计算机性能的信息,并显示了计算机上所运行的程序和进程的详细信息。如果连接到网络,还可以查看网络状态并迅速了解网络是如何工作的。

启动任务管理器,可以使用【Ctrl＋Alt＋Del】组合键;还可以右键单击任务栏的空白处,然后选择菜单中的【任务管理器】命令;按下【Ctrl＋Shift＋Esc】组合键也可以打开任务管理器,如图 2-47 所示。

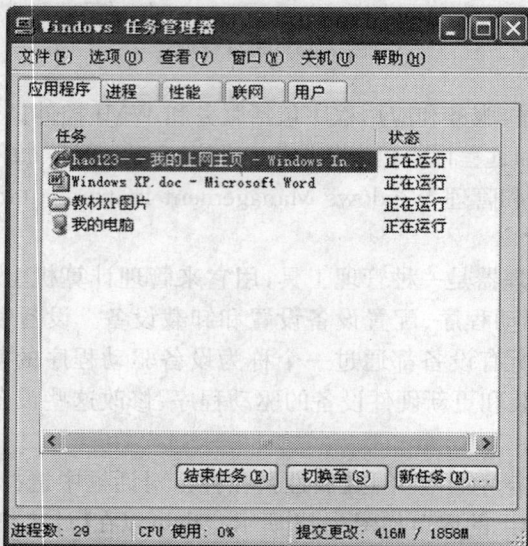

图 2-47 任务管理器

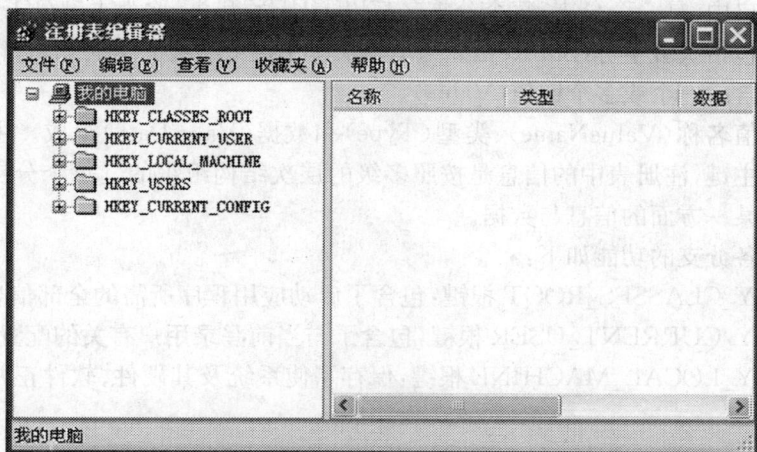

图 2-48　注册表编辑器

任务管理器的用户界面提供了文件、选项、查看、窗口、关机、帮助等六大菜单项,【关机】菜单可以完成待机、休眠、关闭、重新启动、注销、切换等操作;任务管理器还有应用程序、进程、性能、联网、用户等五个选项卡;窗口底部是状态栏,可以查看到当前系统的进程数、CPU 使用比率、更改的内存容量等数据,默认设置下系统每隔两秒钟对数据进行 1 次自动更新,当然用户也可以点击【查看】|【更新速度】菜单重新设置。

(1)应用程序:显示当前打开窗口的运行程序,QQ、MSN Messenger 等最小化至系统托盘区的应用程序不会显示出来。可以点击【结束任务】按钮直接关闭某个应用程序,如果需要同时结束多个任务,可以按住 Ctrl 键复选;点击【新任务】按钮,可以直接打开相应的程序、文件夹、文档或 Internet 资源,如果不知道程序的名称,可以点击【浏览】按钮进行搜索,【新任务】的功能类似于开始菜单中的【运行】。

(2)进程:显示所有当前正在运行的进程,包括应用程序、后台服务等,那些隐藏在系统底层运行的病毒程序或木马程序都可以在这里找到,前提是要知道它的名称。找到需要结束的进程名,然后点击右下方的【结束进程】按钮,就可以强行终止进程,不过这种方式将丢失未保存的数据,而且如果结束的是系统服务进程,则系统的某些功能可能无法正常使用。

(3)性能:显示计算机性能的动态概念,例如 CPU 和各种内存的使用情况。

(4)联网:显示本地计算机所连接的网络通信量,使用多个网络连接时,可以在这里比较每个连接的通信量,当然只有安装网卡并联网后才会显示该选项。

(5)用户:显示当前已登录和连接到本机的用户数、标识(标识该计算机上的会话的数字 ID)、活动状态(正在运行、已断开)、客户端名,可以点击【注销】按钮重新登录,或者通过【断开】按钮断开与本机的连接,如果是局域网用户,还可以向其他用户发送消息。

4. 注册表编辑器

注册表是 Windows 内部的信息数据库,用于存储系统和应用程序的设置信息,主要包含:软硬件的有关配置和状态信息,应用程序和资源管理器的初始条件和卸载数据;计算机的整个系统设置,文件扩展名与应用程序的关联,硬件的描述和属性;计算机性能记录和底层的系统状态信息,以及各类其他数据。

启动注册表,在【开始】|【运行】对话框中,输入 regedit,弹出注册表窗口,如图 2-48 所

示。在左边窗口中,是 5 个分支,每个分支名都以 HKEY 开头,称为主键(KEY),展开后可以看到主键还包括次级主键(SubKey)。当单击某一主键或次级主键时,右边窗口中显示的是所选主键包含的一个或多个键值(Value)。

键值由键值名称(ValueName)、类型(Type)和数据(ValueData)组成。主键中可以包含多级的次级主键,注册表中的信息是按照多级的层次结构组织的。每个分支保存计算机软件或硬件中某一方面的信息与数据。

注册表中各分支的功能如下:

(1) HKEY_CLASSES_ROOT 根键:包含了启动应用程序所需的全部信息。

(2) HKEY_CURRENT_USER 根键:包含了与当前登录用户有关的配置信息。

(3) HKEY_LOCAL_MACHINE 根键:保存了使系统及其硬件、软件正常运行所需的设置。

(4) HKEY_USERS 根键:包含了默认用户和登录用户的配置信息。

(5) HKEY_CURRENT_CONFIG 根键:包含了系统硬件的配置信息。

第3章 计算机网络基础及 Internet 应用

随着计算机的广泛应用,人们对信息的要求越来越强烈,为了更有效地传送和处理信息,计算机网络应运而生,并对社会的各个领域产生广泛影响。如今,信息种类和信息量的急剧增加以及 Internet 兴起和电子商务的热潮,使越来越多的人对计算机网络产生兴趣,要求更有效、更准确地传送信息,促使人们将简单的通信形式发展成网络形式。20 世纪 90 年代后,计算机网络技术得到了飞速的发展,局域网技术日趋成熟,因特网遍及全球,人类已经进入一个网络化的社会。

3.1 计算机网络概述

关于计算机网络,我们可以这样简单的理解,两台以上的计算机才能构成网络,网络中的计算机要用一些媒介连接起来,要有相应的软件(即网络通信协议、网络操作系统等)进行管理,联网后的计算机就可以共享资源和相互通信了。

3.1.1 计算机网络简介

1. 计算机网络的定义

具有独立功能的,分布在不同地理位置上的多台功能独立的多台计算机,通过通信线路和通信设备互连起来,在网络操作系统的支持下,按照约定的协议相互通信,实现资源共享的系统,称之为计算机网络。它将若干台计算机、打印机和其他外部设备互联成一个整体。连接在网络中的计算机、外部设备、通信控制设备等称为网络结点。

2. 计算机网络系统的组成

计算机网络按功能可以分成两大部分,负责数据处理的计算机和终端,负责数据通信的通信控制处理机(Communication Control Processor,CCP)和通信线路。从用户角度出发,计算机网络可看成是一个透明的数据传输机构,网上的用户在访问网络中的资源时不必考虑网络的存在。从网络逻辑功能角度来看,可以将计算机网络分成通信子网和资源子网两部分。

网络系统以通信子网为中心,通信子网处于网络的内层,负责完成网络数据传输、转发等通信处理任务,通信子网一般由路由器、交换机和通信线路组成,资源子网处于网络的外围,主要由网络上的计算机组成,负责全网的数据处理业务,并向网络用户提供丰富网络资源和网络服务。

3. 计算机网络的功能

计算机网络的功能主要体现在数据通信、资源共享、并行和分布式处理以及提高可靠性等方面。

(1) 数据通信:数据通信功能是计算机网络最基本的功能,网络系统中相连的计算机能够相互传送数据信息,使相距很远的用户之间能够直接交换数据,人们可以利用网络发送电子邮件、发布新闻消息、进行电子商务、远程教育、远程医疗等活动。

(2) 资源共享:资源指的是网络中所有的软件、硬件和数据。共享指的是网络中的用户都能够部分或全部地使用这些资源。通常,在网络范围内的各种输入/输出设备、大容量的存储设备、高性能的计算机等都是可以共享的硬件资源,对于一些价格高又不经常使用的设备,可通过网络共享提高设备的利用率,节省重复投资。

软件共享是网络用户对网络系统中的各种软件资源的共享,如主计算机中的各种应用软件、工具软件、语言处理程序等。数据共享是网络用户对网络系统中的各种数据资源的共享,网上的数据库和各种信息资源是数据共享的一个主要内容。因为任何用户都不可能把需要的各种信息由自己收集齐全,况且也没有这个必要,计算机网络提供了这样的便利,全世界的信息资源可通过 Internet 实现共享。

(3)并行和分布式处理:在计算机网络中,用户根据问题的性质和要求选择网络内最合适的资源来处理,对于综合性的大问题,可以采用合适的算法,将任务分散到不同的计算机上进行分布和并行处理。

(4)提高可靠性:控制数据、软件和硬件的分散性,以及资源冗余和结构上的可动态重组,都提高了可靠性,在一个系统中,单个部件或计算机的暂时失效是随时都有可能发生的。建立计算机网络后,重要的资源可以通过网络在多个地点互做备份,并使用户可以通过几条路由来访问网内的资源,从而可以有效地避免单个部件、计算机等的故障影响用户的使用。

4. 计算机网络的分类

计算机网络有多种分类,常见的分类方法包括按地理范围、按拓扑结构和按通信传播方式等。

(1)按地理范围分类

1)局域网:局域网(Local Area Network,LAN)就是局部区域的计算机网络。其本质特征是作用范围短、数据传输速度快,传输可靠,误码率低,结构简单容易实现。

局域网络的硬件部分主要包括网络服务器、工作站、传输媒体、网络适配器、网络连接设备等,局域网的网络连接设备有中继器、集线器、交换机、网桥、路由器和网关等,目前交接机已经成为局域网的主要互联设备,局域网的类型包括以太网、令牌环网、FDDI 网和ATM 网等,但其他类型的网络在市场上已经很少见,在市场上已经清一色都是以太网,以太网是世界上应用最广泛、发展最成熟的一种局域网。以太网是一种总路线型局域网,采用载波监听多路访问/冲突检测 CSMA/CD 介质访问控制方法。

随着 Internet 的发展,100base-T 的快速以太网技术已被广泛应用,使用光纤作为传输介质的千兆位以太网的传输速率达到了 1000Mbps。千兆位以太网最大的优点在于它对现有以太网的兼容,使广大的以太网用户能够在保留现有应用程序、操作系统、IP、IPX 等协议及网络管理平台与工具的同时,可以对现有以太网进行平滑、无中断的升级。

目前常用的高速局域网、虚拟局域网和无线局域网都是基于以太网技术。

2)城域网:城域网(Metropolitan Area Network,MAN)是在一个城市范围内建立的计算机通信网。通常使用与局域网相似的技术,传输媒介主要采用光缆,传输速率在 1Gb/s～100Gb/s。

3)广域网:广域网(Wide Area Network,WAN)又称远程网。当人们提到计算机网络时,通常指的是广域网。广域网一般是在不同城市之间的 LAN 或者 MAN 网络互联,由于广域网常常租用传统的公共传输网(如电话网)进行通信,这就使广域网的数据传输率比局域网系统慢,传输误码率也较高。典型的广域网技术有 ATM 异步传输模式、X.25 分组交换、FR 帧中继、B-ISDN 宽带综合业务数据等。

（4）因特网（Internet）：因特网并不是指一种具体的物理网络技术，而是将不同的物理网络技术，按 TCP/IP 协议统一起来的一种高层技术。

（2）按计算机网络的拓扑结构来分类：采用拓扑学方法描述各个结点机之间的连接方式称为网络的拓扑结构。基本拓扑结构有总线结构、星形结构、环形结构。在实际构造网络时，大量的网络是这些基本拓扑形状的结合。如图 3-1 所示。

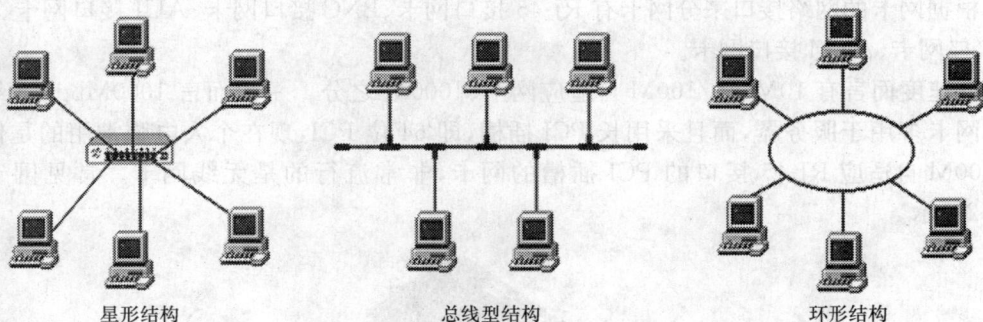

|星形结构|总线型结构|环形结构|

图 3-1　网络拓扑结构

（3）按通信传播方式划分

1）广播式网络。

2）点到点网络。

3.1.2　计算机网络的硬件组成

计算机网络系统由硬件、软件和协议三部分内容组成。协议也以软件形式表现出来，硬件组成包括主体设备、连接设备和传输介质三大部分。软件包括网络操作系统和应用软件。

1. 网络的主体设备

计算机网络中的主体设备称为主机（Host），按用途和功能的不同，主机系统一般可分为中心站（又称为服务器）和工作站（客户机）两类。服务器是为网络提供共享资源的基本设备，在其上运行网络操作系统，是网络控制的核心。应选择较高档次的机型，其工作速度、硬盘容量及内存容量的指标都要求较高，携带的外部设备多且高级。按功能分，服务器又有多种：文件服务器、域名服务器、打印服务器、通信服务器和数据库服务器等。其中，文件服务器是最为重要的服务器。

工作站是网络用户入网操作的结点，可以有自己的操作系统，用户既可以通过运行工作站上的网络软件共享网络上的公共资源，也可以不进入网络，单独工作。工作站配置要求不是很高，大多采用个人微机。

2. 网络的连接设备

（1）网络适配器：网络适配器又称为网卡（Network Interface Card，NIC），插入主板扩展槽中，可通过总线与计算机设备接口相连，也可通过电缆接口与网络传输媒介相连。任何一台计算机要想联网使用，必须通过网卡进行连接。每块网卡都有一个唯一的网络节点地址，它是网卡生产厂家在生产时烧入 ROM（只读存储芯片）中的，我们把它叫做 MAC 地址（物理地址）。网卡上的逻辑电路实现通信信息格式的形成、收发时拆包和打包、通信规程和错误管理、拓扑结构形成等。

根据总线接口类型来分一般可分为 ISA 接口网卡、PCI 接口网卡以及在服务器上使用的 PCI-X 总线接口类型的网卡,最新的还有 USB 总线接口网卡,笔记本电脑所使用的网卡是 PCMCIA 接口类型的。这种网卡在使用时,需要一根转换线把笔记本网卡的接口转换为 RJ-45 接口。在笔记本网卡方面,有一种新的 CardBus 网卡,定义了高速的 PCMCIA 总线,32 位数据宽度,工作频率可以达到 33MHz,能够提供笔记本电脑的快速网络连接。

根据网卡的网络接口来分网卡有 RJ-45 接口网卡、BNC 接口网卡、AUI 接口网卡、FD-DI 接口网卡、ATM 接口网卡。

就速度而言有 10M、10/100M 自适应网卡、1000M 之分。一般而言 1000Mbps 光纤模口的网卡多用于服务器,而且采用长 PCI 插槽,即 64 位 PCI,现在个人电脑常用的是使用 10/100M 自适应 RJ-45 接口的 PCI 插槽的网卡,非常流行的是无线网卡。常见网卡如图 3-2所示。

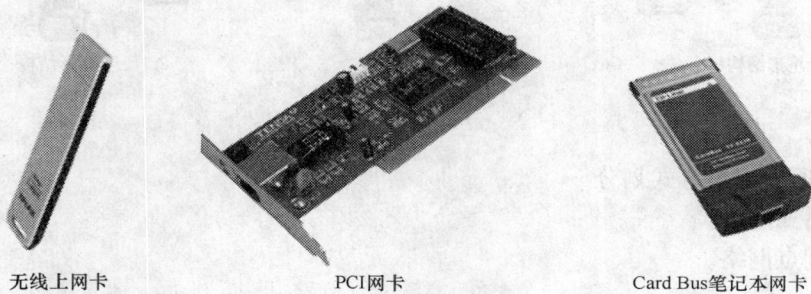

无线上网卡   PCI网卡   Card Bus笔记本网卡

图 3-2　网卡示意图

(2) 集线器:集线器(Hub)是网络传输媒介的中间结点,具有信号再生转发功能,将一些计算机连接起来组成一个局域网,如图 3-3 所示为集线器外观。一个 Hub 上往往有 8 个、16 个、24 个或更多的端口,可使多个用户机通过网线与网络设备相连。Hub 上的端口彼此相互独立,不会因某一端口的故障影响其他用户。各端口共享带宽,任何时刻,只能有一个端口可发送数据。每一个端口平均拥有带宽 W/n,其中 W 代表集线器带宽,n 代表是端口数量。

图 3-3　集线器

(3) 网络互联设备:延伸一个局域网或两个网络的互联需要交换机、路由器、网关等连接设备。

1) 交换机:交换机是工作在 OSI 参考模型数据链路层的网络设备。交换机取代了集线器,利用交换机可以将一些计算机连接起来组成一个局域网。各端口独享带宽。交换机的带宽有 10Mbps、100Mbps、1000Mbps、10Gbps、10/100Mbps、100/1000Mbps、10/100/1000Mbps,每一个站点拥有相同的带宽。端口数量:8 口、12 口、16 口、24 口、48 口等,利用交换机组网如图 3-4 所示,位于同一网段的主机 1 到主机 2 的数据流量将不会通过交换机到达其他网段,而由主机 1 或主机 2 到达不同网段的主机 3 则需要通过交换机,这样交换机就起到了数据隔离的作用,提高了交换机的传送速度。

利用交换机可以很方便地实现虚拟局域网(Virtual LAN)。所谓虚拟局域网,只是给用户提供的一种服务,而不是一种新型的局域网。它通过设置用户群将分布在不同实际局域网内的计算机组合成一个工作群体,而不需要改变布线。

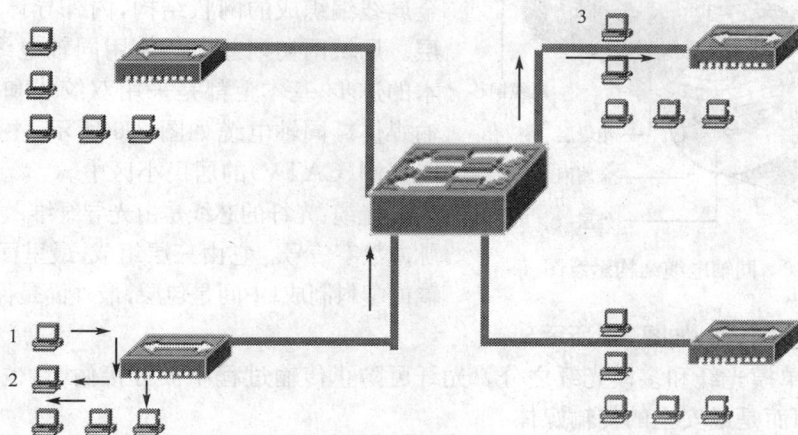

图 3-4　交换机组网示意图

2) 路由器:路由器是一种多端口设备,它可以连接不同传输速率并运行于各种环境的局域网和广域网,可以在多个网络上交换数据包。它具有判断网络地址和选择路径的功能,能过滤和分隔网络的信息流,路由器是一种连接多个网络或网段的网络设备。它在 OSI 模型的网络层上实现互联,路由器为经过该设备的每个数据帧寻找一条最佳传输路径,并将该数据有效地转发到目的站点。一般说来,异种网络互联与多个子网互联都需要用路由器来实现。现在的路由器都是可以转换各种现存协议的多协议路由器,在 Internet 中起数据转发和信息资源进出的枢纽作用,是 Internet 的核心设备。目前,无线路由器可将多种设备功能混合在一起,使用户只用一个设备就可满足有线和无线网络所有的需求。

3) 网关:用于使用不同操作系统网络的互联,用它来完成不同协议之间的转换。在网络参考模型的传输层以上实现互联。

(4) 数据传输介质:传输介质就是通信中实际传送信息的载体,在网络中是连接收发双方的物理通路。传输介质可分为有线介质和无线介质。有线介质上可传输模拟信号和数字信号,无线介质上大多传输数字信号。

1) 有线介质:目前常用的有线介质有双绞线电缆、同轴电缆、光缆等。

双绞线:由两根彼此绝缘、相互缠绕成螺旋状的铜线组成。缠绕的目的是减少对外的电磁辐射和外界电磁波对数据传输的干扰。组网方便,价格最便宜,应用广泛,最大传输率为 1000Mbps,传输距离小于 100 米,如图 3-5 所示。双绞线按特性可分为非屏蔽双绞线(UTP,又称为电话电缆)和屏蔽双绞线(STP)两种。根据国际电气(电信)

图 3-5　双绞线

工业协会 EIA/TIA 的定义,目前共有 6 类双绞线,其传输率在 4Mb/S～1000Mb/S 之间。第五类双绞线是目前最流行的双绞线,主要用于实现基于以太网的局域网络。

同轴电缆:由内外两个导体组成,内导体是一根金属线,外导体是一根柱形的套管,一般是金属线编织成的网状结构,内外导体之间有绝缘层。局域网初期曾广泛使用同轴电缆,但随着技术的进步,基本上都是采用双绞线和光纤作为传输媒体。同轴电缆如图 3-6 所示,主要用在有线电视网(CATV)的居民小区中。

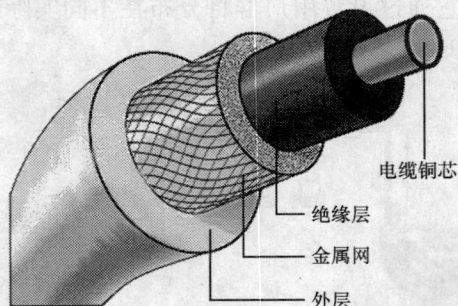

图 3-6 同轴电缆结构示意图

光缆:光纤的芯线是由光导纤维做成,它传输光脉冲数字信号。它由三层组成,最里面是纤芯由玻璃或塑料制成;中间是包层,最外面是保护层。光信号只能在纤芯中传播,如图 3-7 所示。

光纤有单模光纤和多模光纤之分。光纤可防止传输过程中被分接偷听,也杜绝了辐射波的窃听,因而是最安全的传输媒体。

多模光纤:由发光二极管产生用于传输的光脉冲,通过内部的多次反射沿芯线传输,可以存在多条不同入射角的光线在一条光纤中传输。

单模光纤:使用激光作为光源,光线与芯轴平行,损耗小,传输距离远,具有很高的带宽,但价格更高。

光纤的优点是:损耗小、带宽大,且不受电磁干扰等。

其缺点是:单向传输、成本高、连接技术比较复杂。光纤是目前和将来最具竞争力的传输媒体。

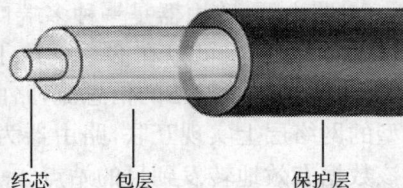

图 3-7 光纤结构示意图

2)无线介质:无线传输介质都不需要架设或铺埋电缆或光纤,而是通过大气传输。无线通信的方法有无线电波、微波、红外线和蓝牙。

A. 无线电波:无线电波是指在自由空间(包括空气和真空)传播的射频频段的电磁波。无线电技术的原理在于,导体中电流强弱的改变会产生无线电波。利用这一现象,通过调制可将信息加载于无线电波之上。当电波通过空间传播到达收信端,电波引起的电磁场变化又会在导体中产生电流。通过解调将信息从电流变化中提取出来,就达到了信息传递的目的。

B. 微波:微波是指频率为 300MHz-300GHz 的电磁波,是无线电波中一个有限频带的简称,即波长在 1 米(不含 1 米)到 1 毫米之间的电磁波,是分米波、厘米波、毫米波的统称。微波频率比一般的无线电波频率高,通常也称为"超高频电磁波"。微波通信方式可以分成两种,一种是采用地面的微波接力站,每隔 50Km 就需要一个中继站。另一种是采用卫星通信的方法,适用于将两建筑物内的局域网连接,存在窃听和干扰问题。

C. 红外线:它采用低于可见光的部分作为传输介质,通过发射和接收由信号调制的非相干红外线形成一条通信链路,这种通信系统具有很强的方向性,要进行窃听和干扰是十分困难的,对邻近区域的类似系统不产生干扰,但是具有很高的背景噪声,受日光、环境照明的影响较大。

D. 蓝牙技术:是一种无线数据与语音通信的开放性全球规范,它以低成本的近距离无线连接为基础,为固定与移动设备通信环境建立一个特别连接。

蓝牙工作在全球通用的 2.4GHz ISM（即工业、科学、医学）频段。蓝牙的数据速率为 1Mb/s 时分双工传输方案被用来实现全双工传输。使用 IEEE802.15 协议。

3.1.3 网络软件系统

网络软件是实现网络功能不可缺少的软件环境，主要包括以下几类：

1. 协议软件

目前在局域网上流行的数据传输协议有三种包括 TCP/IP、IPX/SPX 和 NetBEUI。TCP/IP（传输控制/互联网络）协议是世界最大的计算机网络 Internet 最基本的协议，是互联网络上的"交通规则"。利用这个协议，用户可以将多个局域网连成一个大型互联网络。TCP/IP，TCP 负责控制传输数据，IP 负责给 Internet 上的每一台主机分配一个地址，以保证数据可以准确地找到主机。TCP/IP 采用四层模型，从上到下依次是应用层、传输层、网络层和网络接口层。

2. 通信软件

通信软件的目的就是使用户能够很容易地控制应用程序与多个站点进行通信，并能对大量的通信数据进行加工和管理。

3. 网络操作系统

目前较常见的网络操作系统主要包括 Unix、Novell 公司的 NetWare 和 Microsoft 公司的 Windows NT Server、Windows 2003 Server，Windows Vista 等，还有目前发展势头强劲的 Linux 操作系统等。

4. 网络管理软件

网络管理软件是对网络运行状况进行信息统计、报告、监控的软件系统。

3.2 Internet 基础及应用

Internet 由美国国防部所资助的 ARPANET 网络发展而来，为了方便美国各研究机构和政府部门使用，美国国防部的高级研究计划署（ARPA）于 1968 年提出了 ARPANet 的研制计划。它是由成千上万的不同类型、不同规模的计算机网络组成的世界范围的巨型计算机网络，也被称为国际互联网或因特网。

3.2.1 Internet 概述

Internet 是由多个不同结构的网络，通过统一的协议和网络设备（即 TCP/IP 协议和路由器等）互相连接而成的、跨越国界的、世界范围的大型计算机互联网络。Internet 可以在全球范围内，提供电子邮件、WWW 信息浏览与查询、文件传输、电子新闻、多媒体通信等服务功能。

在这个网络中，其核心的几个最大的主干网络组成了 Internet 的骨架，它们主要属于美国的 Internet 服务供应商（ISP）。由于 Internet 最早是从美国发展起来的，所以这些网络主要在美国互相连接，并扩展到欧洲、日本、亚洲和世界其他地方。

ISP（Internet Service Provider），即 Internet 服务提供商。它是为用户提供 Internet 连接服务和提供各种类型信息服务的公司和机构。当计算机连接 Internet 时，并不直接连接到 Internet 上，而是采用某种方式与 ISP 提供的某一台服务器连接起来，通过它，再接入 Internet，没有 ISP 提供连接 Internet 的途径，用户是无法自己连接到 Internet 上的。

选择 ISP 时，需要综合考虑上网的速率、费用、ISP 接入主干网的带宽等多个因素，然后联系 ISP,办理手续,交纳费用,再获得供上网的用户账号和密码,最后通过接入设备及软件的相应配置,就可以连接 Internet 了。

3.2.2 Internet 接入技术

要享用 Internet 丰富多彩的信息资源,无论个人用户还是企业用户,都面临着要通过不同的技术和服务商连接到 Internet 的问题。选择接入技术时,需要考虑哪种连接技术连接速度快,连接费用低,哪种接入技术可靠性更高。随着社会发展,技术进步,Internet 的接入技术也不断推陈出新,用户应根据不同条件选择合适的 Internet 服务提供商,采用有效的方法,进行正确的操作配置,实现与 Internet 的连接。

以下介绍几种常用的接入方式。

1. DSL 专线入网

DSL 是英文 Digital Subscriber Line 的简称,其中文名称是数字用户线路,它是以铜质电话线为传输介质的传输技术,一般统称为 xDSL 技术。xDSL 技术包括 HDSL、SDSL、VDSL、ADSL 和 RADSL 等多种技术,其中最常见的是 ADSL(非对称数字用户线路接入)。ADSL(Asymmetric Digital Subscriber Line,非对称数字用户线)是 20 世纪末开始出现的宽带接入技术,目前已经获得广泛应用。ADSL 接入方式通常采用的是用户虚拟拨号方式(PPPOE)软件拨号,ADSL 在概念上类似于拨号接入,也是运行在现存的双绞线电话线上,但是采用了一种新的调制解调技术,使得下行速率可以达到 8Mbps(从 ISP 到用户),其上行速率接近 640kbps。它允许用户一边打电话,一边上网。

2. 光纤接入

光纤接入一般是指光纤到社区,双绞线或其他电缆线入户接入 Internet 的技术。光纤是目前传输带宽最宽的传输介质,被广泛的用在局域网的主干网上。光纤技术正在飞速的发展和普及,且价格也在迅速下降。目前,常用的是光纤到社区,双绞线入户。

3. 以无线方式入网

无线接入方式是使用无线介质将移动端系统(笔记本电脑、PDA、手机等)和 ISP 的基站(Base station)连接起来,基站又通过有线方式连入 Internet。

3.2.3 IP 地址

IP 地址是网络中识别不同主机的标识。

1. IP 地址

IP 地址是给每个连接在 Internet 上的主机分配的一个在全世界范围内唯一的网络标识符,目前,IPv4 地址由 32 个二进制位组成,为了表示方便,通常将每个字节用与其等效的十进制数字表示,它的范围是 0-255,每个字节间用圆点"."分隔。例如 210.30.0.55。IPv4 地址分为:A、B、C、D、E 共 5 类。A 类、B 类、C 类为基本地址,地址数据中有全 0 或全 1 的有特殊意义不能作为地址,D 类地址为组播(Multicast)地址,E 类地址保留给将来使用。

A 类地址的网络地址空间占 7 位,可提供使用的网络号是 126(2^7-2)个。减 2 的原因是:由于网络地址全 0 的 IP 地址是保留地址,意思是"本网络";而网络号为 127(即 01111111)保留作为本机软件回路测试之用。A 类地址可提供的主机地址为 2^{24}-2(16777214)个,减 2 的原因是:主机地址全 0 表示"本主机",而全 1 表示"所有",即该网络上的所有主机。A 类地址适用于拥有大量主机的大型网络。

B 类地址的网络地址空间占 14 位,允许 2^{14} (16384)个不同的 B 类网络。B 类地址的每一个网络的最大主机数是 65534(2^{16}-2),一般用于中等规模的网络。

C 类地址的网络地址空间占 21 位,允许 2^{21} (2097152)个不同的 C 类网络。C 类地址的每一个网络的最大主机数是 254(2^8-2),用于规模较小的局域网。

2. 子网掩码

为了在网络通信中,区分网络地址和主机地址,引入了子网掩码的概念,子网掩码采用 32 位的模式,设置子网掩码的规则是:IP 地址中表示网络地址的哪些位,对应位置表示成 1,表示主机地址部分的对应位表示成 0,它的作用是识别子网和判别主机属于哪一个网络。当主机之间通信时,通过子网掩码与 IP 地址的与运算,计算出网络地址。例如,A 类地址默认的子网掩码为 255.0.0.0,C 类地址默认的子网掩码为 255.255.255.0。

据互联网名称与数字地址分配机构(ICANN)的一项最新数据预计,IPv4 地址会在 2011 年 8 月耗尽,全球 IPv4 地址剩余仅为 2.52 亿个,不足 6%。为了彻底解决 IP 地址紧张的状况,IETF(The Internet Engineering Task Force)互联网工程任务组从九十年代初开始制定 IPv6 协议(Internet Protocol Version 6),1998 年 IPng 工作组正式公布 RFC2460 标准。IPv6 继承了 IPv4 的端到端和尽力而为的基本思想,其设计目标就是要解决 IPv4 存在的问题,并取代 IPv4 成为下一代互联网的主导协议。IPv6 正处在不断发展和完善的过程中,它在不久的将来将取代目前被广泛使用的 IPv4。每个人将拥有更多 IP 地址,不管什么网络设备加入网络都能分配到足够的地址。IPv6 采用 128 位 IP 编址方案。用“冒号十六进制表示法”,例如 5DFE:7209:D401:A001:0280:CDDD:FE6D:BE48 即采用了 8 个 16 进制的无符号整数位段,每个整数用 4 位十六进制数表示;数与数之间用冒号“:”分隔。

我国早在 2003 年就已启动了 IPv6 的相关研究和部署,发改委、科技部、工信部等在 IPv6 技术研究、设备研发与产业化、业务创新、网络实验与示范等方面开展了大量工作,取得了良好成绩。目前,三大运营商中移动、中联通、中电信正在积极部署 IPv6,全面推动 IPv6 产业链,同时进行 IPv6 新技术研究,增强自主创新能力。

3.3　Internet 应用

本节介绍一些常用的 Internet 应用,在 Internet 上获得的各种资源都可以认为是 Internet 的应用,我们不能简单的认为 Internet 应用就是浏览网页,Internet 还可以提供电子邮件、文件传输、即时通信,电子商务等应用。

3.3.1　WWW 的基本操作

1. 万维网概述

WWW 是 World Wide Web(环球信息网)的英文缩写,简称为 Web,其中文名字为“万维网”。Web 是由遍布全球的计算机所组成的网络。可以将 Web 理解为 Internet 中的多媒体信息查询平台。它是目前人们通过 Internet 在世界范围内查找信息和获得资源的最理想途径。WWW 由 3 部分组成:浏览器(Browser)、Web 服务器(WebServer)和超文本传送协议(Http Protocol)。WWW 技术包含了 Internet、超文本和多媒体三种领先技术。

2. WWW 客户机浏览器工作过程

用户在浏览器如 IE 浏览的地址栏里输入的地址叫做 URL(Uniform Resource Locator,统一资源定位符),URL 大致由 3 部分组成:协议、主机名和端口和路径。URL 是网页的 Internet 地址。当在浏览器的地址栏中输入一个 URL 或是单击一个超级链接时,URL 就确定了要浏览的地址。然后浏览器通过超文本传送协议(HTTP,该协议是客户端浏览器和 WWW 服务器之间的应用层通信协议)将 Web 服务器上站点的网页代码提取出来,并翻译成漂亮的网页。

3. 域名和域名系统的概念

(1) 域名(Domain Name,DN):又称为主机识别符或主机名。由于数字型的 IP 地址很难记忆,所以现在 Internet 中实际上使用的是直观而明了的、由字符串组成的、有规律的、容易记忆的名字来代表因特网上的主机,这种名字称为域名,它是一种更为高级的地址形式,如 www. baidu. com 等。TCP/IP 采用分层方法命名域名,使整个域名空间成为一个倒立的分层树形结构,每个结点上都有一个名字。域名的写法类似于 IP 地址的写法,用点号将各级域分割开来。域的层次从右到左(高级到低级)分别为顶级域名、二级域名、三级域名等。典型的域名结构如下:主机名 . 单位名 . 机构名 . 国家名,表 3-1 列出了中国互联网的机构性域名。

表 3-1　中国互联网的机构性域名

域名	意义	域名	意义	域名	意义
AC	科研机构	COM	商业金融	NET	网络机构
EDU	教育单位	GOV	政府机关	ORG	非盈利组织

(2) 域名系统 DNS(Domain Name System):域名系统由分布在世界各地的 DNS 服务器组成,担负着将形象的域名翻译为数字型 IP 地址的工作。DNS 包括 3 个组成部分:域名空间、域名服务器和地址解析程序。

IP 地址、域名(DN)和域名系统担负着 Internet 网计算机主机唯一定位工作,主机之间为了相互通信必须知道各自地址。

3.3.2　IE 浏览器

IE 是 Internet Explorer 的缩写,它是用户使用 Internet 资源的主要窗口,浏览器把从 WWW 服务器返回的信息按照网页所设定的格式呈现给用户,不同的浏览器提供了各种各样的特色功能。微软公司 Windows 系统中集成自己 IE 浏览器,使得 IE 浏览器具有其他浏览器无法比拟的优势。下面将针对 IE8.0 的界面、功能进行详细的讲述。

IE8.0 窗口简介

IE8.0 窗口主要由 9 个部分构成,包括标题栏、地址栏、搜索栏、菜单栏、链接栏、标签栏、工具栏、网页浏览区,状态栏,如图 3-8 所示。

IE8.0 界面与以前老板本 IE 浏览器界面相比,使整个 IE8.0 的界面显得更加简洁。下面将对 IE8.0 界面的各个部分进行介绍。

(1)【标题栏】:标题栏的左侧显示的是当前网页的标题。标题栏的右侧从左至右依次是"最小化"按钮、"最大化"按钮、"关闭"按钮,3 个按钮,分别实现最小化浏览器,最大化浏览器,退出浏览器的功能。

(2)【地址栏】:地址栏的左侧显示的是"返回"和"前进"两个按钮。"返回"按钮可用来从正在浏览的网页 1 返回到浏览器刚才浏览的网页 2,这时"前进"按钮才会变为可用状态,可以单击"前进"按钮从网页 2 前进到网页 1。地址栏的中间的输入框用来输入要访问网页的网址。

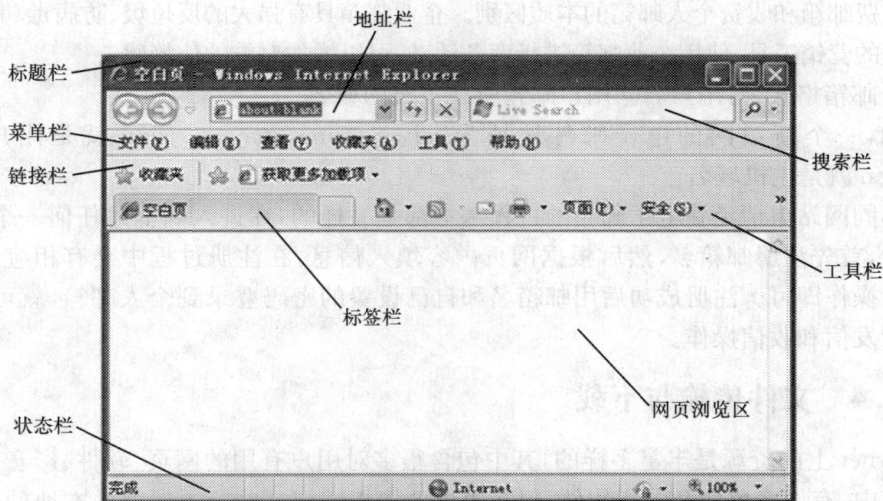

图 3-8　IE8.0 浏览器窗口

地址栏的右侧显示的是"刷新"按钮和"停止"按钮用来对当前网页进行更新。"停止"按钮用来停止浏览器对当前网页的读取,主要用于网络不通的情况。

(3)【搜索栏】:用户可以即时搜索网页或者其他信息。用户在搜索栏中输入关键词或者短语,然后按【Enter】键,默认的搜索提供程序 Live Search 将搜索输入的关键词或者短语。

(4)【链接栏】:用来保存用户经常访问网页的快捷图标。默认的情况下,有收藏夹快捷图标。

(5)【菜单栏】:从左向右包括文件,编辑,查看,文件夹,工具和帮助 6 个菜单。

(6)【工具栏】:包括"主页"按钮,"打印"按钮,"页面"按钮,"工具"按钮。

(7)【标签栏】:它用于对打开的选项卡进行切换和选择,用好标签栏,给用户带来很大的方便。

(8)【网页浏览区】:网页浏览区是显示网页内容的地方,可以通过单击网页浏览区右侧的按钮,滚动查看网页的内容。

(9)【状态栏】:显示当前网页的状态。用户可以根据网页状态的提示判断当前打开的网页是否加载完成。

3.3.3　电子邮件

1. 电子邮件(E-Mail)介绍

电子邮件是 Internet 上最基本、使用最多的服务。它是利用计算机交换电子信件的通信方式。据统计,Internet 上 30% 以上的业务量是电子邮件。每一个使用过 Internet 的用户或多或少都使用过电子邮件。电子邮件不仅使用方便,而且还具有传递迅速和费用低廉的优点。现在的电子邮件不仅可以传送文字信息,而且可以传输声音、图像、视频等内容。

2. 电子邮箱

电子主要分为免费邮箱和收费邮箱,其中收费邮箱又分为收费个人邮箱和企业邮箱。免费邮箱为用户免费提供电子邮件传输服务,其功能不断完善,稳定性逐步提高,容量越来越大,速度越来越快,完全能满足普通用户的需要。企业邮箱是以企业自己的域名为后缀的邮箱,这是它与免费邮箱和收费个人邮箱的本质区别。企业邮箱具有强大的反垃圾、防病毒功能,是企业最有效的营销工具,使用企业邮箱进行商务活动,可以增加对方的信赖感。

电子邮箱格式为:用户名@用户邮箱所在主机的域名

例如,一个新浪网的电子邮件地址为 jsjwl@ sina. com. cn,jsjwl 就是用户名,si-na. com. cn 就是主机域名。

在不同网站申请免费电子邮箱的过程基本都是一样的,在进入到上述任何一个邮箱申请网页后,首先注册邮箱名,然后根据网页内容填入信息,在注册过程中会有相应的提示,按照提示操作即可。注册成功后用邮箱名和自己设置的密码登录到个人邮箱,就可以使用邮箱进行发信和收信操作。

3.3.4 文件传输与下载

Internet 上的资源是丰富多样的,其中包含很多对用户有用的网页、软件、影音、动画等资源。其中,有许多免费和共享软件,很多用户希望能够把这些资源保存到本地的硬盘上,以方便日后的使用,本节介绍几种下载技术。

1. 通过浏览器下载资源

通过浏览器下载资源是最常见的网络下载方式之一。在保存网页及其中的文字、图片、Flash 等资源的时候,使用浏览器进行下载是最为方便的方法。另外,还有很大一部分可下载的资源以超链接的形式提供在网页上,下载这些资源也可以直接在浏览器中进行。通过浏览器下载时,在浏览器的地址栏中输入资源链接,浏览器会按照 HTTP 协议的规定,按照一定的格式发送下载资源的请求给存放资源的服务器。服务器收到用户的请求后,进行必要的操作,发送资源给用户,当下载该资源的人数较多,或者网络的宽带情况较差时,通过浏览器下载资源的速度是相对较慢的,另外一个最大的缺点是是不支持断点续传,造成下载时间较长。

2. 通过 FTP 下载

FTP(File Transfer Protocol,文件传输协议)FTP 协议是 Internet 上使用非常广泛的一种通信协议,这种下载方式,在还没有出现 WWW 服务的时候,就已经被广泛地使用。目前,FTP 仍是 Internet 上最为常用的服务之一。当使用 FTP 下载资源时,需要先找到 FTP 服务器的地址,FTP 下载速度比较稳定,并支持断点续传的功能,即使在下载的过程中出现了中断,重新连接后仍可以接着原来的进度继续下载。

架设 FTP 服务器,很少能获得经济利益或其他利益,所以限制了资源的数量,当下载的人数较多时,下载速度就会变慢。所以,一般只有学校、企业才会架设 FTP 服务器,供内部人员交流使用。

3. P2P 下载

P2P(Peer to Peer)又称点对点技术,是一种多点对多点的传输下载技术。已经成为宽带用户下载的重要选择之一,当用户用浏览器或者 FTP 服务器下载时,若同时下载的人数很多,由于服务器的带宽问题,下载速度会减慢许多。而使用 P2P 技术则正好相反,下载的人越多,下载的速度反而越快。

BT(BitTorrent)是一种新兴的 P2P 传输协议,采用了多目标的共享下载方式。下载的过程中,每一台客户机都是服务器,客户机和客户机之间相互传递数据。每台客户机在下载其他客户机资源的同时,也在上传着自己的资源。用户都可以同时从多个计算机中下载,因而极大提高了下载的速度。

BT 工具的代表有 BitComet、eMule 等。另外值得一提的下载工具是迅雷。它采用多媒体搜索技术,可以快速地搜索到网络上的资源,整合了 HTTP 和 FTP 的服务器技术,并对 BT 下载也进行了改进,独创了 P2SP 技术。P2SP(Peer to Server&Peer)是点对服务器和点对点。比 P2P 在下载稳定性和速度上又有了非常大的提高。

3.3.5　信息快速搜索

1. 什么是搜索引擎

搜索引擎就是搜索信息网址的服务环境和服务工具。它通过对 Internet 上的信息进行收集、解释、处理、组织和存储,为用户提供检索服务。搜索引擎是一个提供搜索框的页面,用户在搜索框中输入要查询的内容,搜索引擎会根据用户输入内容,返回相关内容的信息。

2. 常用搜索引擎的名称和网址

随着国际互联网络的普及,不断涌现出越来越多的搜索引擎,现在 Internet 上搜索引擎很多,包括中文搜索引擎和英文搜索引擎,各种搜索引擎的基本功能都是相似的。在中文搜索的引擎中,谷歌、百度和雅虎号称为三大搜索引擎。其他搜索引擎各有特点,用户可以选择自己习惯使用的一种。

3. 谷歌(Google)搜索引擎——http://www. google. com

Google 搜索引擎是目前优秀的支持多种语种的搜索引擎之一,它能够提供网站、图像、新闻组等多种资源的查询,其中包括中文简体、繁体、英语等 35 个国家和地区的语言的资源。Google 能够为网络用户提供网上全球化的信息查询服务,为世界各地的用户提供搜索结果,其搜索时间通常不到半秒。目前,Google 每天提供高达 2 亿以上的查询服务。使用的是复杂的、自动搜索的、网页级别的技术处理方法。

4. 百度搜索——http://www. baidu. com

百度搜索引擎是目前用户多、优秀的、支持多语种的搜索引擎之一。百度是优秀的中文信息检索与传递技术供应商,在中国所有具备搜索功能的网站中,由百度提供搜索引擎技术支持的超过 80%。因此,百度是当前国内最大的商业化全中文搜索引擎之一。

如果搜索中文网页,建议使用百度进行搜索;如果搜索英文网页,则建议使用"谷歌"进行搜索。实际上,各种搜索使用的方法大同小异,功能差别不大。

3.3.6　网络在线交流

因特网为信息交流开辟了一个新的时代,人们不仅可以通过网络浏览网上信息、收发电子邮件,还可以通过实时通信软件,与认识的或者不认识的人进行实时的交流,利用实时通信软件,通信的双方可以进行音频、视频和文字的实时交流,交流过程生动有趣,为人们提供了一种全新的交流方式,常见的实时通信软件有 MSN、QQ、雅虎通等。此外,还有一种利用网络进行交流的平台就是博客和微博。

1. MSN 即时通信

MSN 是在 Windows 操作系统上常用的一种即时通信软件,利用 MSN 可以让用户以多种方式与他人进行在线交流,比如文字信息收发、语音对话、视频聊天、文件传送等。

2. 博客和微博

"博客"一词是英文单词"Blog"音译而来的,就是以网络作为载体,简易迅速便捷地发布自己的心得,及时有效轻松地与他人进行交流,并且具有交互功能的平台,其实质是一种由个人管理、不定期发表新文章的网站。博客上的文章通常根据发表时间,以倒序方式由新到旧排列,大部分的博客内容以文字为主,也可以含有视频、音乐、图片等内容。

博客不受地理位置的限制,全世界的人都可以通过 Internet 来分享个人生活的点点滴滴,目前提供博客服务的网站很多,有收费的,也有免费的博客网站,目前,门户网站一般都提供免费的博客服务,如新浪、网易等。

在任意一个网站申请博客账号,都是相似的,第一步进入博客网站的主页,找到注册博客链接,按要求填写用户名和密码等信息,完成申请注册,第二步,用申请的用户名和密码登录,第三步进入个人博客管理,包括选择模板、发表、删除博文等操作。

微博,目前是全球最受欢迎的博客形式,博客作者不需要撰写很复杂的文章,而只需要抒写 140 字内的心情文字即可,微博的产生源于信息爆炸时代,人们需要更简单、更快速的沟通方式来获取信息,智能手机普及是微博催化剂。

提供博客服务的网站都有相应的微博服务,有博客账号就不需要再申请微博账号。

3.3.7　电子商务及应用

1. 电子商务的基本概念

电子商务(Electronic Commerce,EC)是指通过网上交易平台,采用基于浏览器/服务器的方式,进行网上营销、网上购物、在线电子支付的一种新型商业运营模式。

我们通常认为的电子商务是指在 Internet 开放的环境下,通过网上交易平台,从事以商品交换为主的各种商务活动。电子商务的基本特征是以电子方式完成交易活动,电子商务系统在交易过程中,涉及的主要技术有网络技术、数据交换、数据获取、数据统计、数据处理技术、多媒体、信息技术、安全技术等。

2. 电子商务的类型

电子商务覆盖的范围十分广泛,电子商务有很多分类方法,通常根据交易主体的不同主要可以分为 B2B、B2C、C2C。

(1) 企业对企业(Business to Business,B2B):B2B 是指企业间的电子商务,又称"商家对商家"的电子商务活动。B2B 是指企业间通过 Internet 或专用网进行的电子商务活动,如企业与企业间通过互联网进行产品信息发布、供求信息发布、定货或退货、电子支付、产品配送等商务活动。该模式的主要特点是电子商务的供需双方都是企业或者公司。B2B 的典型代表包括阿里巴巴、慧聪网、中国供应商等。阿里巴巴网站地址为,http://china.alibaba.com。

(2) 企业对消费者(Business to Consumer,B2C):B2C 是指消费者在商家通过 Internet 为其提供的购物环境下进行的商业活动,如消费者通过 Internet,在网上进行的购物、支付和订单查询等活动,由于这种模式节省了双方的时间和空间,极大提高了交易的效率,节省开支。这种模式的著名网站有当当网(http://www.dangdang.com)、京东商城等。

当当网开通于 1991 年 11 月,是中文网上图书音像商城。当当网除了提供图书音像外,还提供其他商品的网上零售业务。当当网支持"送货上门,当面收款"的服务,也就是说客户可以在收到货物,并检查无误后,再付款给快递公司。

(3) 消费者对消费者(Consumer to Consumer):C2C 是通过一个第三方的在线交易平台,卖方可以提供商品上网拍卖,而买方可以自由选择商品进行竞价。C2C 的典型代表包括淘宝网、拍拍网等。淘宝网的主页(http://www.taobao.com)。

第4章　文字处理软件 Word 2003 应用

Microsoft Office 2003 是一套由微软公司开发的办公软件，Word 2003 是其中的一个组件，用于创建和编辑各种文档，是目前最常用的、功能最强的文字处理应用程序。

4.1　Word 2003 界面及文件管理

4.1.1　Word 2003 界面

图 4-1 显示了 Word 2003 界面。

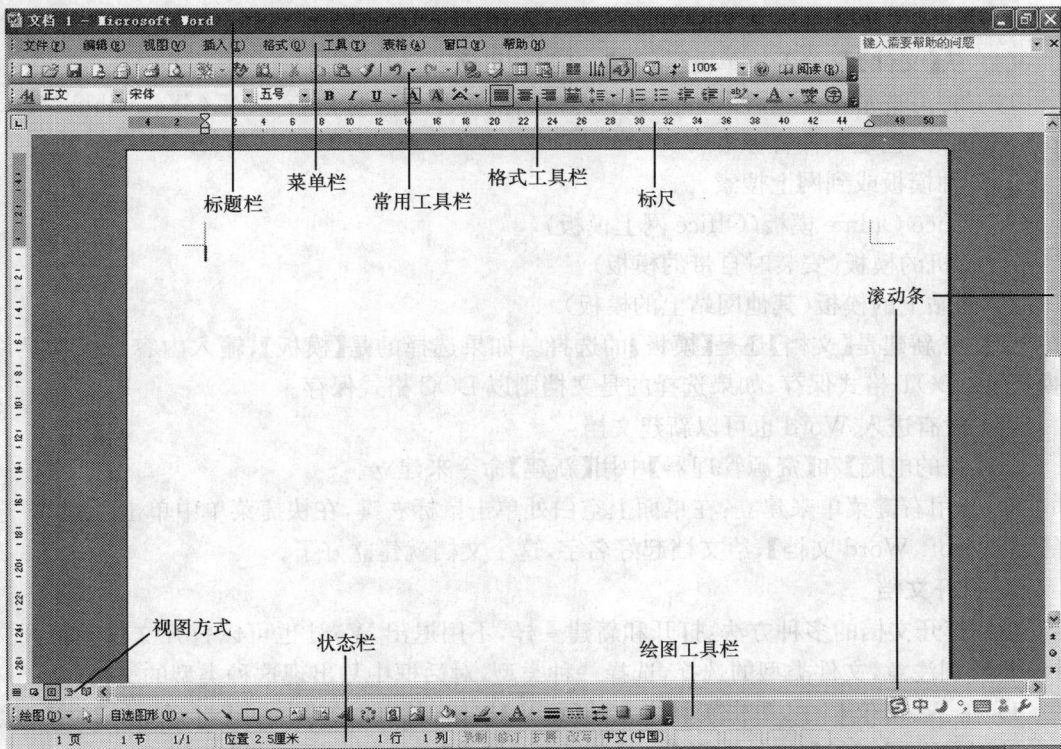

图 4-1　Word 2003 界面

1. 用键盘来打开菜单

菜单栏上每个菜单项中都有一个带有下划线的字母，按下【Alt＋字母键】，可以打开相应字母对应的菜单。如我们按下【Alt＋F】键，就可以打开【文件】菜单。如果想要执行某个菜单命令，只要在光条位于该选项时敲回车键就可以了。按【Esc】键可以回退菜单的层数，按一次回退一级。

2. 智能菜单的功能

可以根据你对菜单命令或按钮的使用频率来决定是否直接显示它们。如果一个菜单项有很长时间没有被使用,Word 就会自动把它隐藏起来,减少菜单中直接显示命令的数目。如果要用隐藏起来的命令,只要单击菜单中的向下双箭头或者双击这个菜单就可以了。

3. 让工具栏显示出来

可以在【视图】中【工具栏】上将需要用的工具打上勾,也可以在【工具栏】上单击右键再选择,如,在弹出的快捷菜单中选择【表格和边框】命令,界面中就又出现了一个【表格和边框】工具栏。

4.1.2 文档的新建、打开、保存

1. 新建文档

(1) 自动新建:Word 启动之后自动建立了一个新文档,标题栏上的文档名称是【文档1. doc】。

(2) 使用工具栏中按钮建新文件:从工具栏中选【新建空白文档】文档按钮,直接新建一个空白文档。名称为【文档2. doc】。再单击这个按钮,就出现了【文档3】。

(3) 使用快捷键来建立新文档:在 Word 中按【Ctrl+N】键。

(4) 从【文件】菜单下拉单击【新建】:有两种可选:

1)五种可选常用文档;XML 像 HTML 一样,可扩展置标语言 XML(eXtensible Markup Language)也是一种置标语言。

2)三种模板或到网上搜索。

A. Office Online 模板(Office 网上模板)

B. 本机的模板(安装时自带的模板)

C. 网站上的模板(其他网站上的模板)

要注意新建是【文档】还是【模板】的选择。如果选择的是【模板】,输入内容后保存是以【模板】的 DOT 格式保存;如果选择的是文档则以 DOC 格式保存。

(5) 没有进入 Word 也可以新建文档:

1)【我的电脑】和【资源管理器】中用【新建】命令来建立。

2) 使用右键菜单来建立:在桌面上空白处单击鼠标右键,在快捷菜单中单击【新建】|选择【Microsoft Word 文档】,给文档起好名字,这个文档就建立好了。

2. 打开文档

(1) 打开文档的多种方法:打开和新建一样,不用退出 Word 也可以打开文件。打开文件时要特别注意,文件类型的选择,选择一种类型,对话框中只出现这种类型的文件。

1) 在 Word 文档中,单击工具栏上的【打开】按钮,就可以打开一个【打开文件】对话框。

2) 在 Word 里按【Ctrl+O】键。在 Word 中使用【文件】菜单【打开】命令。

3) 使用【文件】菜单中的历史记录来打开文档:打开【文件】菜单,在下面有一栏显示了我们最近打过文档,单击其中的一条,就可以打开相应的文档了。

4) 不在 Word 里则【开始】|【程序】|【Office 2003】|【Word 2003】命令来打开。

(2) 设置显示最近打开过的文档数目:【工具】|【选项】|【常规】选项卡,在这里有一个【列出最近使用文件? 个】选项,输入框中可以输入文件的数目,而清除这个复选框则可以让 Word 不再记忆曾经打开的文件。如图 4-2 所示。

(3)【打开】对话框:如果在打开时可以大致看到文档的内容,那么在打开文件时错误的机率就会大大地减少,在【打开文件】对话框的工具栏中单击【视图】按钮右边的下拉箭头,

选择菜单中的【预览】命令,下面的文件列表的右边就出现了一个预览窗口。

3. 保存文档

(1) 保存文档的多种方法

1)【文件】|【保存】:如果是新文件,则跳出菜单,让你填写文件名,新文档系统将第一行默认为标题。如果是老文件则是将最近改动的内容加入到文档中。保存文件时要特别注意保存位置。

2)【文件】|【另存为】:另外再保存一个内容相同名称不同的文件。在【另存为】|【新建文件夹】按钮,非常有用,我们平时的文件都是分类存放的,而有时要保存编辑的稿件,觉得放到哪里都不合适,这时我们就可以新建一个文件夹把文件放到里面。

3) 单击工具栏上的磁盘按钮保存文件。

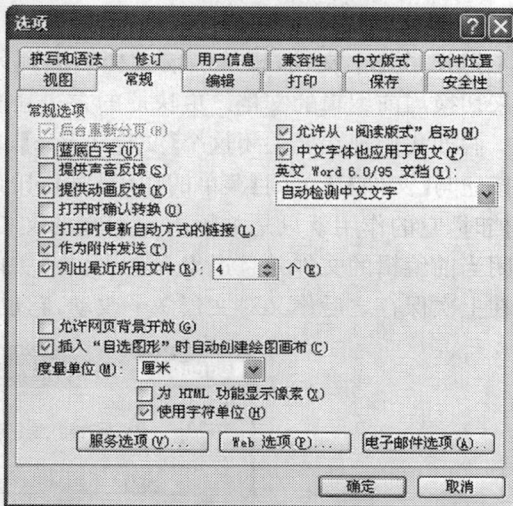

图 4-2　选项对话框

(2) 自动保存和恢复:Word 有自动保存功能,默认的时间是 10 分钟,后台保存。可以减少文档出现意外的损失。

需要注意的是,自动保存以后的信息并不是存储到了原来文件中,而是保存在了一些临时文件里,此时如果发生了断电,你原来的文档中保存仍然是你上次保存的内容。在发生了非正常退出后,用 Word 再次打开原来的文件,可以看到会同时出现一个恢复文档,此时这个恢复文档中保存的就是上次断电时自动保存的所有信息了,将原来的文档关闭,再将恢复文档保存为原来的文档就可以最大限度的减小损失了。

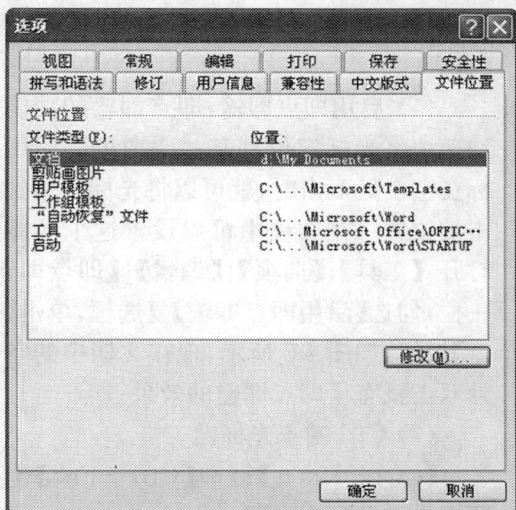

图 4-3　选项对话框文件类型选项卡

(3) 改变自动保存的默认的时间:【工具】|【选项】|【保存】选项卡,这里有一个【自动保存时间间隔】项,默认的时间是 10 分钟,你可以改变这个时间的设置。

(4) 改变保存文档的默认路径:在启动 Word 后第一次使用保存和打开对话框时默认的文件夹都是【My Documents】即【我的文档】,如果你的大部分工作并不是保存在这个文件夹下,就会很不方便,可以改变默认路径到指定的文件夹。

【工具】|【选项】|【文件位置】选项卡,在【文件类型】列表中,选择第一项【文档】,单击【修改】按钮。如图 4-3 所示。

弹出【修改位置】对话框,从对话框中选择默认的保存文件夹,单击【确定】按钮回到【选项】对话框,单击【确定】按钮,下次进入 Word 时默认的保存和打开路径就是刚才选择的文件夹了。

4. 多文档切换及关闭

打开了几个文档,想从当前文档切换到另外的一个文档中,一般的办法是使用窗口菜单来切换当前编辑的文档。更快捷的方法是按下【ALT＋TAB】键来切换。

假如我们现在要关闭这个【文档1.doc】,单击标题栏上的这个【关闭】按钮就可以了,这个按钮与【文件】|【关闭】菜单的作用是相同的,不会退出整个 Word 系统。同时打开了几个文档时,它的作用就只是关闭当前编辑的文档。如果只有一个文档,【关闭】按钮的作用是关闭当前编辑的文件并且退出 Word。在【关闭】前,系统问你是否保存对新文档的保存,如果在上次保存之后你又对文档做了改动,它也会提醒你进行保存。如图 4-4 所示。

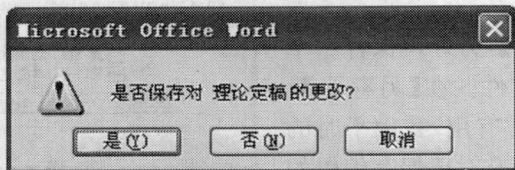

图 4-4　保存对话框

4.1.3　视图方式

Word 提供了 5 种视图方式,【普通视图】、【WEB 版式视图】、【页面视图】、【大纲视图】、【阅读版式视图】。5 种视图方式各有长处,【页面视图】的特点是可以看到最后打印的排版效果,有页眉页脚的效果,【大纲视图】可用来查看文档的框架结构。【WEB 版式视图】下无法显示图形及文档的色彩。

4.2　文档的编辑、排版

4.2.1　文档的编辑

1. 光标的定位

图 4-5　选项对话框编辑选项卡

（1）启用即点即输:即点即输的功能能快速地将光标定位到某些空白处。即用鼠标在空白处双击时,就可以将光标定位到双击的位置。在选项中可以设置这个功能为打开:【工具】|【选项】|【编辑】|【即点即输】一栏,勾选【启用即点即输】复选框,单击【确定】按钮,如图 4-5 所示,现在文档中的空白处双击就有了即点即输的效果。

（2）Ctrl 键＋光标键

【Ctrl＋Home】键和【Ctrl＋End】键是到文本首和到文本尾。

【Ctrl＋← →】左右方向键:光标向左右移动一个词的距离。

【Ctrl＋↑↓】上下方向键,使光标移到上段段首与下段段首。重复则继续向上或向下到段首。

（3）Ctrl 键＋翻页键：使用【Ctrl】键配合【Page Up】和【Page Down】键的作用是上下翻页。

2. 文字的选取

选取文字的目的是为了对它进行复制、删除、拖动、加格式等操作。

常用的选取方法是：在要选定文字的开始位置，按住鼠标左键移动到在要选定文字的结束位置松开；或者按住 Shift 键，在要选定文字的结束位置单击，就选中了这些文字。这个方法对连续的字、句、行、段的选取都适用。

选择文字也有方便快捷的方法，在编辑文字时经常用到：

（1）行的选取

1）把鼠标移动到行的左边，鼠标就变成了一个斜向右上方的箭头，单击可选一行。

2）把光标定位在要选定文字的开始位置，按住 Shift 键按 End 键（或 Home 键），可以选中光标所在位置到行尾（首）的文字。

（2）句的选取：按住 Ctrl 键＋单击，选定鼠标单击处的整个句子。

（3）段的选取：在段中的任意位置三击鼠标左键，选定整个一段。

（4）矩形选取：按住 Alt 键，在要选取的开始位置按下左键，拖动鼠标可以拉出一个矩形的选择区域。如图 4-6 所示。

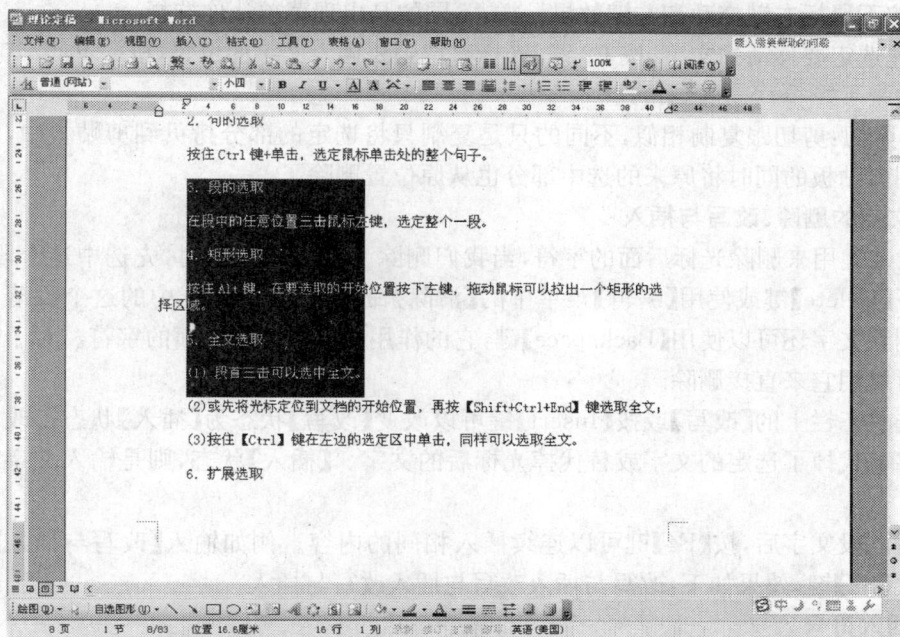

图 4-6　矩形选取

（5）全文选取

1）段首三击可以选中全文。

2）或先将光标定位到文档的开始位置，再按【Shift＋Ctrl＋End】键选取全文。

3）按住【Ctrl】键在左边的选定区中单击，同样可以选取全文。

3. 复制、移动、剪切和粘贴

（1）对重复输入的文字，利用复制和粘贴功能比较方便

1）简单复制和粘贴

方法是：先选定要重复输入的文字，使用【编辑】菜单中的【复制】命令或右键菜单中的【复制】命令或快捷键【Ctrl＋C】命令对文字进行复制，被复制的文字进入剪贴板，然后在要输入的地方插入光标，使用【编辑】菜单中的【粘贴】命令或右键菜单中的【粘贴】命令或快捷键【Ctrl＋V】可以实现粘贴，使输入更简便。

2）选择性粘贴，在粘贴时改变文本格式。

将文字选入到剪贴板后，从【编辑】菜单中可选择【选择性粘贴】，粘贴文字的不同格式。例如：将【文字进行复制】复制成【图形格式】及【无格式文本】。图形格式如图 4-7 所示。

文字进行复制

图 4-7 复制的图形格式

（2）移动

1）先选中要移动的文字，然后在选中的文字上按下鼠标左键拖动鼠标，一直拖动到要插入的地方松开鼠标，这常用于字句位置的调换。

2）按下鼠标右键拖动和左键效果一样，不同的是出现菜单让你选择。

3）先选定要移动的文字，按 F2 键，光标移位到要插入文字的位置，按一下回车键，文字就移动过来了。

（3）剪切：剪切跟复制相似，不同的只是复制只将选定的部分拷贝到剪贴板中，而剪切在拷贝到剪贴板的同时将原来的选中部分也从原位置删除了。

4. 文字的删除、改写与插入

Delete 键用来删除光标后面的字符，当我们删除一整段的内容时，先选中这个段落，然后按一下【Delete】键或使用【编辑】菜单中的【清除】命令，就可以把选中的这个段落全部删除了。删除文字还可以使用【Backspace】键，它的作用是删除光标前面的字符。对于输入错误的字可以用它来直接删除。

双击状态栏上的【改写】或按【Insert】键可以改变【改写】状态为【插入】状态。改写是输入的文字替代掉了选定的文字或替代掉光标后的文字。【插入】状态，则是输入文字出现在光标后。

输入一段文字后，按【F4】键可以连续插入相同的内容。例如输入【改写与插入】后，再连按两次【F4】键，效果如下：改写与插入改写与插入改写与插入。

5. 插入符号

（1）【视图】|【工具栏】菜单下打开【符号栏】，【符号栏】出现在状态栏中。都是常用的符号（图 4-8）。

（2）打开【插入】|【特殊符号】对话框，在这个对话框中有六个选项卡，分别列出了六类不同的特殊符号；从列表中选择要插入的特殊字符，单击【确定】按钮，选中的字符就插入到了文档中（图 4-8）。

（3）打开【插入】菜单，单击【符号】命令，打开【符号】对话框，单击【特殊字符】选项卡，在这里提供了一些特殊字符的快捷键。

（4）【符号】标签中要注意【字符】与【子集】的配合。例：插入一个欧元符号：注意到左边的【字体】下拉列表框中是【普通文本】，从右边的【子集】下拉列表框中选择【货币符号】，在下面的符号列表框中找到欧元符号【€】并选中它，单击【插入】按钮。

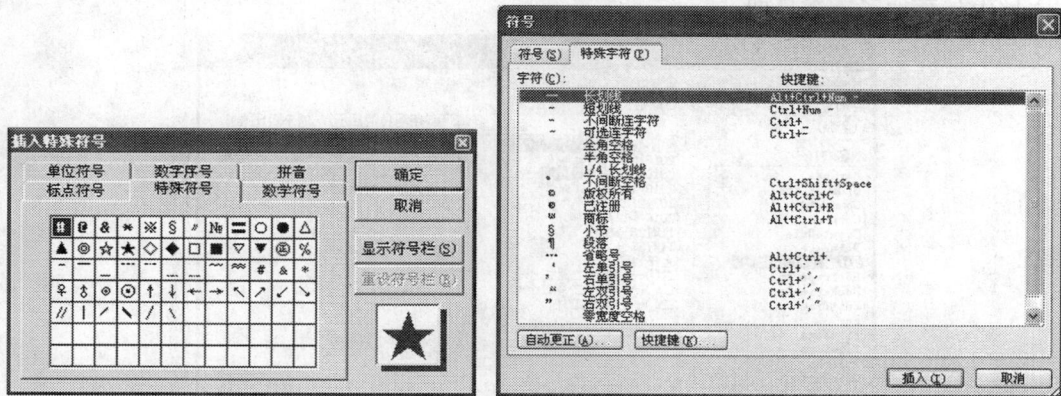

图 4-8　插入特殊符号及符号对话框

（5）从这里还可以插入一些特殊的图形符号。打开刚才的对话框，选择字体为 Wingdings，下面的符号列表中出现了一些图形样子的字符。☆☌§🕮@&🖂↺🖉☞➹☜✂✌☞☺✪✿✸✶★✾✍✎ⓂⒸ€€☺📖🕿👤⚙

（6）最常用的划下划线方法：选中【工具栏】中的下划线按钮，再按下【空格键】。

6. 插入日期和时间

（1）打开【插入】|【日期和时间】对话框，使用默认的格式，在【语言】下拉列表框中选择【中文】，单击【确定】按钮，在文档中就出现了 Windows 系统的中文日期。如图 4-9 所示。如果选中【自动更新】，当我们重新打开文档时，时间变更为当前日期或时间。

如果在【语言】下拉列表框中选择【英文】，可以看到左边的列表框中日期和时间的格式就都变成了英文的了，还是使用它默认的格式，单击【确定】按钮，文档中就插入了一个这种格式的【英文】日期和时间。如图 4-10 所示。用这种方法加到文档中的日期和时间是根据 Windows 系统中的时间来确定的。

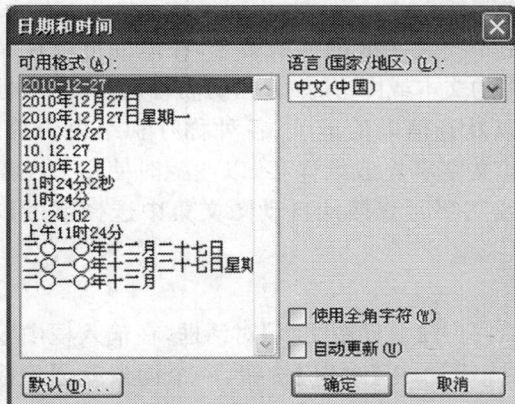

图 4-9　中文日期时间对话框

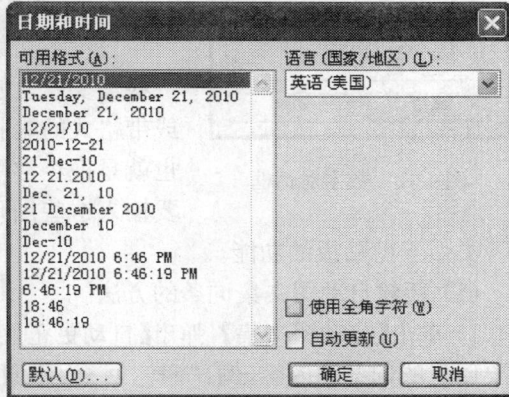

图 4-10　英文日期时间对话框

（2）插入域的方法可以使日期和时间像时钟一样变动：打开【插入】菜单，单击【域】命令，打开【域】对话框，如图 4-11 所示。在左边的【类别】列表中选择【日期和时间】项，下边的【域名】列表中选择 Date，从【日期/时间】列表中选择一种日期格式，单击【确定】按钮，我们在文档中就添加了一个日期。

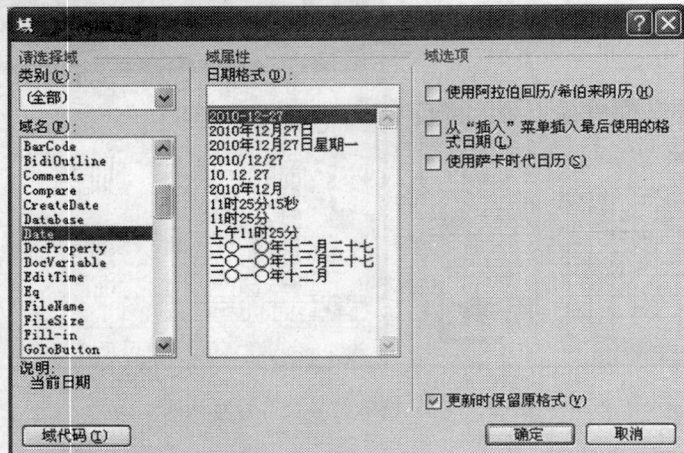

图 4-11　域对话框

还可以使插入的日期和时间自动更新：打开【日期和时间】对话框，选中【自动更新】复选框，单击【确定】按钮。实际上它的作用是当你的系统日期改变时，插入的这个日期和时间会跟着改变，这样在你需要用几天时间编辑一个文档时，里面的日期和时间就不用再手动去改了。

7. 插入数字

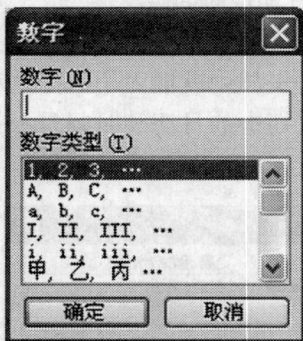

图 4-12　数字对话框

一般的数字当然不需要插入，但使用插入可以插入一些比较特殊的数字：打开【插入】菜单，单击【数字】命令，打开【数字】对话框，如图 4-12 所示。从【数字类型】列表中选择【甲，已，丙 …】项，然后在【数字】输入框中输入【10】，单击【确定】按钮，就可以在文档中插入一个【癸】字。

8. 自动图文集

自动图文集是一些文字或图形的集合，在里面可以存储一些需要重复使用的文本或图形，如公司的名称、公司的徽标或带格式的表格以及寄信人的地址、各种称呼和结束语等。也就是把经常用的文字事先成批保存，以便随时使用。在需要输入这些图形或文字时直接从自动图文集中选择就可以了。类似于剪贴板的功能。

（1）新建自动图文集词条的方法

1）单击【自动图文集】，弹出【自动更正】窗口，打开【自动图文集】对话框，在输入框中输入要创建的词条的内容，例：“谢谢回复，感谢支持！”，单击【确定】按钮，一个词条就创建好了，单击【添加】按钮。

2）选中已经输入的文字，打开【自动图文集】子菜单，选中【新建】命令，出现创建【自动图文集】对话框,这里可以给词条起一个名字,缺省的是自动图文集的内容,单击【确定】按钮,就在自动图文集中加入了一个词条。

(2) 使用自动图文集的方法:打开【插入】菜单中的【自动图文集】子菜单,选择【自动图文集】选项卡,单击词条名称输入词条内容。如图 4-13 所示。

利用【自动更正】可以用来处理简单输入替代复杂输入,也可以用来处理更正自己经常出错的词语。

例:"多多包含"自动更正为"多多包涵",设置"Z"字母变更为"汉语言文学专业",":("更正为"☹"。

9. 查找和替换

【编辑】菜单中的【查找】、【替换】和【定位】其实是在同一个对话框中的三个选项卡,在 Word 中对应着三个功能都有其各自的快捷键:查找是【Ctrl+F】;替换是【Ctrl+H】;定位是【Ctrl+G】。

图 4-13　自动更正对话框

打开这个对话框还可以这样做:单击垂直滚动条上的【选择浏览对象】按钮,单击面板中的望远镜图标,就打开了查找和替换对话框。

(1)【编辑】|【替换】:如果想把稿件中所有的"编排"要替换成"排版",可以打开【编辑】菜单,单击【替换】命令,(或单击纵向滚动条中的圆点)就出现【替换】对话框,在【查找内容】文本框中输入要替换的内容"编排",在下面输入要替换成的内容"排版",单击【查找下一处】按钮,Word 就自动在文档中找到下一处使用这个词的地方,这时单击【替换】按钮,Word 会把选中的词替换掉并自动选中下一个词。如果确定了文档中这个词肯定都要被替换掉,那就直接单击【全部替换】按钮,完成后 Word 会告诉替换的结果。

(2)【编辑】|【查找】:在【查找】|【查找内容】输入框中输入要查找的内容,单击【查找下一处】按钮,就可以找到文档中下一处使用这个字的位置了。

(3) 可以查找字体格式通过找到格式来替换需要的格式。

例:利用字体颜色查找红色,利用字号或字体查找宋体五号字。先选中本段文字,在【查找与替换】|【查找】|【格式】|【字体】选择颜色与字体字号,而输入框内空白。单击【查找下一处】按钮,就可以找到本段中的"红"字。

(4) 查找替换可以用来替换其他符号:我们将网上下载的文章中的向下箭头换成 word 中的段落标记符号。单击【查找】|【特殊字符】|【手动换行符】,然后再选中【替换】|【特殊字符】|【段落标记】最后再根据自己的需要来一一选择或全部替换。

(5)【查找和替换】对话框中:【区分全/半角】选项是表示在查找时应该区分全/半角,单击【高级】按钮,在下面就出现了查找的高级选项,【高级】按钮变成【常规】按钮,如图 4-14 所示。

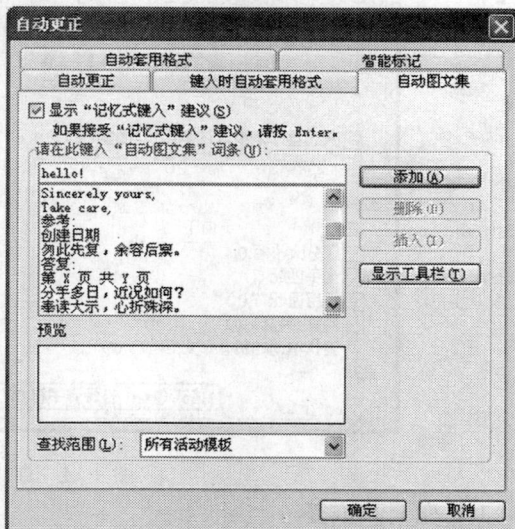

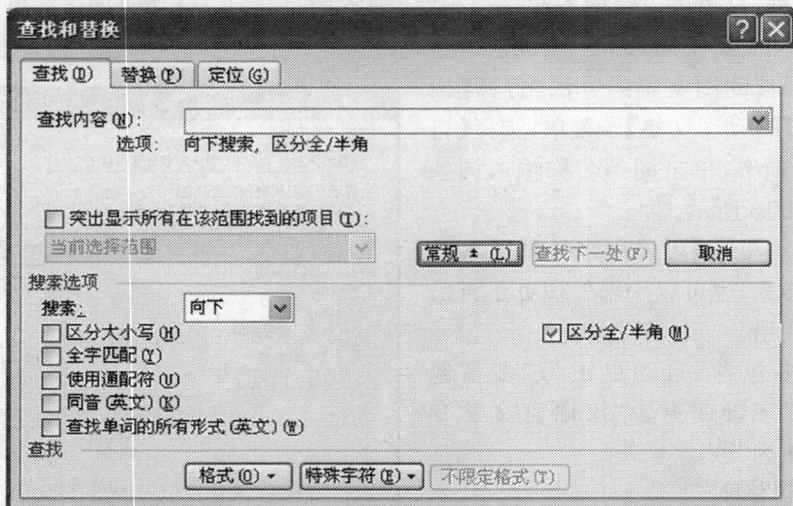

图 4-14 查找替换对话框

10. 撤消和恢复

在工具栏上有【撤消】和【恢复】按钮,撤消和恢复操作是相对应的,撤消是取消上一步的操作,而恢复就是把撤消操作再重复回来。例如要在文档中输入【医学生】,结果一不小心输成了【一学生】,单击【撤消】按钮,可以撤消这一步操作,再用鼠标单击【恢复】按钮,刚才输入的文字又出现了。

【编辑】菜单中的【撤消】和【恢复】命令也可以实现撤消和恢复操作;其相对应的快捷键是:撤消:【Ctrl+Z】键,恢复:【Alt+Shift+Backspace】键 。

4.2.2 文档的排版

1. 文字的格式

(1) 工具栏上文字格式按钮的使用:文字的格式就是文字的外观,文字的字体和字号是最常用的文字格式。此外在 Word 里面可以设置的文字格式还有很多。例如选中一些文字,单击工具栏上的【加粗】按钮,选中文字的笔画就变粗了;再单击这个按钮,让按钮弹起来,文字又恢复原状了(图 4-15)。

(2) 特殊要求的输入

例如:输入一个平方:X^2,先输入"X2",然后将 2 选中,【格式】|【字体】|【效果】栏中选择【上标】,单击【确定】按钮。

上标是文字格式的一种,在 Word 里,有关字的特殊效果基本上是用文字格式来实现的,如图 4-16。

(3) 设置动态效果:选中文字,【格式】|【字体】|【字体】|【文字效果】|【动态效果】列表中的【礼花绽放】,单击【确定】按钮,这样就设置好了。

(4) 加宽与紧缩文字,在表格中的运用:为了表格的整齐我们经常需要运用到文字的紧缩,【格式】|【字体】|【字符间距】|【间距】|【紧缩】。如表 4-1。

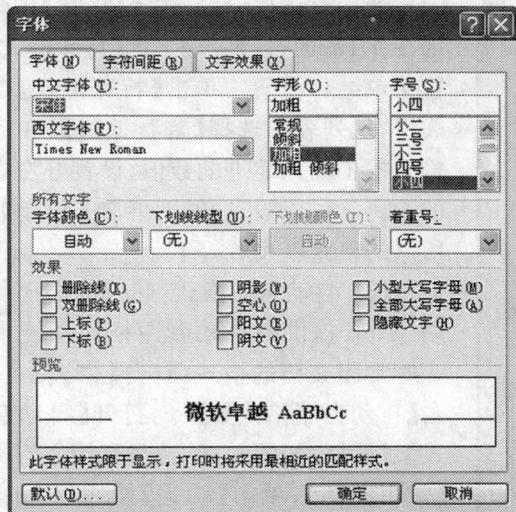

图 4-15　字体对话框

图 4-16　文字格式效果

表 4-1　紧缩效果

欧 阳 冬 强	辽宁医学院基础学院口腔专业 2009 级 18 班	0416—123 4567	1 2 3 @ 1 6 3. com
欧阳冬强	辽宁医学院基础学院口腔专业 09 级 18 班	0416—1234567	123@163.com

2. 段落的格式

（1）段落间距：把光标定位在要设置的段落中，打开【格式】|【段落】，在【间距】选择区中，单击【段后】设置框中向上的箭头，把间距设置为【6 磅】，单击【确定】按钮，这样这个段落和后面的段落之间的距离就拉开了。

（2）对齐方式：Word 中我们通常用的段落对齐方式有四种，分别是两端对齐、居中、右对齐和分散对齐。Word 的左对齐，因为用得比较少，所以在 Word 里没有把左对齐按钮放到工具栏上来。日常使用中通常都是用两端对齐来代替左对齐。实际上，左对齐的段落里最右边是不整齐的，会有一些不规则的空，而两端对齐的段落则没有这个问题。

（3）行距：行距就是行和行之间的距离，选中全文，打开【格式】菜单，单击【段落】命令，单击对话框中【行距】下拉列表框中的下拉箭头，选择【1.5 倍行距】，单击【确定】按钮，就可以改变整个文档的全部行距了。

（4）段落的缩进：段落的缩进有首行缩进、左缩进、右缩进和悬挂缩进四种形式。

用标尺设置：标尺上有这几种缩进所对应的标记。这几个标记分别代表了段落不同部分的位置：首行缩进标记控制的是段落的第一行开始的位置；标尺中左缩进和悬挂缩进两个标记是不能分开的，但是拖动不同的标记会有不同的效果：悬挂缩进标记只影响段落中除第一行以外的其他行左边的开始位置，而左缩进标记则是影响到整个段落的。右缩进标记表示的是段落右边的位置。需要比较精确定位的地方可以按住 Alt 键后再拖动标记，这样就可以平滑地拖动了。

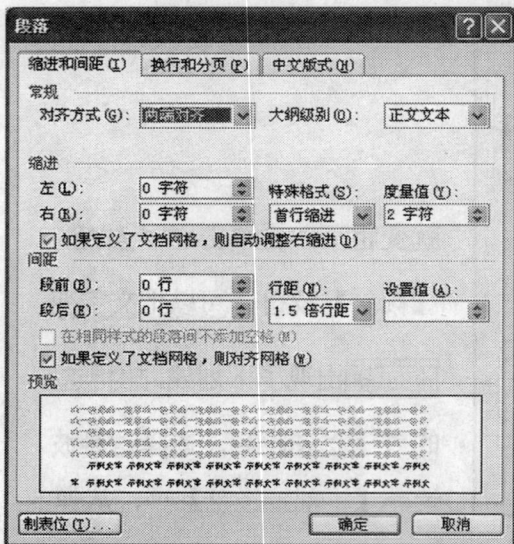

图 4-17　段落对话框

使用对话框设置:进入【格式】|【段落】,如图 4-17,通过【缩进】下的【特殊格式】等下拉菜单结合设置。单击【特殊格式】下拉列表框,从列表中选择【首行缩进】,在后面的输入框中输入缩进的数值,设置好左右缩进的距离,(可以设置负值)单击【确定】按钮,段落的格式就设置好了。

(5)自动套用格式:此外我们还可以利用 Word 提供的自动套用格式功能来设置一些常用文档的格式:打开【格式】菜单,单击【自动套用格式】命令,打开【自动套用格式】对话框,如图 4-18,选择套用文档类型为【常用文档】,单击【确定】按钮,Word 就自动套用了默认的常用文档样式来给这个文档排版了;当然也可以选择【信函】和【电子邮件】两种样式来进行设置。

3. 边框和底纹

(1)段落的边框和底纹

1)用菜单给段落加边框和底纹:把光标定位到要设置的段落中,打开【格式】菜单,打开【边框和底纹】对话框,选择边框页标签,如图 4-19。选择【方框】,在【线型】列表框中选择虚线,单击【颜色】下拉列表框中的箭头,从弹出的面板中选择【蓝色】,然后在这个【应用范围】下拉列表框中选择【段落】,单击【确定】按钮,我们就给这个段落加上了一个边框。如图 4-21。

加底纹:打开刚才的对话框,单击【底纹】选项卡,如图 4-20,将填充颜色选择为【灰色-30%】,同样把【应用范围】选择为【段落】,单击【确定】。

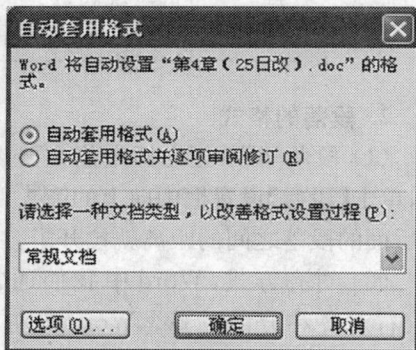

图 4-18　自动套用格式对话框

2)通过工具栏来给段落设置边框和底纹:单击【常用】工具栏上的【表格和边框】按钮,在界面中出现【表格和边框】工具栏,单击【绘制表格】按钮,取消绘制表格状态;选中要添加边框的段落,单击【边框】按钮的下拉箭头,从弹出的面板中选择【外部边框】按钮,选中的段落周围就出现了边框,单击【底纹】按钮的下拉箭头,选择【灰色 30%】,就给选中的文字添加了底纹。

这里还可以自己定义边框线:使用【线型】下拉列表框选择线型为双线;选择颜色为【蓝色】,单击【边框】按钮的下拉箭头,选择【左框线】单击,就可以给段落设置一个蓝色双线的左框线。

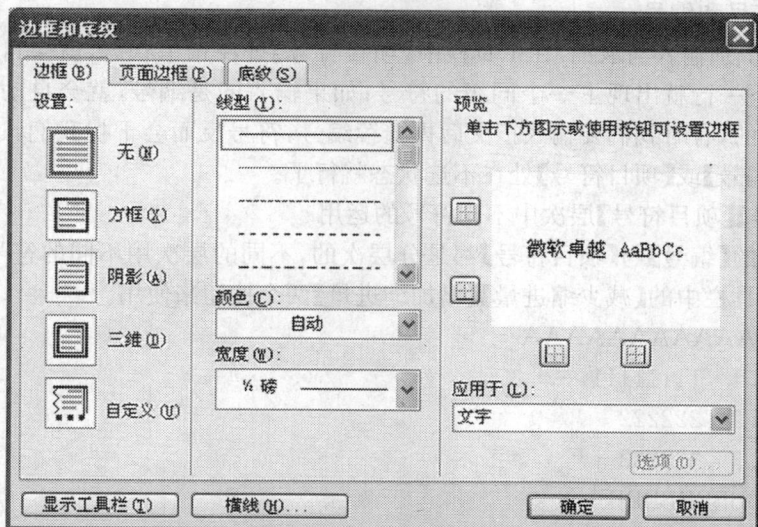

图 4-19　边框和底纹对话框边框页标签

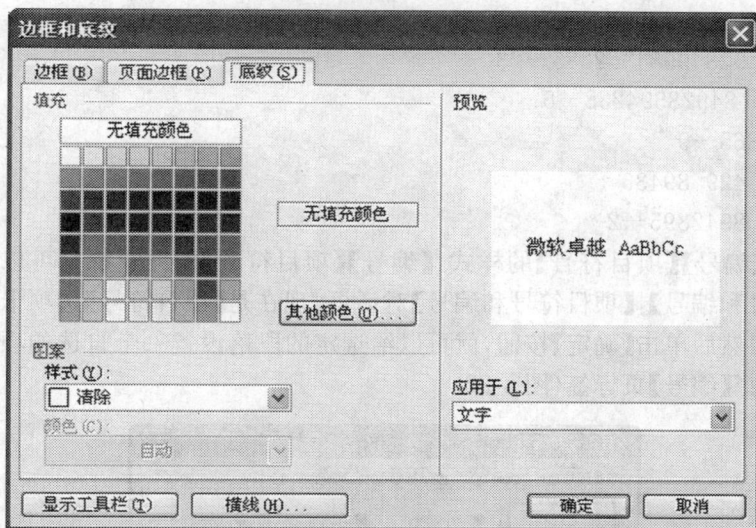

图 4-20　边框和底纹对话框底纹页标签

　　把光标定位到要设置的段落中，打开【格式】菜单，打开【边框和底纹】对话框，选择【方框】，在【线型】列表框中选择虚线，单击【颜色】下拉列表框中的箭头，从弹出的面板中选择【蓝色】，然后在这个【应用范围】下拉列表框中选择【段落】，单击【确定】按钮，我们就给这个段落加上了一个边框。如图 4-21。

图 4-21　加边框底纹效果

　　（2）页面加边框：打开刚才的对话框，单击【页面边框】选项卡，单击【艺术型】的下拉列表框，选择第一个【苹果】单击，【宽度】可以改变【苹果】的大小。注意这里的【应用范围】是【整篇文档】，单击【确定】按钮，我们就给这个文档设置了一个艺术型的页面边框。

4. 项目符号和编号

（1）自动识别输入与取消：在工具栏中【项目符号】处在选中状态，就会自动生成【项目符号】，回车，下一行就出现了一个同级的符号；如果输入的是编号，就会自动生成编号，因为是自动加入的，有时我们要输入正文后再继续编号，符号反而会干扰我们，这时候只要让【工具栏】的【编号】或【项目符号】处在不选状态就行了。

（2）【编号】【项目符号】层次中不同符号的运用

注意下面的【编号】与【项目符号】都是分层次的，不同的层次用不同的符号来区分。这一定要结合工具栏中的【减少缩进量】【增加缩进量】两个按钮来使用。

1.1　　AAAAAAAAAAAAA

1.1.1　11111111

1.1.2　222222

1.1.3　333333

1.2　　BBBBBBBBBBB

1.2.1　11111111

1.2.2　222222

■　89859048239058

◆　　92849584－2385－23

◆　　 84928594238－5

■　5893865－9

◆　　429589435

◆　　8942895－2

（3）改变【编号】【项目符号】的样式：【编号】【项目符号】的样式都是可以改变的。【格式】|【项目符号和编号】|【项目符号和编号】对话框，现在是【项目符号】选项卡，选择一个喜欢的项目符号，然后单击【确定】按钮，就可以给选定的段落设置一个自选的项目符号了，编号的改变就选择【编号】页标签（图 4-22）。

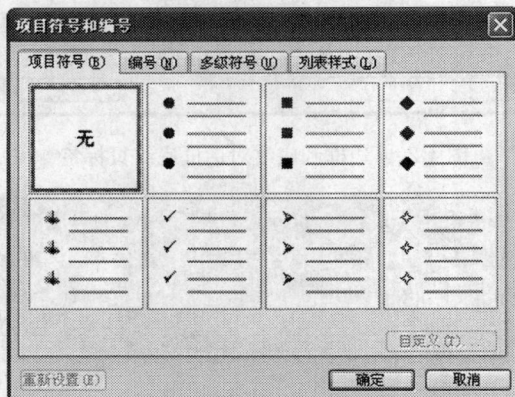

图 4-22　项目符号和编号对话框项目符号选项卡

改变后结果如下：

- 495829458－23
- 45248375802
- 72875809243

（1）89842395－8423

（2）924859－243

（3）9425423589－2

（4）425942375

对于【多级符号】我们就需要在【多级符号】页标签中选中一种，如图 4-23，从【自定义】进入，然后根据【级别】、【编号格式】、【编号样式】、【符号位置】、【文字位置】等一一设置。

例：项目符号

- 824952435
- 958924385－4
    - λ　94829－54
    - λ　7887707
        - λ　7807870
            - λ　9089－88
            - λ　8249385－23

例：【编号】

A 4257287580423

B 284582943－52

  i 2473524739580

  ii 75802487305

    甲 724850243

    乙 47258043

      壹 472057248093

      贰 2450823940

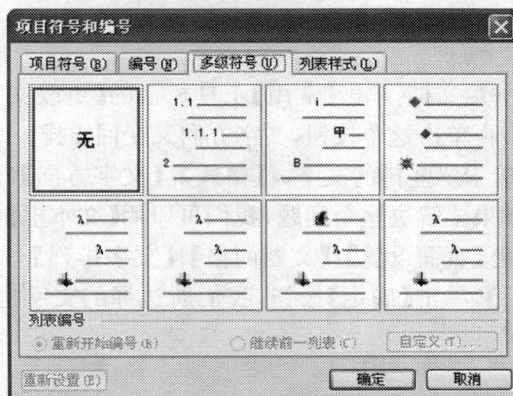

图 4-23　项目符号和编号对话框多级符号选项卡

如果是已经有了符号要改变新建的符号，则要在工具栏的按钮上重新点按一次。

5. 使用格式刷

格式刷是用来复制格式的。在 Word 中格式同文字一样是可以复制的:选中这些文字,在工具栏中单击【格式刷】按钮,如图 4-24,鼠标就变成了一个小刷子的形状,刷子刷过的文字格式就变得和选中的文字一样了。

图 4-24 工具栏上的格式刷

我们可以直接复制整个段落和文字的所有格式。把光标定位在段落中,单击【格式刷】按钮,鼠标变成了一个小刷子的样子,然后选中另一段,该段的格式就和前一段的一模一样了。

如果有好几段的话,先设置好一个段落的格式,然后双击【格式刷】按钮,这样在复制格式时就可以连续给其他段落复制格式;单击【格式刷】按钮即可恢复正常的编辑状态。

另外还可使用组合键:【Ctrl+Shift+C】、【Ctrl+Shift+V】

6. 文字方向

(1) 工具栏上有【更改文字方向】对话框;菜单中【格式】|【文字方向】对话框中有多种文字方向可选。可以应用于全文或者光标之后的文字。如图 4-25。

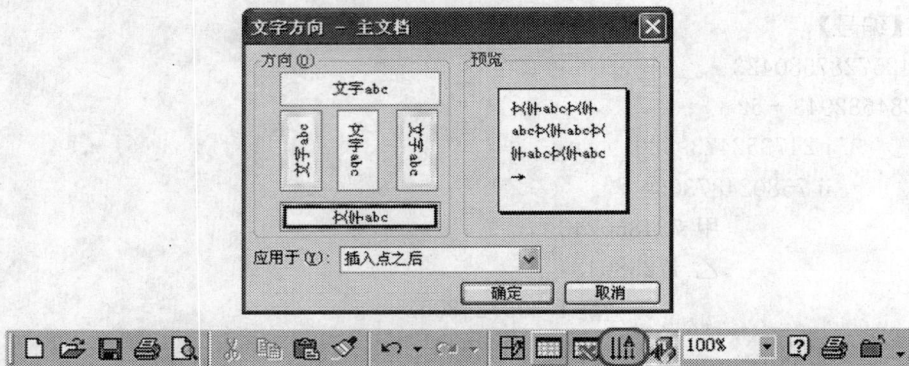

图 4-25 文字方向

(2) 整篇竖排:打开一篇文档,单击【常用】工具栏上的【更改文字方向】按钮,整篇文档的文字就变成了竖排的。再单击这个按钮,文字方向又变回横排。

(3) 部分文字竖排:选中要竖排的文字,|【格式】|【文字方向】,这种竖排会让选中的文字单独形成一个页面。如果要解决这个问题,我们可以用【文本框】的方式来做。也可以在标尺的灰色部分双击,打开【页面设置】|【文档网格】|【文字排列】一栏中选择【竖排】,在【应用于】中选择【插入点之后】,单击【确定】按钮,我们所选择的文字也会变成了竖排的格式,而且同其他的文字也分了页。

7. 分栏

先选定你需要分栏的文字,在【格式】|【分栏】对话框中,选择【几栏】,调整栏宽或勾选栏宽相等,再选择是否需要【分隔线】,单击【确定】按钮(图 4-26)。

分栏时若包含了图片在内,图片会出现被文字遮盖的现象,可以通过调整图片的环绕方式来解决。

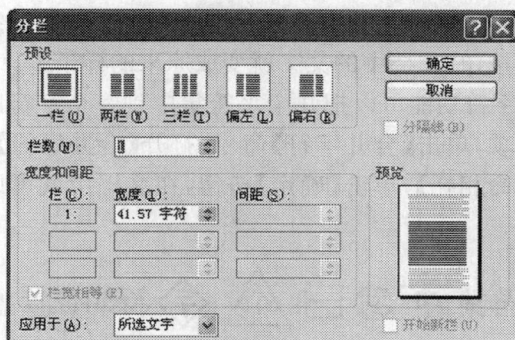

图 4-26　分栏对话框

8. 中文版式

（1）拼音指南：先选中要添加拼音的文字，打开【格式】菜单，单击【中文版式】选项，单击【拼音指南】命令，打开【拼音指南】的对话框，Word 就自动给这个字添加了一个拼音，其中拼音后面的数字表示的是声调，如图 4-27。

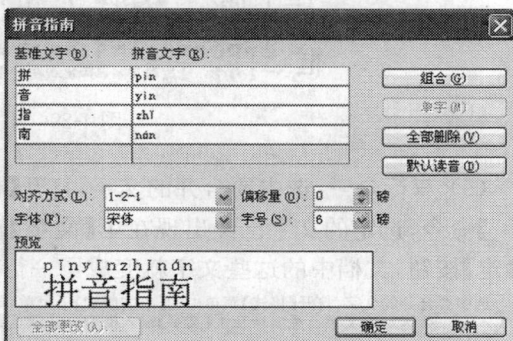

图 4-27　拼音指南对话框

单击【组合】按钮，文字和拼音都分别合并到了一个输入框中，单击【单字】按钮，各个字和他们的拼音都分开放置了。

（2）带圈字符：打开【格式】菜单，单击【中文版式】项，单击【带圈字符】命令，或者单击【特殊格式】工具栏上的【带圈字符】按钮，打开【带圈字符】对话框，如图 4-28，在【字符】输入框中输入一个字，选择样式和圈号，然后单击【确定】按钮，文档中就插入了一个带圈的（如图 4-29）；如果要去掉圈，可以选中这个字，然后打开【带圈字符】对话框，在【样式】中选择【无】，单击【确定】按钮，圈就没有了。

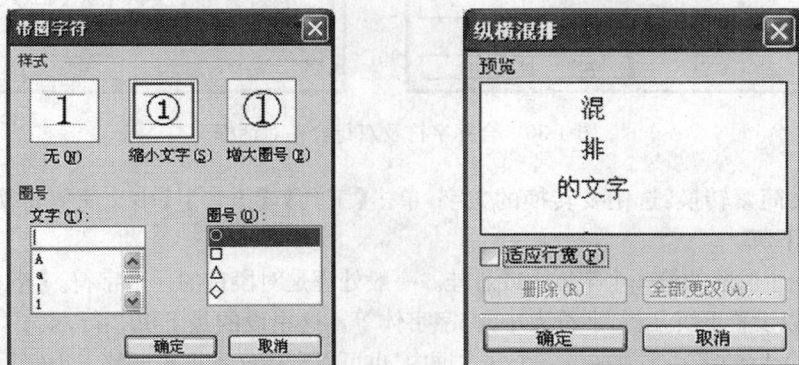

图 4-28　带圈字符及纵横混排对话框

（3）纵横混排：在文档中选中要混排的文字，打开【格式】菜单，单击【中文版式】选项，单击【纵横混排】命令，打开【纵横混排】对话框，如图 4-28，单击【确定】按钮，文档中的数字就是横排的了；可以发现由于选择的字数较多，在文档中根本看不清设置的效果，打开【纵横混排】对话框，清除【适应行宽】复选框，单击【确定】按钮，设置的效果就可以看出来了。

　　如果要恢复原来的样子,就将光标定位在混排的文字中,打开【纵横混排】对话框,单击【删除】按钮,单击【确定】按钮,文档中的文字就变成原来的样子了。

　　(4)合并字符:合并字符功能可以把几个字符集中到一个字符的位置上。打开【格式】菜单,单击【中文版式】选项,单击【合并字符】命令,打开【合并字符】对话框,如图 4-30。在【文字】输入框中输入【性命相托】,单击【确定】按钮,在文档中就可以看到我们设置的效果了(如图 4-29)。

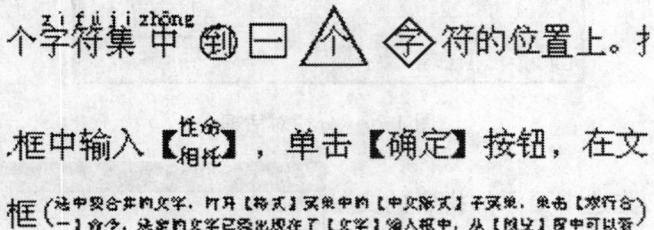

图 4-29　中文版式效果

　　(5)双行合一:选中要合并的文字,打开【格式】菜单中的【中文版式】子菜单,单击【双行合一】命令,选定的文字已经出现在了【文字】输入框中,从【预览】窗中可以看到效果,单击【确定】按钮,文档中的这些文字就变成了一行的高度中显示两行的样子。

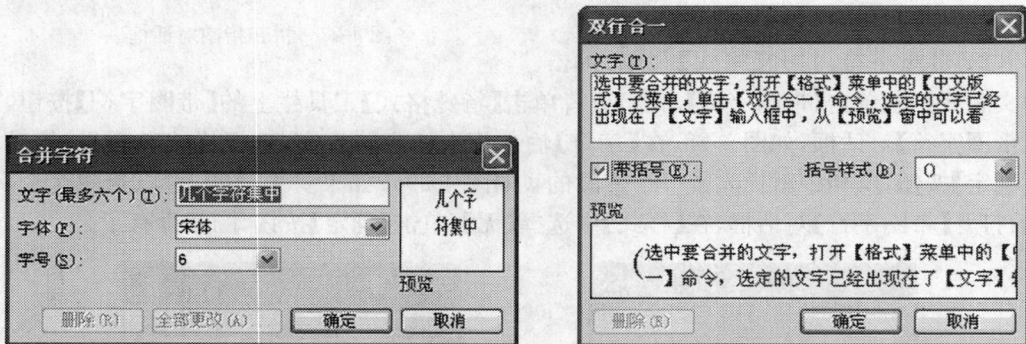

图 4-30　合并字符及双行合一对话框

　　(6)中文简繁转换:选中要转换的文字,单击【工具】|【语言】|【中文简繁转换】。

9. 首字下沉

　　就是某一个段落的第一个字增大或悬挂。一般处理是对段首的一个字符。【格式】|【首字下沉】。然后可以设置下沉几行,字符大小,首字字体等。这里设的是下沉 2 行,隶书,距离其他字 0.2 厘米。下沉后的字其实放在了一个文本框内,也可以利用文本框来调整大小(图 4-31)。

图 4-31　首字下沉效果

10. 样式和格式

样式可以说是一种格式的组合。是预先排版好的格式的储备。使用一种储备好的格式,我们只要在先将光标定在需要改变的一行,然后在【样式】下拉菜单中选择一种就可以了。

如何新添加一个自己喜欢的格式到样式栏中,供我们需要时快速使用呢?

打开【格式】菜单,单击【样式】命令,打开【样式】对话框,单击【新样式】按钮,在弹出的【新建样式】对话框中输入自己所需的格式,单击【关闭】按钮返回编辑状态。

4.3 图片、自选图形及其他对象的编辑

4.3.1 图片及自选图形

1. 插入图片

(1) 从文件中插入:打开【插入】|【图片】|【来自文件】,选择要插入的图片,单击【插入】按钮,图片就插入到文档中了。

(2) 从剪贴画中选入

1) 插入【剪贴画】:在【插入】|【图片】|【剪贴画】,进入对话框后,可以根据主题进行搜索。

2) 单击【绘图】工具栏上的【插入剪贴画】按钮,也可以打开【插入剪贴画】对话框。

(3) 改变大小:插入的图片周围有一些黑色的小正方形,这些是尺寸句柄,把鼠标放到上面,鼠标就变成了双箭头的形状,按下左键拖动鼠标,就可以改变图片的大小。

(4) 移动:把鼠标移动到图片上,鼠标变成了一个移动光标的形状,按下左键进行拖动,文档中就出现了一个虚线框表示图片拖动到的位置,同样按住 Alt 键可以平滑地进行拖动。

2. 图片工具栏

图片插入后选中图片,界面中还会出现一个【图片工具栏】(图 4-32)。这个工具栏可对插入的图片做一些简单的编辑。如果插入图片后没有显示【图片工具栏】,可以【视图】|【工具栏】下将【图片】打上勾。

【图片工具栏】可以进行以下图片的编辑:

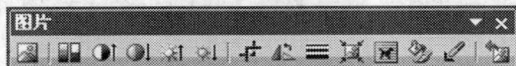

图 4-32 图片工具栏

(1) 调整图片和剪贴画的对比度、亮度等参数:利用【增加对比度】按钮或者【减小亮度】按钮调节来调整图片亮度。

(2) 裁剪图片及制作透明度:裁剪图像可以剪切不希望显示的图像部分。透明度对矢量图无效,对照片图片都可以,透明度可以使插入的图片更好地融入到文档中。例:将汽车取消蓝色背景,然后做【紧密环绕】,汽车就很好地融入到了文档中(图 4-33)。

(3) 旋转和翻转:翻转或旋转剪贴画可增加平衡性和对称性,从而增强页面效果(图 4-34)。

在【图片】工具栏上，单击【裁剪】按钮。鼠标变形，在图片的尺寸句柄上按下左键，等鼠标变成了移动光标的形状拖动鼠标，虚线框所到的地方就是图片的裁剪位置了，不过这样拖动虚线一次移动的距离大了一些，按住 Alt 键再拖，就可以平滑地改变虚线的位置了，松开左键，就把虚线框以外的部分【裁】掉了。再单击【透明的】按钮，鼠标变形，在蓝色部分点击，去掉蓝色背景

图 4-33　文字环绕形式

图 4-34　图片的旋转

　　选中剪贴画，出现绿色小圆点后可以随意旋转直至您所需的角度。在【图片】工具栏上，单击【向左旋转 90°】。也可以在绘图工具栏上选择【旋转与翻转】。
　　(4) 图片的版式(环绕方式)：图片插入到文字中，要与文字产生一定的排版关系，菜单中提供 6 种环绕方式。单击【图片】工具栏上的【文字环绕】按钮，我们可以根据需要选择图片与文字的不同环绕方式。如图 4-35。

　　　　环绕：图片插入到文字中，要与文字产生一定的排版关系，菜单中提供 6 种环绕方式。单击【图片】工具栏上的【文字环绕】按钮，我们可以根据需要选择图片与文字的不同环绕方式。

　　　　紧密环绕与四周环绕的差别：插入的图形大部分是矩形，文字也就绕着这个矩形排列。如果插入的图形是其他形状，让文字随图形的轮廓来排列会有更好的效果。

　　　　编辑环绕顶点：选中图片，单击【图片】工具栏上的【文字环绕】按钮，单击

图 4-35　图片环绕效果

3. 绘图工具与编辑图片

　　绘图工具提供了一些对矢量图编辑的工具。
　　(1) 插入自选图形：单击【常用】工具栏中的【绘图】按钮，打开【绘图】工具栏(图 4-40)；单击【绘图】工具栏中的【自选图形】按钮，在弹出的菜单中选择需要的图形，按下左键拖动鼠标到合式的大小。利用自选图形也可以创造出新的图片来。
　　(2) 图片的填充与旋转：填充不仅可以填充一种颜色，还可以填充双色，填充纹理，填充图案，填充图片。选中图片后右键，选择【设置图片格式】|【颜色与线条】|下拉【填充】|【颜色】菜单，进行【填充效果】设置。插入的图形出现绿点时可以拉动旋转，可以添加文字，可

以改变边框与线条。如图 4-36～图 4-38。

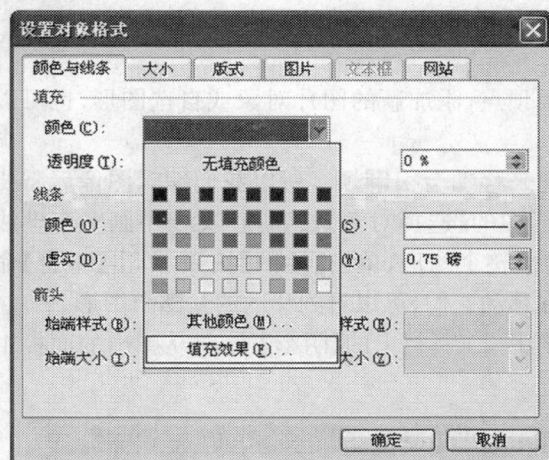

图 4-36　设置对象格式对话框

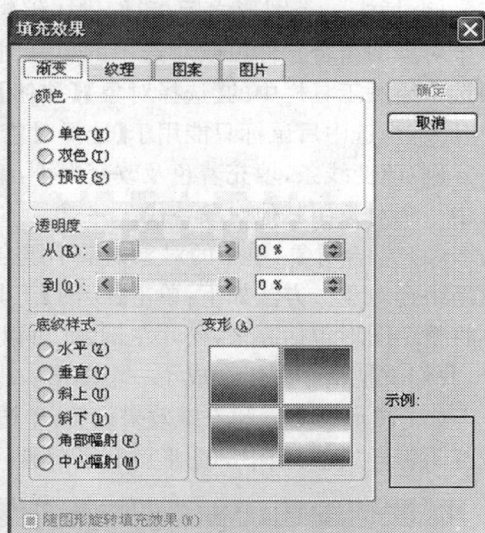

图 4-37　填充效果对话框

（3）箭头的编辑和样式：单击【箭头】按钮，在右边绘制一个横向的箭头，然后单击【绘图】按钮，单击【编辑顶点】命令，按住 Ctrl 键在单击箭头线的任意位置，可以添加一个顶点，拖动顶点移动可以变成其他的样子，单击【绘图】按钮，从菜单中单击【编辑顶点】命令，退出顶点编辑状态。

图 4-38　编辑图片

给它们换一种形式：单击选中第一个箭头，然后按住 Shift 键单击其他的几个箭头，同时选中它们，单击【绘图】工具栏上的【箭头样式】按钮，单击【其他箭头】按钮，打开【设置自选图形】对话框，设置好一个合适的箭头（图 4-39）。

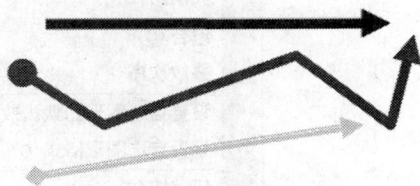

（4）图形的拆分与组合：剪贴图很多图像都是于

图 4-39　箭头的编辑

多个对象组成的。其实它们可以拆分与组合。绘图工具中有一个组合与重新级组合的功能。

例：插入一个图形之后，我们进入编辑状态，（右键选中编辑图片），你可以发现图片是多个对象的组合。你可以对选中的单一对象进行编辑。（注意：如果要选中所有的对象需要选中绘图工具栏中的【选择对象】【按钮】，然后单击拖动要选的所有对象，这个按钮是一个开关，当选中后鼠标只能用于【选择对象】）。

例：改变线条，填充着色及改变大小，编辑顶点，添加新的图片对象或自选图形，也可以选中一个对象用其他对象替代。

（5）组合对象：单个的对象如果不组合起来移动会很麻烦。所以我们编辑图像后需要重新组合对象。方法如下：单击【绘图】工具栏中的【选择对象】按钮，在文档中画一个虚线框将整个图形包括起来，松开左键，就可以选中整个图形，单击【绘图】按钮，单击【组合】命令，我们就把整个图组合成了一个图形。现在移动它们，可以看到移动的是整个图形。

（6）图形的阴影和三维效果设置：单击【绘图】工具栏上的【阴影】按钮，从弹出的面板中选择阴影样式，文档中的图形就有了阴影。

图 4-40　绘图工具栏

4. 曲线的绘制和修改

曲线的绘制：单击【绘图】工具栏上的【自选图形】按钮，单击【线条】选项，从弹出的面板中选择【曲线】按钮，在文档中单击左键确定曲线开始的位置，在预计的曲线第二个顶点处单击，拖动鼠标到预计的第三个顶点处单击，一直到最后一个顶点处双击鼠标，Word默认绘制的是曲线而不是直线，单击【绘图】工具栏上的【线型】按钮，可以给曲线设置线型，单击【虚线线型】按钮，可以给曲线设置虚线线型，而使用【箭头样式】按钮则可以给非封闭曲线设置各种样式的箭头（图 4-41）。

图 4-41　曲线的绘制

编辑顶点：曲线需要调整时。在曲线上单击鼠标右键，在弹出的菜单中选择【编辑顶点】命令，就可以进入曲线的顶点编辑状态。此时在曲线上单击右键，在菜单中可以选择添加顶点，退出顶点编辑等。在编辑顶点状态下在线条上按下左键并拖动鼠标可以直接在鼠标所在处添加一个顶点，同时改变了曲线的形状（图 4-42）。

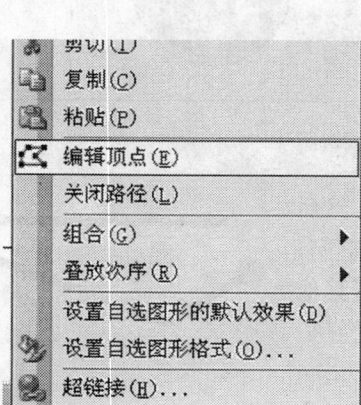

图 4-42　编辑顶点　　　　　图 4-43　自动顶点

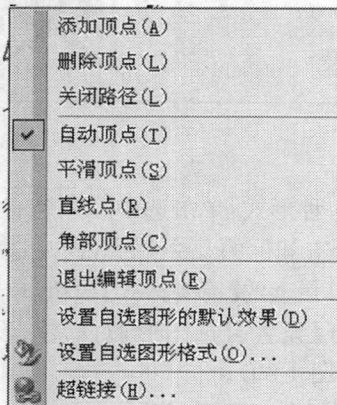

在某段曲线上单击右键(点与点之间),在弹出的菜单中选择【抻直弓形】命令,可以把该段曲线变为直线,在直线上单击右键,从菜单中选择【曲线段】命令,可以把直线段变为曲线。

曲线的顶点有几种,在编辑顶点状态下,在曲线的顶点上单击右键,可以把顶点设置为自动顶点(自动过度)(图 4-43)、平滑顶点、直线点、角部顶点(滑杆可以两端拉动,产生一个角)四种类型。

4.3.2　使用文本框

文本框里既可以输入文字,也可以插入图形。它的作用是使一段文字或几幅图片可以像一张图片插入后那样处理文字与图片的环绕关系。

1. 文本框的插入

(1) 单击【绘图】工具栏上的【文本框】按钮,在文档中拖动鼠标,也可以插入一个空的横排文本框;插入竖排的文本框只要使用【竖排文本框】按钮就可以了。

(2) 给已有的文字添加文本框:选中要添加文本框的文本,单击【绘图】工具栏上的【文本框】按钮,我们就给这些文本添加了文本框。

若在文档的同一页中既有横排也有竖排的段落,用文本框来处理很方便。

2. 创建文本框链接

图片与文字或者图片与图片之间还可以创建一种链接,这种链接可以帮助我们更加方便地排版,更加方便地处理图形与文字的排放关系,只要建立了图片与下一个文本框的关系,无论文本框的什么位置,只要我们在图片的结尾处输入文字或插入图片,文字或图片会自动地根据我们的原定位置填入到下一个文本框。其他自选图形也一样可以当成文本框来使用,将自选图形用右键激活成【编辑文字】自选图形就变成了文本框。

创建文本框链接:创建好多个需要链接的文本框,并放好位置。选中其中一个文本框,右键【创建文本框链接】当鼠标变成了一个酒杯的形状后,在需要链接的文本框点击。再为主创建的文本框中输入文字或插入图片,文字或图片关联到下一个文本框(图 4-44)。

例:在图片的左右两边出现文字:在文档中建立三个横排的文本框,将文本框按需要排好位置,将图片插入到中间一个文本框,并将中间的文本框设置一个文本框的链接:将鼠标放到需要输入文字的文本框的边上,当鼠标变成移动光标时单击右键,在弹出的快捷菜单中选择【创建文本框链接】命令,鼠标就变成了一个酒杯的形状,将这个酒杯移动到需要输入文字的文本框空文本框上,酒杯就变成了这样一个倾倒的样子,现在单击左键,我们就创建了图片文本框与下一个文本框之间的链接,回到图片文本框,将光标放到图片的最后,输

图 4-44　文本框的链接

入文字,文字就在下一个文本框出现了。

去掉文本框的边框:选中左边的文本框,按住 Shift 键单击右边的文本框的边框,同时选中这两个文本框,单击【绘图】工具栏上【线条颜色】按钮的下拉箭头,选择【无线条颜色】命令,单击文本框以外的地方,现在就看不出文本框的痕迹了。

给文本框填充颜色或使文本框出现透明色:点击填充工具,选择【无填充颜色】。

4.3.3　插入艺术字

单击【绘图】工具栏上的【插入艺术字】按钮,从打开的【艺术字库】对话框中选择一个样式,单击【确定】按钮,弹出【编辑'艺术字'文字】对话框,输入文字,选择【字体】项,单击【确定】按钮,文档中就插入了艺术字,同时 Word 自动显示出了【艺术字】工具栏(图 4-45,4-46,4-47)。

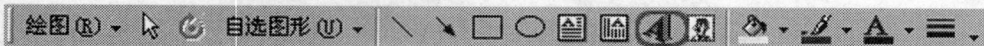

图 4-45　艺术字插入

图 4-46　艺术字字库

图 4-47　艺术字工具栏

艺术字是可以编辑的

　　改变插入艺术字的属性：拖动黄色的控制点，可以改变艺术字的形状。单击【艺术字库】按钮，可以打开【'艺术字'库】对话框。单击【艺术字形状】按钮，从打开的面板中选择【细上弯弧】，我们就把这个艺术字的形状变成了弧形。单击【艺术字字母高度相同】按钮，所有字母的高度就一样了。单击【艺术字竖排文字】按钮，字母变成了竖排的样式。单击【艺术字字符间距】按钮，从弹出的菜单中选择【很松】，艺术字中间的间距就变大了。此外，艺术字也可以同剪贴画一样设置填充颜色、对齐、环绕等格式。

　　另外，打开【插入】菜单中的【图片】子菜单，单击【艺术字】命令，打开【'艺术字'库】对话框，选择格式，输入文字并设置也可以插入艺术字。

4.4　使 用 表 格

4.4.1　插入表格

1. 从菜单中插入表格

通过【插入】，设置要插入表格的列、行，来插入表格（图 4-48）。

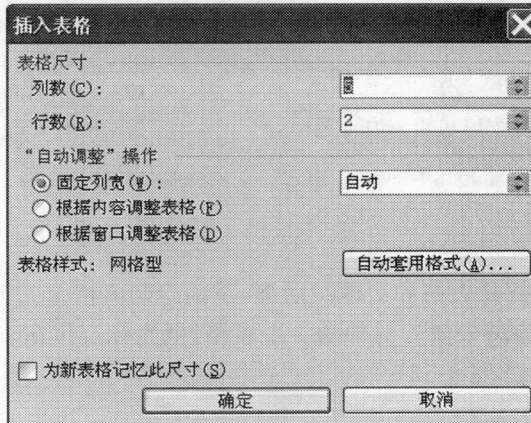

图 4-48　插入表格对话框

2. 从工具栏三种按键插入不同的表格

　　工具栏有三种按键，可插入不同的表格，分别是【表格和边框】、【插入表格】（图 4-49）和【插入 EXCEL 工作表】。

（1）插入表格，通过拖拉来确定表格的列与行。

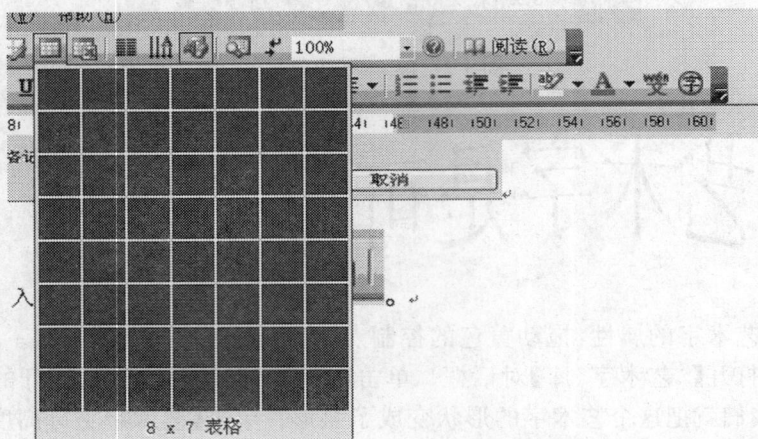

图 4-49　常用工具栏中插入表格按钮

单击以后我们看到的 5 列 4 行，只要按住左键不放，可以选择更多的列与行。

（2）插入 Excel 表格：Excel 表格的计算与函数功能很强，表面上与普通 Word 表格一样，其实它需要调用 Excel 软件才能运行。Word 可以支持 Excel 表格在其中运行，如果我们插入 Excel 表格就是在 Word 中调用 Excel，所以，一般不需要计算的表格不插入 Excel 的表格。

双击后激活 Excel 程序，进入 Excel 状态。表格在文档中显示的大小，可以在激活的 Excel 窗口中通过拖拉边框来调整。

Excel 表格是一个可以说是无限大的表格，我们只能根据窗口的大小来调整显示部分的大小。

（3）可以手动绘制表格。

图 4-50　表格和边框对话框

如图 4-50，图 4-51，打开表格和边框对话框，手动绘制表格。

Word 2003 允许在表格中插入另外的一个表格：把光标定位在表格的单元格中，插入的表格就显示在了单元格中（图 4-52）。

4.4.2　表格的编辑

1. 单元格的选取

就像文章是由文字组成的一样，表格也是由一个或多个单元格组成的。所以单元格就像文档中的文字一样，要对它操作，必须先选取它。

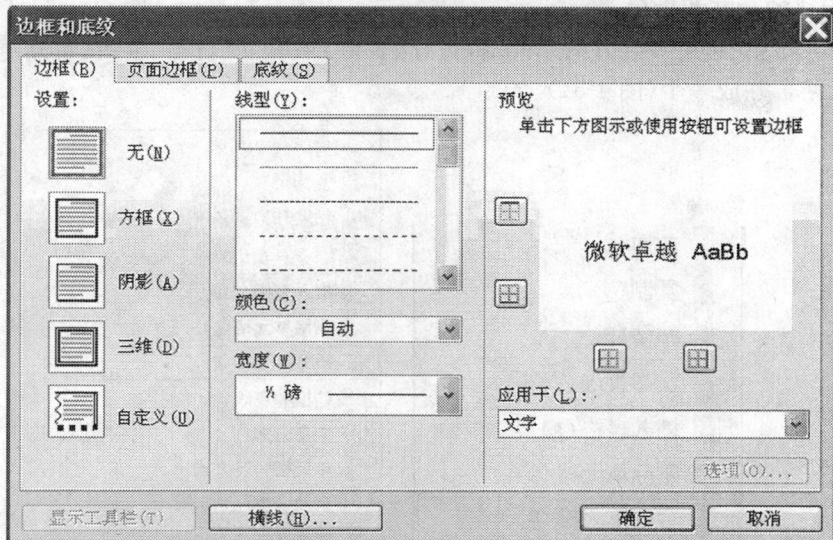

图 4-51 边框和底纹对话框

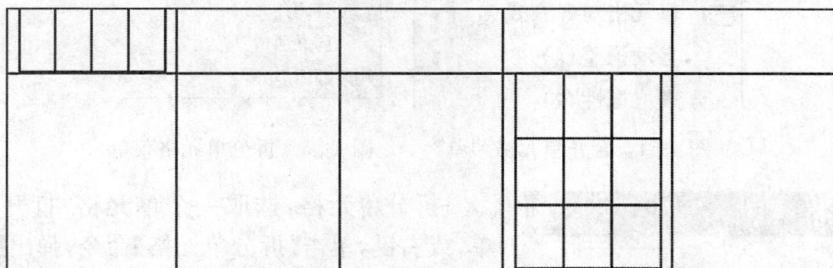

图 4-52 表格套用

（1）选中一个单元格：把光标定位到单元格里，在【表格】菜单里的【选取】选项中可选取行、列、单元格或者整个表格。快捷方式：把光标放到单元格的左下角，鼠标变成一个黑色的箭头，按下左键可选定一个单元格，拖动可选定多个（图 4-53）。

（2）选中一行：像选中一行文字一样，在左边文档的选定区中单击，可选中表格的一行单元格。

（3）选中一列：光标移到这一列的上边框，等光标变成向下的箭头时单击鼠标即可选取一列。

图 4-53 单元格的选取

（4）选中整个表格：把光标移到表格上，等表格的左上方出现了一个移到标记时，在这个标记上单击鼠标即可选取整个表格。

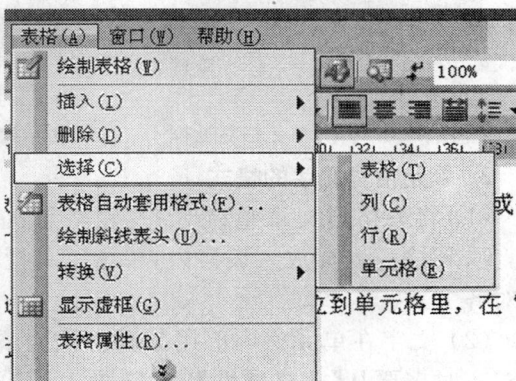

2. 单元格的合并和拆分

合并单元格:先选中要合并的单元格,打开【表格】菜单,或右键,单击【合并单元格】,把选中的单元格合并成一个(图4-54)。

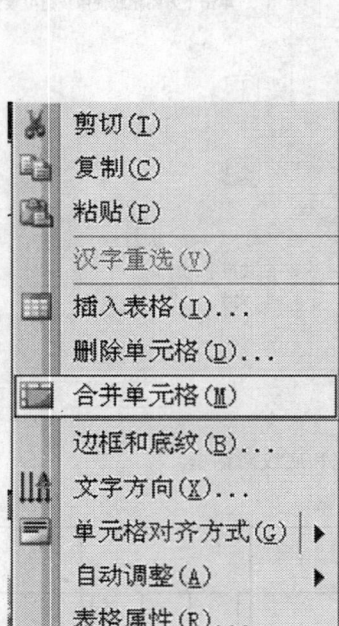

图 4-54　合并单元格菜单　　　图 4-55　拆分单元格菜单

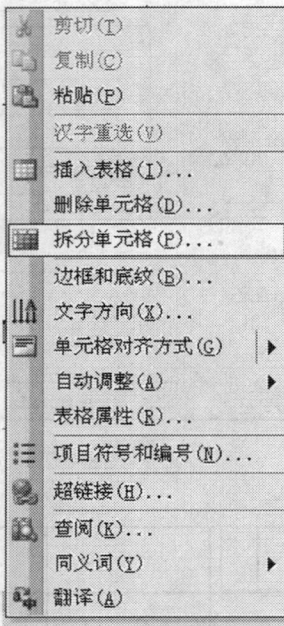

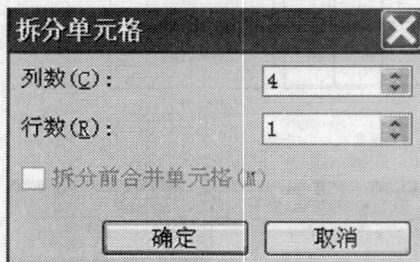

拆分单元格:选取一个单元格,打开【表格】菜单,或右键,单击【拆分单元格】命令,弹出【拆分单元格】对话框,选择拆分成的行和列的数目,单击【确定】按钮(图4-55)。

也可以在单元格中单击鼠标右键,在打开的快捷菜单中选择【拆分单元格】,或者单击【表格和边框】工具栏上的【拆分单元格】按钮,可以打开【拆分单元格】对话框(图4-56)。

图 4-56　拆分单元格对话框

3. 单元格里文字的格式

(1)将表格与文章整体对齐:表格与文章的对齐方式有五种:左对齐,右对齐,居中,无,环绕。光标放入表格内,单击工具栏中【表格】|【表格属性】|【表格页标签】,设置对齐方式。

(2)文字在单元格内部用某种方式对齐:左右方向对齐用文字对齐方式有效。上下对齐时需要从【表格属性】窗口(图4-57)中解决。将光标放入表格内,通过【表格】|【表格属性】|【单元格】来设置。以上两种也可以综合运用,选取单元格里的文字,通过右键快捷键中选择【单元格对齐方式】来设置,会弹出九个按钮供选择,单击需要的格式(图4-58)。

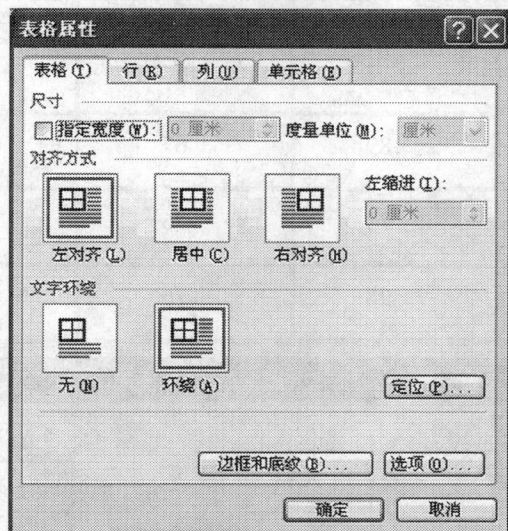

图 4-57　表格属性对话框

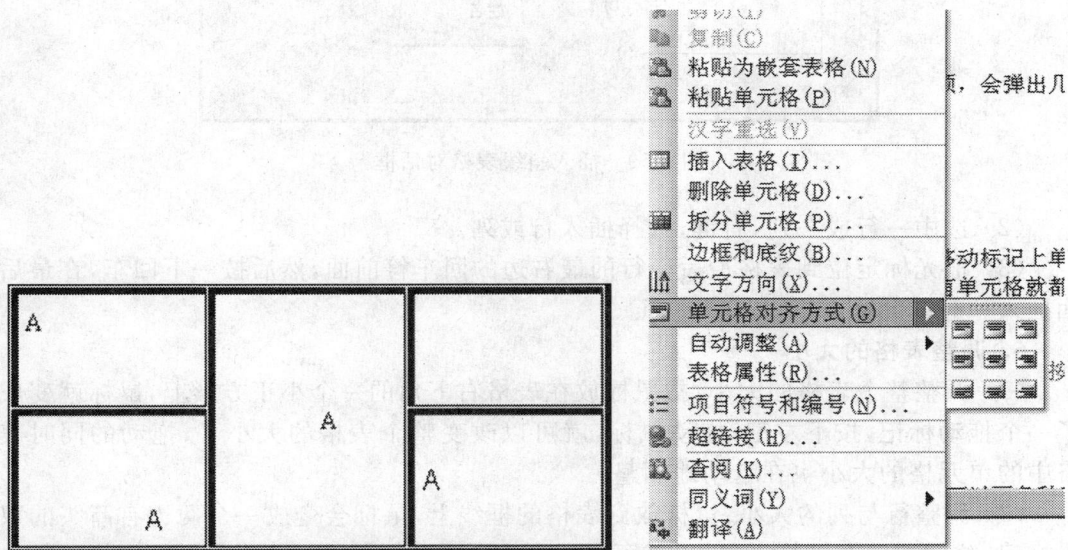

图 4-58　单元格对齐方式快捷菜单

4. 绘制斜线表头

这是 Word 2003 提供的一个新功能，将光标放到表格内，打开【表格】菜单，单击【绘制斜线表头】命令，打开【绘制斜线表头】对话框，在左边的【表头样式】列表框中选择【样式三】，右边【字体大小】使用五号，在这里的行标题输入【科目】，数据标题输入【成绩】，列标题输入【姓名】，单击【确定】按钮，就可以在表格中插入一个合适的表头了（图 4-59）。

5. 插入行、列、单元格

（1）把光标定位在一个单元格里，在【表格】菜单栏里【插入】选项中选【行】、【列】或者【单元格】选项，就会相应的插入行、列、单元格。

成绩 课程 姓名	生理	生化	病理
王一	89	67	78
王小二	78	76	87
王三	98	76	89

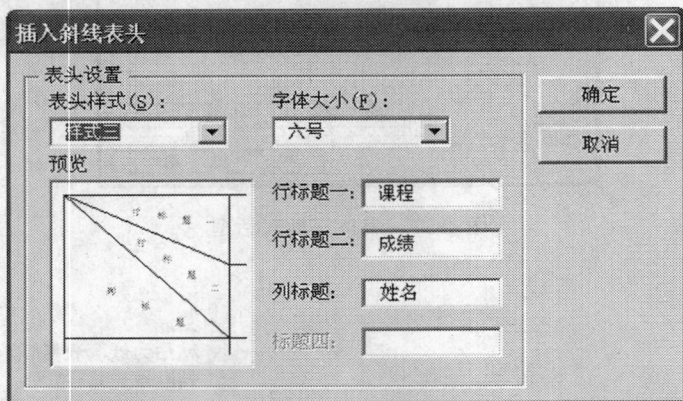

图 4-59　插入斜线表格对话框

（2）选中一行或一列，右键，选择插入行或列。

（3）把光标定位到表格最后一行的最右边的回车符前面，然后按一下回车，在最后面插入一行单元格。

6. 调整表格的大小

（1）调整整个表格的大小：把鼠标放在表格右下角的一个小正方形上，鼠标就变成了一个拖动标记，按下左键，拖动鼠标，就可以改变整个表格的大小了，拖动的同时表格中的单元格的大小也在自动地调整。

（2）调整行与列的大小：鼠标放到表格的框线上，鼠标会变成一个两边有箭头的双线标记，这时按下左键拖动鼠标，就可以改变当前框线的位置，同时也就改变了单元格的大小，按住 Alt 键，还可以平滑地拖动框线，定位更加精确。

（3）调整某一个单元格的大小：首先要让单元格处在被选中状态，再用鼠标拖动它的框线，就只改变这一个单元格。

（4）根据内容调整宽度：在表格中单击右键，单击快捷菜单中的【自动调整】项，单击【根据内容调整表格】命令，可以看到表格的单元格的大小都发生了变化，表格根据字体的大小，仅仅能容下单元格中的内容了。选中整个表格，按一下 Delete 键，将表格中的所有内容全部删除，表格的所有单元格仅仅能容下一个段落标记了。

（5）根据窗口调整宽度：在表格中单击右键，单击快捷菜单中的【自动调整】项，选择【根据窗口调整表格】，表格自动充满了 Word 的整个窗口。窗口的大小则是文档在【页面设置】中的大小，改变左右边界的大小，可以看到表格的位置调整。

（6）固定列宽的调整：在表格中单击右键，单击快捷菜单中的【自动调整】项，选择自动调整为【固定列宽】，不要改动原有的列宽。我们可以通过选中整个表格，按 Delete 键，可以看到表格框线的位置没有发生变化。

（7）让表格的列宽完全等量分配：有时表格中文字的单元格宽度和高度一致，先选中这些列，单击【表格和边框】工具栏上的【平均分布各列】按钮，选中的列就自动调整到了相同的宽度；行也可以这样来做。

4.4.3　表格的修饰及特殊应用

1. 表格的复制和删除

复制表格：表格可以全部或者部分的复制，与文字的复制一样，先选中要复制的单元格，单击【复制】按钮，把光标定位到要复制表格的地方，单击【粘贴】按钮，刚才复制的单元格形成了一个独立的表。

删除表格：选中要删除的表格或者单元格，按一下 Backspace 键，弹出一个【删除单元格】对话框，其中的几个选项同插入单元格时的是对应的，单击【确定】按钮。

注意：Delete 是删文字，而 Backspace 是删表格的单元格。

2. 表格的格式设置

表格的格式与段落的设置很相似，有对齐、底纹和边框修饰等。

选中整个的表格，单击【格式】工具栏上的【居中】、【左对齐】等按钮即可调整表格的位置。

表格边框修饰：把表格周围的框线变粗一时，单击【表格和边框】工具栏上的【粗细】下拉列表框，选择合式的线条，然后单击【框线】按钮的下拉箭头，单击【外部框线】按钮，这样可以在表格的周围放上一条所选线条的边框；

表格添加底纹：选中第一行，单击鼠标右键，选中【边框和底纹】命令（图 4-60），单击【底纹】按钮的下拉箭头，选择颜色，取消选择，即见效果。

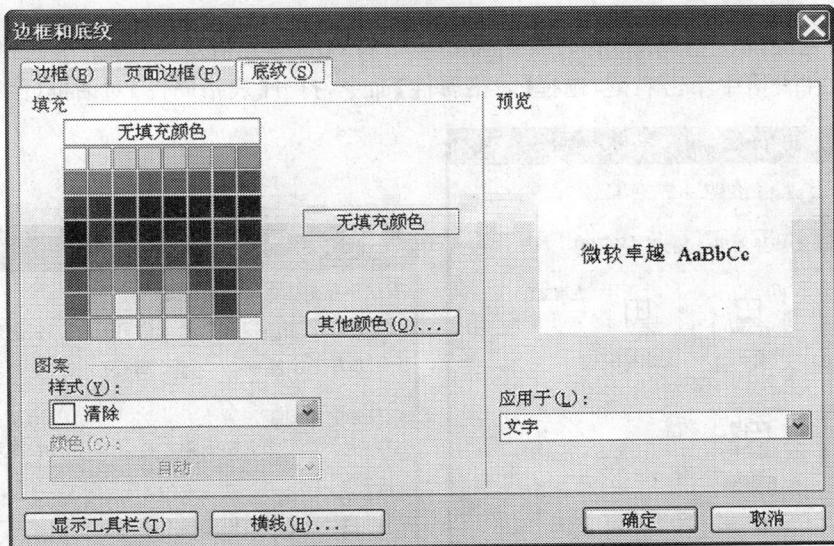

图 4-60　边框和底纹对话框应用

Word为我们提供了表格自动套用格式的功能。单击【表格】菜单里【自动套用格式】选项,打开【自动套用格式】对话框,选择格式,单击【确定】按钮,表格的格式设置好了。基本上常用的格式从这里都可以找到的(图 4-61)。

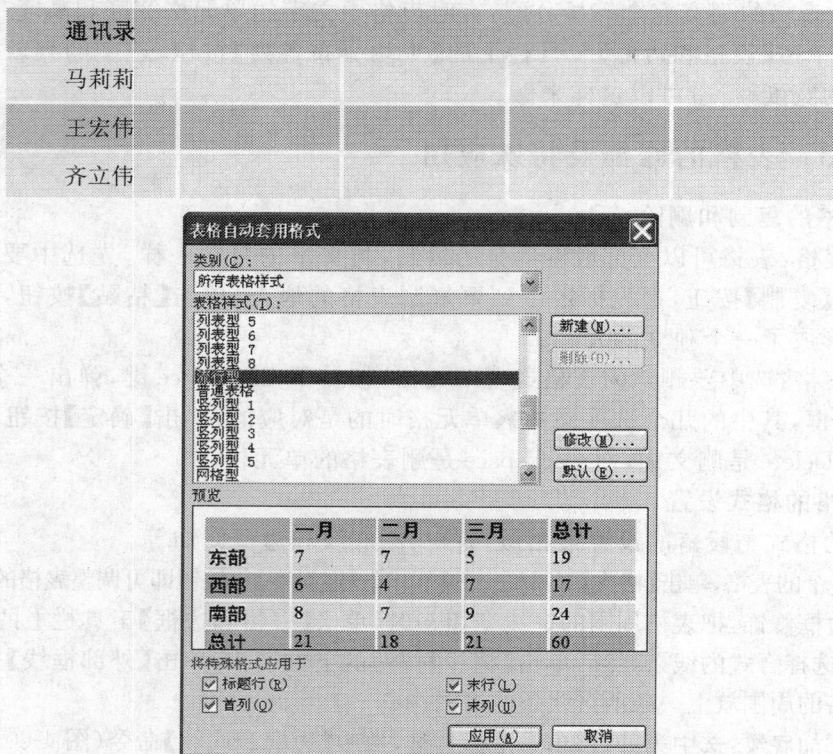

图 4-61 表格自动套用格式对话框

单元格之间加一些间隙:有时我们需要一些特殊的单元格效果,每个单元格之间有一定的间隙。在表格中单击右键,选择【表格属性】命令,打开【表格属性】对话框(图 4-62)。

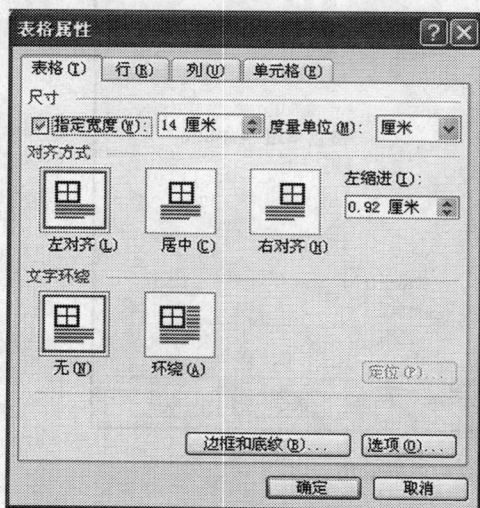

图 4-62 表格属性对话框

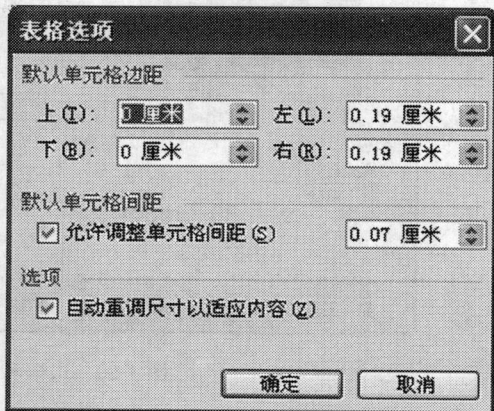

图 4-63 表格选项对话框

单击【选项】按钮,选中【允许调整单元格间距】复选框,在后面的数字框中输入【0.2】,单击【确定】按钮,回到表格属性对话框,单击【确定】按钮,这样就可以了(图 4-63)。

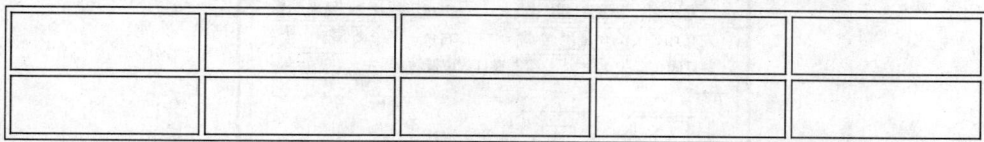

3. 排序和数字计算

(1) 表格的排序:选中需要排序的一列,单击【表格和边框】工具栏山的【降序】或者【升序】按钮即可。

(2) 表格的求和:把光标定位到需要求和的【列】的下面的单元格中,单击【自动求和】按钮。若要求【行】的和,先把光标定位到需要求和的【行】的右面的单元格中,单击【自动求和】按钮,然后选中这个数字,把它复制到下面的单元格中,选中这一列,按一下 F9 键,其余行的和就都出来了。

4. 标题行重复

如果表格分在了两页显示,而第二页中的表格没有表头,这样在单看第二页的表格时就会不知所云。在 Word 中可以使用标题行重复来解决这个问题:选中第一行表格,打开【表格】菜单,单击【标题行重复】命令,在第二页的表格中标题行就出现了(图 4-64)。

5. 表格和文字的相互转换

Word 中提供文字转换成表格的功能:选中这些文字,打开【表格】菜单,单击【转换】项,单击【文字转换成表格】命令,在这里的【文字分隔】位置选择【制表符】,单击【确定】按钮,文字就转换成了表格。

同样可以把表格转换成文字:把光标定位在表格中,打开【表格】菜单中的【转换】子菜单,单击【表格转换成文字】命令,打开【表格转换成文字】对话框,在这里的【文字分隔符】栏选择【制表符】,单击【确定】按钮,就把这个表格转换成了文字。

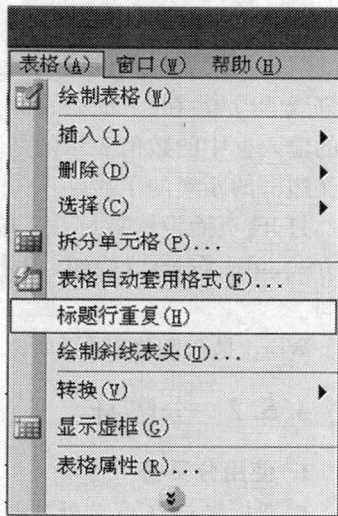

图 4-64　标题行重复菜单

4.5　页面和打印设置

4.5.1　页面设置

打开【文件】菜单,单击【页面设置】命令,打开【页面设置】对话框,单击【纸型】选项卡,从【纸型】下拉列表框的列表中选择纸张的大小,在【方向】选择区中选择【纵向】;单击【页边距】选项卡,输入上下左右四个方向的页边距,单击【确定】按钮就可以了(图 4-65)。

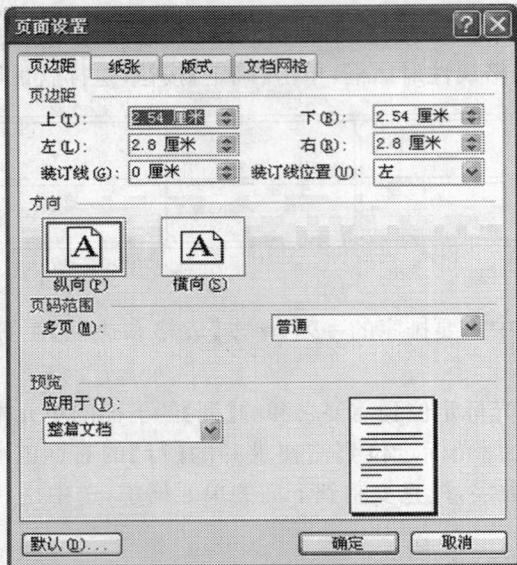

图 4-65　页面设置

　　双击标尺上的灰色区域,也可以打开【页面设置】对话框。如果文稿需要装订,就要设置装订线的位置:在【页面设置】对话框中的【页边距】选项卡里选择装订线的位置,这个装订线的输入框中的数值表示的是装订线到页边的距离,而现在的页边距表示的就是装订线到正文边框的距离的了。

　　打开【页面设置】对话框,单击【版式】选项卡,从【垂直对齐方式】下拉列表框中选择对齐方式,单击【确定】按钮,单击【格式】工具栏上的【居中】按钮,把文档放到整个页面的中间。

　　Word 是自动换行的,所以段落的设置不用操心,只是图形对象要使用相对对齐方式。

4.5.2　分隔符

1. 使用分页符

　　想把标题放在页首处或是将表格完整地放在一页上,敲回车,加几个空行的方法虽然可行,但这样做,在调整前面的内容时,只要有行数的变化,原来的排版就全变了,还需要再把整个文档调整一次。其实,只要在分页的地方插入一个分页符就可以了(图 4-66)。

　　在 Word 中输入文本时,Word 会按照页面设置中的参数使文字填满一行时自动换行,填满一页后自动分页,这叫做自动分页,而分页符则可以使文档从插入分页符的位置强制分页。如何插入一个分页符:【插入】|【分隔符】|【分页符】。若要把两段分开在两页显示时,把光标定位到需要分页的地方,再插入一个分页符就可以了。

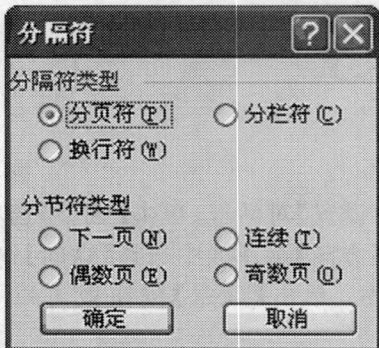

图 4-66　分隔符

　　其实分页符就是一个比较特殊的字符,可以选取、移动、复制和粘贴。不过一般很少这么用，因为插入分页符有一个很方便的快捷键：Ctrl＋回车。分页符插入以后会自动占据一行，可以很方便地找到。

2. 使用换行符

换行符的作用：使不分段的文字，放在了另一行。

例如网上下载的文字，大多是这种换行符"↓"，换行符只是分隔符的一种，和分段有一些区别：拿标题来说，通常为了排版的需要会给标题设置一个比较大的段后间距，如果不使用换行符，而把这个标题分成两段的话，就要重新设置段落的格式，而换行符则只是把东西放到了另外的一行中，并没有分段，行与行之间还是只有行距在起作用，这样就不用再设置段落格式了。换行符主要是在那种要换行但又不想分段的地方使用。操作方法是：【插入】|【分隔符】|【换行符】。

3. 使用分节符

分节符的作用：可以使文档部分实现特殊排版，例如分栏：若希望将一部分内容变成分栏格式的排版，可以选择这些部分的内容，使用分栏的方法将它们分栏，但也可以用插入分节符的方法来实现，将光标定位到这些内容的前面，打开【插入】菜单，单击【分隔符】命令，打开【分隔符】对话框，选择【分节符类型（连续）】，单击【确定】按钮，在这里插入一个连续的分节符，在后面也插入一个连续的分节符，将光标定位在引文中，打开【格式】菜单，单击【分栏】命令，打开【分栏】对话框，选择【两栏】，将【应用范围】选择为【本节】，单击【确定】按钮，现在这篇文档就按我们的要求排版了。

打开【插入】菜单，点击【分隔符】命令，就会出现一个【分隔符】对话框。在其中的【分节符类型】中有四个类型：①【下一页】；②【连续】；③【偶数页】；④【单数页】。【下一页】表示分节符后的文本从新的一页开始；【连续】表示分节符后的文本出现在同一页上；【偶数页】表示分节符后的文本从下一个偶数页开始；【单数页】表示分节符后的文本从下一个单数页开始。根据自己编排的需要选择一项，按【确定】退回到文档中。

注意在【工具】|【选项】|【视图】|【格式标记】选中了【全部】才能看到分节符。

例：只给本页加上边框。我们可以在本页和上一页的最末尾插入一个分节符："下一页"，然后把光标定位在本页，在【格式】|【边框】|【页面边框】|【应用于】中选择【本节】这样我们就只为本页加上了边框。

4.5.3　页眉和页脚

一般情况下，页眉和页脚分别出现在文档的顶部和底部，在其中可以插入页码、文件名或章节名称等内容。当一篇文档创建了页眉和页脚后，就会感到版面更加新颖，版式更具风格。

1. 页眉和页脚的设置

打开【视图】菜单，单击【页眉和页脚】命令，Word 自动弹出【页眉和页脚】工具栏（图 4-67），并进入页眉和页脚的编辑状态，默认的是编辑页眉，输入内容，单击【页眉和页脚】工具栏上的【在页眉和页脚间切换】按钮，切换到页脚的编辑状态，编辑完毕后，单击【页眉和页脚】工具栏上的【关闭】按钮回到文档的编辑状态，设置好页眉和页脚后，单击【打印预览】按钮，可以看到设置的页眉和页脚就出现在文档中。

图 4-67　页眉页脚工具栏

2. 设置分节页眉页脚

在 Word 中,只要在第一页设置好了页眉页脚后,以后所有的页面都会出现相同的页眉页脚。但是平常看到的书籍中大多是各个章节的页眉和页脚都不相同,而且奇偶页的页眉和页脚也是不同的,这个就需要使用分节来设置了。

首先将光标插入到文档中需要分节的地方,再打开【插入】菜单,点击【分隔符】命令,从【分隔符】对话框。选择【分节符类型】中有四个类型之一:①【下一页】;②【连续】;③【偶数页】;④【单数页】。按【确定】后就可以在不同的节按一般的方法设置不同的页眉页脚了。

3. 去除 Word 文档中的页眉横线

给 Word 文档添加页眉后,页眉下怎么会自动出来一条横线,删除页眉后,那条横线仍在。去除页眉下的横线,最为便捷的就是改变页眉的样式。例如,我们在编辑页眉时可以把页眉的样式换成【正文】。因为【正文】样式中没有段落边框的格式内容,页眉下自然也就不会出现横线了。

4.5.4　文档的背景

可以给 Word 的编辑区换个颜色,打开【格式】菜单,单击【背景】选项,从弹出的面板中选择【宝石蓝】单击,就把背景色设置成了宝石蓝的颜色。不过背景色只能在 Web 版式视图中才会有,在设置了背景色以后,Word 就自动切换成 Web 视图。

这些设置都不能打印出来,只是在编辑的时候美观。Word 2003 还提供了一个简易的水印功能:打开【格式】菜单的【背景】面板,单击【水印】命令,打开【水印】对话框(图4-68),从左边的【文本】列表中选择文字,在【字体】列表框中选择字体,然后设置尺寸,选择颜色,单击【Ok】按钮,页面中就出现了显示在文字下面的水印了;单击【打印预览】按钮,可以看到设置的水印效果。前面曾经把一个剪贴画放到文字底部,这个图片是可以打印出来的。

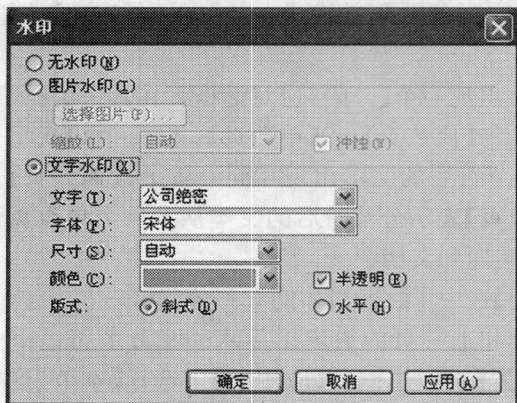

图 4-68　水印对话框

4.5.5　打印预览和打印

除了使用【常用】工具栏上的【打印预览】按钮可以进入打印预览状态外,使用【文件】菜单中的【打印预览】命令也可以进入打印预览状态。

也可以在打印时选择一些参数来设置。打开【文件】菜单,单击【打印】命令,打开【打印】对话框,在【缩放】选择区中有一个【按纸型缩放】下拉列表框,从中选择要缩放成的纸型就可以了。

打印几份同样的稿件,可以在打印对话框中设置:打开【打印】对话框,在【副本】选择区的【份数】输入框中输入要打印的稿件数量,单击【确定】按钮就可以了。

如果只打印一部分页码,打开【打印】对话框,在【页面范围】选择区中选择【页码范围】,

填入要打印的页码,每两个页码之间加一个半角的逗号,连续的页码之间加一个半角的连字符就可以了;也可以选择打印当前页,或者打印选定的内容。

　　也可以把一个文档像一般的书籍那样打印出来。打开【页面设置】对话框,在【页边距】选项卡中选中【对称页边距】前的复选框,页边距的【左】和【右】就变成了【内侧】和【外侧】,在装订线后面的输入框中输入 1,单击【确定】按钮,然后打开【打印】对话框,从【打印】下拉列表框中选择【奇数页】,单击【确定】按钮进行打印,打印完毕后再将打印出来的纸翻过来,放回打印机中,在刚才的对话框中选择【偶数页】进行打印,打印时一定要注意纸张的放置顺序。

　　一般在打印之前先预览一下打印的内容:单击【打印预览】按钮(图 4-69),将窗口转换到打印预览窗口中,在这里看到的文档的效果就是打印出来的效果,如果对预览的效果感到满意,直接单击这个【打印】按钮,就可以把文档打印出来。

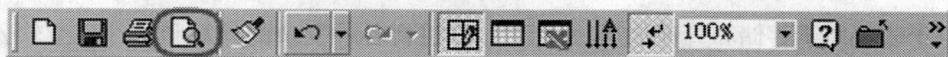

图 4-69　常用工具栏中的打印预览按钮

第 5 章　电子表格软件 Excel 2003 应用

Excel 2003 是微软公司出品的 Office 2003 软件包的组成部分之一，是 Windows 环境下的电子表格软件，它提供了强大的表格制作、数据处理、数据分析、创建图表等功能，广泛应用于金融、财务、统计、审计等领域，是一款功能强大、易于操作、深受广大用户喜爱的表格制作与数据处理软件。

5.1　Excel 2003 电子表格概述

电子表格用于存储和管理数据，并能对数据进行各种复杂的计算和统计。微软公司的 Excel 在处理表格方面功能十分强大，它不仅能够处理一般的表格，还具有进行表格制作、完成复杂运算、建立图表、数据库管理、决策支持等功能。

5.1.1　Excel 2003 的启动与退出

1. Excel 2003 的启动方法与其他应用程序启动相似，常用的有以下两种方法

（1）通过开始菜单：依次单击【开始】|【程序】|【Microsoft Excel】命令，即可启动 Excel。

（2）通过桌面快捷方式：在桌面上创建 Excel 的快捷方式，然后直接双击桌面上的"Microsoft Excel"的快捷图标即可。

2. 退出 Excel 可采用如下几种方法中的一种

（1）选择【文件】中的退出命令。

（2）按【Alt＋F4】组合键。

（3）直接单击 Excel 标题栏右上角的【关闭】按钮。

5.1.2　Excel 2003 的基本概念

在学习 Excel 之前，先介绍一下 Excel 中的一些名词。

1. 工作簿

在 Excel 中，所谓工作簿就是指用来存储并处理数据的文件，它的扩展名为". xls"，也就是说，Excel 文档就是工作簿。打开 Excel 应用程序的同时，Excel 会相应地生成一个名为"Bookl. xls"的新工作簿。

一个工作簿由一个或多个工作表组成。在一个工作簿中，最多可以拥有 255 个工作表。默认状态下，有 3 个工作表，分别以 Sheet1、Sheet2、Sheet3 命名，用户可以根据需要来添加或删除现有的工作表。

2. 工作表

工作簿中的每一张表称为工作表。主要用于录入原始资料、存储统计信息、图表等。使用工作表可以显示和分析资料。如果把工作簿比作一个账本，一张工作表相当于账本中的一页。每个工作表都是由众多的行和列中的单元格排列在一起构成的。每张工作表由 65 536 行和 256 列组成。

3. 工作表标签

工作簿窗口底部用以显示工作表名称的标签称作工作表标签。如果要在工作表间进行切换，单击相应的工作表标签即可。如果要查找的工作表没有在底部的标签中显示，则可以通过标签滚动按钮来查看。

4. 单元格

每张工作表是由纵向的列和横向的行所构成的"存储单元"组成的，这些存储单元被称为单元格。它是组成工作表的基本元素，也是 Excel 用于保存数据的最小单位。用户输入的所有数据都是保存在单元格中。单元格中输入的各种数据，可以是一组数字、一个字符串、一个公式，也可以是一个图形或者一个声音等。

5. 单元格地址

对于每个单元格都有其固定的地址，并且是一一对应的。比如：C6，就代表了 C 列 6 行的单元格。

6. 活动单元格

活动单元格指正在使用的单元格，其外有一个黑色的方框，输入的资料会被保存在该单元格中。

5.1.3　Excel 窗口的基本结构

Excel 启动后，看到如图 5-1 所示屏幕，图中标出了 Excel 窗口的主要组件，下面做简要介绍：

1. 标题栏

标题栏位于窗口的顶部，和其他 Windows 窗口的标题栏一样，用来标出程序名、当前工作簿文件名等。拖动标题栏可以改变窗口的位置。双击标题栏可以放大显示窗口或恢复窗口原来大小位置。

2. 菜单栏

即 Excel 的主菜单。它包含一组下拉式菜单，各菜单均含有若干命令，用它可以进行绝大多数的 Excel 操作。使用时，先单击含有所需命令的菜单，然后在弹出的下拉菜单中单击所需命令。

3. 工具栏

工具栏由许多工具按钮组成，每个工具按钮代表不同的操作命令，利用它可以更方便、快捷地完成某些常用操作。用户可以根据操作需要来显示/隐藏某工具栏，以便于腾出宝贵的屏幕空间用于工作表编辑。另外，工具栏的按钮也可以根据需要有选择地显示。

4. 数据编辑区

用来输入或编辑当前单元格的值或公式，进入编辑状态时，其左边有 ✔、✖ 和 ＝ 三个按钮，分别用于对输入数据的确认、取消和编辑公式。该区域的左侧为名称框，它显示当前单元格（或区域）的地址或名称。

5. 状态栏

状态栏位于窗口的底部，用于显示当前命令及有关操作的相关信息。例如，在为单元格输入数据时，状态栏显示"输入"，完成输入后，状态栏显示"就绪"。

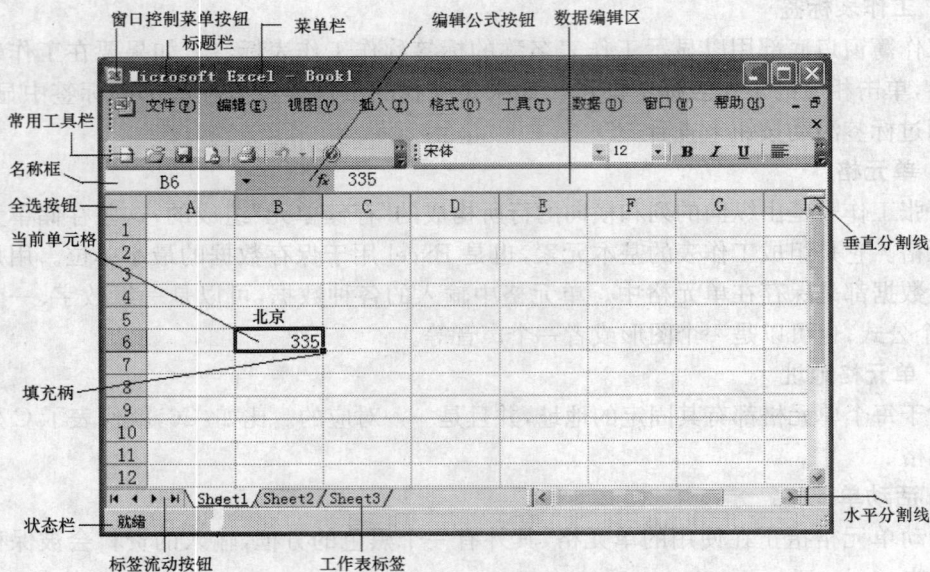

图 5-1　Excel 窗口

5.2　Excel 2003 的基本操作

5.2.1　工作簿与工作表操作

1. 创建和打开工作簿与工作表

（1）创建工作簿：在 Excel 2003 中，工作簿是存储数据的文件，其默认文件扩展名为
".xls"。Excel 在启动后会自动创建一个名为"Book1"的空白工作簿，单击常用工具栏中
【新建】按钮，可直接创建一个空白的工作簿。单击【文件】菜单中的【新建】命令，弹出任务
窗格，如图 5-2 所示，可新建空白工作簿，根据现有工作簿新建也可以根据模板新建。

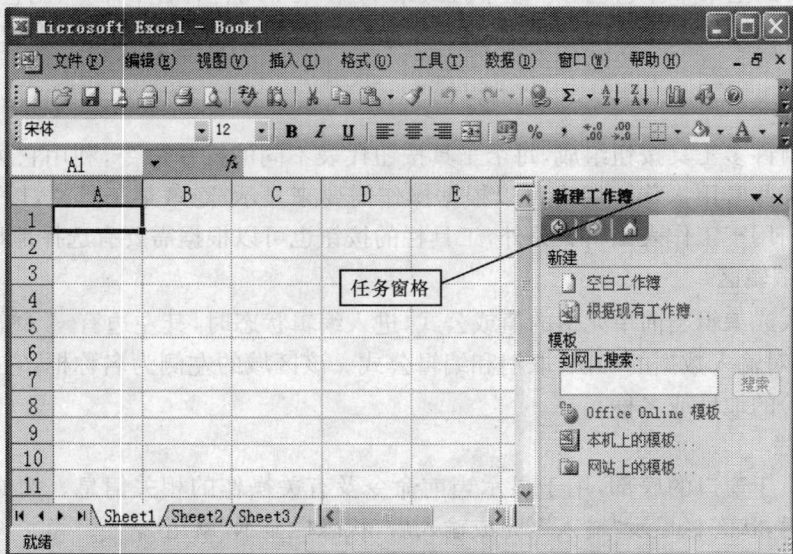

图 5-2　任务窗格

对于新建的工作簿文件，相关的三点说明如下：

1）新建工作簿文件时，默认的工作簿文件名为 Book1. xls、Book2. xls……。

2）每个工作簿内建有数个工作表，其默认名称为 Sheet1、Sheet2……。

3）一个工作簿文件内建立初始工作表的数量可以更改。用户可以单击【工具】菜单中的【选项】命令，弹出【选项】对话框，如图 5-3 所示，然后在【常规】选项中设置"新工作簿内的工作表数"的值，便可以更改一个新工作簿包含的默认工作表的数量。

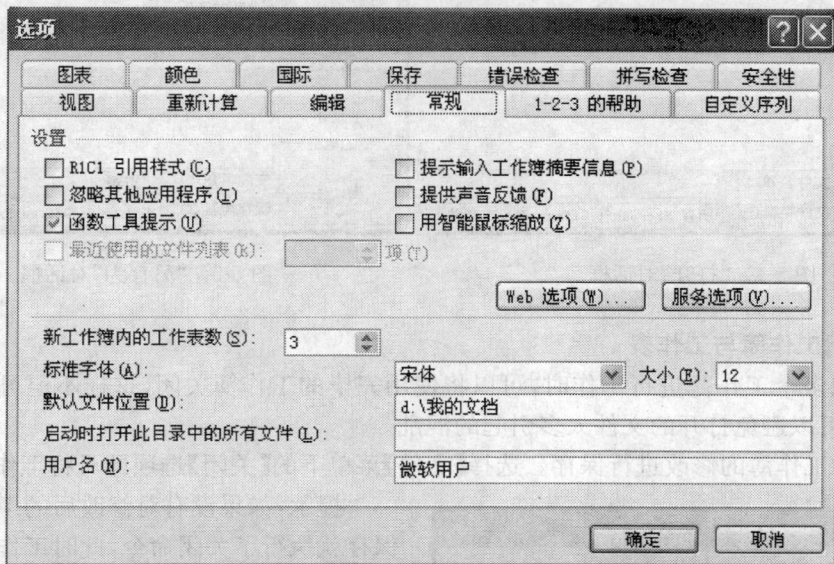

图 5-3　"选项"对话框中"常规"选项卡

（2）打开工作簿：如果用户已经创建了一个工作簿，则可以使用以下常用的方法打开：

1）单击常用工具栏中的【打开】按钮。

2）单击【文件】菜单中的【打开】命令。

以上两种方法均会弹出【打开】对话框，如图 5-4 所示，用户可以在"查找范围"下拉式列表框中选择文件夹，然后双击要打开的文件名或者在选择文件后，单击【打开】按钮，即可打开了一个工作簿文件。

2. 保存工作簿与工作表

当完成一个工作簿的建立、编辑后，就需将工作簿文件保存起来，Excel 2003 系统提供了"保存"和"另存为"两种方法用于保存工作簿文件。其操作步骤如下：

（1）单击常用工具栏上的"保存"按钮，或单击【文件】菜单中的【保存】命令。此时如果要保存的文件是第一次存盘，将弹出如图 5-5 所示的【另存为】对话框（如果该文件已经被保存过，则不弹出【另存为】对话框，同时也不执行后面的操作）。

（2）在"保存位置"下拉列表中，选择存放文件的磁盘和文件夹，在"文件名"文本框中输入文件名，在"保存类型"下拉式列表框中，选择保存文件的类型（此项操作设置了文件的扩展名）。

（3）单击【保存】按钮完成工作簿文件的保存。

注意：如果用户使用了【文件】菜单中的【另存为】命令，则每次都会弹出【另存为】对话框。

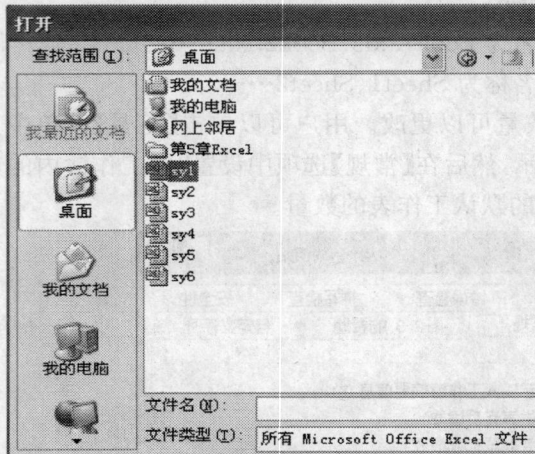

图 5-4 "打开"对话框

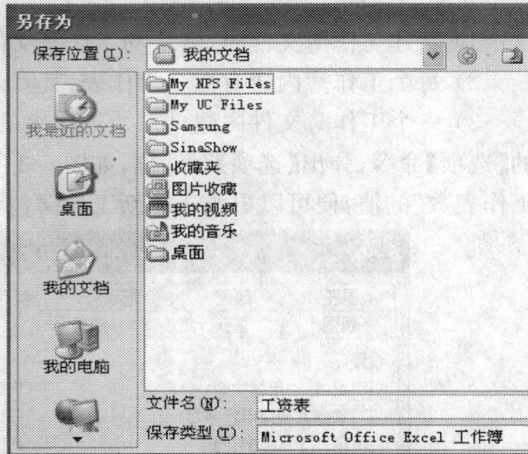

图 5-5 "另存为"对话框

3. 关闭工作簿与工作表

在使用多个工作簿进行工作时,可以将使用完毕的工作簿关闭,这样不但可以节约内存空间,还可以避免打开的文件太多引起的混乱。

首先对工作簿的修改进行保存。选择【文件】菜单下的【关闭】选项即可将工作簿关闭。

图 5-6 提示信息对话框

提示:如果没有对修改后的工作簿进行保存就执行了关闭命令,此时工作画面中将显示如图 5-6 所示对话框。信息框中提示用户是否对修改后的文件进行保存,单击【是】保存文件的修改后关闭文档;单击【否】关闭文件不保存文档的修改。

4. 在工作表中输入数据

Excel 工作表的单元格中可以输入"数值型"、"字符型"、"日期时间型"和"逻辑型"四种不同类型的数据,下面分别对不同类型的数据的输入方法进行介绍。

(1) 输入数值型数据:数值型数据是类似于"100"、"3.14"、"−2.618"等形式的数据,它表示一个数量的概念。在 Excel 中,数值型常量只可以由以下符号组成,其中的正号(＋)会被忽略。0 1 2 3 4 5 6 7 8 9 ＋ − ( ),/ ＄ ％ . E e 当用户需要输入普通的实数类型的数据时,只需直接在单元格中输入。其默认对齐方式是右对齐方式,如果输入的数据长度超过单元格宽度时(多于 11 位的数字,其中包括小数点和类似"E"和"＋"这样的字符),Excel 会自动以科学计数法表示。如图 5-7 所示。

当用户输入分数时,需要在分数前输入

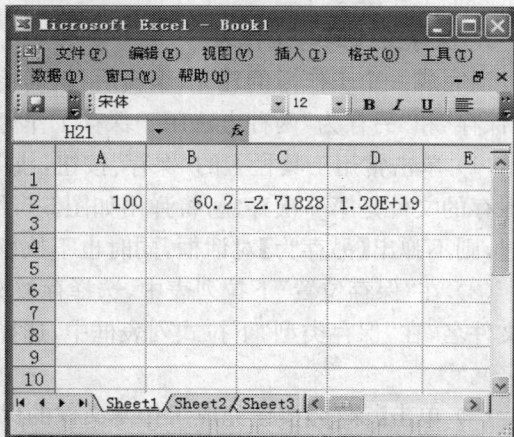

图 5-7 输入数值型数据

一个"0（零）"和一个空格，如键入"0 1/2"。这样可以避免 Excel 将"1/2"当作"1 月 2 号"或"1 除以 2"来处理。

（2）输入字符型数据：字符型数据是指字母、数字和其他特殊字符的任意组合。如"ABC"、"汉字"、"@￥‰"、"010-88888888"等形式的数据，它是以 ASCII 码或者汉字机内码的形式保存在单元格中的。

注意：对于电话号码、邮政编码、学号等数字需要作为字符型数据来处理。当用户在输入的数字前面加上一个英文单引号，Excel 将会把它当作字符型数据进行处理。

当用户输入的字符型数据超过单元格的宽度时，如果右侧的单元格中没有数据，则字符型数据会跨越单元格显示；如果右侧的单元格中有数据，则只会显示部分数据，如图 5-8 所示。

如果用户需要在单元格中输入多行文字，那么可以在一行输入结束后按【Alt＋Enter】键实现换行，然后输入后续的文字。

字符型数据的默认对齐方式是左对齐方式。

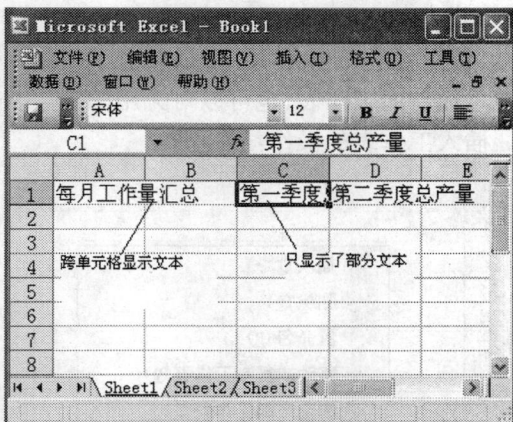

图 5-8　输入字符型数据

（3）输入日期时间型数据：对于日期时间型数据按日期和时间的表示方法输入即可。输入日期时，用连字符"-"或斜杠"/"分隔日期的年、月、日。输入时间时，应用"："分隔，Excel 默认以 24 小时计时，若想采用 12 小时制，时间后带后缀 AM 或 PM。例如：2004-1-1，2004/1/1，18:30:20，15 AM 等均为正确的日期型数据。

若要输入当天的日期，可按快捷键【Ctrl＋分号】；若要输入当前的时间，可按快捷键【Ctrl＋Shift＋分号】。

当日期时间型数据太长，超过列宽时会显示"＃＃＃＃"，它表示当前列宽太窄。此时用户只要适当调整列宽就可以正常显示数据。

日期时间型数据的默认对齐方式是右对齐。

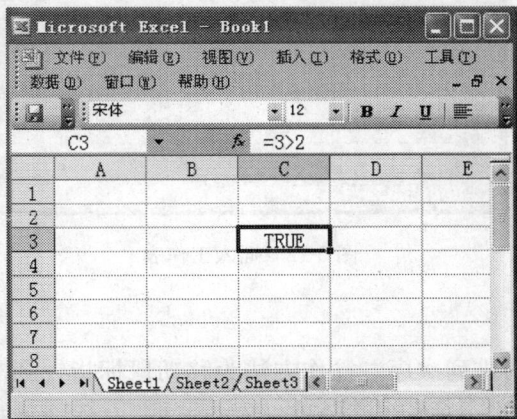

图 5-9　输入逻辑型常量

（4）输入逻辑型数据：逻辑型数据只有两个值，分别是"TRUE"和"FALSE"（与大小写无关）。

逻辑型常量用于表示一个判断的结果，例如"＝3＜2"的结果是"FALSE"，"＝3＞2"的结果是"TRUE"。

当用户在单元格中输入逻辑型常量时，数据的默认对齐方式是居中，如图 5-9 所示。

（5）自动填充数据：自动填充是指将数据填写到相邻的单元格中，是一种快速填写数据的方法。

Excel 内置的序列数据有日期序列、时间序列和数据值序列，用户也可根据需要创建自定义序列。

1) 使用鼠标左键填充:选定包含源数据的单元格,将鼠标放到该单元格的右下角,当鼠标变成黑色十字形时,拖动鼠标到目标单元格。

2) 使用菜单填充:选定包含源数据的单元格,选择【编辑】菜单中的【填充】命令,然后选择填充方式,完成填充。

5. 插入工作表

新建的工作簿文件中,默认包含了三张工作表,但在实际工作中可以根据需要,在工作簿中增加新的工作表,也可以对无用的工作表进行删除。

插入工作表的操作:

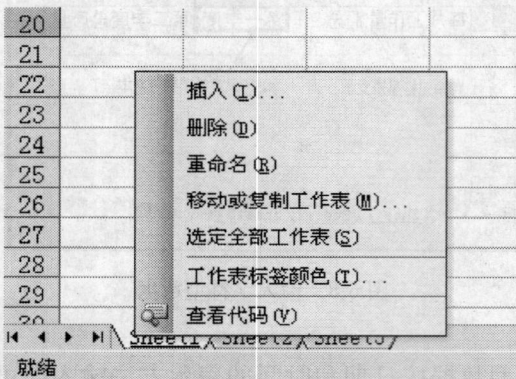

图 5-10　鼠标右击插入工作表的操作

单击工作簿下面的工作表标签,确定插入工作表的位置;选择【插入】菜单中的【工作表】命令,或者右击,从弹出的快捷菜单中选择【插入】命令,一张新的工作表被插入到选定工作表的前面,同时变成了当前活动工作表。

如果要插入多张工作表,可以按住【Shift】键,单击待添加工作表相同数目的工作表标签;然后再选择【插入】菜单中的【工作表】命令。例如,在 Sheet1 之前插入一张新的工作表,表的名称默认为 Sheet4,如图 5-10 所示,鼠标右击,选插入后,弹出插入对话框,如图 5-11 所示,插入结果如图 5-12 所示。

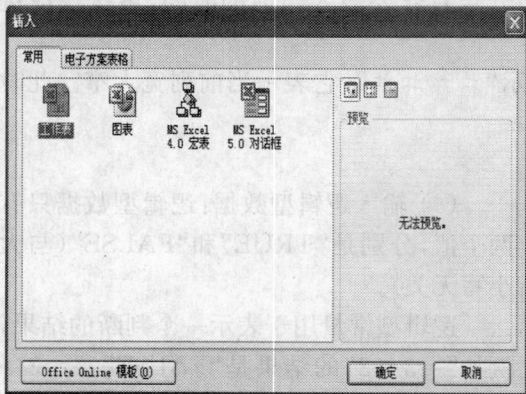

图 5-11　插入对话框

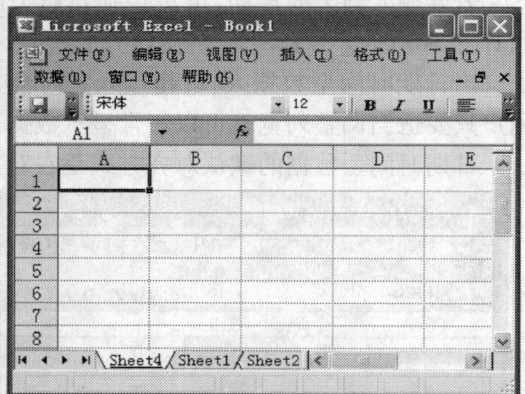

图 5-12　插入工作表

6. 移动或复制工作表

移动工作表的含义是指调整工作表之间的排列次序。操作方法为移动鼠标指针到需要移动的工作表标签处,按住鼠标左键,当鼠标指针变成 形状时拖动鼠标,在拖动过程中,工作表标签位置会出现一个黑色的三角形,指示工作表要移动到的位置,当到达合适的位置后释放鼠标即可。复制工作表的方法是在移动工作表的同时按住【Ctrl】键,这样就可以实现工作表的复制。具体方法如下：

（1）在同一个工作簿中移动或复制工作表

1）选中要移动或复制的工作表。

2）在【编辑】菜单中，选【移动或复制工作表】命令；或鼠标右击工作表标签，在快捷菜单中选择【移动或复制工作表】命令，将弹出【移动或复制工作表】对话框，如图 5-13 所示。

3）在图对话框的"下列选定工作表之前"列表框中，选择工作表的目标位置，若选择"建立副本"选项则为复制工作表，否则为移动工作表。

4）单击【确定】按钮，完成工作表的移动或复制。

（2）在两个工作簿中移动或复制工作表

1）打开两个工作簿文件。

图 5-13 移动或复制工作表对话框

2）在【窗口】菜单中，选定【窗口重排】命令，进一步选择"垂直并排"选项，在屏幕上会同时显示两个工作簿窗口。

3）如果是移动工作表，单击工作表标签，拖动鼠标至另一个工作簿中，则完成工作簿之间的工作表移动。

4）如果是复制工作表，单击工作标签，在按下【Ctrl】键同时，拖动鼠标至另一个工作簿中，则完成工作簿之间的工作表复制。

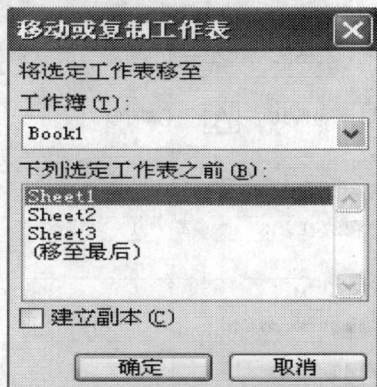

7. 删除工作表

选定要删除的工作表，单击【编辑】菜单中【删除工作表】命令，或在欲删除的工作表的标签处单击鼠标右键，在弹出的快捷菜单中选择【删除】命令，就会看到选定的工作表被删除，与它相邻的右侧工作表变成了当前活动工作表。但在删除工作表前，系统会询问是否确定要删除，一旦删除将不能恢复。

8. 重新命名工作表

在建立一个新的工作簿时，它所有的工作表都是以"Sheet1"、"Sheet2"……来命名的，这在实际工作中，很不方便记忆和进行有效的管理。

工作表重命名，在下面工作标签中选择要重命名的工作表，选择【格式】|【工作表】|【重命名】命令，或在选定工作表位置右击，弹出快捷菜单，选择【重命名】命令，键入工作表的新名称，在新名称区域外任意处单击。也可以双击需要重命名的工作表标签，然后键入工作表名称。

9. 隐藏与取消隐藏工作表

有时，若不想让他人随意查看自己的工作表，可以将其隐藏。方法是：先选定要隐藏的工作表为当前工作表，再选择【格式】|【工作表】|【隐藏】，这时当前工作表便从当前工作簿中消失。当需要再次出现时，单击【格式】|【工作表】|【取消隐藏】子选项即可。

10. 打印工作簿与工作表

（1）页面设置：在 Excel 中，单击【文件】菜单中【页面设置】命令，弹出【页面设置】对话框，如图 5-14 所示。【页面设置】对话框包括 4 个选项卡，分别是"页面"、"页边距"、"页眉/页脚"、"工作表"。

1）"页面"选项卡：用于设置纸张大小、打印方向及起始页码等。

2）"页边距"选项卡：用于设置页面的页边距及对齐方式等，如图 5-15 所示。

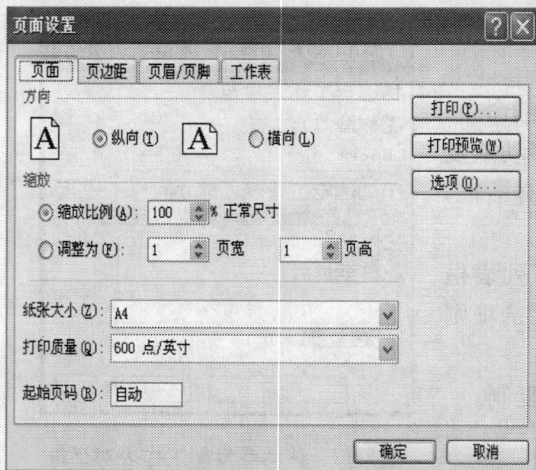

图 5-14 "页面设置"对话框

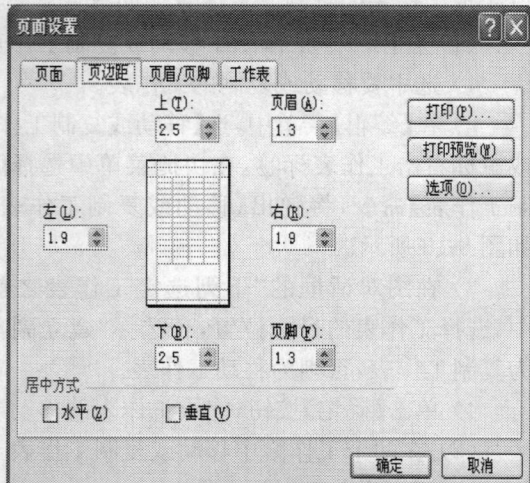

图 5-15 "页边距"选项卡

3)"页眉/页脚"选项卡:用于设置打印页面的页眉/页脚文字,如图 5-16 所示。可以使用系统提供的页眉/页脚形式,也可以自定义页眉/页脚内容。

4)"工作表"选项卡:用于设置打印区域以及是否打印网格线等,如图 5-17 所示。

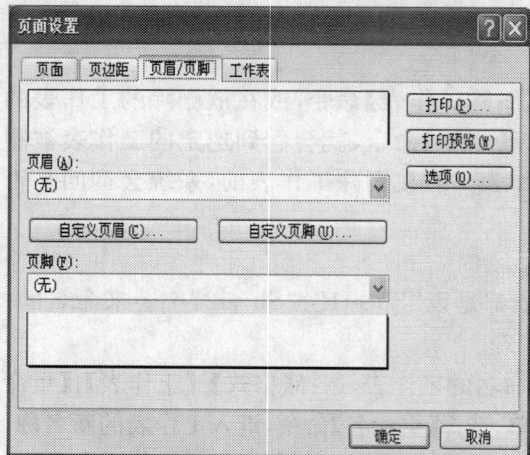

图 5-16 "工作表"选项卡

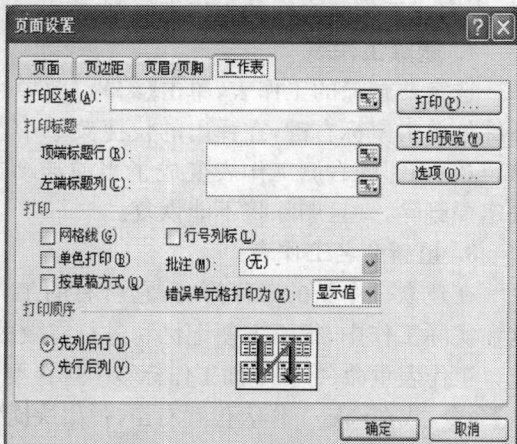

图 5-17 "页眉/页脚"选项卡

(2) 打印预览:打印预览是用来在屏幕上显示工作表打印的整体效果。可以使用以下两种方法实现打印预览功能:

1) 使用工具栏上的【打印预览】按钮。

2) 单击【文件】菜单中的【打印预览】命令。

打印预览窗口如图 5-18 所示,可以使用【上一页】、【下一页】按钮,显示要打印的上、下一页,使用【缩放】按钮,可以实现全页视图和放大视图之间的切换,单击【页边距】按钮后用拖曳的方式调整页边距,单击【打印】按钮,打开【打印】对话框。单击【关闭】按钮返回原编辑窗口。

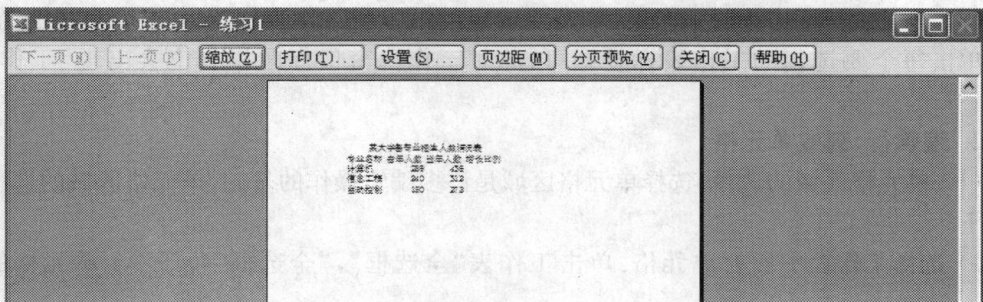

图 5-18　"打印预览"窗口

（3）打印工作表：当对工作表的所有设置都完成后，就可以打印工作了，打印工作表的方法有以下几种。

1）单击常用工具栏中的【打印】按钮，这种方法快捷，但缺乏控制。

2）单击【文件】菜单中的【打印】命令，弹出【打印】对话框，设置后就可以完成打印。

3）在【页面设置】对话框中，单击【打印】按钮，或在打印预览窗口中单击【打印】按钮，也可以实现工作表的打印。

表格的打印操作和文档的打印方法相似，简单操作即可完成打印工作。

5.2.2　编辑工作表

1. 选定操作

用户通常只能对当前的活动工作表进行操作，但有时用户需要同时对多个工作表进行复制、删除等操作，此时就需要首先选定工作表。

（1）选定单个工作表：要选定单个工作表，使其成为当前活动工作表，只需要在工作表标签上单击相应的工作表名即可。

（2）选定多个连续的工作表：单击要选定的第一个工作表标签，按住【Shift】键，再单击要选择的最后一个工作表标签，则可选定多个连续的工作表，此时工作簿窗口标题栏上会出现"工作组"字样，如图 5-19 所示。

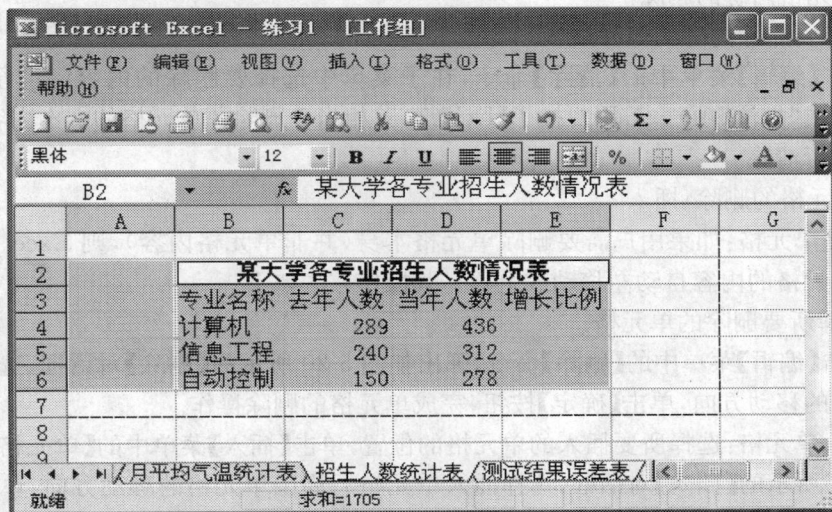

图 5-19　选定多个工作表出现"工作组"字样

(3) 选定多个不连续的工作表：单击要选定的第一个工作表标签，按住【Ctrl】键，然后依次单击每个要选定的工作表标签即可，此时工作簿窗口标题栏上也会出现"工作组"字样。

2. 编辑行、列或单元格

(1) 单元格区域的选择：选择单元格区域是许多编辑操作的基础，单元格区域的选择方法如下。

1) 选择工作表中所有单元格：单击工作表"全选框"，"全选框"位于 A1 单元格的左上角。

2) 选择一行或多行

选择一行：单击行号。

选择相邻多行：可以在行号上拖动鼠标；或者单击连续多行中的第一行的行号，然后按住【Shift】键再单击最后一行的行号。

选择不相邻的多行：先单击其中一行的行号，然后按住【Ctrl】键，单击其他行的行号。

3) 选择一列或多列

选择一列：单击列标。

选择相邻多列：在列标上拖动鼠标；或者单击连续多列中的第一列的列号，然后按住【Shift】键再单击最后一列的列号。

选择不相邻的多列：先单击其中一列的列标，然后按住【Ctrl】键，单击其他列的列标。

4) 选择一个或多个单元格

选择一个单元格：直接用鼠标单击该单元格。

选择一个矩形区域内多个相邻单元格：如果所有待选择单元格在窗口中可见，则可以在矩形区域的某一角位置按下鼠标左键，然后沿矩形对角线拖动鼠标进行选取操作；如果部分待选择单元格在窗口中不可见，则可以在矩形区域的第一个单元格上单击鼠标左键，然后拖动滚动条使矩形对角线位置的单元格可见，接着按住【Shift】键，并单击矩形对角线位置单元格即可完成区域的选取。

选择多个不相邻的单元格：首先选择一个单元格，然后按住【Ctrl】键，单击其他单元格。

(2) 单元格内容的删除

1) 选择要删除内容的单元格。

2) 单击【编辑】菜单中的【清除】命令，在子菜单中选择要删除的内容(有"全部"、"内容"、"格式"或"批注"项)。若用户按了【Del】键，只相当于删除了单元格的文本内容，并没有对其格式进行清除。

(3) 单元格的删除、插入

1) 删除单元格：如果用户需要删除单元格本身(并非单元格内容)，则 Excel 会将其右侧或下方单元格的内容自动左移动或上移。其操作方法如下：

A. 选择所要删除的单元格。

B. 单击【编辑】菜单中的【删除】命令，弹出如图 5-20 所示的【删除】对话框，选择删除后周围单元格的移动方向，单击【确定】按钮，完成单元格的删除操作。

2) 插入单元格：选择所要插入的单元格的位置，单击【插入】菜单中的【单元格】命令，弹出如图 5-21 所示的【插入】对话框，选择插入单元格后周围单元格的移动方向，单击【确定】按钮，完成单元格的插入操作。

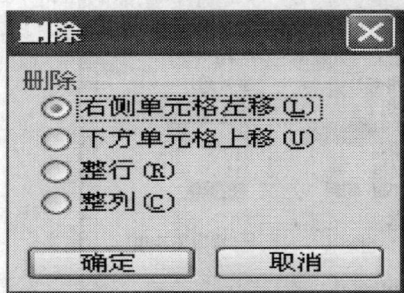

图 5-20　删除单元格对话框　　　图 5-21　插入单元格对话框

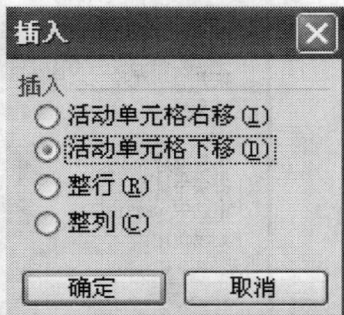

（4）行、列的删除、插入

1）删除行、列

A．单击所要删除的行的行号或列的列标，选定该行或列。

B．选择【编辑】菜单中【删除】命令，即可完成行、列的删除。

2）插入行、列

A．单击要插入行、列所在任一单元格，或选定要插入行的行号或列的列标。

B．单击【插入】菜单中的【行】或【列】命令，则当前行、列的内容自动下移或右移。

3. 编辑修改数据

当用户在单元格中输入数据后，可以按【Enter】键（此时活动单元格向下移）、【Tab】键（此时活动单元格向右移）或用鼠标单击其他单元格以确认数据输入完成。但如果输入数据有错误时，就需要修改。修改数据的常用方法有如下两种：

（1）选择需要修改的单元格，在编辑栏的编辑区单击鼠标，当插入点出现后修改数据。

（2）双击需要修改的单元格，当插入点出现后在单元格中修改数据。

如果修改数据时出现错误，可以选择恢复修改前的状态，恢复的方法是单击常用工具栏中【撤消】按钮，或使用组合键【Ctrl+Z】。

4. 查找与替换数据

查找与替换是编辑处理的常用操作，与 WORD 操作类似。

5.2.3　工作表的格式编排

1. 单元格格式的设置

（1）设置单元格字体格式：单元格字体设置包括对单元格中数据的字体、字形、字号、划线、颜色以及特殊效果的设置。在 Excel 中，可以在输入数据前设定单元格中使用的字体，也可以在完成输入后再改变单元格中数据的字体。Excel 系统默认的字体为"12 号、宋体、黑色正常体"，用户可以根据需要重新设置字体。其操作方法与在 Word 中进行字体设置相同，可以使用格式工具栏按钮进行设置；也可以使用【格式】菜单中【单元格】命令，在弹出的对话框中选择【字体】选项卡，如图 5-22 所示，在选项中对字体格式进行设置。

（2）设置单元格的数字格式：Excel 提供了多种数字格式。在对数字格式化时，可以设置不同的小数位数、百分号、货币符号等来表示同一个数。这时屏幕上单元格显示的是格式化后的数字，编辑栏中显示的是系统实际存储的数据。如果要取消数字的格式，可以使用【编辑】菜单中的【清除】菜单项下的【格式】命令。对于单元格数字格式的设置可以使用

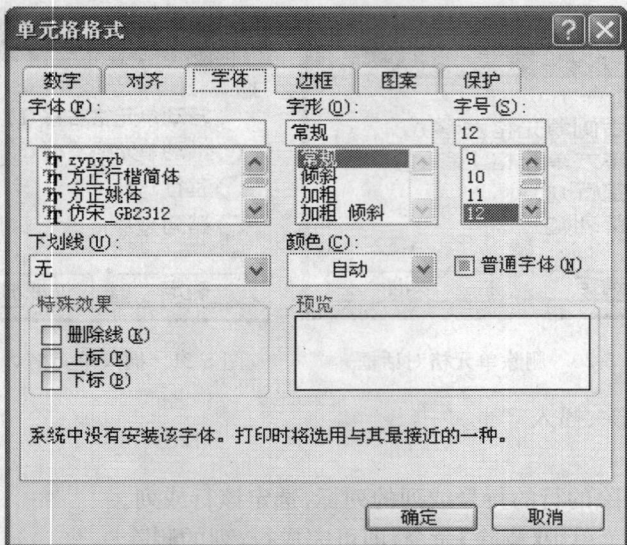

图 5-22 "单元格格式"对话框的"字体"选项卡

以下两种方法。

1) 用工具栏按钮格式化数字:选定包含数字的单元格,利用格式工具栏中提供的【货币样式】按钮、【百分比样式】按钮、【千位分隔样式】按钮、【增加小数位数】按钮、【减少小数位数】按钮,来设置数字格式。其设置效果如图 5-23 所示。

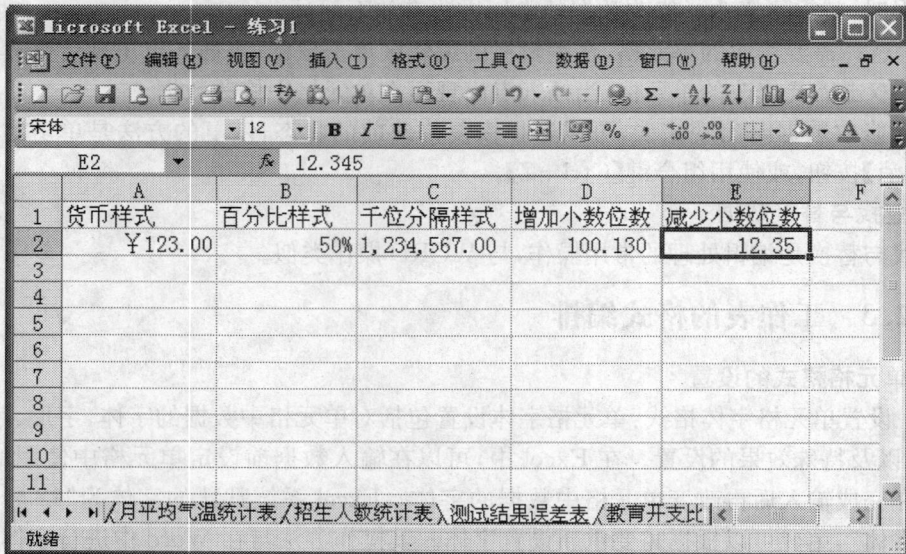

图 5-23 用工具栏按钮对数字进行格式化

2) 用菜单格式化数字:选定要格式化数字所在的单元格区域,单击【格式】菜单中【单元格】命令,在弹出的对话框中选择【数字】选项,如图 5-24 所示。

在"分类"列表中选择一种分类格式,在对话框的右侧进行本类中的其他设置,同时从"示例"栏中可以查看设置后的效果。

（3）设置单元格数据的对齐方式：Excel 中单元格数据的水平对齐方式默认是文本左对齐、数字右对齐、逻辑值居中对齐；垂直对齐方式默认为靠下对齐，即数据紧邻单元格的下边框排放。用户可以根据需要设置不同的对齐方式，以使版面更加美观。

1）用工具栏按钮改变数据的对齐方式

A. 选定要设置对齐方式的单元格。

B. 利用格式工具栏上的【左对齐】、【右对齐】、【居中对齐】、【合并及居中】、【减少缩进量】、【增加缩进量】按钮来设置对齐方式。其设置效果如图 5-25 所示。

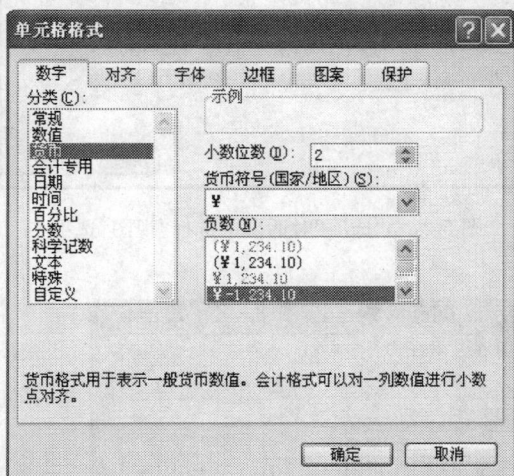

图 5-24　"单元格格式"对话框的"数字"选项卡　　　图 5-25　用工具栏按钮改变对齐方式

2）用菜单改变对齐方式：选定要设置对齐方式的单元格区域，单击【格式】菜单中【单元格】命令，在弹出的对话框中选择【对齐】选项，如图 5-26 所示。

在"文本对齐"下选择水平和垂直方向的对齐方式，在"方向"列表框中，用户可以改变单元格内容的显示方向；如果"自动换行"复选框被选中，则当单元格中的内容宽度大于列宽时，会自动换行（也可使用【Alt＋Enter】键来强行换行）。

（4）网格线和边框线的设置

1）网络线的隐藏与显示：Excel 工作表中显示的网格线是为输入、编辑方便而预设置的，如果需要可以将这些网格线隐藏起来。操作方法如下：

A. 单击【工具】菜单下的【选项】命令，在弹出的【选项】对话框中选择【视图】选项卡，如图 5-27 所示。

B. 在对话框的"窗口选项"栏，用鼠标单击"网格线"复选框（使对号消失），即可隐藏工作表中的网格线。

2）边框线的设置：在 Excel 中给表格加边框线，可强调、突出其中的数据，使表格显得更加美观。用户可使用以下方法给工作表加边框。

A. 用工具栏按钮设置边框：选择要添加边框的各个单元格或所有单元格区域，单击格式工具栏上的【边框】按钮，如图 5-28 所示。这时弹出下拉菜单，在其中选择所需的边框线。

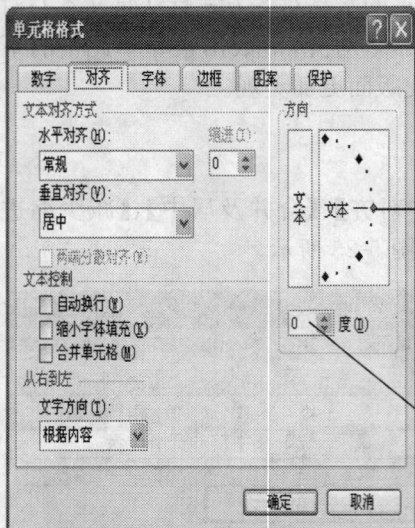

图 5-26　"单元格格式"对话框的"对齐"选项卡

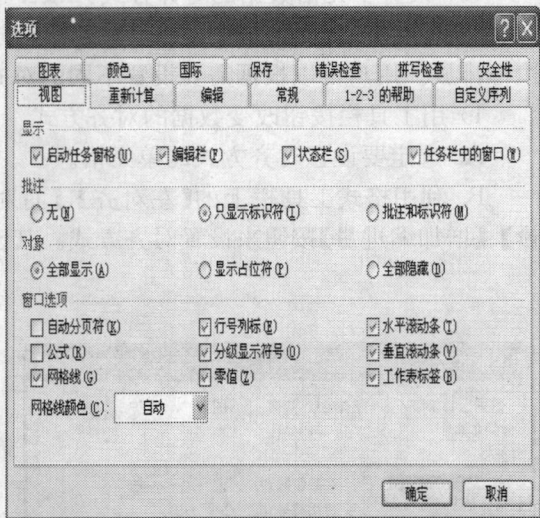

图 5-27　"选项"对话框中选择"视图"选项

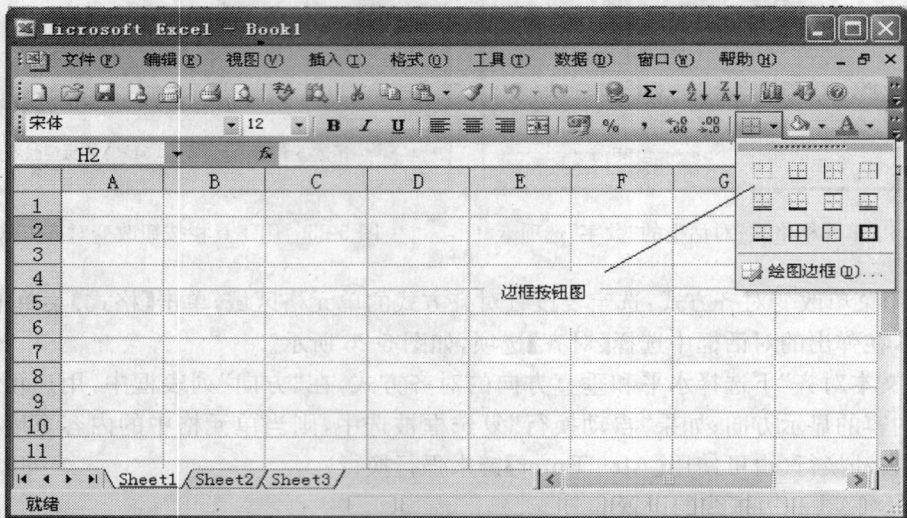

图 5-28　工具栏中的边框按钮图

　　B. 用菜单设置边框：选择要添加边框的各个单元格或所有单元格区域，单击【格式】菜单中【单元格】命令，在弹出的对话框中，选择【边框】选项卡，如图 5-29 所示。在边框、线型和颜色中选合适的边框。需要注意的是，设置边框应先选择"线条样式"和"颜色"，再选择"预置"和"边框"中的部位，这样线条样式和颜色才能生效。

　　2. 调整行高和列宽

　　工作表中的行高和列宽是 Excel 默认设定的，行高自动以本行中最高的字符为准，列宽预设为 8 个字符的位置。如果需要，可以手动调整，系统规定默认情况每行的高度或每列的宽度必须一致。

（1）调整行高：常用的方法有如下两种：

1）把鼠标指针移动到该行与上下行的边界处，当鼠标指针变成"↕"形状时拖动鼠标调整行高，这时 Excel 将会自动显示行的高度值。如果要同时更改多行的高度，可以先选定要更改的所有行，然后拖动其一个行标题的下边界，即可调整所有已经选择的行的行高。

2）选择需要调整的行或行所在的单元格，依次单击【格式】菜单中的【行】菜单项下的【行高】命令，在弹出的对话框中输入新的行高值，然后单击【确定】按钮，如图 5-30 所示。

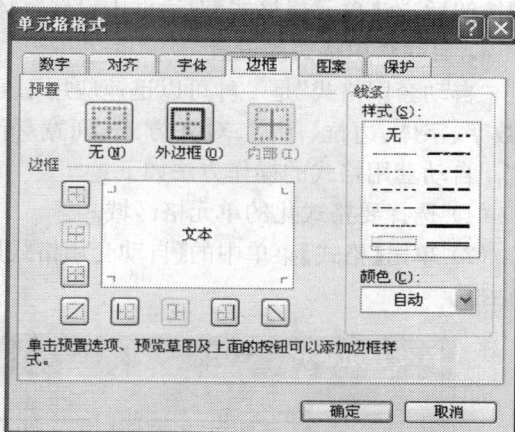

图 5-29　"边框"选项卡

图 5-30　"调整行高"对话框　　　图 5-31　"调整列宽"对话框

（2）调整列宽：调整列宽方法与调整行高相似，不再重述，打开对话框如图 5-31 所示。

3. 条件格式的设置

设置条件格式用于在一个单元格区域内，给符合条件的单元格设置格式，具体设置方法如下：

（1）选择需要设置条件格式的单元格区域。

（2）单击【格式】菜单中【条件格式】命令，弹出【条件格式】对话框，如图 5-32 所示。

图 5-32　"条件格式"对话框

（3）在【条件格式】对话框中，设置条件以及相应格式，可以单击【添加】按钮增加其他条件，然后单击【确定】按钮。

例如在学生成绩表中要求低于 60 分的成绩以红颜色填写，那么用户可以这样设置【条件格式】对话框：在比较运算符下拉式列表框中选择"小于"，在数值框中输入 60，单击【格式】按钮后,在【单元格格式】对话框中设置字体颜色为红色,单击【确定】即可实现。

4. 自动套用格式的设置

"自动套用格式"是一种可以迅速应用于某一数据区域的格式设置集合,内含的格式包括数字、字体、边框、图案、对齐方式、列宽/行高。Excel 提供了多种多样的"自动套用格式"。自动套用格式的操作方法如下:

(1) 选择要格式化的单元格区域。

(2) 单击【格式】菜单中的【自动套用格式】命令,弹出如图 5-33 所示的【自动套用格式】对话框。

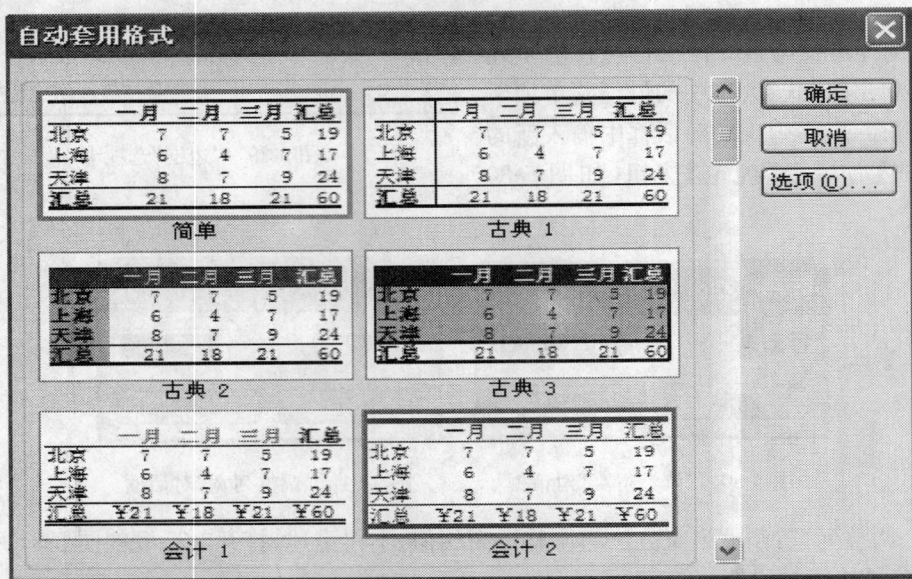

图 5-33 "自动套用格式"对话框

(3) 在对话框中选择需要使用的格式后,单击【确定】按钮即可。

5.3 公式与函数

5.3.1 使用公式

1. 公式的输入

Excel 通过引进公式,增强了对数据的运算分析能力。公式是对工作表数据进行运算的方程式。例如在图 5-34 所示学生成绩表中,已知所有学生的各门功课成绩,现在需要知道每个学生的总成绩,则需要单击 E2 单元格,然后输入公式:"＝B2＋C2＋D2",按回车键,此时,Excel 可自动计算出每个学生的总成绩。

在 Excel 中,公式在形式上是由等号开始,其语法可表示为:"＝表达式"。

其中表达式由运算数和运算符组成。运算数可以是常量数值、单元格或区域的引用、函数等;而运算符则是对公式中各运算数进行运算操作。例如＝1＋2＋3、＝A1－2、＝SUM(A1:A5)＋3 都是符合语法的公式。

需要注意的是,当用户确认公式输入完成后,单元格显示的是公式的计算结果。如果用户需要查看或者修改公式,则可以双击单元格,在单元格中查看或修改公式,或者单击单元格,在编辑栏中查看或修改公式。

2. 运算符

Excel 包含四种类型的运算符:算术运算符、比较运算符、文本运算符和引用运算符,其中引用运算符留到以后讲解。

(1) 算术运算符:Excel 的算术运算符包括:加(+)、减(-)、乘(*)、除(/)、乘方(^)、百分比(%)、求负(-)。其运算结果为数值型。

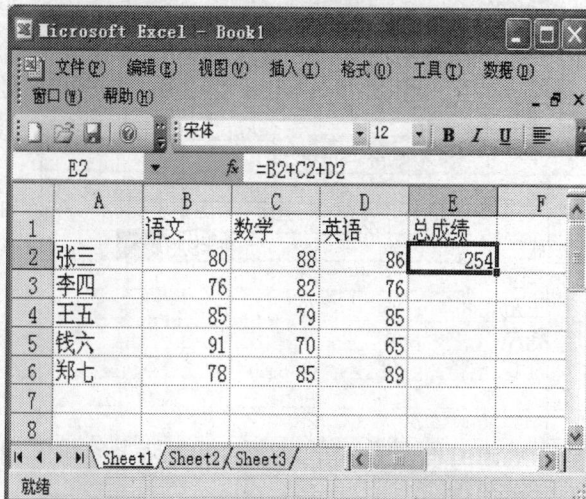

图 5-34　使用"公式"计算

算术运算符的运算优先次序是:先做求负运算,再做百分比运算,然后做乘方,接着做乘除,最后做加减运算。相同级别运算符从左到右依次计算。

如果需要的话,用户可以使用"( )"更改运算符的运算次序。

例:公式"=((2+3)*2)^(4-2)"的计算结果是 100。

(2) 文本运算符:Excel 的文本运算符只有一个:"&"运算符,该运算符用于字符数据的连接。

例:公式" ="abc"&"de""的计算结果是字符串"abcde"。

注:如果在 Excel 的公式中含有字符型数据,则应该在该字符型数据的两端加上英文双引号。

(3) 比较运算符:Excel 的比较运算符用于比较两个值的大小,产生的运算结果为逻辑值 TRUE(真)或 FALSE(假)。

Excel 的比较运算符包括:等于(=)、大于(>)、小于(<)、大于等于(>=)、小于等于(<=)、不等于(<>)。

例:公式"=3<>4"的计算结果是 TRUE,公式"=1>2"的计算结果是 FALSE。

注:以上三类运算符的优先级为:算术运算符最高,文本运算符次之,比较运算符最低。

(4) 引用运算符:在 Excel 中,引用运算符用以对单元格进行合并运算,包括区域、联合和交叉。

区域(冒号):表示对两个引用之间(包括两个引用在内)的所有单元格进行引用,例如:SUM(A1:F4)。

联合(逗号):表示将多个引用合并为一个引用。例如:SUM(B5,B14,D6,D12)。

交叉(空格):交叉运算符产生对两个引用共有的单元格的引用。例如:(B6:D6 C6:C8)

3. 自动求和

求和计算是一种最常用的公式计算,使用工具栏【求和】按钮,将自动对活动单元格上方或左侧的数据进行求和计算。其操作步骤如下:

(1) 将光标放在求和结果单元格;

(2) 单击常用工具栏上的【求和】按钮,Excel 将自动出现求和函数 SUM 以及求和数据

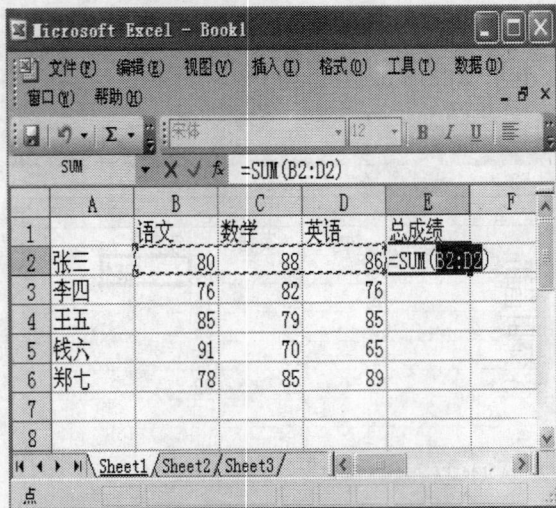

图 5-35 自动求和操作

区域。如图 5-35 所示。

（3）单击【输入】按钮（对号√）确定公式，或在数据区域重新输入数据以修改公式。

注：在计算连续单元格的数据之和时，如果在最后一个单元格的后面再新添加一条数据时，Excel 会自动地将自动求和公式内的数据范围往下延伸，包含新增的单元格。

4. 公式的自动填充

在一个单元格中输入公式后，如果相邻的单元格中需要进行同类型的计算（如数据行合计），可以利用公式的自动填充功能。其操作方法是：选择公式所在的单元格，移动鼠标到单元格的右下角黑方块处，即"填充柄"。当鼠标变成小黑十字时，按住鼠标左键，拖动"填充柄"经过目标区域。当到达目标区域后，放开鼠标左键，公式自动填充完毕。

5. 公式的移动和复制

公式的移动是指把一个公式从一个单元格中移动到另一个单元格中，操作方法与单元格的数据移动方法相同。公式的移动不会改变其中单元格引用的信息，所以移动后公式的计算结果不会发生变化。

公式的复制是指一个公式从一个单元格中复制到其他单元格中。操作方法与单元格数据的复制方法相同。公式复制与单元格数据复制所不同的是当公式中含有单元格的相对引用或混合引用，则复制后公式的计算结果会发生变化。

5.3.2 使用函数

函数是 Excel 中预先定义好的，经常使用的一种公式。Excel 提供了 200 多个内部函数，需要时，可按照函数的格式直接引用。

1. 函数的语法

函数由函数名和参数组成，其形式为：函数名（参数 1，参数 2，…）。

其中：函数名不区分大小写，当有两个以上的参数时，参数之间要用逗号隔开。参数可以是文本、数字、逻辑值或单元格引用等。

例如：SUM（B2，C2，），其中 SUM 就是函数名，B2，C2 是参数，表示函数运算的数据。

2. 函数的输入

（1）手工输入：对于一些比较简单的函数，用户可以用输入公式的方法直接在单元格中输入函数。例如在图 5-35 的 E2 单元格中直接输入"＝SUM（B2：D2）"，然后按回车键确认即可得到学生的总成绩。

（2）使用粘贴函数输入：对于参数较多或比较复杂的函数，常采用【粘贴函数】按钮来输入。其操作步骤如下：

1）选定要粘贴函数的单元格。

2）单击【插入】菜单中的【函数】命令，或单击常用工具栏中的【粘贴函数】按钮，弹出如图 5-36 所示的【粘贴函数】对话框。

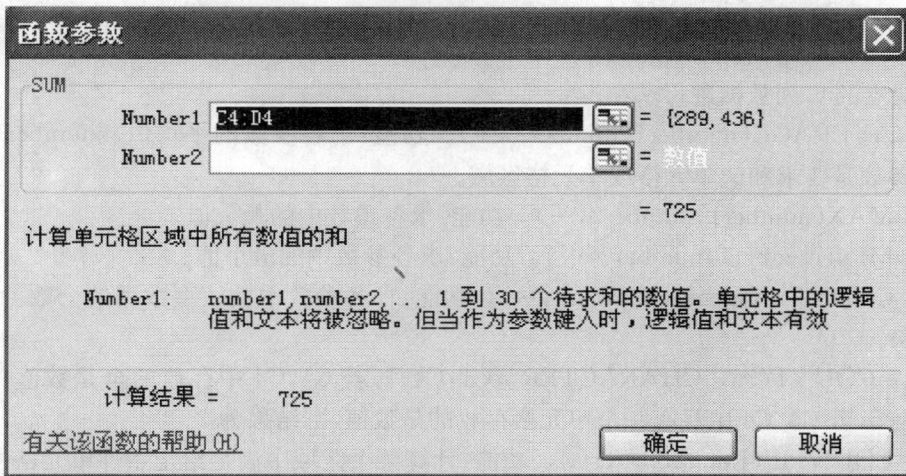

3）从"函数分类"列表框中，选择要输入的函数分类，再从"函数名"列表框中选择所需要的函数。

4）单击【确定】按钮，弹出如图 5-37 所示的【输入参数】对话框。

5）在对话框中，输入所选函数要求的参数（可以是数值、引用、名字、公式和其他函数）。如果要将单元格引用作为参数，可单击参数框右侧的【暂时隐藏对话框】按钮，这样只在工作表上方显示参数编辑框。再从工作表上单击相应的单元格，然后再次单击【暂时隐藏对话框】按钮，恢复【输入参数】对话框。

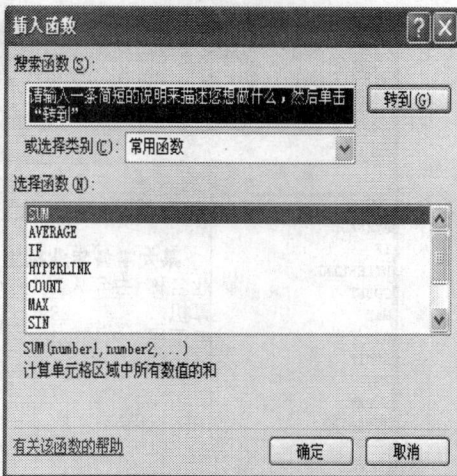

图 5-36　"粘贴函数"对话框

图 5-37　"输入参数"对话框

6）选择确定按钮即可完成函数的功能，并得到相应的计算结果。

（3）使用【编辑公式】按钮输入函数

1）在编辑栏的编辑区内输入"＝"或单击编辑公式按钮，这时屏幕名称框内就会出现函数列表，如图 5-38 所示。

2）从中选择相应的函数，输入参数，即可完成函数的功能，并得到相应的计算结果。

3. 常用函数介绍

（1）SUM（number1，number2，…）。功能：求各参数的和。number1，number2 等参数是要求和的单元格或单元格区域。

（2）SUMIF（range，crieria，sum_range）。功能：根据指定条件对若干单元格求和。range 是用于条件判断的单元区域。crieria 为单元格相加求和的条件。sum_range 是需要求和的实际单元格。

如：公式"SUMIF（B3：B32，B3，C3：C32）"表示对单元格区域 B3：B32 中满足条件 B2 的

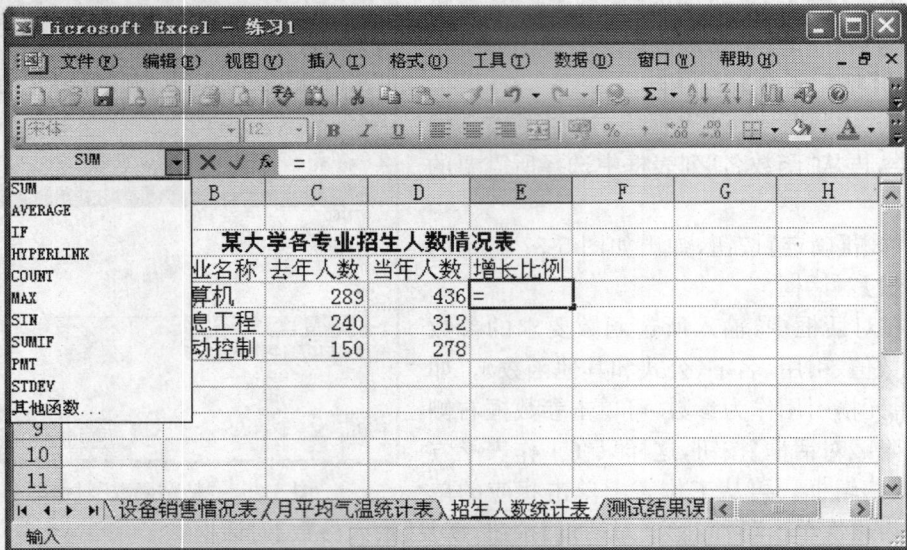

图 5-38 名称框中的函数列表

对象所对立的 C 列数据进行求和。

（3）AVERAGE(number1,number2,…)。功能：求各参数的平均值。number1,number2 等参数是要求和的单元格或单元格区域。

（4）MAX(number1,number2,…)。功能：求各参数中的最大值。

（5）MIN(number1,number2,…)。功能：求各参数中的最小值。

（6）COUNT(number1,number2,…)。功能：求各参数中数值型数据的个数。参数的类型不限。

如"＝COUNT(36,"CHARACTER",C1:C4)"，若 C1:C4 中存放的全是数值，则函数的结果是 5，若 C1:C4 中只有一个单元格存放的是数值，则结果为 2。

（7）COUNTIF(Range,Criteria)。功能：计算某个区域中满足给定条件单元格的数目。

参数含义：Range 要计算其中非空白单元格数目的区域，如图 5-39(a)所示。Criteria 计算单元格必须符合的条件，如图 5-39(b)所示。

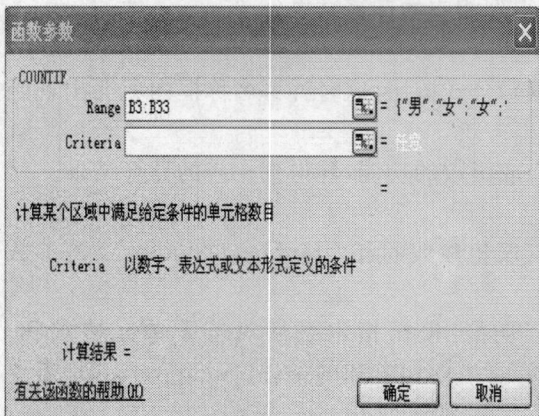

图 5-39(a) "COUNTIF 函数"对话框

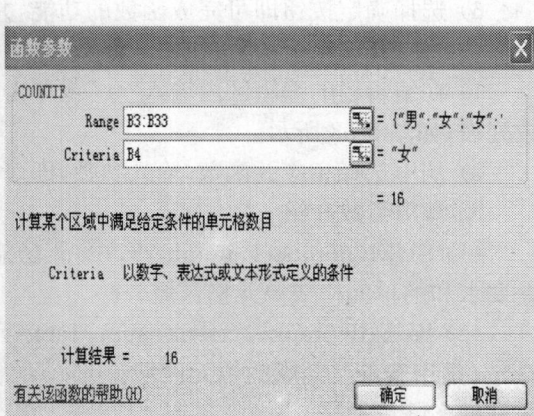

图 5-39(b) "COUNTIF 函数"对话框

如图 5-39 所示的公式"＝COUNTIF(B3：B32,B4)"表示计算 B3：B32 单元格区域内女性的人数。

（8）VAR 函数用于估算样本方差。

例如你的数据从 A2 到 A9,那么计算方差的公式是＝VAR(A2：A9)。

4. 常用医学统计类函数介绍

AVEDEV(number1,number2,…)	功能:返回一组数据点到其算术平均值绝对偏差的平均值。
CONFIDENCE(alpha,standard_dev,size)	功能:返回总体平均值的置信区间。
KURT(number1,number2,…)	功能:返回一组数据的峰值。
MEDIAN(number1,number2,…)	功能:返回一组数据的中值。
MODE(number1,number2,…)	功能:返回一组数据或区域中的众数。
QUARTILE(array,quart)	功能:返回一组数据的四分位点。
STDEVP(number1,number2,…)	功能:计算基于给定的样本总体的标准偏差。
FREQUENCY(data_array,bins_array)	功能:以一列垂直数组返回一组数据的频率分布。
CHIDIST(x,deg_freedom)	功能:返回 X^2 分布的收尾概率。
CHINV(probability,deg_freedom)	功能:返回具有给定概率的收尾 X^2 分布的区间点。
CHITEST(actual_range,expected_range)	功能:返回检验相关性。
FTEST(array1,array2)	功能:返回 F 检验的结果,F 检验返回的是当 Array1 和 Array2 的方差无明显差异时单尾概率尾。
TTEST(array1,array2,tails,type)	功能:返回学生 t-检验的概率值。
ZTEST(array,x,sigma)	功能:返回 z 检验的双尾 p 值。
CORREL(array1,array2)	功能:返回两组数值的相关系数。
INTERCEPT(known_y's,known_x's)	功能:求线性回归拟合线方程的截距。
PEARSON(array1,array2)	功能:求皮尔生积矩法的相关系数。
SLOPE(known_y's,known_x's)	功能:返回经过给定数据点的线性回归拟合线性方程的斜率。
STEYX(known_y's,known_x's)	功能:返回通过线性回归法计算纵坐标预测值所产生的标准误差。
LINEST(known_y's,known_x's,const,stats)	功能:返回线性回归方程的参数。

5.3.3　单元格引用

在图 5-34 中使用了"＝B2＋C2＋D2"来计算学生的总成绩,其中使用的 B2、C2、D2 就是对单元格的引用。

单元格引用用于标识工作表中单元格或单元格区域,它在公式中指明了公式所使用数据的位置。在 Excel 中有相对引用、绝对引用和混合引用,它们适用于不同的场合。

（1）相对引用:Excel 默认的单元格引用为相对引用。相对引用指某一单元格的地址是相对于当前单元格的相对位置。其在组成形式上,是由单元格的行号和列号构成。例如 A1,B2,E5 等。在相对引用中,当复制或移动公式时,Excel 会根据移动的位置自动调节公式中引用单元格的地址。例如,图 5-34 中 E2 单元格中的公式"＝B2＋C2＋D2",在被复制到 E3 单元格时会自动变为"＝B3＋C3＋D3",从而使得 E3 单元格中也能得到正确的计算结果。

（2）绝对引用:绝对引用是指某一单元格的地址,是其在工作表中的绝对位置,其构成形式是在行号和列号前面各加一个"$"符号。例如$A$2、$B$4、$H$5都是对单元格的绝对引用。其特点在于,当把一个含有绝对引用的单元格中的公式移动或复制到一个新的位置时,公式中的单元格地址不会发生变化。例如,若在E2单元格中有公式"=$B$2+$C$2",如果将其复制到E3单元格中,则A3单元格中的公式还是"=$B$2+$C$2",可以用于分数运算时,固定分母。

(3)混合引用:在公式中同时使用相对引用和绝对引用,称为混合引用。例如E$5表示E是相对引用,$4是绝对引用。

(4)在当前工作簿中引用其他工作表中的单元格:为了指明此单元格属于哪个工作表,可在该单元格坐标或名称前加上其所在的工作表名称和感叹号分隔符"!"。例如Sheet5!B5表示对Sheet5工作表中的B5单元格的引用。

(5)引用其他工作簿中的单元格:当引用其他工作簿中的单元格时,需要指明此单元格属于哪个工作簿的哪个工作表,因此其引用格式为:[工作簿名称]工作表名!单元格名称。例如[Book1]Sheet2!B5表示引用了文件名为Book1的工作簿的Sheet2工作表中的B5单元格的数据。

5.4 数 据 管 理

5.4.1 用记录单管理数据

1. 数据清单的创建

数据清单由字段结构和记录数据组成。而字段结构就是表格的列标题,记录数据就是表格中各行数据。在Excel工作中创建一个数据清单其实只有两步:第一步是在工作表的一个空白行中输入所需的字段名;第二步是在字段名正下方一行的每个单元格中输入字段所需的条目(即数据记录)。其组成如图5-40所示。

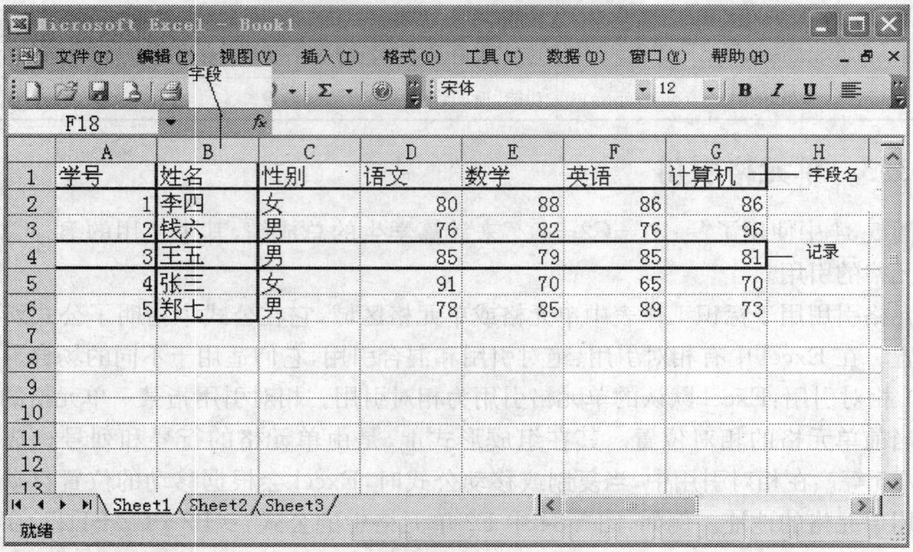

图5-40 数据清单的组成

2. 数据清单的管理

（1）增加、修改和删除记录：在数据清单中增加、修改和删除记录的方法有两种：一种是直接在工作表中的数据区进行；另一种是通过记录单进行。

通过记录单进行数据的增、删、改记录的步骤如下：

1）在数据清单中选定任一单元格。

2）单击【数据】菜单中【记录单】命令，弹出如图 5-41 所示的【记录单】对话框。

3）若要增加记录，可以单击【新建】按钮，屏幕上会出现一个新的空白的记录项，依次输入各项即可。若要删除记录，可以单击【上一条】或【下一条】按钮找到相应的记录，然后单击【删除】按钮，此时 Excel 会提醒用户以确认删除操作。若要修改记录，可以用【上一条】或【下一条】按钮找到相应的记录，然后对其进行修改。

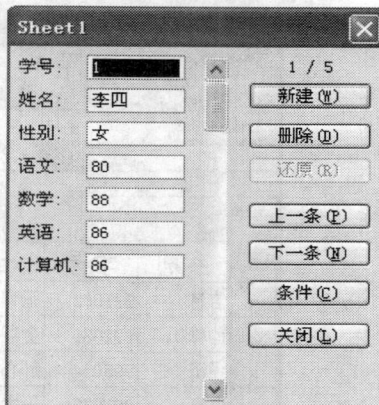

图 5-41　"记录单"对话框

需要说明的是，用【记录单】对话框进行增加和修改记录时，公式项是不能被输入或修改的。第一条记录的公式必须在工作表中输入，此后当使用【记录单】对话框增加或修改记录时，Excel 会自动显示公式的计算结果。

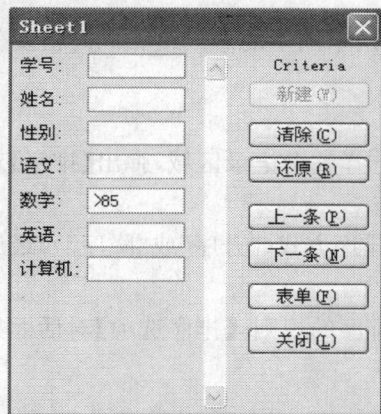

图 5-42　"记录查找"对话框

（2）查找记录：当数据清单中含有大量记录时，使用浏览的方式查找记录显然不太合适。在记录单中 Excel 提供了按条件查找记录的查找方式。具体的操作如下：

1）单击数据清单中含有数据的任一单元格。

2）单击【数据】菜单的【记录单】命令，弹出如图 5-41 所示【记录单】对话框。

3）单击【条件】命令按钮，记录单对话框将变成如图 5-42 所示对话框。

4）在条件对话框中，输入查找的记录需要满足的条件，例如，在"数学"处输入＞85，则表示要查找数学成绩大于 85 的人。

5）单击【上一条】、【下一条】命令按钮即可找到符合条件的记录，并显示在【记录单】对话框中。

5.4.2　数据排序

在 Excel 中经常需要对工作表中的某列数据进行排序，以方便使用。Excel 对数据的排序依据是：如果字段是数值型或日期时间型数据，则 Excel 按照数据大小进行排序。如果字段是字符型数据，则英文字符按照 ASCII 码排序，汉字按照汉字机内码或者笔画排序。

1. 单列数据的排序

对单列数据的排序其操作步骤如下：

（1）将光标放在工作表区域中需要排序字段的任一单元格。

（2）单击常用工具栏上的【升序】按钮或【降序】按钮，数据清单中的记录就会按要求重新排列，效果如图 5-43 所示。

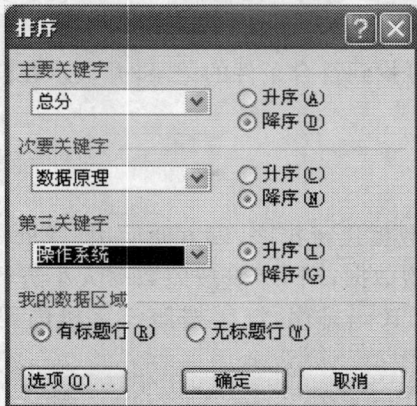

图 5-43 利用"降序"按钮排序

2. 多列内容的组合排序

有时候需要对工作表中的多列数据进行排序，比如当两个同学的总成绩相同时需要依据他们的语文成绩排序，其操作步骤如下：

（1）单击数据清单中的任一单元格。

（2）选择【数据】菜单中的【排序】命令，Excel 会自动选择整个记录区域，弹出【排序】对话框，如图 5-44 所示。

（3）在【排序】对话框中选择三级排序关键字，并设置排序方式（"升序"或"降序"），最后单击【确定】按钮完成排序。

【排序】对话框中的【选项】按钮可以设置字符型数据排序的规则，【排序选项】对话框如图 5-45 所示。

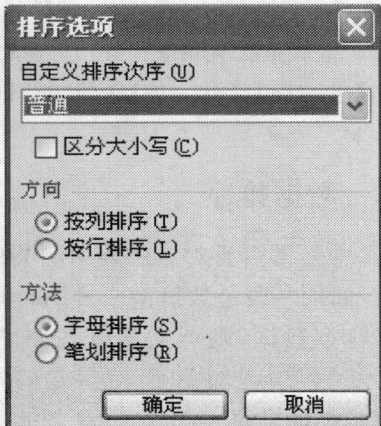

图 5-44 "排序"对话框

图 5-45 "排序选项"对话框

5.4.3 数据筛选与分类汇总

在数据清单中,有时参加操作的只是一部分记录,为了加快操作速度,把要操作的数据记录筛选出来作为操作对象,以减小查找范围。为了设置比使用数据记录单设置更复杂的检索条件,可以利用 Excel 的筛选数据功能。

筛选数据的方法有两种:自动筛选和高级筛选。

1. 自动筛选

(1) 自动筛选数据:在如图 5-46 所示的学生成绩统计表中,以筛选女生的记录为例。

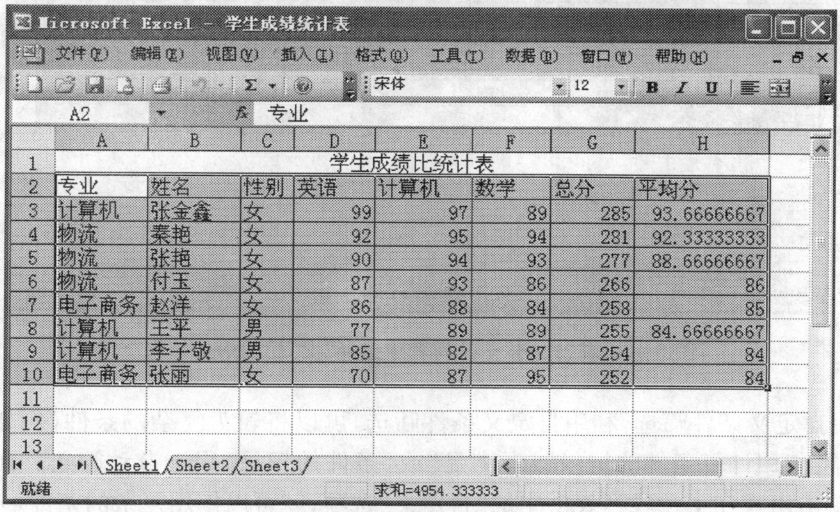

图 5-46 数据清单

单击【数据】|【筛选】|【自动筛选】命令,此时,数据清单的每个字段名旁边出现了下拉按钮。单击下拉按钮,将出现下拉列表,如图 5-47 所示。

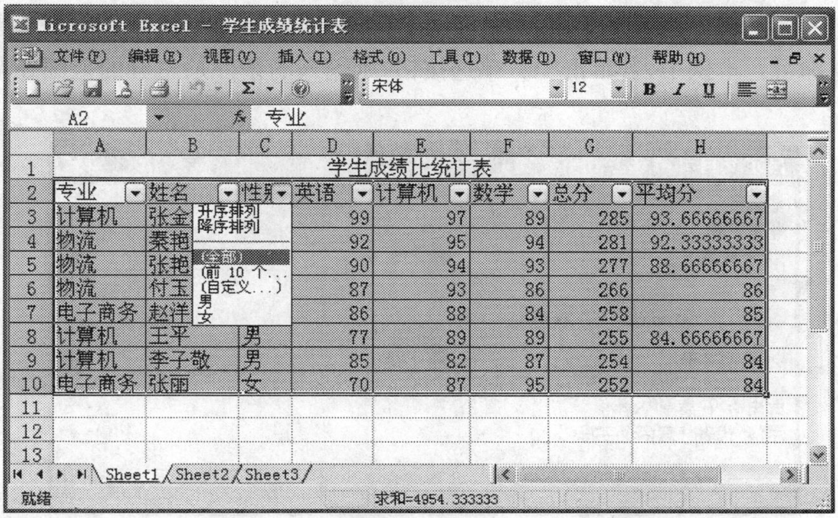

图 5-47 使用"自动筛选"以后的数据清单

单击与筛选条件有关字段(如"性别")的下拉按钮。在出现的下拉列表中选择"女"。结果如图 5-48 所示。

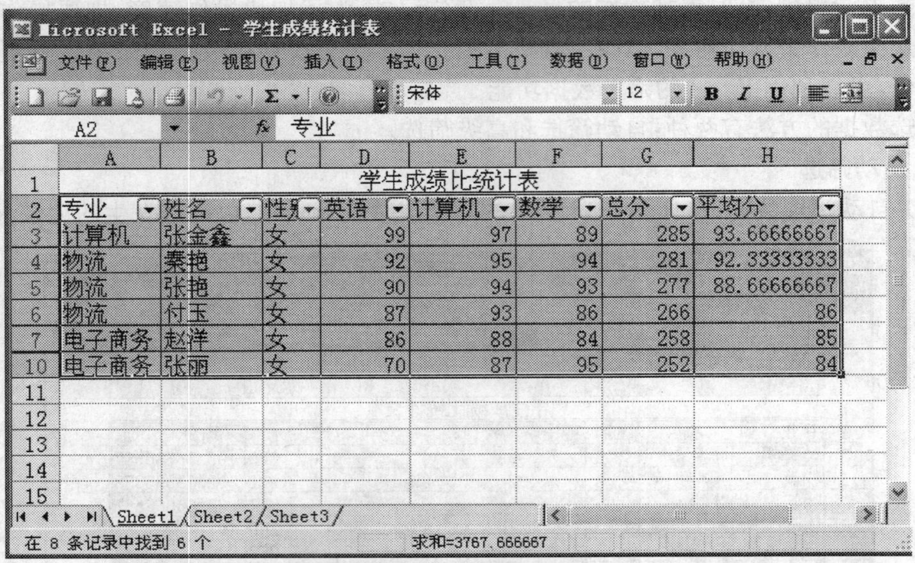

图 5-48 在"性别"下拉列表中选择"女"后的筛选结果

(2) 用自定义条件筛选:利用自定义条件筛选,可以将较为复杂的条件(例如属于某一范围的记录、使用计算条件的记录或者满足"或"条件的记录)用于自动筛选。在筛选的数据清单中单击出现在下拉式列表框中的"自定义"选项,就可以使用复杂的条件。

在如图 5-48 所示的自动筛选状态下,若在"总分"下拉列表中单击"自定义"命令,则打开【自定义自动筛选方式】对话框,如图 5-49 所示。单击上面一行左边列表框的下拉按钮 ,在出现的下拉列表中选择运算符(如大于或等于),在右边列表框中选择或输入运算对象(如 75);用同样的方法还可以用下面一行指定第二个条件(小于或等于 90),中间的单选按钮是规定这两个条件的逻辑关系:"与"表示两个条件必须同时成立,而"或"表示两个条件之一成立即可。本例中,若单击"与"单选按钮,则输入的条件是总分的范围在 75 分到 90 分之间。

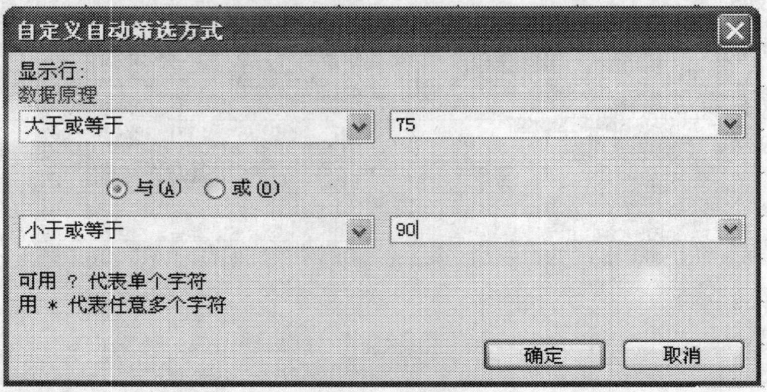

图 5-49 "自定义自动筛选方式"对话框

(3) 取消筛选。有两种方法可以取消筛选。

方法 1:单击【数据】|【筛选】|【全部显示】命令。

方法 2:单击【数据】|【筛选】|【自动筛选】命令或单击筛选字段下拉按钮,在出现的下拉列表中单击【全部】命令。

2. 高级筛选

使用自动筛选,可以在数据表中筛选出符合特定条件的值。但有时所设的条件较多时,再用自动筛选就有些麻烦,这时,就可以使用高级筛选来筛选数据。

(1) 构造筛选条件:筛选的条件可放在数据表前,也可以放在数据表后。若放在数据表前,应在数据表前插入若干空行作为条件区域,空行的个数以能容纳条件为限。

根据条件在相应字段的上方输入字段名,并在刚输入的字段名下方输入筛选条件。用同样方法构造其他筛选条件。多个条件的"与"、"或"关系用如下方法实现。

1)"与"关系的条件必须出现在同一行。

"与"关系的条件表示条件必须同时具备,所以必须出现在同一行。

如:表示条件"总分高于 250 分的女学生"

性别	总分
女	>250

2)"或"关系的条件表示两个条件中具备其一即可,不能出现在同一行。

如:表示条件"总分高于 250 分或者是女学生"

性别	总分
女	
	>250

(2) 执行高级筛选:以筛选条件"总分高于 250 分的女学生"为例:

1) 在数据表前插入 3 个空行作为条件区域。在第一行"性别"列输入"性别",在其下方单元格中输入"女";在第一行"总分"列输入"总分"在其下方输入">250",如图 5-50 所示。

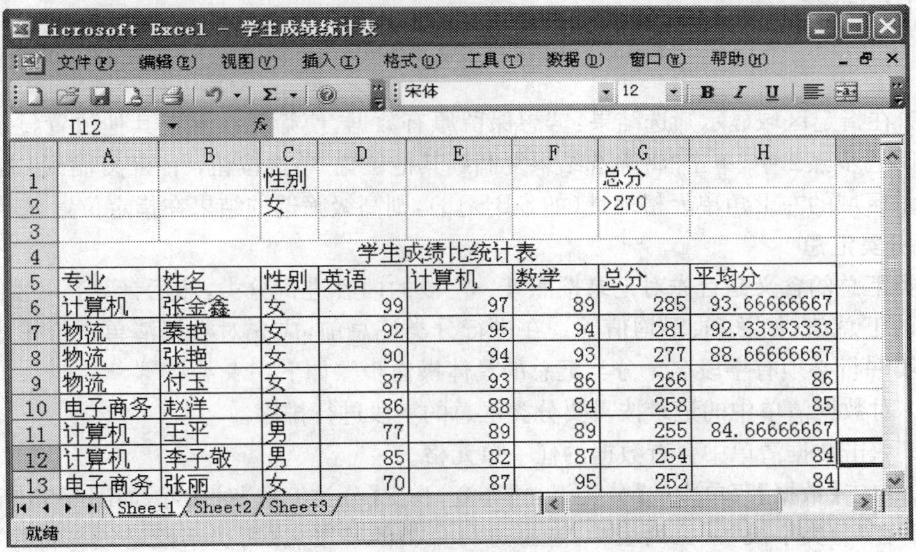

	A	B	C	D	E	F	G	H
1			性别				总分	
2			女				>270	
3								
4					学生成绩比统计表			
5	专业	姓名	性别	英语	计算机	数学	总分	平均分
6	计算机	张金鑫	女	99	97	89	285	93.66666667
7	物流	秦艳	女	92	95	94	281	92.33333333
8	物流	张艳	女	90	94	93	277	88.66666667
9	物流	付玉	女	87	93	86	266	86
10	电子商务	赵洋	女	86	88	84	258	85
11	计算机	王平	男	77	89	89	255	84.66666667
12	计算机	李子敬	男	85	82	87	254	84
13	电子商务	张丽	女	70	87	95	252	84

图 5-50　构造筛选条件

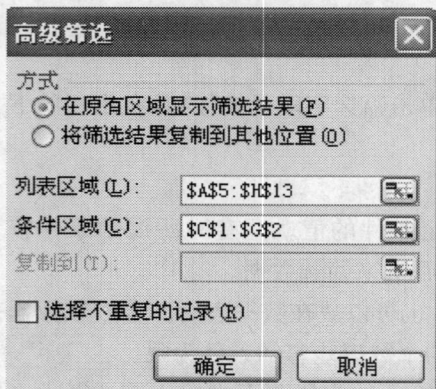

图 5-51 "高级筛选"对话框

单击数据表中任一单元格,然后单击【数据】|【筛选】|【高级筛选】命令,打开【高级筛选】对话框,如图 5-51 所示。

在"方式"选项区域中选择筛选结果的显示位置。这里单击"在原有区域显示筛选结果"单选按钮。在"数据区域"文本框中指定数据区域(一定包含字段名的行),单击右侧的折叠按钮,然后在数据表中选定数据区域,也可以输入"＄A＄5:＄H＄19"。用同样的方法在"条件区域"文本框指定区域"(＄C＄1:＄G＄2)"。

2)单击【确定】按钮。结果如图 5-52 所示。原有数据被高级筛选结果所代替。

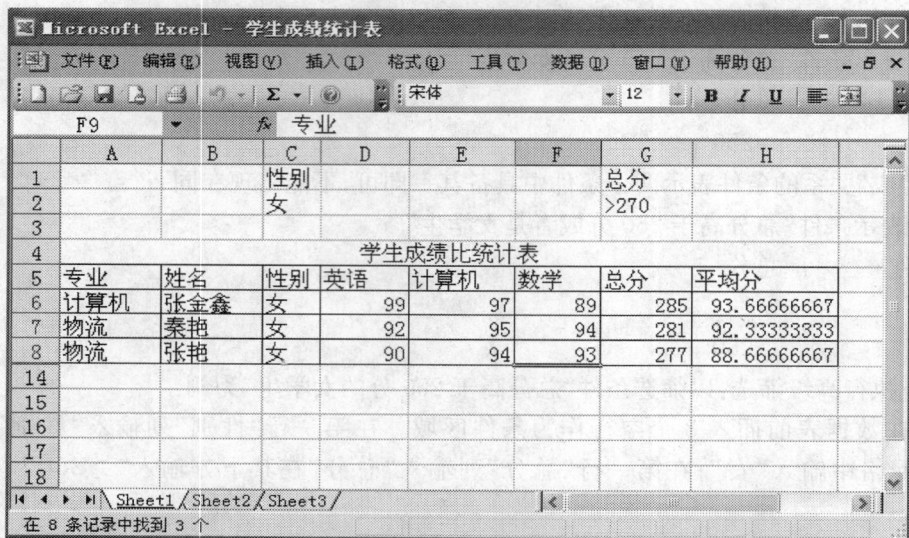

图 5-52 在原有区域显示高级筛选的结果

(3)在指定区域显示筛选结果:若想保留原有数据,使筛选结果在其他位置显示,可以在高级筛选步骤 2 中,单击"将筛选结果复制到其他位置"单选按钮,并在"复制到"文本框中指定显示区域的左上角单元格地址(如＄B＄13),则高级筛选的结果在指定位置显示。

3. 分类汇总

分类汇总的含义是首先对记录按照某一字段的内容进行分类,然后计算每一类记录指定字段的汇总值,如总和、平均值等。在进行分类汇总前,应先对数据清单进行排序,数据清单的第一行必须有字段名。分类汇总的具体操作步骤如下:

(1)对数据清单中的记录按需要分类汇总的字段进行排序。

(2)单击数据清单中含有数据的任一单元格。

(3)单击【数据】菜单中的【分类汇总】命令,弹出【分类汇总】对话框,如图 5-53 所示。

(4)在"分类字段"下拉列表中,选择进行分类的字段名(所选字段必须与排序字段相同)。

（5）在"汇总方式"下拉列表中，单击所需的用于计算分类汇总的方式，如求和等。

（6）在"选定汇总项"列表框中，选择要进行汇总的数值字段（可以是一个或多个）。

（7）单击【确定】按钮，完成汇总操作。

4. 数据透视

数据透视表是一种对大量数据快速汇总和建立交叉列表的交互式表格。

数据透视表能帮助用户分析、组织数据。利用它可以很快地从不同角度对数据进行分类汇兑。记录数量众多、以流水帐形式记录、结构复杂的工作表，为了将其中的一些内在规律显现出来，可将工作表重新组合并添加算法。即建立数据透视表。

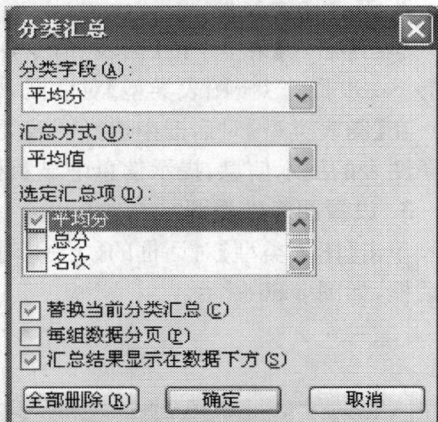

图 5-53　"分类汇总"对话框

5.5　图表的创建与编辑

5.5.1　创建图表

Excel 中的图表分两种，一种是嵌入式图表，它和创建工作表上的数据源放置在同一张工作表中，打印的时候也同时被打印出来；另一种是独立的工作表图表，它是一张独立的图表工作表，打印的时候与数据表分开打印。

用户在创建图表时可使用两种不同的方法：利用图表向导创建和利用【图表】按钮创建。创建图表的具体操作步骤如下：

1. 选定要创建图表的数据区域，如图 5-54 所示

需要说明的是，正确的选择数据区域是能否生成图表的关键。如果希望数据的行列标志也显示在图表中，则选定区域也应包含有这些单元格。

图 5-54　选定要创建图表的数据区域

2. 选择图表类型

单击【插入】菜单中的【图表】命令，或单击常用工具栏中【图表向导】按钮，将打开【图表向导－4 步骤之 1－图表类型】对话框，如图 5-55 所示。

在【图表类型】对话框中选择图表类型和子图表类型。选择子图表类型时，系统会给出各子图表的提示信息，提示信息中显示相关图表的特点，方便使用。

3. 设置图表数据源

单击【图表类型】对话框的【下一步】按钮，可得到【图表向导－4 步骤之－图表源数据】对话框，如图 5-56 所示。

图 5-55 "图表类型"对话框

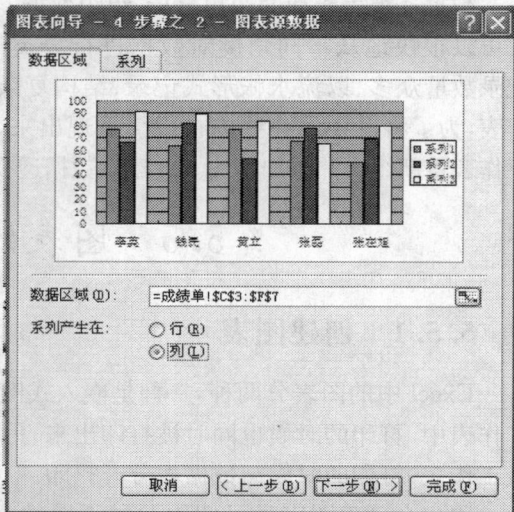

图 5-56 "图表数据源"对话框

在该对话框的【数据区域】选项卡中，可重新设置用于制作图表的数据区域以及系列产生在"行"或者"列"。

"系列"选项是用来展示各数据的标题名称，也可以在"系列"文本框中添加或删除数据系列，此时预览框中的图表会随之变动，但这不会影响到工作表中的数据。

4. 设定图表选项

单击【图表源数据】对话框的【下一步】按钮，可得到【图表向导－4 步骤之－图表选项】对话框，如图 5-57 所示。

对话框包括"标题"、"坐标轴"、"网格线"、"图例"、"数据标志"和"数据表"共 6 个选项，可以根据需要分别进行设置。例如可将横轴（X 轴）设为姓名，将纵轴（Y 轴）设为成绩，整个图表的名称设为学生成绩表。

5. 设置图表位置

单击【图表选项】对话框的【下一步】按钮，得到【图表向导－4 步骤之－图表位置】对话框，如图 5-58 所示。在【图表位置】对话框中用户可以选择建立嵌入式图表或者建立新的工作表图表。点击【完成】按钮即可最终得到图表。

6. 完成图表的创建

单击【图表位置】对话框中的完成按钮，完成图表的创建。其效果如图 5-59 所示。

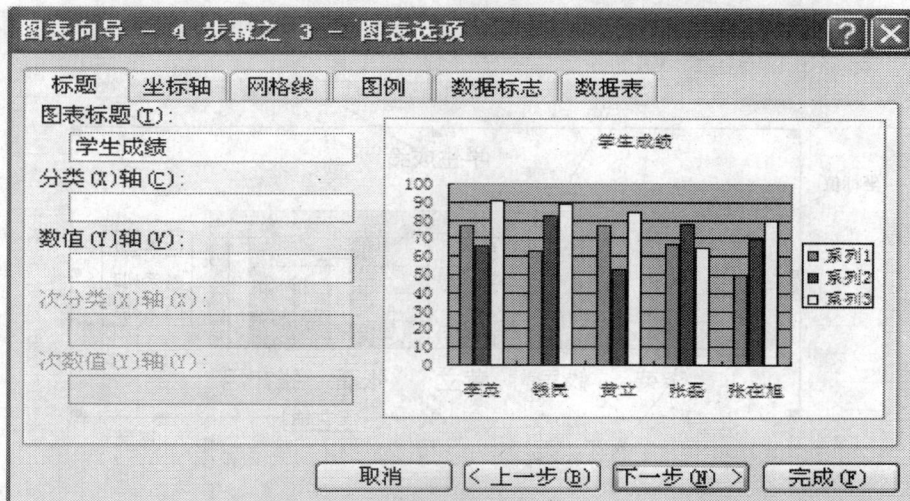

图 5-57 "图表选项"对话框

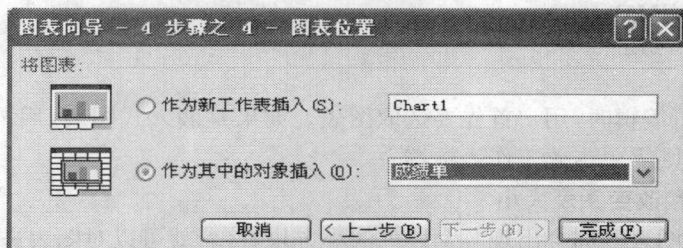

图 5-58 "图表位置"对话框

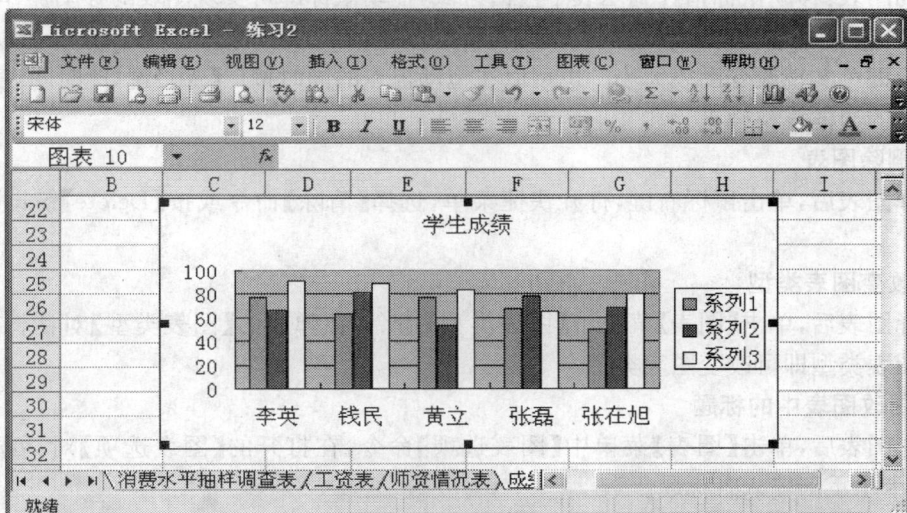

图 5-59 嵌入式图表

5.5.2 图表的组成

创建好图表后,可以看到图表包括绘图区、图例、分类名称、坐标值、图表标题、分类轴标题、数值轴标题。如图 5-60 所示。

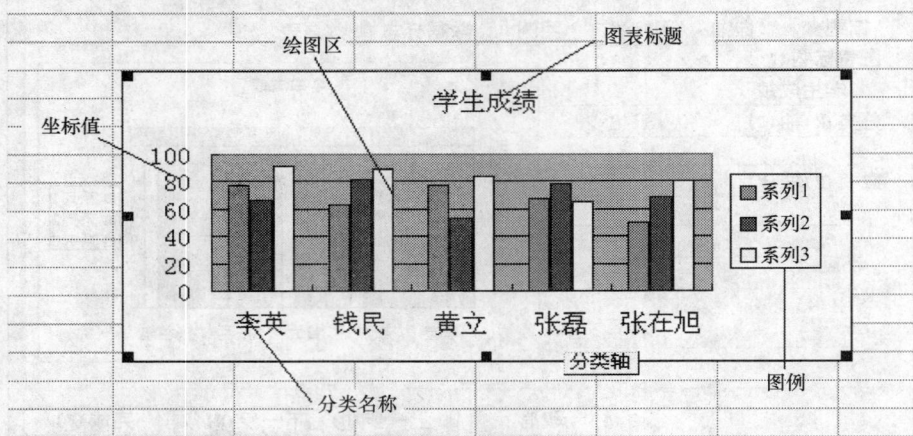

图 5-60 图表的组成

5.5.3 编辑图表

1. 选取图表

在对图表进行编辑时，用户首先要选取图表。如果是嵌入式图表，用鼠标单击图表，如果是图表工作表，则需单击此工作表标签。

2. 移动图表和改变图表大小

选中图表后，图表四周会出现 8 个黑色的小方块，接着就可以对图表进行移动和改变大小操作。

移动图表：移动鼠标指针到图表中空白区域，拖动鼠标即可实现图表的移动操作。

改变图表大小：移动鼠标到图表四周的某控点处，此时鼠标指针呈双向箭头形状，然后拖动鼠标即可实现改变图表大小。也可以在拖动控点的同时按住【Alt】键，此时图表的边线和单元格的边框线精确重合。

3. 删除图表

选择图表后，单击鼠标右键，打开快捷菜单，选择【清除】命令或按【Delete】键即可删除图表。

4. 改变图表类型

选择图表后，单击【图表】菜单中【图表类型】命令，在弹出的【图表类型】对话框中选择合适的图表类型即可改变图表类型。

5. 更改图表中的标题

选中图表后，单击【图表】菜单中【图表选项】命令，在打开的【图表选项】对话框的【标题】选项卡中重新输入各标题。

第6章 演示文稿软件 PowerPoint 2003 应用

PowerPoint 2003 是 Office 2003 软件套件中的一个产品,该软件提供了一些功能强大的工具,能够帮助用户逐步创建和组织演示文稿。在一些办公业务中,如会议发言、单位介绍、产品说明等,经常有一些复杂的内容难以用语言描述,此时最好的办法是事先准备一些带有文字、图形、图表甚至视频、动画的演示文稿,用来阐明论点,然后在面向观众播放这些幻灯片的同时进行更详细的讲解。

本章主要内容包括 PowerPoint 2003 的概述;演示文稿的创建方法;对演示文稿的编辑与优化;如何放映演示文稿以及演示文稿的输出。

6.1 PowerPoint 2003 概述

Microsoft PowerPoint 2003 具有强大的功能和友好的用户界面,使用它用户可以非常容易地制作出普通文本演示文稿,还可以加入各种颜色、图形、声音、影片剪辑等引人入胜的听觉、视觉内容,使演示文稿更加图文并貌、有声有色。

6.1.1 PowerPoint 2003 的主要功能特点

利用 PowerPoint 2003 制作的幻灯片可以作为演示文稿进行屏幕演示。屏幕演示的内容可以包括文本、图形、表格以及音乐、声音、影像和其他艺术对象,从而使制作出的演示文稿达到图、文、声并茂的效果。

6.1.2 PowerPoint 2003 的启动与退出

1. PowerPoint 2003 的启动

用下面三种方法都可以启动 PowerPoint 2003:

(1) 单击【开始】按钮,选定【程序】命令中的【Microsoft PowerPoint 2003】菜单项单击,便弹出 PowerPoint 2003 窗口。

(2) 双击桌面上的 PowerPoin 2003 的快捷方式图标,可以启动 PowerPoint 2003。

(3) 打开资源管理器或我的电脑,然后双击 PowerPoint 文件,也可以启动 PowerPoint 2003。

2. PowerPoint 2003 的退出

要退出 PowerPoint,单击【文件】菜单中的【退出】命令;也可单击标题栏上的关闭按钮 ✖。与 Word 和 Excel 软件的退出时一致,系统也会显示是否对当前正在操作的演示文稿保存,用户可以根据需要选择。

6.1.3 PowerPoint 2003 的窗口组成

PowerPoint 2003 的工作窗口主要包括标题栏、菜单栏、工具栏、幻灯片设计区和状态栏等,如图 6-1 所示。

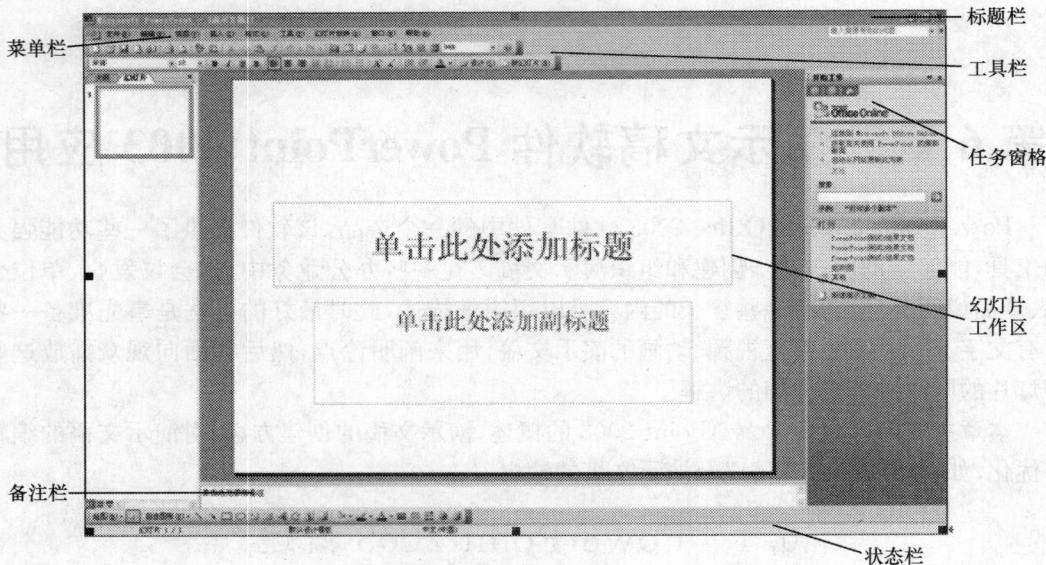

图 6-1 PowerPoint 2003 的窗口组成

6.2 演示文稿的创建与保存

PowerPoint 2003 启动后,显示【开始工作】任务面版,同时显示一个空演示文稿,如果用户最近使用过其他演示文稿,在【开始工作】任务面版的打开选项就会列出它们的名称。在这种情况下,只要单击相关的演示文稿名即可将其打开,并继续对它进行操作。

如果确实要创建一个新演示文稿,只需在幻灯片工作区中添加文本即可。也可以选择【开始工作】任务面版中的【新建演示文稿】命令,以创建新的演示文稿。

下面是新建演示文稿任务面版中可用的一些默认选项:

● 【空演示文稿】:用于创建一个新演示文稿。

● 【根据设计模板】:选取 PowerPoint 的一种设计模板用于一个新的、空的演示文稿。

● 【根据内容提示向导】:让向导引导用户创建演示文稿内容和设计图案。

● 【根据已存在的演示文稿】:以已经建立的一个演示文稿内容为基础,建立新的演示文稿。

● 【相册】:创建含有图片或其他图像的相册。

6.2.1 创建空演示文稿

空演示文稿中不包含任何颜色和形式,用户可充分发挥自己的想像力去设计幻灯片。创建空演示文稿的方法及步骤如下:

(1)启动 PowerPoint 2003,调出【新建演示文稿】对话框,单击【空演示文稿】。或者选择【文件】菜单中的【新建】命令,选择【空演示文稿】,屏幕上将出现【幻灯片版式】任务窗格,如图 6-2 所示。

(2)在屏幕出现的【应用幻灯片版式】中选取一种所需的版式:例如"标题幻灯片"版式,空演示文稿中就有了一张标题幻灯片。

(3)在出现的如图 6-2 画面中输入幻灯片的标题等要添加的内容即完成了当前这张幻

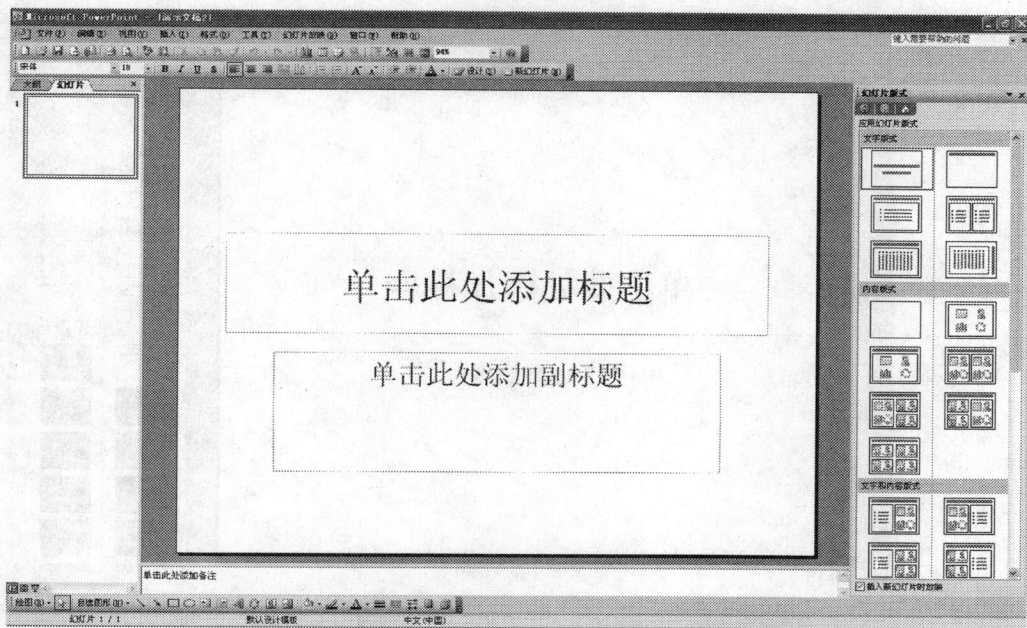

图 6-2　"新幻灯片"对话框

灯片的创作。

（4）选择【插入】|【新幻灯片】命令，会出现第二张新幻灯片，同样可以对第二张幻灯片设置幻灯片版式并添加相应内容。

（5）重复第（4）步即可以完成包含多张幻灯片的演示文稿的设计。

6.2.2　根据设计模板创建演示文稿

利用设计模板创建演示文稿时，这些模板决定了演示文稿的形式和风格，但不决定其内容。具体创建步骤如下：

（1）启动 PowerPoint 2003，调出【新建演示文稿】对话框，单击【根据设计模板】选项，屏幕出现【幻灯片设计】窗格，如图 6-3 所示。

（2）在【应用设计模板】中选择一种可供使用的设计模板样式，如：选择了"Crayons"样式文件，此时这个模板将应用于当前幻灯片中，如图 6-4 所示。

（3）键入标题或编辑对应文本。

（4）也可以选择【应用设计模板】窗格左下侧的【浏览】按钮，选择其他模板来创建演示文稿。

6.2.3　根据内容提示向导创建演示文稿

利用【内容提示向导】可建立包含建议内容和格式的演示文稿，内容提示向导包含了各种主题的演示文稿示范，例如："商务计划"、"项目总结"等。具体创建步骤如下：（以"商务计划"为例）

（1）启动 PowerPoint 2003，调出【新建演示文稿】对话框，单击【根据内容提示向导】，屏幕上出现【内容提示向导】对话框，如图 6-5 所示。

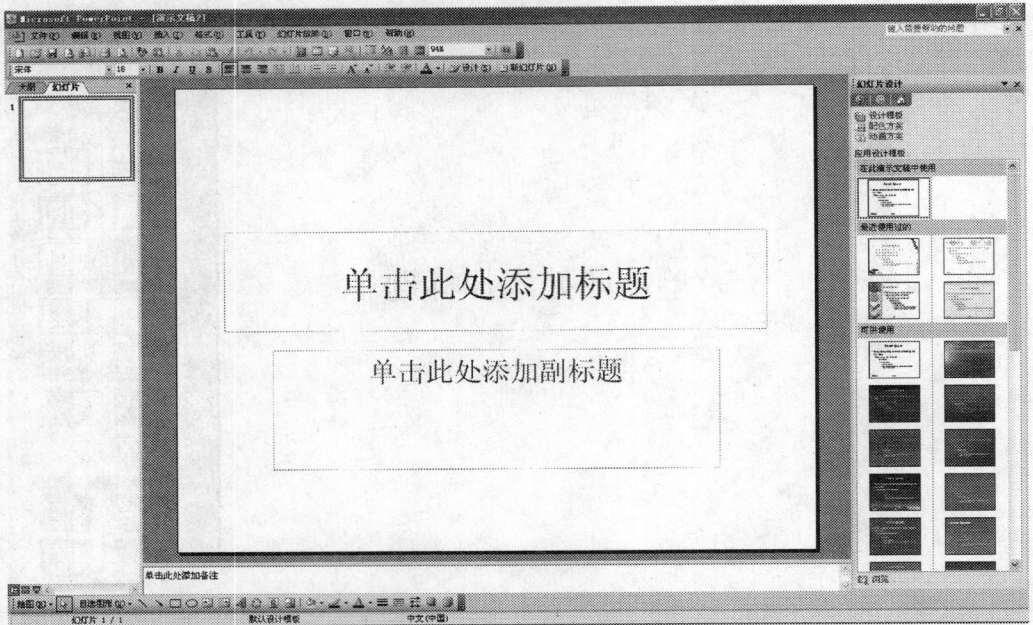

图 6-3 "应用设计模板"选项卡

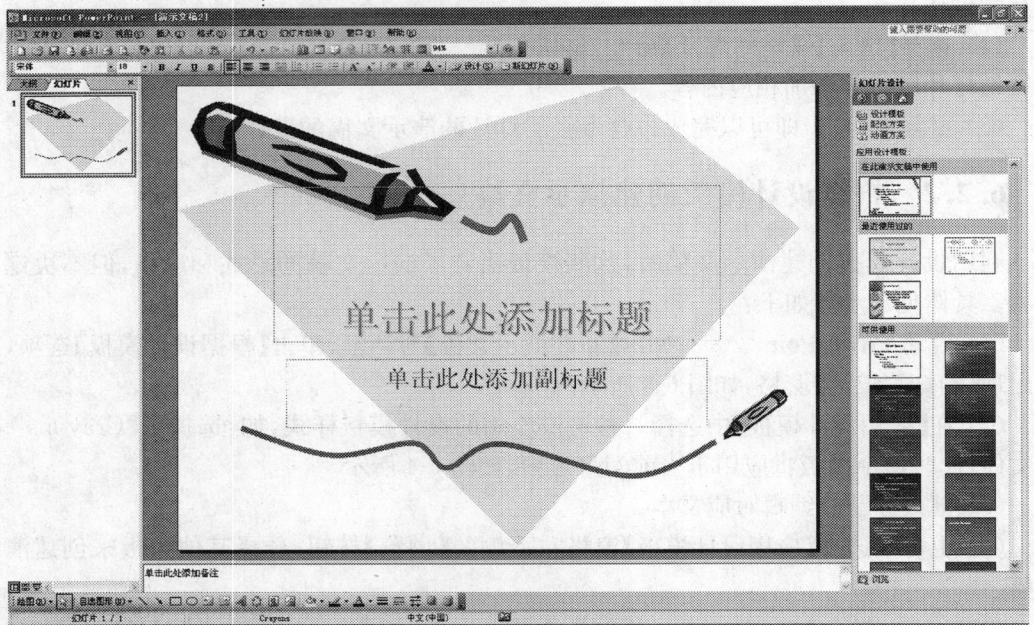

图 6-4 使用"设计模板"创建的幻灯片

(2) 单击【下一步】按钮,将会出现【内容提示向导—演示文稿类型】对话框,如图 6-6 所示,在其中选择【演示文稿类型】(例如选商务计划)。

（3）单击【下一步】按钮，将会出现"商务计划"对话框1，如图6-7所示，选择使用的输出类型（例如选择"屏幕演示文稿"项）。

（4）单击【下一步】按钮，将出现"商务计划"对话框2，如图6-8所示，在出现的文本框中输入"演示文稿标题"等需要的内容。

（5）单击【下一步】按钮，将出现"商务计划"对话框3，如图6-9所示，单击【完成】按钮，即完成了利用"内容提示向导"创建的商务计划演示文稿，如图6-10所示。

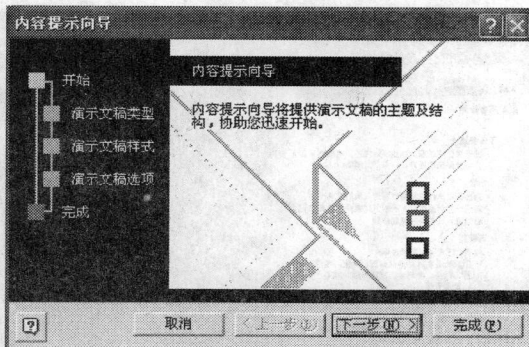

图 6-5　"内容提示向导"对话框

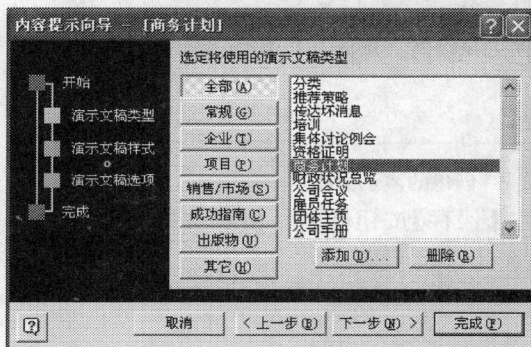

图 6-6　"内容提示向导—演示文稿类型"对话框

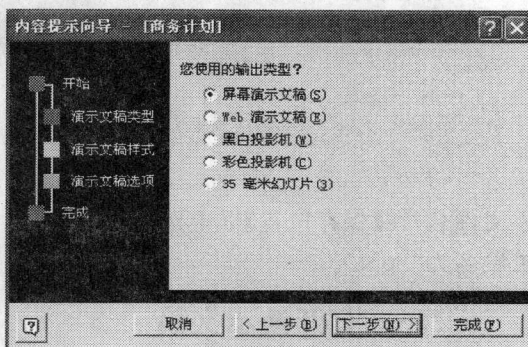

图 6-7　"商务计划"对话框 1

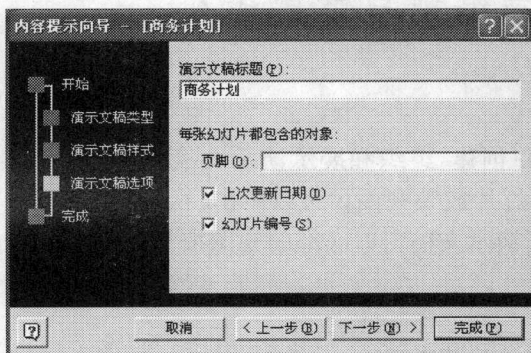

图 6-8　"商务计划"对话框 2

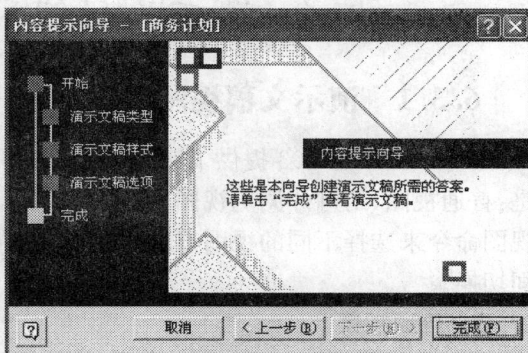

图 6-9　"商务计划"对话框 3

6.2.4　保存演示文稿

在演示文稿制作过程中，为防止信息丢失，一定要随时保存。单击【文件】菜单中的【保存】命令（或单击工具栏中的【保存】按钮），系统将打开【另存为】对话框，在【文件名】框中输

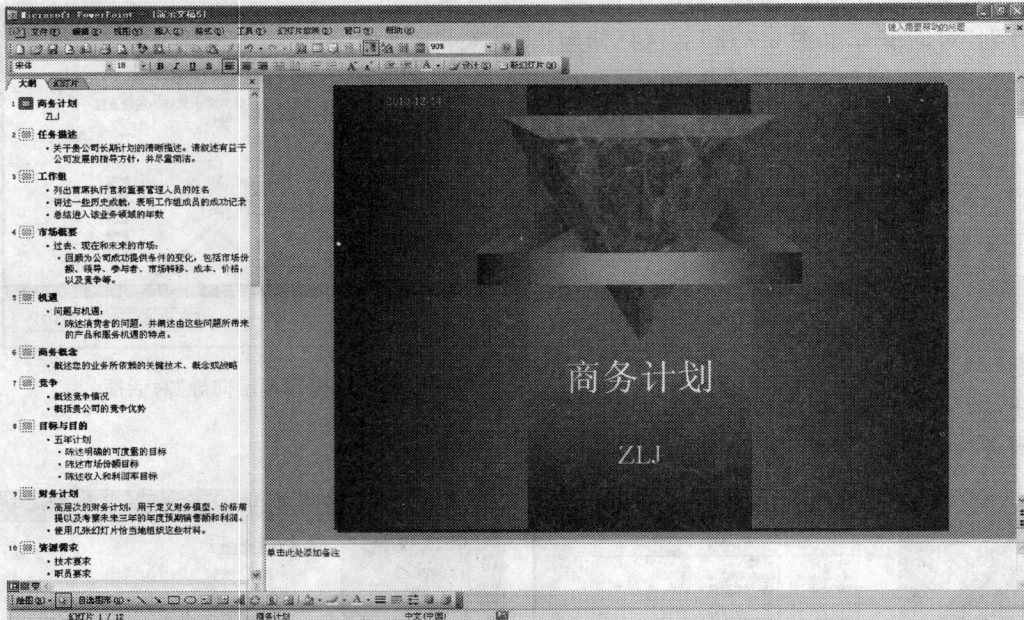

图 6-10 利用"内容提示向导"创建的演示文稿

入文件名,在【保存位置】框中选择保存路径,单击【保存】按钮即可。演示文稿文件的默认扩展名为". ppt"。

6.2.5 打开演示文稿

要打开一个已建立的演示文稿,单击【文件】菜单,选择【打开】命令(或单击工具栏中的【打开】按钮),选择一个已有的演示文稿文件,单击【打开】按钮(或双击该文件名)。

6.3 演示文稿的文本编排与信息插入

6.3.1 演示文稿视图

PowerPoint 2003 提供了四种视图帮助用户创建、组织和展示演示文稿,这四种视图是:普通视图、幻灯片浏览视图、备注页视图、幻灯片放映视图。可以单击【视图】菜单下各视图命令来选择不同的视图方式,或者单击位于演示文稿窗口底部的视图按钮在不同视图间切换。

1. 普通视图

普通视图是 PowerPoint 2003 新增的视图方式,它将幻灯片、大纲、备注页视图集成到一个视图中,既可以输入、编辑和排版文本,也可以输入备注信息。如图 6-11 所示。

2. 幻灯片浏览视图

幻灯片浏览视图将把所有幻灯片缩小并排列在屏幕上,可查看演示文稿的整体效果,如图 6-12 所示。

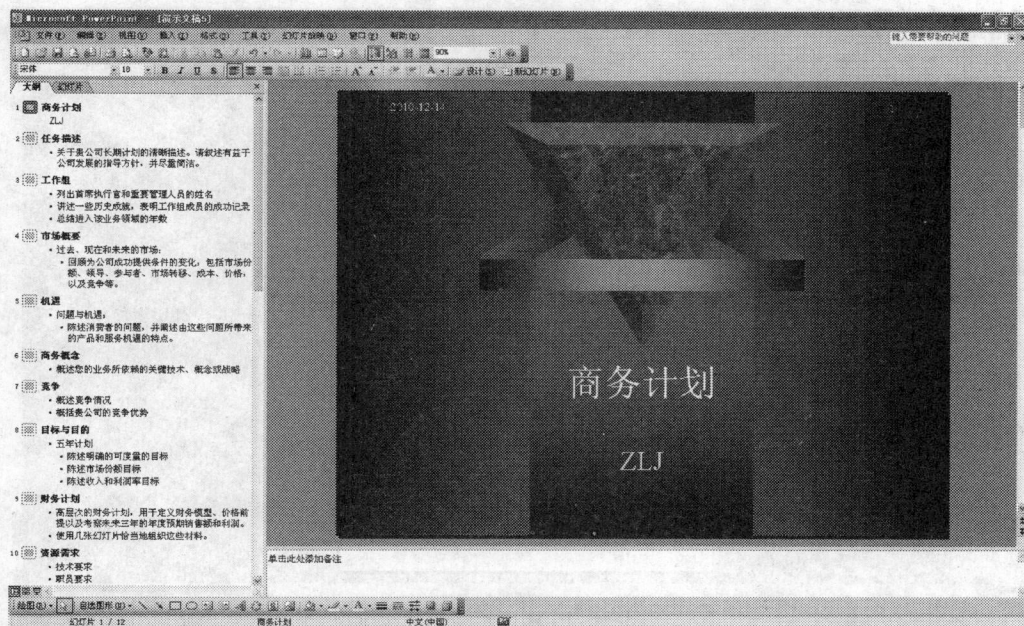

图 6-11　普通视图

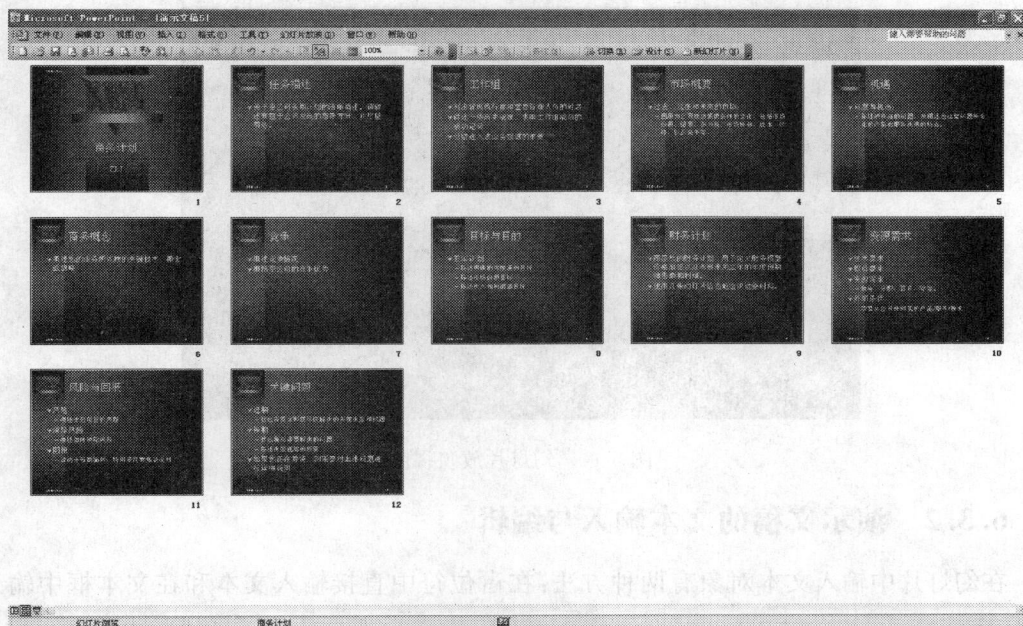

图 6-12　幻灯片浏览视图

3. 备注页视图

用于创建、编辑演示文稿的备注信息。如图 6-13 所示。

4. 幻灯片放映视图

在幻灯片放映视图中,整张幻灯片的内容将占满屏幕。如图 6-14 所示。

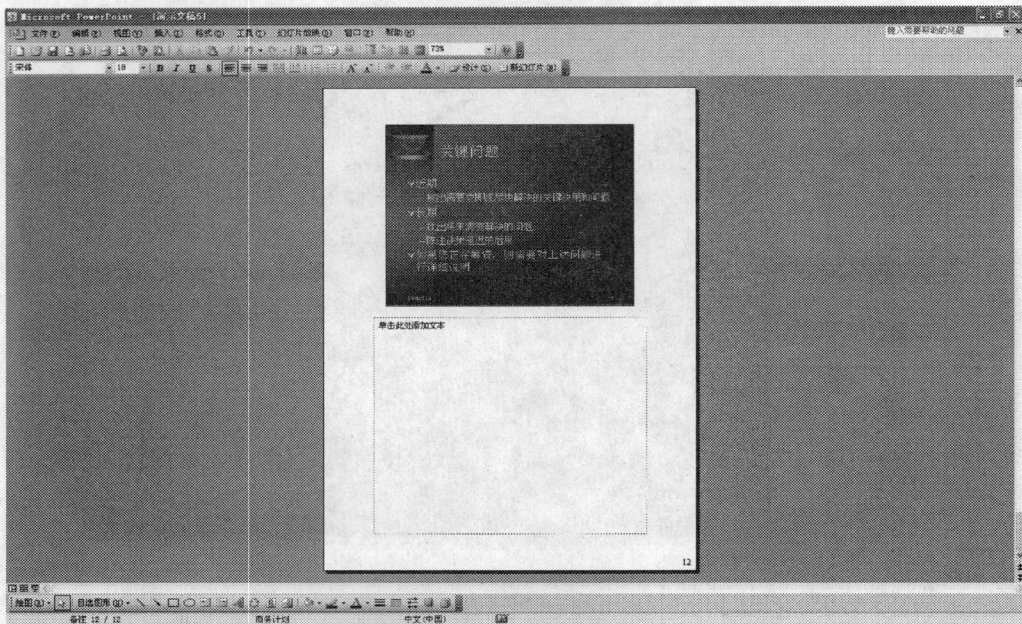

图 6-13　备注页视图

图 6-14　幻灯片放映视图

6.3.2　演示文稿的文本输入与编辑

在幻灯片中输入文本对象有两种方法：在占位符中直接输入文本和在文本框中输入文本。

1. 在占位符中输入文本

当选定一种带文本占位符的幻灯片版式后，单击文本占位符，输入需要的文本，比如：单击标题占位符，输入标题文本，如图 6-15 所示。

2. 使用文本框添加文本

当幻灯片中无文本占位符或需要在文本占位符外添加文本时，可以单击【插入】菜单中的【文本框】命令或单击【绘图工具栏】上的【文本框】按钮，在需要添加文本的位置上单击，

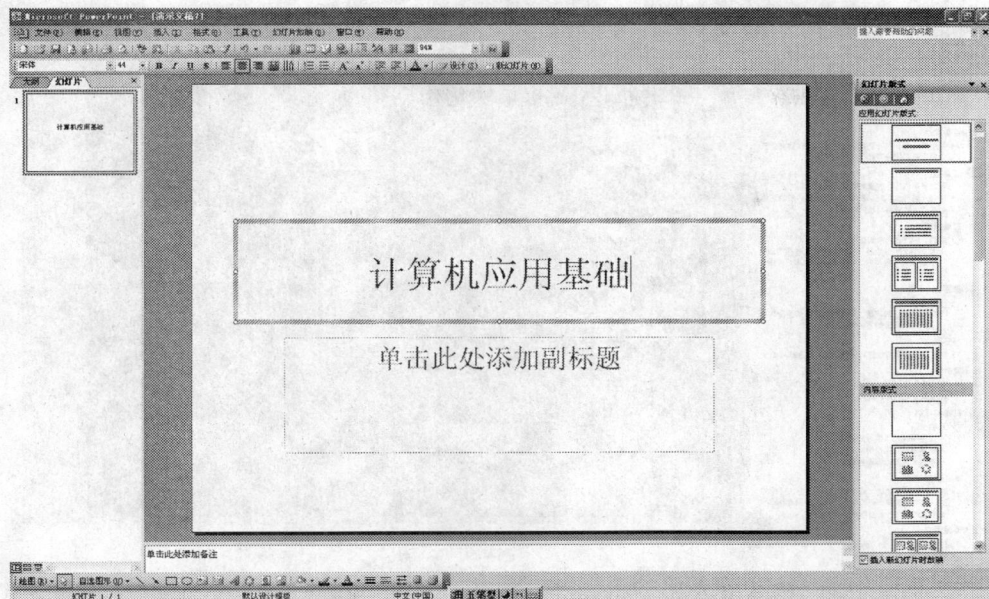

图 6-15　有文本占位符的幻灯片

即出现一个文本框,可以输入文本。

3. 修改字体

选中要修改的文本,单击【格式】菜单中的【字体】命令,在【字体】对话框中选择所需的字体、字形、字号、颜色、效果等。

4. 修改文本对齐方式

(1) 水平方向的对齐:选取要对齐的文本,单击【格式】菜单中的【对齐方式】命令,在联级菜单中选择相应的对齐命令:左对齐、居中、右对齐、两端对齐或分散对齐。

(2) 垂直方向的对齐:选取要对齐的文本,单击【格式】菜单中的【字体对齐方式】命令,在联级菜单中选择对齐命令:顶端对齐、居中对齐、底端对齐或罗马对齐。

5. 设置行距

选取要设置的段落文本,单击【格式】菜单中的【行距】命令,在相应的文本框中输入行距值、段前及段后值,单击【确定】按钮。

6. 添加项目符号和编号

选取要添加项目符号的段落,单击【格式】菜单中的【项目符号和编号】命令,在【项目符号和编号】选项卡中选取所需的项目符号或编号,单击【确定】按钮。

在本例中,对本张幻灯片标题文本设置:字体为黑体、字号 54 号、加粗、倾斜、带下划线、居中对齐等属性,内容文本设置:菱形项目符号、1.2 行距等属性,其效果如图 6-16 所示。

6.3.3　演示文稿的信息插入

为了使演示文稿生动有趣、富有吸引力,用户可以插入图片、图表、表格等图形信息,还可以插入声音、视频等多媒体信息。

1. 插入图片

单击【插入】菜单下【图片】项中的【剪贴画】、【来自文件】、【自选图形】等命令均可以在

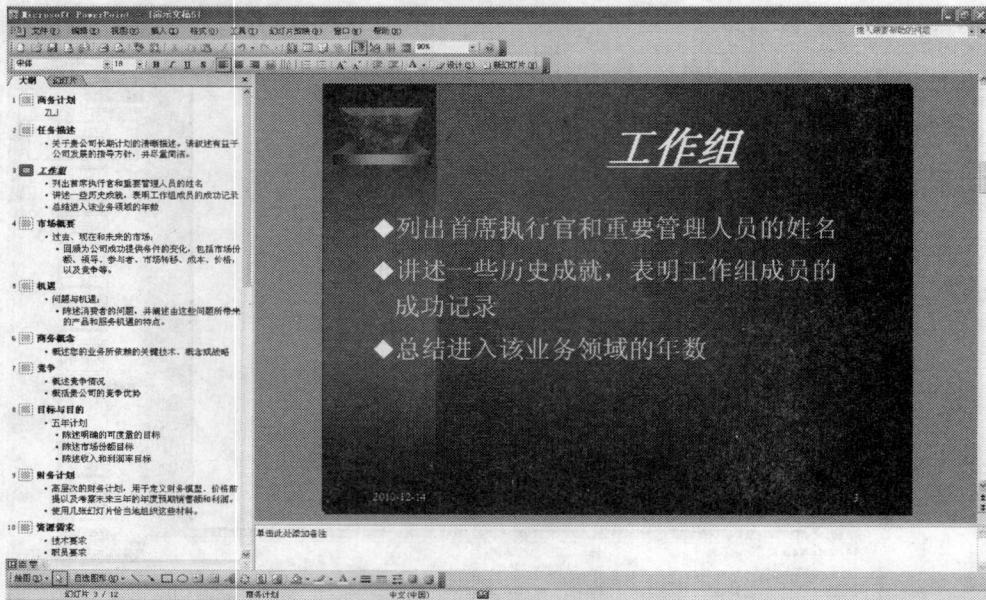

图 6-16 调整文本字体格式和段落格式的幻灯片

幻灯片中插入相应的图片。

下面以【来自文件】为例说明插入图片的步骤：

（1）选择要插入图片的幻灯片。

（2）单击【来自文件】命令后，将打开【插入图片】对话框，如图 6-17 所示。

图 6-17 "插入图片"对话框

（3）在【查找范围】选项中选择图片所在的位置，在显示出的图片文件中选择需要的图片，单击【插入】按钮，即可插入所需图片，如图 6-18 所示。

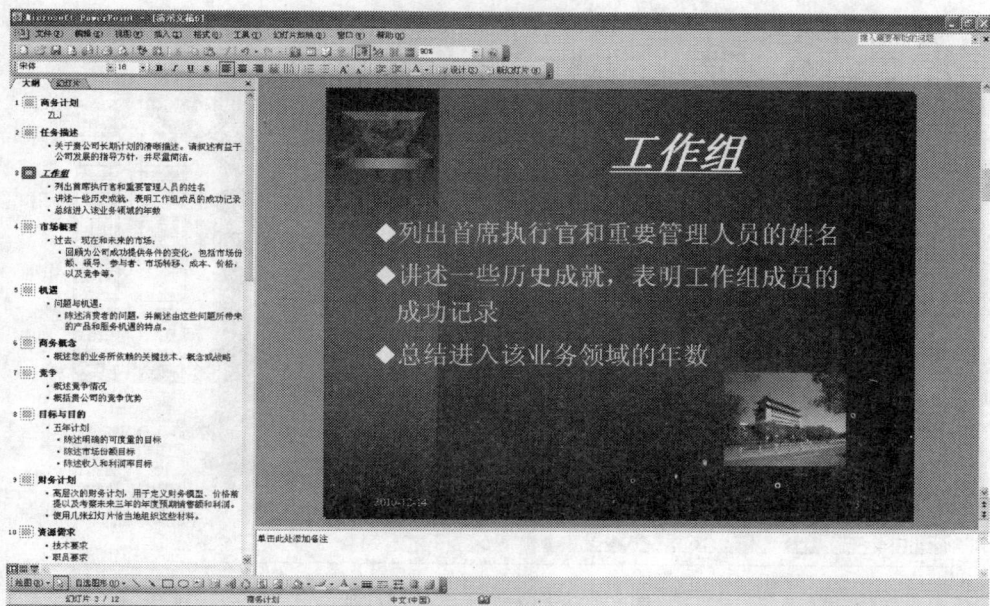

图 6-18　插入图片的幻灯片

（4）若要对插入的图形对象进行编辑，则选取图片并按右键，在弹出的快捷菜单中选择【设置图片格式】命令，将弹出【设置图片格式】对话框，可以对图片进行颜色和线条、尺寸、位置等设置。

2. 插入艺术字

在幻灯片中插入艺术字步骤如下：

（1）单击【插入】菜单下【图片】项中的【艺术字】命令。

（2）在【艺术字样式】中选择所需样式，单击【确定】按钮。

（3）在【编辑"艺术字"文字】对话框中输入文字，可以利用【字体】、【字号】选项卡对文字的字体、字号进行设置。

（4）单击【确定】按钮，即可将艺术字插入到当前的幻灯片中。如图 6-19 所示。

若要对插入的艺术字进行编辑，则选取艺术字并按右键，在弹出的快捷菜单中选择【设置艺术字格式】命令，将弹出【设置艺术字格式】对话框，可以对艺术字进行颜色和线条、尺寸、位置等设置。

3. 插入表格

在幻灯片中插入表格步骤如下：

（1）对当前幻灯片在【幻灯片版式】窗格中选择包含表格占位符的版式（如：【其他版式】中的标题与表格）。

（2）双击表格占位符，屏幕会出现如图 6-20 所示的【插入表格】对话框。如果直接单击【插入】菜单中的【表格】命令，也会出现【插入表格】对话框。

（3）在【插入表格】对话框中输入所需的行数、列数，单击【确定】按钮，即可将生成的表格插入到当前幻灯片中。如图 6-21 所示。

若要对插入的表格进行编辑，可以通过【表格和边框】工具栏进行添加表格线、插入行或列、添加边框和底纹等设置。

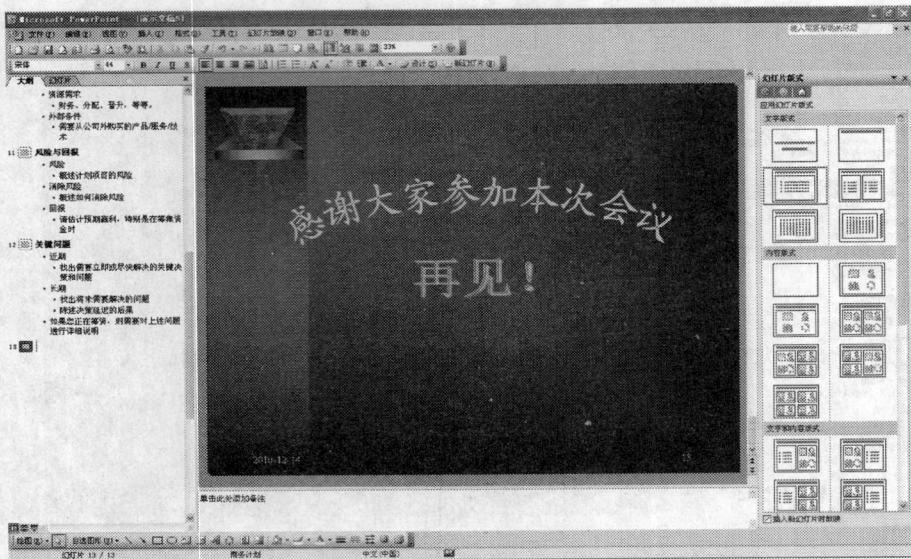

图 6-19 插入艺术字的幻灯片

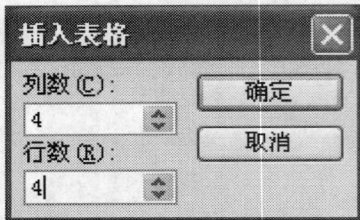

图 6-20 "插入表格"对话框

4. 插入图表

图表是演示文稿中常用的一种方式,插入图表的方法与插入表格的方法相似。

具体步骤如下:

(1) 对当前幻灯片在【幻灯片版式】窗格中选择带有图表占位符的版式(如:【其他版式】中的标题与图表)。

(2) 双击图表占位符,屏幕会出现一个三维柱状图表,并弹出一个数据表窗口,如图 6-22 所示。如果直接单击【插入】菜单中的【图表】命令,也会出现图 6-22 所示窗口。

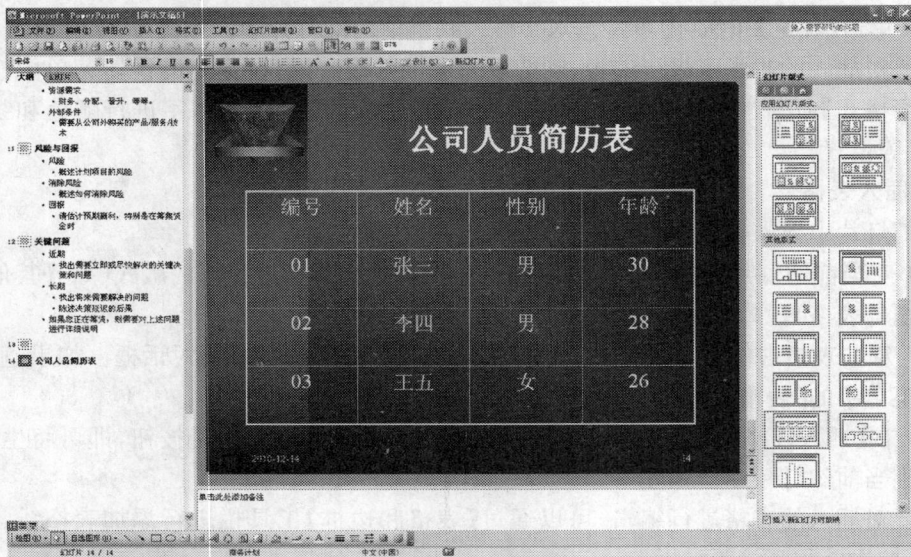

图 6-21 插入表格的幻灯片

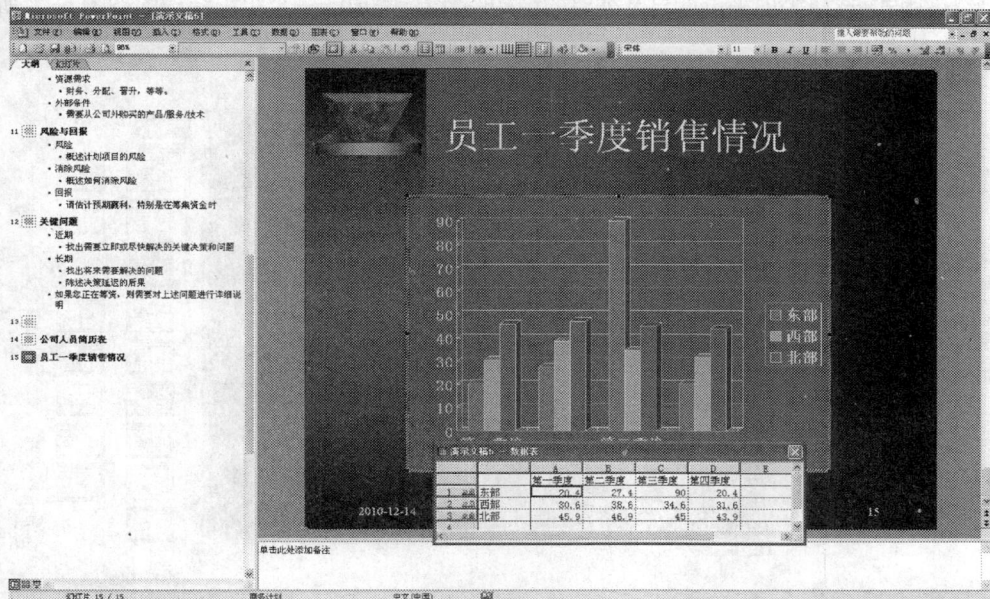

图 6-22　插入"图表"窗口

（3）可在弹出的数据表窗口中，修改或输入新的数据后，即可将生成的图表插入到当前幻灯片中，如图 6-23 所示。

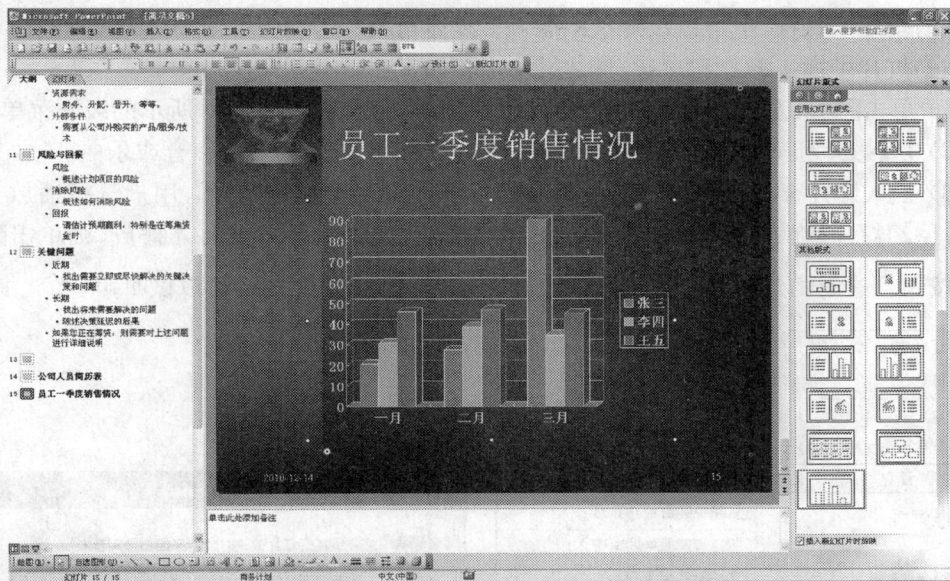

图 6-23　插入图表的幻灯片

5. 插入组织结构图

创建带有组织结构图的幻灯片，具体操作步骤如下：

（1）对当前幻灯片在【幻灯片版式】窗格中选择【标题和图示或组织结构图】版式。

（2）双击组织结构图占位符，在出现的【选择图示类型】对话框中选择所需图形。

（3）单击【确定】按钮，会生成一个组织结构图。同时出现【组织结构图】工具条，选择其中的插入形状、版式、选择等项来设计自己需要的结构图,设计完成的一个组织结构图如图 6-24 所示。

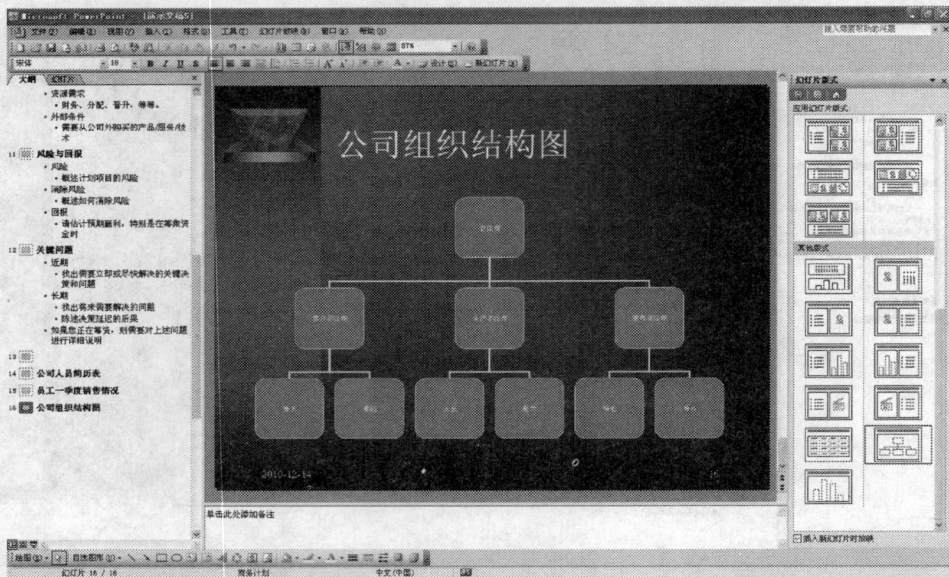

图 6-24　插入组织结构图的幻灯片

6. 插入影片和声音

为了改善幻灯片放映时的视听效果,用户可以向幻灯片中添加乐曲、声音和影片。既可以从剪辑库中选择,也可以从硬盘中插入多媒体对象。

向幻灯片中插入影片和声音,具体操作步骤如下:

(1) 单击【插入】菜单下【影片和声音】命令,屏幕会出现如图 6-25 所示的级联菜单。

(2) 从【影片和声音】级联菜单中,选择所需的命令来插入影片、声音或乐曲。

(3) 插入影片、声音或乐曲后,屏幕会出现如图 6-26 所示对话框,用户选择播放方式。如果希望幻灯片放映时自动播放,单击【自动】按钮,如果希望单击时才播放,则单击【在单击时】按钮。这时幻灯片上会出现一个声音图标,双击声音图标可以试听声音。

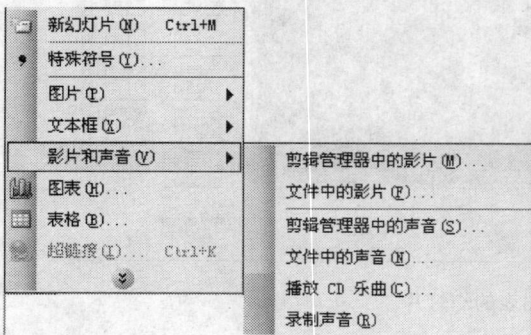

图 6-25　影片和声音级联菜单

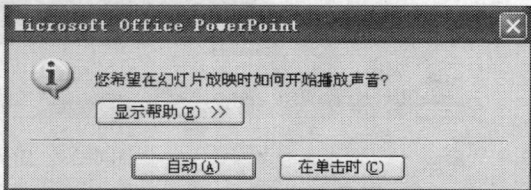

图 6-26　选择播放方式

7. 插入演示文稿

对于当前正在编辑的演示文稿,如果其中包含有以前做完的演示文稿的内容,那么就可以直接将以前演示文稿的内容插入到当前演示文稿中。具体操作步骤如下：

（1）把光标置于要插入演示文稿的位置，在【插入】菜单中选择【幻灯片（从文件）】选项，弹出如图 6-27 所示的【幻灯片搜索器】对话框。

（2）单击【浏览】按钮，找到要插入的演示文稿文件，下部的【选定幻灯片】区域会列出插入演示文稿中包括的幻灯片的预览图，可以在其中选择要插入的一张或多张幻灯片。然后单击【插入】按钮，幻灯片就被插入到演示文稿中了，如图 6-28 所示。

（3）如果要把整个演示文稿的所有幻灯片全部插进来，则单击【全部插入】按钮，最后关闭对话框。

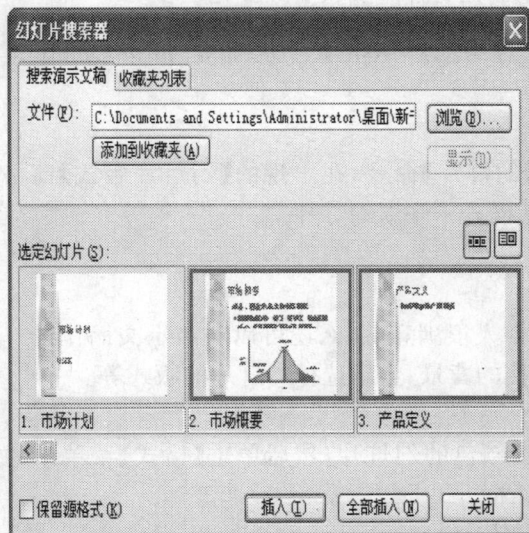

图 6-27　"幻灯片搜索器"对话框

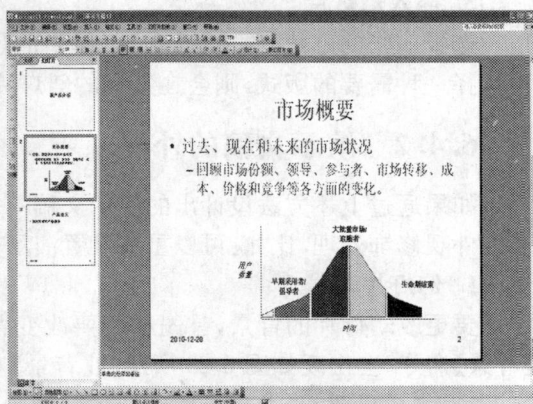

图 6-28　插入幻灯片后的演示文稿

6.4　演示文稿的编辑与修饰

6.4.1　幻灯片的管理

创建了演示文稿后，有时可能需要对幻灯片进行前后位置的调整、插入一张新幻灯片或复制、移动、删除幻灯片，在【幻灯片浏览视图】下来完成这些操作会比较方便。即先选择【视图】菜单下的【幻灯片浏览视图】命令，或单击屏幕下方左侧第二个按钮，切换为幻灯片浏览视图。

1. 幻灯片的选定

对幻灯片进行复制、移动、删除等操作时，都要先进行选择操作，方法如下：

（1）选择某一张幻灯片，只需单击该幻灯片。

（2）选择一组连续的幻灯片，先单击第一张幻灯片，然后在按住 shift 键的同时，单击最后一张幻灯片。

（3）选择多张不连续的幻灯片，在按住 Ctrl 键的同时，分别单击需要选定的幻灯片。

2. 幻灯片的复制、移动与删除

（1）复制幻灯片：下面的几种方法都可实现幻灯片的复制：

1）选择要复制的幻灯片，单击【常用】工具栏上的【复制】按钮，或单击【编辑】菜单的【复制】命令，然后将插入点置于想要插入的幻灯片位置，单击【粘贴】按钮，或单击【编辑】菜单的【粘贴】命令。

2）选择要复制的幻灯片，按住【Ctrl】键的同时用鼠标拖动幻灯片到新位置，也可以实现把幻灯片复制到新位置。

3）单击【插入】菜单的【幻灯片副本】命令，可以在选定的幻灯片后面复制一张内容与已选定幻灯片相同的幻灯片。

（2）移动幻灯片：选择要移动的幻灯片，按住鼠标左键，拖动幻灯片到目标位置，然后释放鼠标左键，幻灯片即移动到新位置。也可利用剪切和粘贴功能来移动幻灯片。

（3）删除幻灯片：选择要删除的幻灯片，单击【编辑】菜单的【剪切】命令，或按 Delete 键都可删除幻灯片。

3. 插入幻灯片

选择一张幻灯片，单击【插入】菜单中的【新幻灯片】命令，在出现的【幻灯片版式】窗格中选择一种需要的版式，则会在选择的幻灯片后插入一张新幻灯片。

6.4.2 演示文稿的外观

如果通过上述方法设计出的演示文稿不是令人很满意，那么还可以对演示文稿作进一步的外观修饰处理，比如：可以重新设置演示文稿的背景、重新选择幻灯片的版式等。

1. 幻灯片背景

要更改幻灯片的背景，首先选中要改变背景颜色的幻灯片，然后单击【格式】菜单中的【背景】命令，会出现如图 6-29 所示的【背景】对话框。

单击【背景填充】下拉列表框的下三角按钮 ，在弹出的各种颜色中选择所需的一种；若在给出的背景颜色中没有找到需要的颜色，则单击【其他颜色】选项，这时屏幕上将出现【颜色】对话框，在该对话框中选择需要的颜色，然后单击【应用】按钮，则选中的背景颜色被应用到当前幻灯片中。若单击的是【全部应用】按钮，则选择的背景颜色将应用到整个演示文稿中。

如果想改变的幻灯片背景颜色不是单色，可在图 6-29 所示的【背景】对话框中选择【填充效果】选项，打开【填充效果】对话框，如图 6-30 所示。

该对话框有【过渡】、【纹理】、【图案】和【图片】选项卡可以进行效果填充，其中，【过渡】项里提供了【单色】、【双色】和【预设】单选项，在【预设】选项中有【红日西斜】等 24 种预设的颜色，用户可以根据需要选取一种，然后单击【确定】按钮，关闭【填充效果】对话框，再单击【应用】或【全部应用】按钮可以将当前或全部幻灯片设置成所选的背景颜色。

2. 配色方案

配色方案由文本颜色、背景颜色等 8 种颜色组成的一组用于演示文稿的预设颜色方案。每一个模板都有一个标准的配色方案，每一个配色方案可应用于一个或多个幻灯片。

在设计幻灯片时可以改变其标准配色方案，操作步骤如下：

（1）单击任务窗格标题栏右侧的 按钮，在下拉菜单中选择【幻灯片设计—配色方案】命令，任务窗格为【配色方案】内容，如图 6-31 所示。

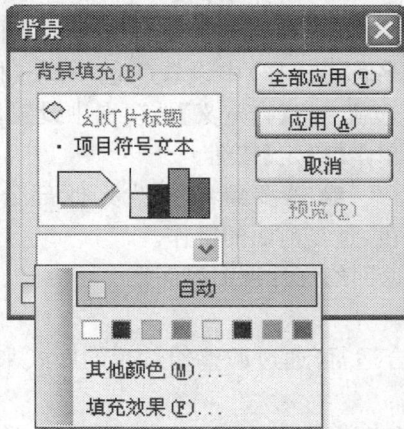

图 6-29　"背景颜色"对话框　　　　　　　图 6-30　"填充效果"对话框

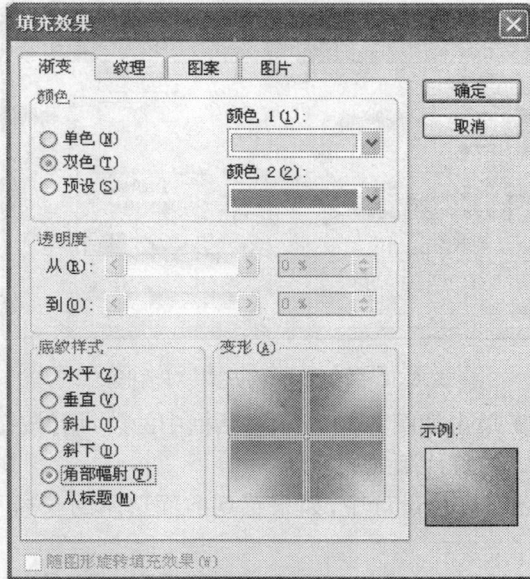

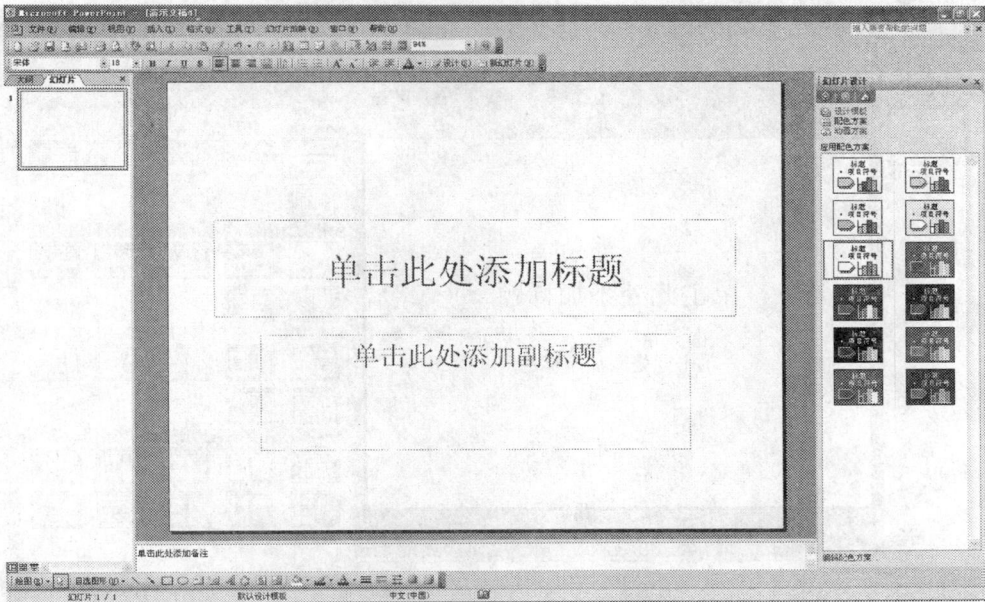

图 6-31　"应用配色方案"列表框

（2）在【应用配色方案】列表中选择一种方案并单击，幻灯片的配色方案将被新的配色方案取代；单击该方案右侧的 按钮，在弹出的快捷菜单中选择【应用于所选幻灯片】命令，被选中的幻灯片配色方案改变，其他的不改变。

（3）可以改变幻灯片中某一部分的配色方案，操作方法如下：

● 单击【幻灯片设计】任务窗格下部的【编辑配色方案】，弹出如图 6-32 所示的【编辑配色方案】对话框。

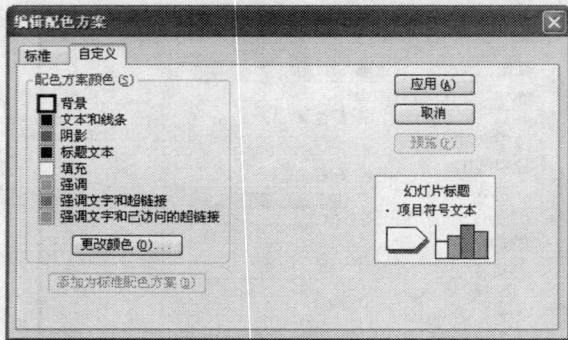

图 6-32 "编辑配色方案"对话框

● 在【编辑配色方案】对话框中选择要改变颜色的部分,单击【更改颜色】按钮。

● 在弹出的【××颜色】对话框(根据选择要改变颜色部分的不同,其名称不一样)中设置颜色,可在【标准】选项卡或【自定义】选项卡中设置,然后单击【确定】按钮。

● 若要继续更改其他部分的颜色,重复前面的操作。

● 单击如图 6-32 所示对话框中的【应用】按钮,返回幻灯片视图界面。

3. 幻灯片版式的更新

在幻灯片设计中,如果感到前面选用的布局不合适,可通过调整幻灯片的版式来改变布局。

选择要改变布局的幻灯片,单击【格式】菜单中的【幻灯片版式】命令,打开【幻灯片版式】对话框,如图 6-33 所示,选择一种需要的版式,单击【应用于所选幻灯片】,则所选幻灯片按新选的版式调整布局。

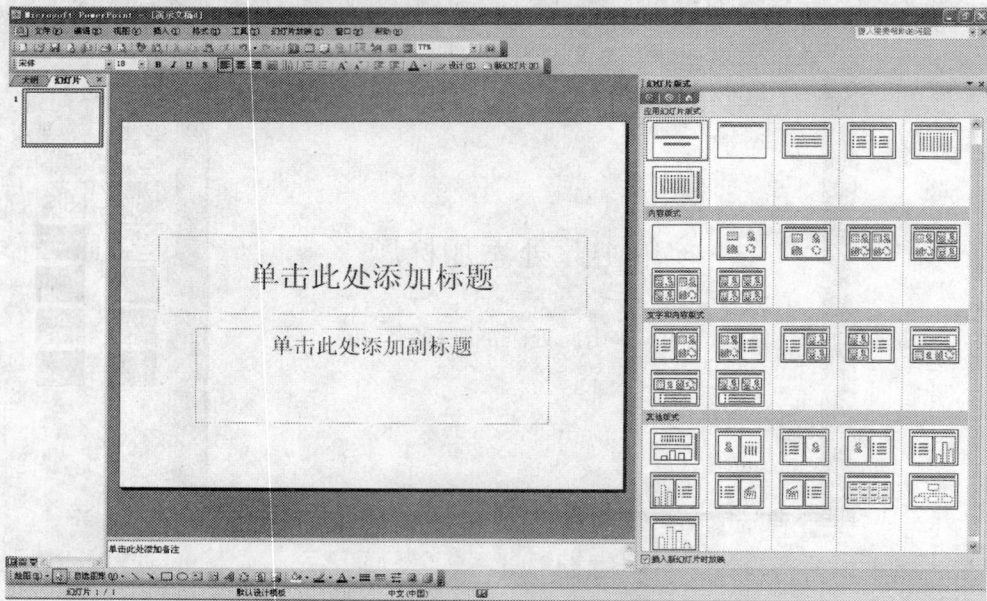

图 6-33 "幻灯片版式"对话框

4. 应用设计模板

对于创建完成的演示文稿,无论在创建过程中使用还是未使用过【设计模板】,完成以后都可以应用【设计模板】来重新编辑。

首先打开演示文稿,单击【格式】菜单下的【应用设计模板】命令,也可以单击【格式】工具栏上的【幻灯片设计】按钮,以上两种方法都可以打开如图 6-34 右侧所示的【幻灯片设计】任务窗格,从模板文件列表中选择一个模板,从快捷菜单中选择【应用于所有幻灯片】或【应用于选定幻灯片】命令,即可完成模板的局部或者全部更换。如图 6-34 所示。

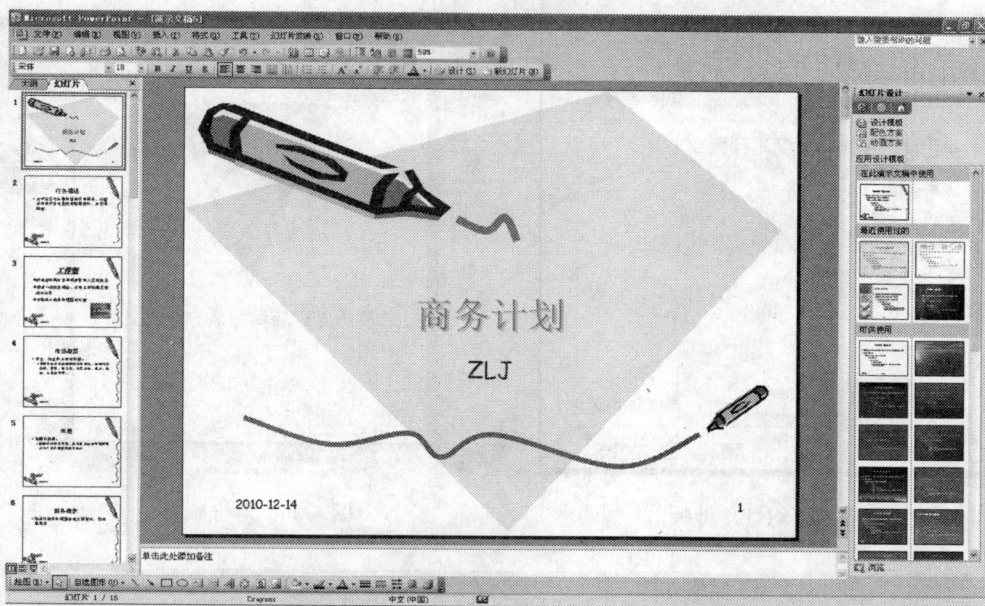

图 6-34　应用设计模板后的演示文稿

5. 母版的使用

除了可以用上述方法使演示文稿的所有幻灯片具有一致的外观,还可以通过母版来控制演示文稿的幻灯片中不同部分的表现形式。

母版是一张可以预先定义背景颜色、文本颜色、字体大小的特殊幻灯片,对母版所做的修改会直接体现在演示文稿中使用该母版的幻灯片上。因此母版的作用是为所有幻灯片设置默认的版式和格式,修改母版就是在创建新的模板,使用这种模板,可以创建出与众不同的演示文稿。

在 PowerPoint 2003 中提供了 4 种母版:幻灯片母版、标题母版、讲义母版和备注母版,分别用于控制演示文稿中的幻灯片、标题幻灯片、讲义页和备注页的格式。

(1) 幻灯片母版:选择【视图】菜单中【母版】子菜单中的【幻灯片母版】命令,这时屏幕上将出现当前演示文稿所使用的幻灯片母版,如图 6-35 所示。

其中包括:【自动版式的标题区】:用来编辑标题文本的样式、【自动版式的对象区】:用来编辑幻灯片段落文本的样式、【日期区、页脚区和数字区】:用来标注幻灯片的序号等各种母版占位符的位置以及幻灯片背景颜色设置。

例如:将母版的标题的文本格式变成加粗、斜体,将母版重新设置一种背景颜色。设置完成后单击幻灯片母版编辑区上菜单栏右侧的【关闭】按钮,如图 6-36 所示。此时会回到当前幻灯片视图中,会发现幻灯片中与幻灯片母版相对应的对象的格式已经更换为幻灯片母版所设置的格式。如图 6-37 所示。

(2) 标题母版:标题母版可为演示文稿的标题幻灯片设置默认格式,通过修改标题母版的格式可以改变标题幻灯片的外观。应用标题母版之后,对标题母版所做的修改不会影响到演示文稿中非标题版式的幻灯片。

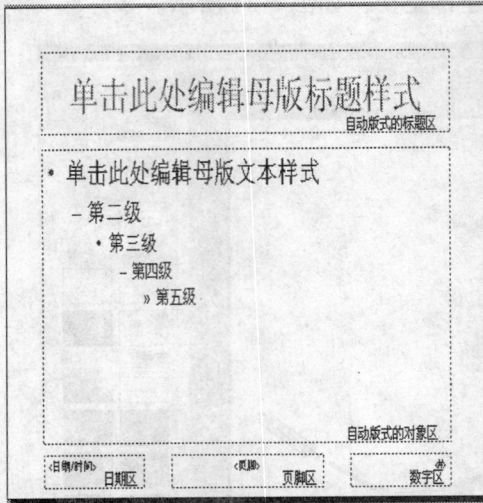

图 6-35　幻灯片母版

图 6-36　对母版设置

图 6-37　修改了幻灯片母版后的演示文稿

（3）讲义母版：讲义母版可以用来控制所打印的演示文稿讲义外观。在讲义母版中可添加或修改讲义的页眉或页脚信息，并可以对讲义的格式进行重新设置。当然，对讲义母版的修改只能在打印出的讲义中得到体现。

选择【视图】菜单中【母版】子菜单中的【讲义母版】命令，这时屏幕上将出现讲义母版画面，如图 6-38 所示。

系统默认的格式为：在一张纸上打印 6 页幻灯片。在讲义母版的上下两边分别为：页眉区、日期区、页脚区、数字区。如果对当前的格式不满意，可以利用【讲义母版】工具栏选择新的幻灯片打印布局，或者对页眉、日期等区域进行修改。

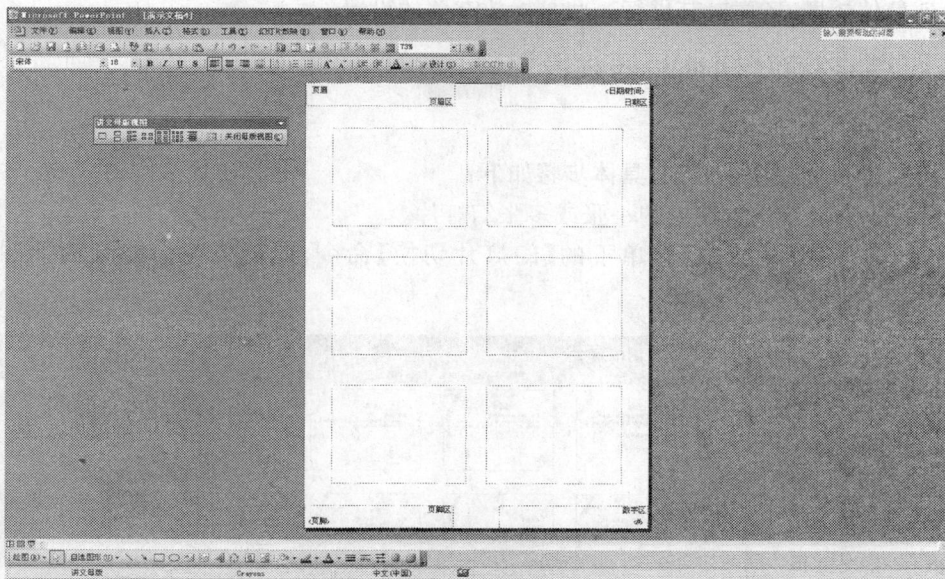

图 6-38　讲义母版

　　(4) 备注母版:在利用幻灯片进行讲解时,还可将每张幻灯片单独打印在一张纸上 (称为备注页),以作为自己的讲解提示。选择【视图】菜单中【母版】子菜单中的【备注母版】命令,这时屏幕上将出现备注母版画面,如图 6-39 所示。可以设置备注页的版式和格式。

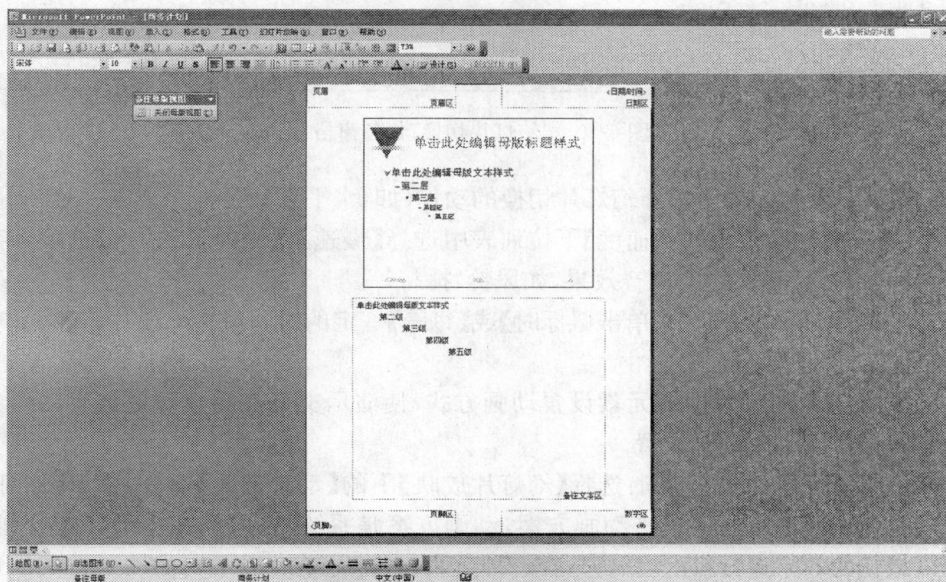

图 6-39　备注母版

6.5　演示文稿的放映

　　通过上述方法将演示文稿制作完成后,就可以进行放映了,为了能够让演示文稿在放映时达到最佳效果,还要对其进行一些与播放有关的设置。

6.5.1 幻灯片切换与动画设置

1. 幻灯片切换效果

要设置幻灯片的切换效果,具体步骤如下:

(1)首先选择欲设置切换的一张或多张幻灯片。

(2)单击【幻灯片放映】菜单下的【幻灯片切换】命令,此时任务窗格变为如图 6-40 所示。

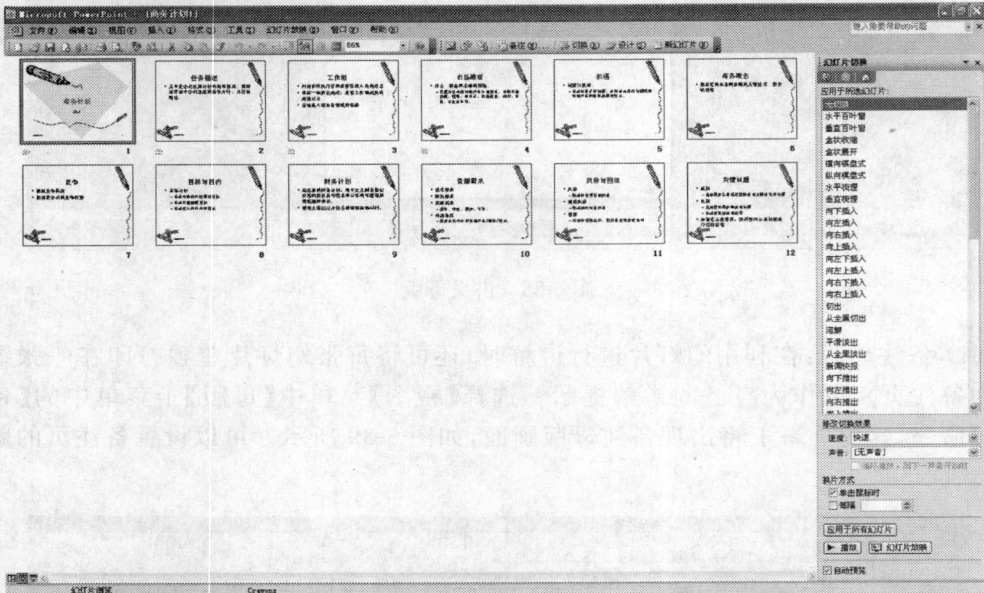

图 6-40 "幻灯片切换"任务窗格

(3)在第一个列表框中选择幻灯片切换的动作(如:水平百叶窗)。

(4)在【修改切换效果】的【速度】下拉列表中选择【慢速】、【中速】、【快速】选项。在【声音】下拉列表中选择切换时的声音效果,如风铃、捶打等。

(5)在【换片方式】中选中【单击鼠标时】或【每隔】一定的时间后自动换片。

2. 设置动画效果

动画效果指为幻灯片中的元素设置动画方式,使演示文稿在播放时更加生动形象,下面两种方式均可以实现动画设置。

(1)利用动画方案设置动画:选择【幻灯片放映】下的【动画方案】命令,弹出【幻灯片设计】任务窗格,在任务窗格中单击动画方案,动画方案是系统将标题、文本等各部分间出现的动画以最佳的效果进行搭配,只需选择一种方案,各部分就会以不同的动画方式出现,不需要一一设置。

(2)自定义动画:自定义动画是用户自己对幻灯片中的各个部分设置不同的动画方案,各部分按所设置的顺序进行演示,操作步骤如下:

1）选择【幻灯片放映】|【自定义动画】命令,弹出如图 6-41 所示的【自定义动画】任务窗格。

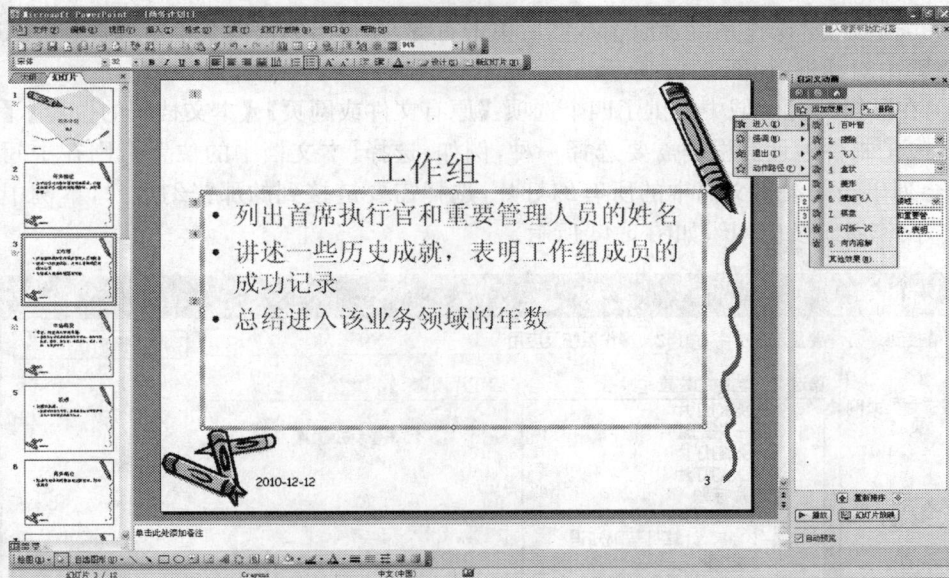

2）在幻灯片中单击要设置动画的部分(如:标题、文本等),然后单击【添加效果】右侧的 ▾ 按钮,弹出动画类型列表,每一种类型下都有若干动画方案,如图 6-41 所示。

3）选择动画方案并单击,若不满意则可单击其他效果,然后再在列表框中选择。

4）选中【自动预览】复选框,当设置一项动画方案后,幻灯片会自动演示,单击【播放】按钮也会演示指定项的动画方案,单击【幻灯片放映】则从当前幻灯片开始放映幻灯片。

5）打开【开始】下拉列表,选择触发动画播放的动作(单击时、之前、之后);在【速度】下拉列表中选择动画显示速度;在【方向】列表中选择动画显示方向;单击【重新排序】左右的▲或▼可调整对象的播放顺序。

6）动画方案设置完毕,各元素左侧会出现顺序标志 1,2,3,…,如图 6-42 所示。

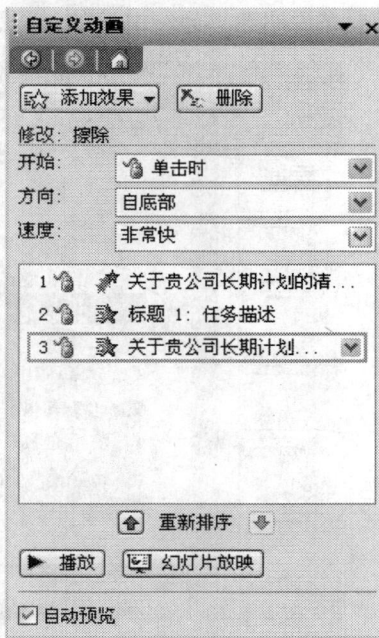

图 6-41　"自定义动画"任务窗格

图 6-42　设置自定义动画的幻灯片

6.5.2　演示文稿的超级链接

用户可以在演示文稿中添加超级链接,利用它来跳转到不同位置,例如:跳转到演示文稿的某一张幻灯片、其他演示文稿、其他文件或 Internet 地址等。利用超级链接功能,可以使演示文稿更加灵活,内容更加丰富。

1. 超级链接的建立

可以将超级链接功能设置在幻灯片的任何对象上,如文本、图形或表格等。以图 6-43

为例,来说明建立超级链接的过程。

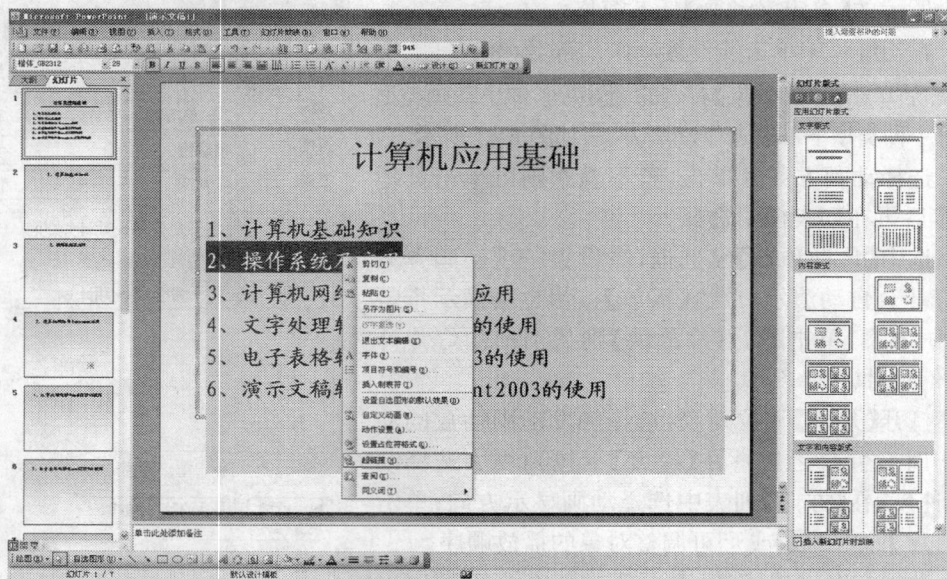

图 6-43 "超级链接"示例

　　(1) 选中对象"操作系统及应用",然后单击右键,在弹出的快捷菜单中选择【超级链接】命令,将弹出对话框,如图 6-44 所示。

　　(2) 在【链接到】区域中提供了四个选项:【原有文件或网页】、【本文档中的位置】、【新建文档】、【电子邮件地址】,根据需要选择一种,例如:选择【本文档中的位置】,则在中间的列表中就会列出当前演示文稿中的所有幻灯片,选择需要链接到的那张幻灯片,本例中要链接到"3. 操作系统及应用",如图 6-44 所示。

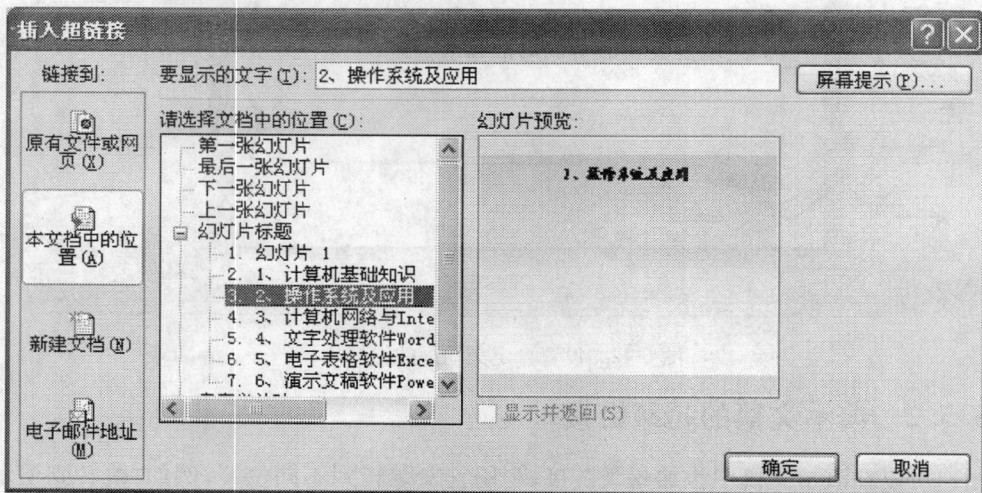

图 6-44 "超级链接"对话框

　　(3) 单击【确定】按钮即完成链接。此时设置完超级链接的文字的颜色将改变,并且还带了下划线如图 6-45 所示,当幻灯片放映时,将鼠标移到"操作系统及应用"字上时,会变成小手的形状,单击这些字,幻灯片会跳到"操作系统及应用"所在的页。

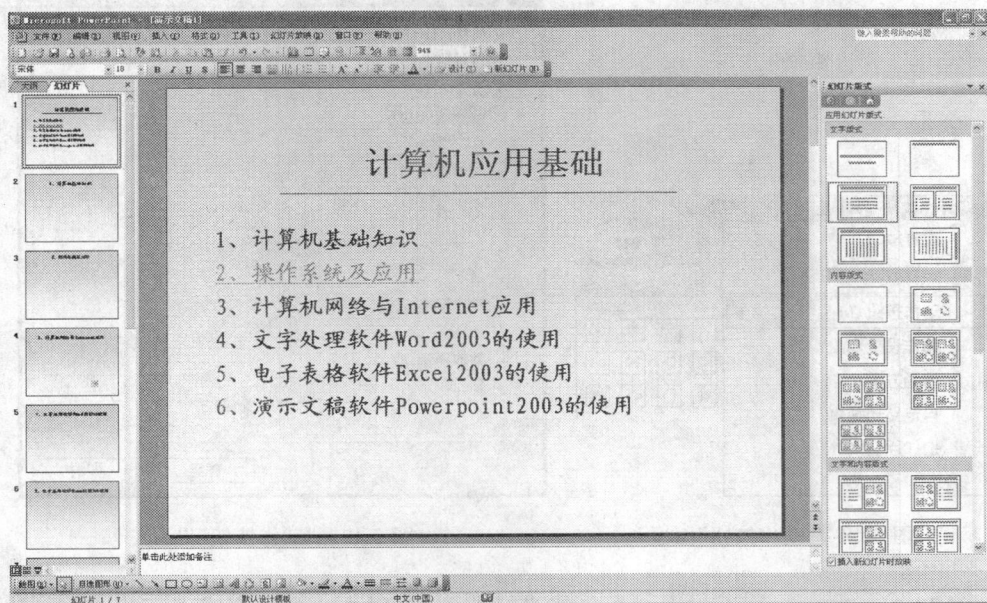

图 6-45 设置了"超级链接"的演示文稿

2. 动作设置

利用【动作设置】功能也可以创建超级链接,下面以链接到 Internet 地址为例说明动作设置步骤:

(1) 选中要设置超级链接的对象,如图 6-43 中"计算机网络与 Internet 应用"。

(2) 单击【幻灯片放映】菜单中的【动作设置】命令,此时会弹出【动作设置】对话框,如图 6-46 所示。

(3) 选择其中【超级链接到】单选按钮,之后单击下三角按钮,会列出各种链接目标,选择【URL】选项,弹出【超链接到 URL】对话框,如图 6-47 所示。

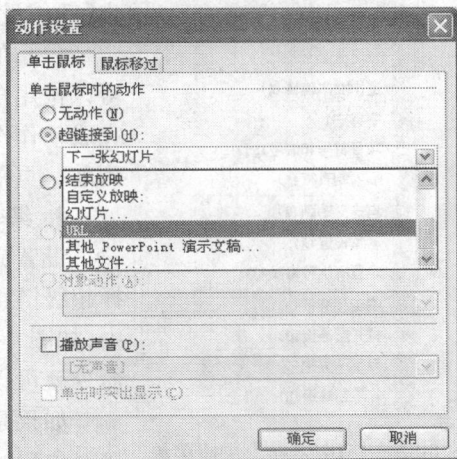

图 6-46 "动作设置"对话框

(4) 在此对话框中输入链接的网址,如:www. sina. com. cn,单击【确定】按钮。

3. 动作按钮

PowerPoint 2003 还提供了一组代表一定含义的动作按钮,用户可以将动作按钮插入到幻灯片中,并为它设置超级链接。

图 6-47 "超级链接到 URL"对话框

(1) 单击【幻灯片放映】菜单中【动作按钮】命令,弹出按钮面板,如图 6-48 所示。

(2) 在【自定义】、【第一张】、【声音】、【影片】等按钮中选择所需的动作按钮,如:【后退或前一项】按钮。

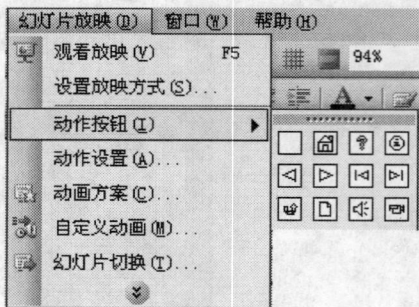

图 6-48 "动作按钮"面板

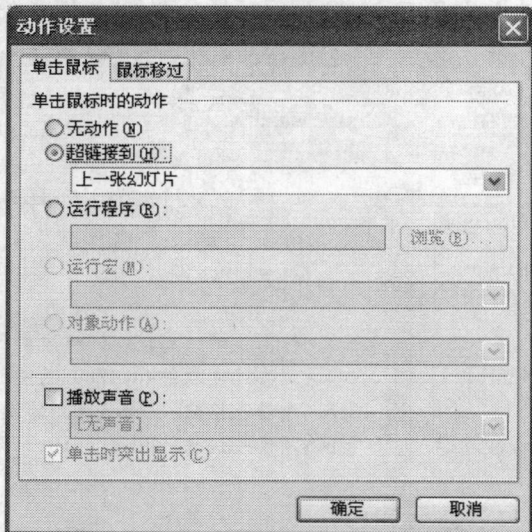

图 6-49 "动作按钮"设置

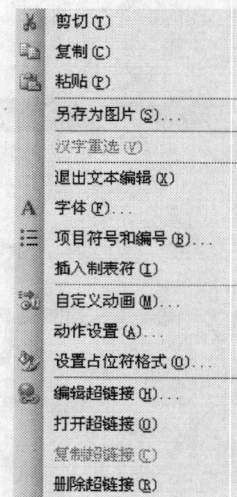

图 6-50 "超级链接"快捷菜单

（3）将光标移到幻灯片中，光标变成十字状，按下鼠标左键并在窗口中拖动鼠标，生成动作按钮，此时系统会自动弹出【动作设置】对话框，如图 6-49 所示。

（4）在【超级链接到】列表中给出了建议的超级链接，还可以按用户的需要重新选择超级链接，单击【确定】按钮，即完成动作按钮的设置。当幻灯片播放时，单击此按钮会跳转到前一页播放。

4. 编辑和删除超级链接

设置完的超级链接可以重新进行编辑或删除掉，只要选择超级链接的对象，然后单击鼠标右键，在弹出的快捷菜单中（如图 6-50 所示）单击【编辑超级链接】或【删除超级链接】命令就可以重新设置链接或把已有的链接删除掉。

如果是用【动作设置】建立的超级链接，在选择了超级链接对象后，在【动作设置】对话框选择【无动作】选项即可。

6.5.3 幻灯片放映

1. 幻灯片放映

要放映已做好的幻灯片，用下面的几个方面都可以实现：

（1）单击【幻灯片放映】菜单中的【观看放映】命令。

（2）按 F5 键。

（3）单击屏幕左下角的【幻灯片放映】按钮 。

（4）选择【视图】菜单中的【幻灯片放映】命令。

幻灯片放映时将被放大占满整个屏幕，单击鼠标左键会显示下一张幻灯片，单击鼠标右键将弹出快捷菜单，如图 6-51 所示，可以选择其中的【下一张】、【上一张】命令来切换放映

前一张、后一张幻灯片,如果想放映任意一
张幻灯片,可以选择【定位至幻灯片】菜单
中的某一张幻灯片标题,即可播放所选的
幻灯片。

　　如果在演示时需要在幻灯片上画标记
来增强表达效果,则选择【指针选项】菜单
中的【圆珠笔】、【荧光笔】等命令,就可以直
接在幻灯片上画线、加标记了,并且这些标
记不会对幻灯片的原内容有任何影响。

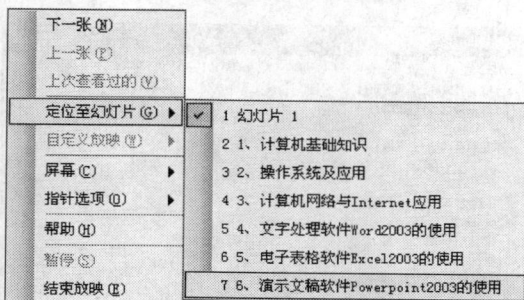

图 6-51　"幻灯片放映"快捷菜单

　　要结束幻灯片的放映,选择【结束放映】命令或按【ESC】键即可。

2. 排练计时

　　幻灯片在播放时,通常演讲者要在旁边做以陈述,为了使演讲者的讲述速度与幻灯片
的切换速度保持同步,可以使用 PowerPoint 2003 提供的【排练计时】功能,预先设置每页幻
灯片的播放时间。

图 6-52　"预演"计时框

　　单击【幻灯片放映】菜单中的【排练计时】命令,将
放映第一张幻灯片,在屏幕左上角出现【预演】计时框,
如图 6-52 所示。

　　此时【预演】计时框中的计时器开始计时,演讲者
可以对自己要讲述的内容进行排练,以确定当前幻灯片的排练时间。若排练时出现了问
题,可以单击重复按钮 ,重新开始;需要暂停时,单击暂停按钮 。第一张幻灯片的放映
时间设置好后,单击鼠标左键,将出现第二张幻灯片,就可以进行第二张幻灯片的排练计时
了。这样重复,直到将所有的幻灯片设置完毕。此时屏幕上会出现如图 6-53 的对话框,单
击【是】按钮,则刚才所做的设置保存,再播放演示文稿时,将按设置的时间放映每张幻灯
片。单击【否】按钮,将放弃设置。

　　设置结束后,系统将自动切换到幻灯
片浏览视图,在每张幻灯片的下面显示出
播放该幻灯片所需的时间。

3. 录制旁白

　　除了可以用【排练计时】功能来设置幻
灯片的播放与演讲者解说的一致性,还可

图 6-53　排练计时完毕的对话框

以将每张幻灯片的解说事先录制好,使幻灯片在放映时画面有配音的效果。【录制旁白】命
令可以实现这个功能。

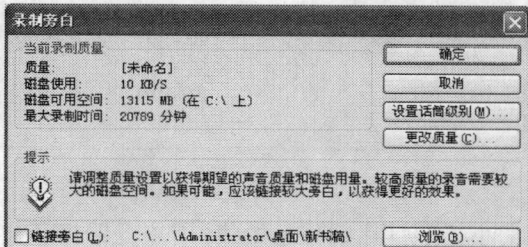

图 6-54　"录制旁白"对话框

　　(1) 选中要录制旁白的第一张幻灯
片,单击【幻灯片放映】菜单中的【录制旁
白】命令。将弹出【录制旁白】对话框,如图
6-54 所示。其中显示了磁盘可用空间以
及最大录制时间等参数。

　　(2) 单击【确定】按钮,此时演示文稿
进行放映,解说者可以对着麦克风录制解

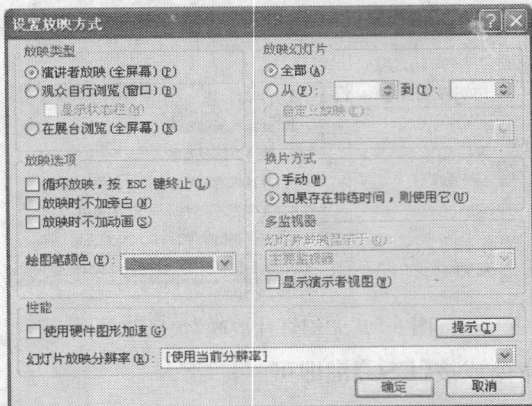

图 6-55 "设置放映方式"对话框

说词了,同时系统还会记录下每张幻灯片所用的时间。录制结束后,系统会给出提示:"旁白已经保存到每张幻灯片中,是否也保存幻灯片的排练时间",要保存则单击【是】按钮。否则单击【否】按钮。

4. 设置放映方式

在幻灯片放映前可以根据观众的不同,通过设置放映方式来满足他们的需要。

(1) 打开【幻灯片放映】菜单中的【设置放映方式】命令,将弹出【设置放映方式】对话框,如图 6-55 所示。

其中【放映类型】框中有三个按钮,分别决定了不同的放映方式:

● 演讲者放映(全屏幕):将以全屏幕形式显示演示文稿。可以通过单击鼠标或用快捷菜单来显示不同的幻灯片,演讲者可以完整地控制播放过程。

● 观众自行浏览(窗口):以小窗口形式显示演示文稿。可以利用滚动条或用快捷菜单来显示所需的幻灯片,还可以移动、编辑、复制和打印幻灯片。

● 在展台浏览(全屏幕):以全屏形式显示演示文稿。在放映过程中,除了保留鼠标指针用来指示屏幕对象外,其余功能全部失效,要结束放映,只能按 Esc 键。此时现场不能做任何修改,以免破坏演示画面。

(2)【放映选项】框设置演示文稿是否循环放映等。

(3)【放映幻灯片】框提供了幻灯片放映的范围:全部、部分还是自定义放映。

(4)【换片方式】框提供用户选择换片方式是手动方式还是自动换片。

(5) 设置完成后,单击【确定】按钮。

6.6　演示文稿的输出与高级应用

演示文稿制作完成后,除了可以通过以上各种方式放映以外,还可以将演示文稿打印出来制成教材或资料。

6.6.1　页面设置

在打印演示文稿之前还要做一些准备工作,比如:设计幻灯片的大小和打印方向,以便打印效果能够满足用户的要求。

(1) 单击【文件】菜单的【页面设置】命令,将会弹出【页面设置】对话框,如图 6-56所示。

(2) 在【幻灯片大小】下拉列表框中选

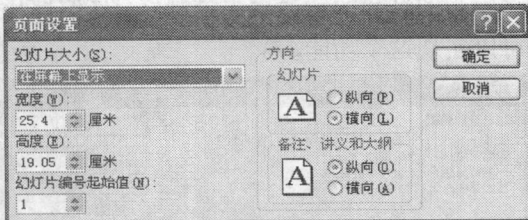

图 6-56 "页面设置"对话框

择幻灯片尺寸;【宽度】、【高度】可调整幻灯片大小;【幻灯片编号起始值】用来设置打印文稿的编号起始值;【方向】框,可以设置打印方向。

（3）单击【确定】按钮，即完成页面设置。

6.6.2　打印演示文稿

页面设置完成后，就可以进行演示文稿的打印了。

（1）单击【文件】菜单的【打印】命令，将弹出【打印】对话框，如图 6-57 所示。

（2）可以在【打印机】下拉列表框中选定与计算机相匹配的打印机名称；在【打印范围】框中，选择要打印的范围是【全部】、【当前幻灯片】或部分幻灯片；在【打印内容】列表框中，选择要打印的内容是【幻灯片】、【讲义】或【备注页】等；在【份数】区域中可以设置打印份数以及是否进行逐份打印等。

（3）单击【确定】按钮，就可以进行打印了。

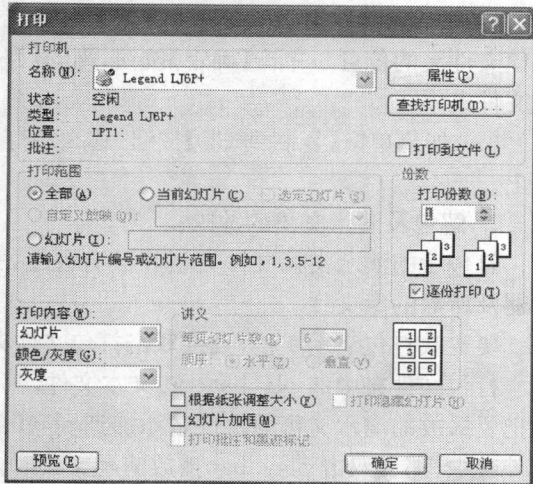

图 6-57　"打印"对话框

6.6.3　打包和解包演示文稿

PowerPoint 2003 提供了演示文稿的【打包】工具，利用这个工具，可以将演示文稿和与它相关的文件、字体和 PowerPoint 2003 播放器全部组合在一起，形成一个打包文件，这个文件可以拿到其他计算机上去放映，即使没有安装 PowerPoint 2003 软件的机器上也可以观看这个演示文稿。

1. 打包演示文稿

（1）首先打开准备打包的演示文稿。

（2）单击【文件】菜单中的【打包成 CD】命令，将弹出【打包成 CD】对话框，如图 6-58 所示。

（3）单击【选项】按钮，打开【选项】对话框，如图 6-59 所示。如果演示文稿中插入了超级链接文件，则应选中【链接文件】复选项；如果保证无论在哪里放映演示文稿，字体都有效，还应选择【嵌入 TrueType 字体】复选项。

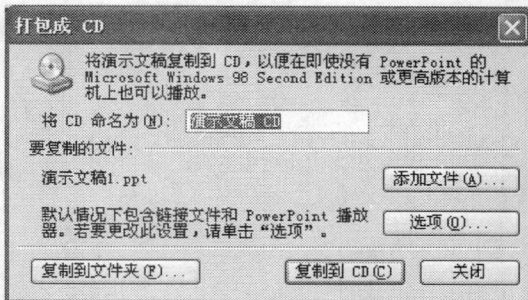

图 6-58　"打包成 CD"对话框

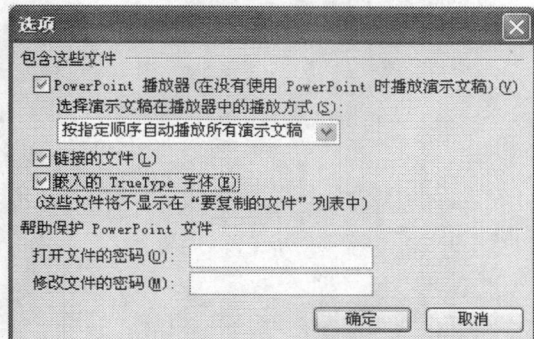

图 6-59　"选项"对话框

（4）单击【确定】按钮，然后单击【复制到文件夹】按钮，打开复制到文件夹对话框，选择存储文件夹的位置。单击【确定】按钮，则幻灯片的播放器与幻灯片一起被打包存放到指定的文件夹中。

（5）如果单击【复制到 CD】按钮，那么幻灯片的播放器与幻灯片将被打包并刻录到 CD盘上。

2. 解包及演示文稿的放映

打包后的演示文稿文件类型并没有改变，只是在文件夹中包含了 PowerPoint 2003 播放器及所需的库文件。

要放映打包演示文稿，直接双击打包文件夹中的 play. bat 批处理文件即可。

打包文件夹中的 playlist. txt 文本文件，其中列出了播放的演示文稿的文件名，因此只要把要播放的演示文稿的文件名添加到 playlist. txt 文件中，并且把演示文稿也复制到打包文件夹中，那么双击 play. bat 播放演示文稿时，就可以连续播放多个演示文稿。

6.6.4 演示文稿的高级使用

PowerPoint 的演示文稿与 WORD 文档之间可以进行相互转换，既可以把演示文稿转换成 WORD 文档，也可以将 WORD 文档转换成幻灯片；演示文稿还可以链接 Excel 文件，可以使 PowerPoint 演示文稿中的数据与 Excel 工作表中的数据保持同步。

第7章　多媒体技术及应用

7.1　多媒体技术的基本概念

多媒体技术是在 20 世纪 80 年代中后期,随着计算机技术、通信技术和广播电视技术的相互融合而形成的一门崭新的技术。多媒体技术是一项正在飞速发展的信息技术,它对我们的日常工作、学习、生活、娱乐以及观念产生了巨大而深刻的影响。

7.1.1　多媒体简介

1. 多媒体

媒体也称为媒介或者媒质,通常指人们进行表示和传播信息的手段。我们日常生活中的广播、电视、报纸、杂志等都属于媒体。媒体在计算机中有两个含义,一是指存储信息的实体,如磁盘、光盘、优盘等;而另一种含义则是指传递信息的载体,也就是数据,如数字、文字、图形、图像、音频、视频等,我们这里所要介绍的多媒体指的是后者。

一般所说的多媒体不仅是指多媒体本身,更主要是指处理和应用它的相应技术,所以多媒体与多媒体技术常被认为是同义词。从而我们可以从多媒体技术的角度给出多媒体新的定义:多媒体技术就是计算机综合处理如文字、图形、图像、动画、音频和视频等多种媒体信息,并使人们在接受这些信息时有一定的主动性和交互性的技术。

多媒体技术从诞生到现在,发展速度令人不可置信,多媒体计算机初期的标准对目前的计算机来说太低级了。现代的多媒体技术突破了传统计算机对多媒体处理的局限,相比过去有了非常大的发展和扩充。多媒体总的发展趋势是使其具有更好的互动性,更大范围的存储服务,为人们的生活创造一个更绚烂的崭新世界,它正在潜移默化地丰富着我们的生活。

2. 多媒体技术的特性及关键技术

多媒体技术的特性主要包括交互性、多样性、集成性和实时性,这也是多媒体领域中重点研究解决的问题。交互性是多媒体的重要特征之一,是指用户与计算机之间进行双向交互性沟通的特性,这也是多媒体与传统媒体的最大区别。多样性则有两个方面的含义,一方面是指媒体类型的多样化,另一方面也指媒体输入、传播、显示手段的多样性。多媒体的集成特性,不仅表现在多媒体硬件软件的集成,也表现在多种信息媒体的集成。基本上可以说包含了当今计算机领域内最新的硬件以及软件技术。在多媒体系统中,许多同步传输的视频和音频信号与时间是密切相关的,这些信号要求是实时传输的。

多媒体技术不是单一的技术,而是结合通信技术、广播技术和计算机技术于一体的综合性技术。所以多媒体涉及的技术范围广、内容新,是多学科和多种技术交叉的领域。目前,多媒体的关键技术主要集中在数据压缩/解压缩技术、大容量信息存储技术、集成电路制作技术、多媒体数据库技术和虚拟现实技术等几个方面。

3. 多媒体信息的类型

多媒体中常见的信息类型主要有文本、图形、图像、动画、音频和视频等。

(1) 文本(Text):文本是计算机中基本的信息表达方式,包含字母、数字、专用符号及各个国家的语言文字,还包括各种文字信息,如字体、字形、字号等。它主要用于对知识的描述性表示,如阐述概念、定义、原理和问题以及显示标题、菜单等内容。

(2) 图形(Graphics):图形一般是指几何图形,是指在计算机中通过绘图软件绘制的由点、线、面等组成的画面,通常是用矢量表示的。矢量图形文件中存储的是描述图形大小、形状、位置以及维数的指令,读取这些指令可以转变为屏幕上显示的形状和颜色,适用于描述轮廓不是很复杂,色彩不是很丰富的对象,如:几何图形、工程图纸、CAD、3D 造型软件等。

(3) 图像(Image):图像则是指由输入设备捕捉的实际场景画面或以数字化形式存储的任意画面图像,是由称为像素的点构成的矩阵图,也称为位图。位图中的位是由描述图像中各个像素点的强度和颜色组成的,位图适合表现比较细致、层次和色彩比较丰富、包含大量细节的图像,如照片和图画等。位图的特点是显示速度快,色彩比较逼真,但是占用的存储空间较大。位图的来源比较广泛,可以使用数码相机拍摄、网上下载、扫描仪扫描、从视频中截取等,位图在计算机中的存储格式有 BMP、PCX、TIF、GIF 等。图像可以通过 Photoshop、画图等图像处理软件进行编辑、修改、存储等操作。

(4) 动画(Animation):动画是一种综合艺术门类,它是集合了绘画、漫画、电影、数字媒体、摄影、音乐、文学等众多艺术门类的艺术表现形式,它的实质就是一幅幅静态图像的连续播放。医学已经证明,人类具有"视觉暂留"特性,也就是说人的眼睛看到一幅画或一个物体后,在 1/24 秒内不会消失。利用这一原理,如果一系列画面按一定时间在人的视线中经过时,人脑中就会产生物体运动的印象。

(5) 音频(Video):音频是指人类能够听到的所有声音,包括话语、音乐、自然界中发出的各种声音,甚至噪音等。多媒体中的音频包括高保真的音乐声、语音声、各种效果和背景声音等,加入音频后使多媒体中的文字和画面更加生动。计算机中的音频处理主要包括声音的采集、数字化、压缩/解压缩和播放等。多媒体计算机中只能播放和处理数字化的声音。

(6) 视频(Audio):视频是指从影碟机、录像机、摄像机等音像设备中得到的连续活动图像信号,由若干有联系的真实图像数据连续播放形成。视频技术最早是为了电视系统而产生的,电视视频中使用的是模拟信号,而计算机中的视频是数字化视频,以视频文件格式存储,可以更方便地进行存储、重放和各种特殊效果的处理。在多媒体信息元素中,视频是最新和最具魅力的一种,可更有效地表达内容及表现主题,将会起到越来越重要的作用。

4. 多媒体技术的应用

多媒体技术应用是当今信息技术领域发展最快、最活跃的技术,是新一代电子技术发展和竞争的焦点,它借助日益普及的高速信息网,可实现计算机的全球联网和信息资源共享,因此被广泛应用在咨询服务、图书、教育、通信、军事、金融、医疗等诸多领域,并在潜移默化地改变着我们的生活方式。下面简单介绍一下多媒体在一些方面的应用。

(1) 教育教学:教育领域是应用多媒体技术最早、发展最快、受益面最广的一个领域。利用多媒体技术编制的计算机辅助教学软件,能够制造出形象生动、图文并茂、绘声绘色、十分逼真的环境,还能够实现人机交互的操作方式,有效地激发学生的学习兴趣,提高学生的学习效率,从而明显地提高教学质量。学校的教师可以通过多媒体课件形象、直观地讲述过去很难描述的课程知识,尤其在医学教育中,教师可以通过图片、动画、视频等手段,把实际看不到的内容轻松地展示在学生眼前。

（2）商业应用：商业信息在流通领域中应用范围广、形式变化多。利用多媒体系统做商业广告宣传，具有声像图文并茂的优势，消费者观看广告可以使用多媒体触摸屏，选择比较重要的或内容丰富的广告，而不必从头到尾看完。利用多媒体技术可做到声画相融、人机互相沟通。随着网络的发展，因特网走进了家庭，现在的购物网站特别多，而且价格低廉、服务方便，可以足不出户，购到满意的商品。比较著名的购物网站有淘宝网、京东网上商城、乐淘网上鞋城、卓越网上购物、当当购书网等等。

（3）医疗诊断：多媒体中的虚拟现实技术在医学方面的应用具有十分重要的现实意义。在虚拟环境中，可以建立虚拟的人体模型，借助跟踪球、感觉手套等特殊的输入/输出设备，学生可以很容易了解人体内部各器官结构，这比现有的采用教科书的方式要有效得多。在医学院校，学生可在虚拟实验室中，进行"尸体"解剖和各种手术练习，利用模拟人可以代替病人让学生进行实践。由于不受标本、场地等的限制，所以培训费用大大降低。一些用于医学培训、实习和研究的虚拟现实系统，仿真程度非常高，其优越性和效果是不可估量和不可比拟的。例如，导管插入动脉的模拟器，可使学生反复实践导管插入动脉时的操作。眼睛手术模拟器，根据人眼的前眼结构创造出三维立体图像，并带有实时的触觉反馈，学生利用它可以观察模拟移去晶状体的全过程，并观察到眼睛前部结构的血管、虹膜和巩膜组织及角膜的透明度等。还有麻醉虚拟现实系统、口腔手术模拟器等。

（4）家庭娱乐：随着计算机的普及，多媒体也逐渐深入到我们的生活中了。我们可以在自己的多媒体电脑上设计出工作和家庭生活的图片簿——电子影集，把美好的瞬间变为永久的回忆，以供日后与家人分享。计算机的虚拟世界为我们创造了一个更加自由的娱乐空间——电脑游戏，游戏已经成为当代青少年重要的娱乐方式之一，但过度沉溺于游戏，会使青少年的身心健康受到损害，所以玩游戏要适度。

7.1.2　多媒体计算机系统

我们常说的多媒体计算机，就是指多媒体个人计算机（Multimedia Personal Computer，MPC），实际上就是对具有多媒体处理能力的计算机系统的统称。MPC 并不是全新的计算机系统，只是在现有 PC 基础上增加了一些硬件板卡，使其具有综合处理声音、文字、图形、图像、视频等信息的功能。一个完整的 MPC 是由多媒体硬件和多媒体软件两部分组成的。

1. 多媒体计算机硬件系统

多媒体计算机的硬件组成主要包括两部分，一部分是传统计算机的基本配置，另一部分是与多媒体相关的扩展设备。

（1）计算机基本硬件配置：基本的计算机硬件配置比较常见，主要有主板、CPU、内存、硬盘、光驱、显卡、网卡、显示器、键盘、鼠标等这些对于计算机来说必不可少的设备。

（2）多媒体相关的扩展设备：在 MPC 基本配置之外的设备都称之为扩展设备，常见的扩展设备主要有以下几种。

1）多媒体接口卡：多媒体接口卡是根据多媒体系统对获取、编辑音频或视频的需要而插接在计算机上的一个部件。常用的多媒体接口卡有音频卡（声卡）、语音卡、声控卡、图形显示卡、电视卡、视频采集卡、非线性编辑卡等。

2）多媒体输入设备：常用的多媒体输入设备有触摸屏、扫描仪、数码摄像机、数码照相机等等，如图 7-1 所示。

图 7-1 多媒体输入设备
a. 触摸屏；b. 扫描仪；c. 数码照相机；d. 数码摄像机

A. 触摸屏：触控屏又称触控面板，是个可接收输入信号的感应式液晶显示装置。随着多媒体信息查询的与日俱增，人们越来越多地使用触摸屏，因为触摸屏具有坚固耐用、反应速度快、节省空间、易于交流等许多优点。触摸屏的应用范围非常广阔，主要是公共信息的查询，现在大多数的多媒体手机也采用触摸屏技术。

B. 扫描仪：扫描仪是 20 世纪 80 年代中期出现的光机电一体化高科技产品，它是利用光电技术和数字处理技术，将各种形式的图形或图像信息转换为数字信号的装置。常见的扫描仪有滚筒式扫描仪、平面扫描仪、笔式扫描仪、便携式扫描仪、胶片扫描仪、底片扫描仪、名片扫描仪等。

C. 数码照相机：数码照相机是一种利用电子传感器把光学影像转换成电子数据的照相机。作为新一代的摄影器材，具有传统相机不具备的许多优势，直接把拍摄的图片保存为电子文档，并且其记忆体存储方式使后期彩扩成本大为降低，而更重要的是拍摄的图片可以在计算机上任意修改、加工以及传递。目前常用的数码照相机类型有单反相机、卡片相机、长焦相机和家用相机等。

D. 数码摄像机：数码摄像机就是我们常说的 DV(Digital Video)，是一种进行光-电-数字信号转变与传输的设备。在多媒体应用中，可以提供动态的数码影像。按使用用途可分为：广播级机型、专业级机型、消费级机型。按存储介质可分为：磁带式、光盘式、硬盘式、存储卡式。

3）多媒体输出设备：常用的多媒体输出设备有大屏幕投影机和打印机，如图 7-2 所示。

图 7-2 多媒体输出设备
a. 多媒体投影机；b. 打印机

A. 多媒体投影机：多媒体投影机是一种精密电子产品，它集机械、液晶、电子电路技术于一体，并能产生图、文、音、像并茂的效果。多媒体投影机作为一种视觉型新媒体，正被越来越多的行业、越来越多的人所认同和接受。多媒体投影机早期主要应用于教育教学中，而目前的商务应用中，利用多媒体投影机在商务、政府部门等行业的大中型会议、公司培训中使用十分普遍。目前的家用多媒体投影机体积小、寿命长、价格低，在不久的将来，会逐渐取代传统的电视等视频设备。

B. 打印机：打印机是我们最熟悉的计算机输出设备之一，用于把计算机的运算结果或中间结果,以人所能识别的数字、字母、符号和图形等,依照规定的格式打印在相关介质上。衡量打印机好坏的指标主要有三项:打印分辨率、打印速度和噪声。

2. 多媒体计算机软件系统

MPC 的硬件设备都具备了,但是只有硬件的计算机系统不能完全发挥它的功能,还要有相应的软件系统支持。多媒体计算机软件系统按功能分,主要有系统软件、多媒体制作软件和多媒体应用软件三种。

系统软件是多媒体系统的核心,多媒体各种软件只有在多媒体操作系统平台上才能运行。目前常用的多媒体操作系统有 Windows、Macintosh System、Linux、UNIX 等,我国的个人计算机上使用最多的是 Windows 操作系统。

多媒体制作软件主要是用来对多媒体信息进行编辑处理的软件。常见的有字处理软件、绘图软件、图像处理软件、动画制作软件、声音编辑软件以及视频编辑软件等。如 Photoshop、3DS MAX、Authorware、Flash、Dreamweaver、Animator Studio、Windows Movie Maker 等很多软件。

多媒体应用软件是在多媒体硬件平台上设计开发的面向应用的软件系统。目前多媒体应用软件种类非常丰富,包括像 Windows Media Player、RealPlayer、暴风影音等视频播放软件,千千静听、酷我音乐盒、Winamp 等用于音频播放的软件,ACDSee 等看图软件等等,多媒体应用软件可以说是数不胜数,为多媒体的使用提供了极大的方便。

7.1.3　数字音频技术

声音是由物体振动产生的,是以声波的形式进行传播。当声波传到人耳内,引起耳膜振动,这就是我们听到的声音。声波通过固体、液体或气体进行传播。日常我们听到的声音都是模拟信号,在计算机中进行各种处理操作时,首先要把模拟信号转换为数字信号。

1. 数字音频简介

音频是人们传递信息时最方便、最熟悉的一种方式,是多媒体技术中非常重要的信息载体。

(1) 基本概念:数字音频是一种利用数字化手段对声音进行录制、存放、编辑、压缩或播放的技术,它是随着数字信号处理技术、计算机技术、多媒体技术的发展而形成的一种全新的声音处理手段。声音有三个主要的主观属性,即音量、音调、音色。音调是指声音的高低,音调是由声音的频率决定。音量又称响度、音强,是指声音的大小强弱,它的评价尺度是声波的振幅大小。音色是指声音的感觉特性,不同的发声体由于材料、结构不同,发出声音的音色也就不同。

(2) 音频的数字化:音频数字化就是将模拟的声音转换为计算机能够处理的数字化数据的过程,数字化的数据以数字音频文件形式存储在计算机存储器中。数字化音频的质量主要由采样频率、采样量化位数/采样精度以及声道数三个方面决定。一般采样频率越高、采样量化位数越高、声道数越多,声音越逼真,但相应的就会占用更多的存储空间。

(3) 常见的音频文件格式:当把模拟声音转换为数字声音后,以文件形式存储在计算机存储器中。目前常见的音频文件格式主要有以下几类:

1) CD 格式:是当今世界上音质最好的音频格式文件。标准 CD 格式采用 44.1K 的采样频率,16 位量化位数,CD 音轨可以说是近乎无损的,因此它的声音基本上是忠于原声的。

2) WAV 格式:是微软公司开发的一种声音文件格式,用于保存一些没有压缩的音频数据,被 Windows 平台及其应用程序所广泛支持,支持多种音频位数、采样频率和声道。

3) MP3 格式:是一种有损音频压缩技术,它的全称叫 MPEG Audio Layer 3,简称为 MP3。MP3 格式利用 MPEG Audio Layer 3 技术,丢弃掉对人类听觉不重要的数据,将音频压缩成容量较小的文件,而且还能够非常好的保持原来的音质。由于使用 MP3 格式存储的音频文件体积小、音质高,所以网上大部分的音乐都使用此格式。

4) MIDI(Musical Instrument Digital Interface)格式:就是乐器数字接口,MIDI 文件记录的不是乐曲本身,而是描述乐曲演奏过程中的指令。

2. 音频接口卡

图 7-3   声卡

音频接口卡就是我们常说的声卡(Sound Card),声卡是一台多媒体计算机中最基本的组成部分,是实现声波与数字音频信号相互转换的一种硬件(图 7-3)。

它的基本功能是把来自话筒、磁带、光盘的原始声音信号加以转换,输出到耳机、扬声器、扩音机、录音机等声响设备,或通过音乐设备数字接口(MIDI)使乐器发出美妙的声音。

3. 音频压缩技术

音频信号是多媒体信息的重要组成部分,随着对音频信号音质要求的提高,信号频率范围也在不断增加,进行传输、存储信号的数据量也随之增加,处理这些数据的时间就会延长,所以音频压缩技术是多媒体技术中的关键技术之一。

音频压缩技术指的是对原始的数字音频信号流运用适当的数字信号处理技术,在不损失信号质量,或所引入的损失可忽略的条件下,降低其码率,也称为压缩编码。同时它必须具有相应的逆变换,也就是要将编码进行还原,称为解压缩或解码。

在多媒体应用中最为常用的音频压缩算法是 MPEG-1 国际标准,它是为 CD 光碟介质定制的音频压缩格式。MPEG-1 规定中把音频分三层,分别为 MPEG-1 Audio Layer 1,MPEG-1 Audio Layer 2 以及 MPEG-1 Audio Layer 3,并且高层兼容低层。其中第三层协议被称为 MPEG-1 Audio Layer 3,简称 MP3,MP3 目前已经成为广泛流传的音频压缩技术。

随着技术的不断进步和生活水准的不断提高,原有的立体声形式已不能满足听众对声音节目的欣赏要求,具有更强定位能力和空间效果的三维声音技术得到蓬勃发展。而在三维声音技术中最具代表性的就是 Dolby AC-3 多声道环绕声技术,Dolby AC-3 技术是由美国杜比实验室主要针对环绕立体声开发的一种音频压缩技术。环绕立体声技术发展至今已相当成熟,已日渐成为未来声音形式的主流。这些技术在不同的场合,尤其是在影剧院、家庭影院系统、高清晰度电视(HDTV)、消费类电子产品(如 LD、DVD)及直播卫星等方面得到广泛的应用,得到了众多厂商的支持,成为业界事实上的标准。

7.1.4   数字图像技术

人类获取外部世界 80% 的信息来源于视觉,视觉媒体在多媒体技术中占有重要的地位。随着多媒体技术的迅速发展和普及,数字图像技术受到了前所未有的广泛重视,出现了许多新的应用领域和新的方法。

1. 图像的基本属性

描述一幅图像需要使用图像的属性。图像的基本属性包含分辨率、像素深度、真彩色/伪彩色/直接色等三个特性。

(1) 图像分辨率:图像分辨率是指组成一幅图像的像素密度的度量方法,通常使用单位长度上的图像像素的数目多少,即用每英寸所包含的像素值来表示。对同样大小的一幅图,如果组成该图的图像像素数目越多,则说明图像的分辨率越高,看起来就越逼真。相反,图像则显得比较粗糙。在同样大小的面积上,图像的分辨率越高,则组成图像的像素点越多,像素点越小,图像的清晰度也就越高。对于数字图像来说,图像分辨率越高,占用的存储空间也就越大。

(2) 像素深度:像素深度也称图像的位深,是指描述图像中每个像素的数据所占用的二进制位数。图像的每一个像素对应的数据通常可以是一位或多位,用于存放该像素的颜色、亮度等信息,表示一个像素的位数越多,可以表达的颜色数目就越多,而它的深度就越深。但像素深度越深,所占用的存储空间越大。相反,如果像素深度太浅,就会影响图像的质量,图像看起来让人觉得很粗糙和很不自然。

(3) 真彩色/伪彩色/直接色:要得到真彩色图像需要有真彩色显示适配器,在 PC 上使用的 VGA 适配器是很难得到真彩色图像的。伪彩色图像并不是图像本身真正的颜色,所以它不能完全反映原图的色彩。而使用直接色在显示器上显示的彩色图像看起来比较真实、自然。

2. 数字图像处理

数字图像处理(Digital Image Processing)是通过计算机对图像进行去除噪声、增强、复原、分割、提取特征等处理的方法和技术。数字图像处理最早出现于 20 世纪 50 年代,早期图像处理的目的是改善图像的质量,以人为对象,以改善人的视觉效果为目的。

一般来讲,对图像进行处理的主要目的是为了提高图像的视感质量、提取图像中所包含的某些特征或特殊信息以及对图像数据进行变换、编码和压缩,以便于图像的存储和传输。

数字图像处理主要研究的内容有以下几个方面:

(1) 图像编码压缩:可减少描述图像的数据量,以便节省图像传输、处理时间和减少所占用的存储器容量。

(2) 图像增强和复原:目的是为了提高图像的质量,如去除噪声、提高图像的清晰度等。图像增强不考虑降低图像质量的因素,主要突出图像中所感兴趣的部分。

(3) 图像分割:是将图像中有意义的特征部分提取出来,其有意义的特征有图像的边缘、特定区域等,这是进一步进行图像识别、分析和理解的基础。

(4) 图像分类(识别):属于模式识别的范畴,其主要内容是图像经过某些预处理(增强、复原、压缩)后,进行图像分割和特征提取,从而进行判断分类。

3. 图像的文件格式

计算机图像是以多种不同文件格式存储在计算机里面的,不同的格式有着自己特定的功能和用途。下面介绍几种常见的图像文件格式。

(1) BMP 格式:BMP 是英文 Bitmap(位图)的简写,是一种与硬件设备无关的图像文件格式,使用非常广,它是 Windows 操作系统中的标准图像文件格式,能够被大多数 Win-

dows 应用程序所支持。它采用位映射存储格式,除了图像深度可选以外,不采用其他任何压缩,因此,BMP 文件所占用的存储空间较大。

(2) JPEG 格式:JPEG 是联合图像专家组(Joint Photographic Experts Group)的缩写,是计算机中最常用的图像文件格式,JPEG 文件的扩展名为 .jpg 或 .jpeg,其压缩技术十分先进,用最少的磁盘空间得到较好的图像质量。

(3) PSD 格式:PSD(Photoshop Document)格式,是著名的 Adobe 公司的图像处理软件 Photoshop 的专用格式。它可以存储 Photoshop 中所有的图层、通道、蒙板、参考线、注解和颜色模式等信息。如果图像中包含有图层,则一般都用 PSD 格式保存。PSD 格式在保存时会将文件压缩,以减少占用磁盘空间,但 PSD 格式所包含图像数据信息较多,因此比其他格式的图像文件还是要大得多。

(4) GIF 格式:GIF(Graphics Interchange Format)的原意是"图像互换格式"。GIF 图像文件的数据是经过压缩的,而且是采用了可变长度等压缩算法,其压缩率一般在 50% 左右,它不属于任何应用程序,目前几乎所有相关软件都支持它。GIF 格式的另一个特点是其在一个 GIF 文件中可以保存多幅彩色图像,从而可以构成一种最简单的动画。但 GIF 只能显示 256 色,和 JPEG 格式一样,它是一种在网络上非常流行的图形文件格式。

(5) TIFF 格式:TIFF(Tag Image File Format)是一种不失真的压缩格式。这种压缩是文件本身的压缩,即把文件中某些重复的信息采用一种特殊的方式记录,文件可以完全还原,能够很好地保持原有图像的颜色和层次。它的优点是图像质量好,缺点是存储空间较大。TIFF 格式是桌面出版系统中使用最多的图像格式之一,它不仅在排版软件中普遍使用,也可以用来直接输出。几乎所有的桌面扫描仪都可以生成 TIFF 图像。

(6) PNG 格式:PNG(Portable Network Graphic Format,流式网络图形格式)是 20 世纪 90 年代中期开始开发的图像文件存储格式,采用的是一种无损数据压缩算法。PNG 格式是目前保证最不失真的格式,它不仅把图像文件压缩到极限以利于网络传输,又能保留所有与图像品质有关的信息。它的显示速度很快,只需下载 1/64 的图像信息就可以显示出低分辨率的预览图像。PNG 支持透明图像的制作,透明图像在制作网页的时候很有用,可以让图像和网页背景很和谐地融合在一起。

另外还有一些非主流的图像格式,如 PCX 格式、DXF 格式、WMF 格式、EMF 格式、FLI/FLC 格式、EPS 格式、TGA 格式等,这里就不一一介绍了。

7.1.5 数字视频技术

在多媒体技术中,影视动画一直备受人们的关注与欢迎。20 世纪 80 年代,随着电子技术的发展,计算机技术、多媒体技术与影视制作结合在一起,用计算机制作影视节目取得了成功。由此使数字视频技术得到了飞速的发展,也得到了更为广泛的应用。

1. 视频基本概念

视频实际上是由一系列单独的图像组成的,当连续的图像变化每秒超过 24 帧画面以上时,根据视觉暂留原理,人眼无法辨别单幅的静态画面,看上去是平滑连续的视觉效果。

从信号的记录形式看,一般有模拟视频和数字视频两种。模拟视频是一种随时间连续变化的电信号。我们在电视上所见到的视频图像就是以模拟电信号的形式记录下来的。数字视频就是以数字形式记录的视频。同模拟视频相比,数字视频有不同的产生方式、存储方式和播出方式。比如通过数字摄像机直接产生数字视频信号,存储在数字带、光盘或者磁盘上，从而得到不同格式的数字视频，然后通过 PC 机上特定的播放器播放出来。

数字视频的制作步骤主要有采集、编辑和输出三步，一般的视频处理软件中都提供这些操作。

2. 视频卡

视频卡，一般也叫视频采集卡，它是用于 PC机上的一种视频接口板，其作用是将其他数据源（如电视机、模拟录像机、VCD 机、数字摄像机等）与计算机连接起来，将它们输出的视频数据或者视频音频的混合数据导入计算机，并转换成计算机可以编辑处理的数字信号。如图 7-4 所示。

较高性能的采集卡一般具有一个复合视频接口、一个 S-Video 接口和一个 1394 数码接口，有些还直接带有音频输入口，可解决模拟视频采

图 7-4　视频采集卡

集时因计算机硬件配置较低造成的视频伴音不同步的问题。根据不同的应用、不同的适用环境和不同的技术指标，目前有多种规格的视频采集卡。

3. 视频压缩技术

原始的数字视频，其容量是十分庞大的，这使数字视频在存储、传输时产生很多的问题。所以，数字视频必须经过压缩才有可能使用。

下面介绍几种常用的数字视频压缩标准。

（1）MPEG 压缩标准：MPEG 标准不仅适用于音频信息，也适用于视频信息，它实际上是多个标准的集合，包括了三部分：MPEG 音频、MPEG 视频、MPEG 系统（视频和音频的同步），MPEG 音频标准在前面已经介绍过了。MPEG 视频标准实际上是一个系列，MPEG视频标准有 MPEG-1、MPEG-2、MPEG-4、MPEG-7、MPEG-21。日常生活中的 VCD 采用的就是 MPEG-1 标准，DVD 采用的就是 MPEG-2 标准，MPEG-4 标准则很好的结合了前两者的优点，MPEG-7 标准是多媒体内容描述接口，它要解决的矛盾就是对日渐庞大的图像、声音信息的管理和迅速搜索。MPEG-21 标准是多媒体框架标准，是一个刚开始制定的国际标准。制定 MPEG-21 标准的目的是将不同的协议、标准、技术等有机地融合在一起。

（2）H.261、H.263 和 H.264 标准：H.261 是一个视频编码标准，其设计目的是能够在综合业务数字网（ISDN）上传输质量可接受的视频信号，主要是为实现可视电话和视频会议而设计的，H.261 是第一个实用的数字视频编码标准。H.263 是国际电联的一个标准草案，这个标准可用在很宽的码流范围，它在许多应用中被用于取代 H.261。H.264 是一种高性能的视频编解码技术，是国际标准化组织（ISO）和国际电信联盟（ITU）共同提出的新一代数字视频压缩格式。设计 H.264 标准的主要目标是：与现有的视频编码标准相比，在相同的带宽下提供更加优秀的图像质量。它既保留了以往压缩技术的优点和精华，又具有其他压缩技术无法比拟的许多优点。目前，HD-DVD 和蓝光均采用这一标准进行节目制作。

7.2　网络多媒体技术

20 世纪 90 年代，随着计算机技术的迅猛发展，与之相关的技术领域也都得到了飞速发展。多媒体技术也以惊人的发展速度，逐渐改变着我们的生活，随着互联网技术的发展，基

于网络的多媒体应用越来越广泛,多媒体网络技术已经成为多媒体技术发展的重要方向之一。

7.2.1 网络多媒体基础

网络多媒体技术是一门综合的、跨学科的技术,它综合了计算机技术、网络技术、通信技术以及多种信息科学领域的技术成果,目前已经成为世界上发展最快和最富有活力的高新技术之一。多媒体信息中包含有图像信号、音频信号、视频信号,这些信号的特点是存储和传输时数据量特别大,实时性强。在多媒体通信中要考虑到以下几个方面的问题。

1. 多媒体数据库

多媒体数据库是数据库技术与多媒体技术相结合的产物,是多媒体网络系统中不可缺少的一部分。多媒体数据库不是对现有数据进行简单的包装,而是从多媒体数据与信息本身的特性出发,考虑将其引入到数据库之后带来的有关问题。多媒体信息的数据量大,需要大容量高性能的存储设备,而且各媒体间的差异也极大,从而影响数据库的组织和存储方法。

2. 多媒体通信网络

多媒体通信网络是将多台分散在不同地理位置,具有处理多媒体功能的计算机和终端,通过高速通信线路互相联结起来,以达到多媒体通信和共享多媒体资源的网络。

3. 多媒体计算机及信息加工处理系统

在对多媒体信息进行加工处理时,还要配有高效率、综合化的多媒体信息加工处理系统,才能够满足对多媒体中大量数据的处理要求。多媒体计算机的处理器速度越快,存储器容量越大,输出设备分辨率越高,使用多媒体系统的效果也就越好。

网络多媒体信息除了具有普通多媒体信息的特性之外,还具有以下特性。

(1)同步性:也就是实时性,多媒体数据中的音频和视频信息都与时间密切相关,很多场合下都要求同步实时进行传输、处理,否则就会出现数据错误。

(2)分布性:多媒体信息在网络上不可能存放在同一个位置,而是分散分布在世界上不同的服务器中。

(3)交互性:多媒体技术的特点之一就是有很强的人机交互能力。网络中存储着巨大的信息量,都是供用户自由选择使用的,可以按照用户的意愿进行重新组织。

7.2.2 流媒体技术

随着互联网的普及应用,利用网络传输多媒体信号的需求也越来越大。传统的网络传输信息的方式是完全下载后才能查看,音频和视频的存储文件一般都十分庞大,在网络带宽有限的情况下,下载时间也较长。而采用流媒体技术,就可以实现流式传输。

1. 流媒体概念

流媒体技术又称流式媒体,是一种新的媒体传送方式。流式传输方式将整个多媒体文件经过特殊的压缩方式,分成一个个压缩包,由网络服务器向用户计算机连续、实时传送。流媒体技术不是单一的技术,它是网络技术及音频、视频技术的有机结合。在网上进行流媒体传输,所传输的文件必须制作成适合流媒体传输的流媒体格式文件。因此,对需要进行流媒体格式传输的文件要进行相应处理,将文件压缩生成流媒体格式文件。

2. 常用的流媒体文件格式

目前,采用流媒体技术的音频、视频文件主要有 Real Networks 公司的 Real Media、微软公司的 Windows Media Technology 和 Apple 公司的 Quick Time 这三种最为常用的格式。

(1) Real Media:它包括 Real Audio、Real Video 和 Real Flash 三类文件,其中 Real Audio 用来传输接近 CD 音质的音频数据,Real Video 用来传输不间断的视频数据,Real Flash 则是 Real Networks 公司与 Macromedia 公司联合推出的一种高压缩比的动画格式,这类文件的后缀是 .rm,文件对应的播放器是 Real Player。目前,Internet 上已有不少网站利用 RealVideo 技术进行重大事件的实况转播。

(2) Quick Time:Quick Time 是苹果公司提出的流式媒体方案,这类文件扩展名通常是 .mov,它所对应的播放器是 Quick Time Player。MOV 的特点就是画面清晰,也可以放到网上成为流媒体。它是把压缩、储存和播放与文本、声音、视频、动画和图像结合在一起的文件,许多 Quick Time 文件经 Internet 和 Web 分布。目前,FOX 新闻在线、FOX 体育在线、BBC WORLD、气象频道等许多机构都加入了 Quick Time 内容供应商行列,使用 Quick Time 技术制作实况转播节目。

(3) Windows Media Technology:Windows Media Technology 是微软公司提出来的信息流式播放方案,它的主要目的是在因特网上实现包括音频、视频在内的多媒体流信息的传输。它的核心是 ASF(Advanced Streaming Format,高级流格式),这类文件的后缀是 .asf 和 .wmv,与它对应的播放器是微软公司的 Media Player。

此外,MPEG、AVI、DVI、SWF 等也都是适用于流媒体技术的文件格式。

7.2.3 网络多媒体应用

目前,随着计算机技术的不断发展,计算机已经深入到了我们生活中的各个角落,计算机网络技术与多媒体技术已经成了一个不可分割的整体。

网络多媒体技术的应用主要有以下几种情况。

1. 视频点播

视频点播(Video on Demand,VOD)也称为交互式电视点播系统,是根据用户的需要播放相应的视频节目,从根本上改变了用户过去被动式收看视频节目的不足。当您打开电视,您可以不看广告,不为某个节目赶时间,随时直接点播希望收看的内容,就好像播放刚刚放进自己家里录像机或 VCD 机中的一部新片子,但是您又不需要购买录像带或者 VCD 盘,也不需要录像机或者 VCD 机。这就是信息技术带给您的梦想,它通过多媒体网络将视频节目按照个人的意愿送到千家万户。

2. 远程教育

远程教育又称远距教学,是指使用电视及互联网等传播媒体的教学模式,突破了时空的界线,是一种跨学校、跨地区的教育体制和教学模式。目前使用这种教学模式的学生,通常是业余进修者。由于不需要到特定地点上课,因此可以随时随地上课。学生也可以通过电视广播、互联网、辅导专线、面授(函授)等多种不同渠道互助学习。

3. 视频会议

视频会议能使人们更有效的交流,因为可视化的交流是最自然的交流方式。视频会议是典型的具有交互性的流媒体应用。视频会议能够使人们像在同一房间一样交流思想、交换信息。也可以说视频会议使人们"坐"在了一起。

4. 远程医疗

远程医疗运用计算机、通信、医疗技术与设备,通过数据、文字、语音和图像资料的远距离传送,实现专家与病人、专家与医务人员之间异地"面对面"的会诊。

由于应用的目的和需求不同,在远程医疗系统中配置的设备和使用的通信网络环境也有所不同。远程医疗诊断系统主要配置各种数字化医疗仪器和相应的通信接口,并且主要在医院内部的局域网上运行。远程医疗教育系统与医疗会诊系统相似,主要是采用视频会议方式在宽带网上运行。无论哪一种远程医疗系统,计算机和多媒体设备都是必不可少的。

远程医疗的应用范围很广泛,通常可用于放射科、皮肤科、心脏科、内诊镜以及神经科等多种病例。远程医疗技术的广泛应用,决定了这项技术具有巨大的发展空间。

5. 网络游戏

网络游戏(Online Game),又称"在线游戏",简称"网游"。指以互联网为传输媒介,以游戏运营商服务器和用户计算机为处理终端,以游戏客户端软件为信息交互窗口,旨在实现娱乐、休闲、交流和取得虚拟成就,具有相当可持续性的个体性多人在线游戏。它一般都是交互式、虚拟现实的游戏。

7.3 常用的多媒体信息处理软件

随着计算机技术的发展,硬件价格越来越便宜,几乎每一个家庭中都拥有自己的多媒体计算机、数码照相机、数码摄像机等多媒体设备,每个家庭中基本上也都使用一些多媒体处理软件。下面我们介绍几种常用的与多媒体有关的软件。

7.3.1 压缩软件 WinRAR

WinRAR 是一款相当不错的压缩软件,尤其针对多媒体数据,采用独创的压缩算法,提供了经过高度优化后的可选压缩算法。下面,我们简要介绍一下这个软件的应用。

1. 压缩文件

当在选择的文件上点击鼠标右键的时候,如图 7-5 所示。就会看见用圆圈标注的部分,这就是 WinRAR 在右键中创建的快捷菜单。如果选择下面三项,都能自动生成相应的压缩文件。

这里介绍第一个快捷菜单项"添加到压缩文件"。当选择这个菜单项后,就会出现压缩文件名和参数窗口,如图 7-6 所示。

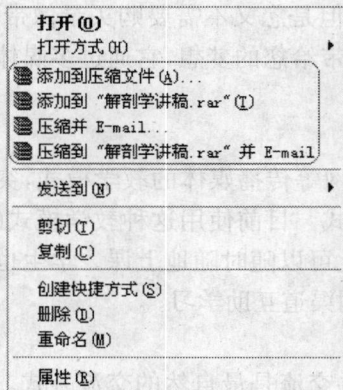

图 7-5 鼠标右键弹出菜单   图 7-6 压缩文件名和参数

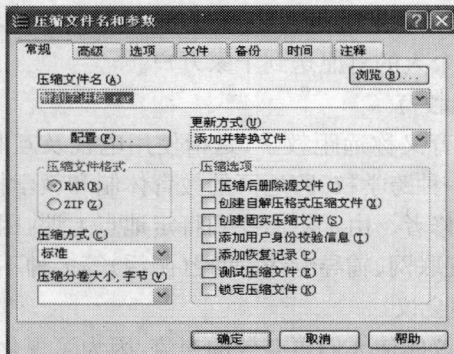

我们要进行的主要设置都在"常规"选项卡内。

（1）压缩文件名：通过点击图 7-6 压缩文件名和参数窗口中的【浏览】按钮，我们可以选择生成的压缩文件保存在磁盘上的具体位置和名称，若不选择，则软件使用默认文件名。

（2）配置：这里的配置是指根据不同的压缩要求，选择不同压缩模式，不同的模式会提供不同的配置方式。

（3）压缩文件格式：选择生成的压缩文件是 RAR 格式或 ZIP 格式。

（4）更新方式：一般用于以前曾压缩过的文件，现在由于更新等原因需要再压缩时进行的选项，用鼠标单击下拉菜单后，选择所需要的就可以了。

（5）压缩选项：压缩选项组中最常用的是"压缩后删除原文件"和"创建自解压格式压缩文件"。前者是在建立压缩文件后删除原来的文件；后者是创建一个 EXE 可执行文件，以后解压缩时，可以脱离 WinRAR 软件自行解压缩。

（6）压缩方式：这个选项是对压缩的比例和压缩的速度进行选择，选项由上到下，文件的压缩比例越来越大，但速度越来越慢。

（7）压缩分卷大小，字节数：当压缩后的大文件需要分成较小的文件时使用，例如，压缩后使用 Email 传输时，文件太大则 Email 不能发送附件，此时就要选择压缩包分卷的大小。

（8）压缩文件的密码设置：若对压缩后的文件有保密要求时，选择图 7-6 压缩文件名和参数窗口中的【高级】选项卡，则出现图 7-7 窗口。

点击图 7-7 压缩软件高级选项卡窗口中【设置密码】按钮，弹出输入密码对话框，如图 7-8 所示，输入密码后单击【确定】按钮。

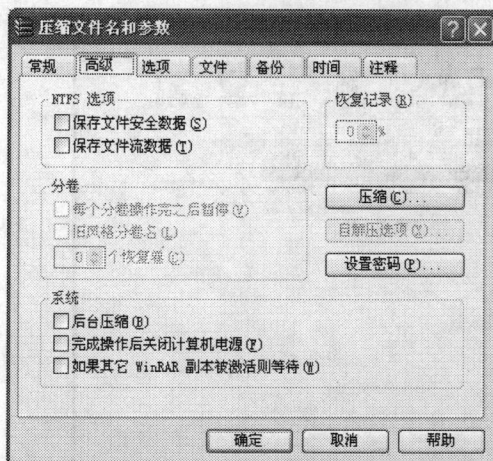

图 7-7　压缩软件高级选项卡　　　　图 7-8　输入密码

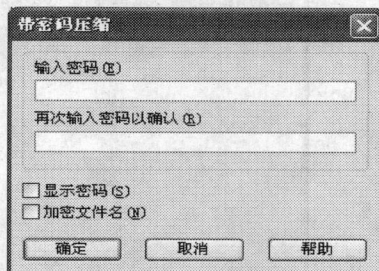

设置完成后单击【确定】按钮开始压缩。进行密码设置后的压缩文件，需要输入相应的密码才能解压缩。

2. 解压缩文件

文件被压缩后，在使用的时候就要进行解压缩。通常有两种方式来进行解压缩。

（1）方法一：在压缩文件上单击右键，会弹出快捷菜单，如图 7-9 所示。

如果选择后两项，则文件直接解压缩到指定位置。如果选择"解压文件"，则弹出解压路径和选项窗口，如图 7-10 所示。

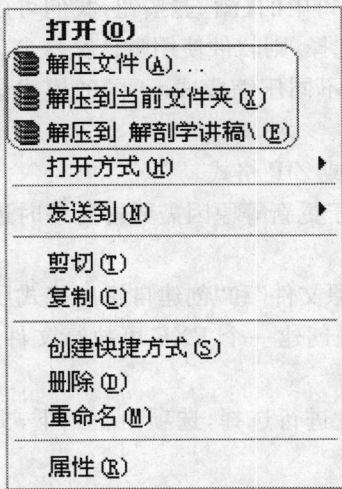

图 7-9 解压缩快捷菜单　　　　　　　图 7-10 解压路径和选项

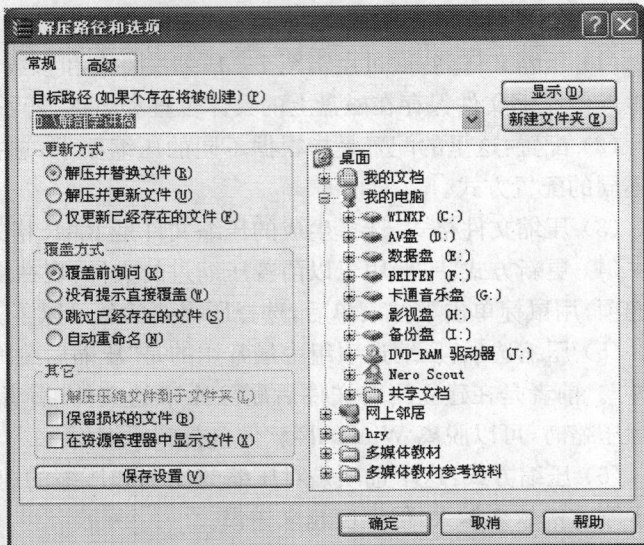

其中"目标路径"是指解压缩后的文件存放在磁盘上的位置。"更新方式"和"覆盖方式"是在解压缩文件与目标路径中文件有同名时的一些处理选择。设置完毕后，单击【确定】按钮开始解压缩。

（2）方法二：双击压缩文件就会出现 WinRAR 的主界面，如图 7-11 所示。

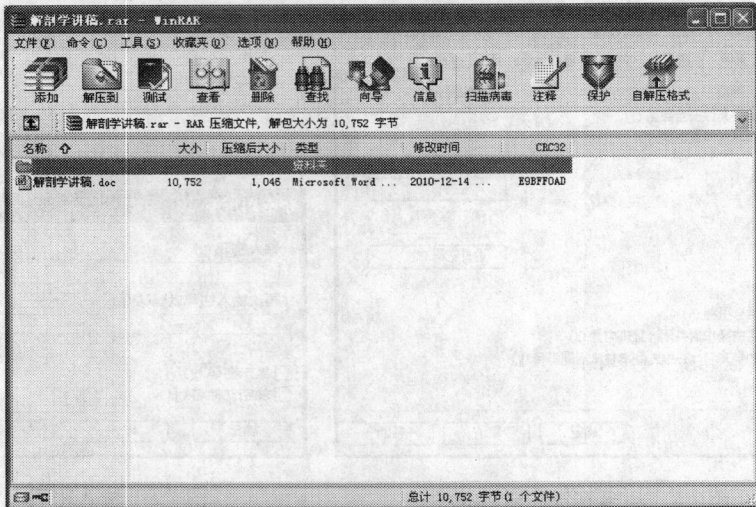

图 7-11 WinRAR 主界面

矩形框内的文件就是压缩文件中所包含的原文件。单击【解压到】按钮后，接下来的操作步骤同方法一。

7.3.2 音频处理与编辑软件

现在能够对音频进行处理的软件很多，这里介绍两个比较简单的 Windows 操作系统中自带的软件，一个是可以录制音频的录音机，另一个是可以播放音频和视频的媒体播放器——Windows Media Play。

1. 录音机

Windows 中的录音机程序可以录制声音,还可以把存储的音频文件播放出来,以及对音频进行编辑操作,如回音、混音、插入声音片断等。

在计算机上进行声音录制,是将模拟的信号转变成数字信号。录制声音时需要多媒体电脑一台(带声卡)、话筒一个。将话筒端线插到声卡的话筒插孔内,就准备就绪了。Windows 自带的录音机,只能进行一分钟时间的录音。如果想进行更长时间的声音录制,则需使用其他的专用软件。在 Windows 自带的录音机中,可以选择"效果"菜单栏下的命令,对录制的声音进行调整和修饰,例如:调节音速、添加回音和反转等。也可以对所录制的文件进行简单的编辑处理,例如删除头尾,与文件混音等。Windows 中的录音机程序也提供了一些简单的优化功能,如去掉某一段、将两段音乐合成、将声音加速或降速、给声音加上回音等等。

2. 媒体播放器

Windows Media Player,是微软公司出品的一款免费播放器,是 Microsoft Windows 的一个组件。使用 Windows Media Player 可以播放、编辑和嵌入多种多媒体文件,包括视频、音频和动画文件。Windows Media Player 不仅可以播放本地的多媒体文件,还可以播放来自 Internet 的流式媒体文件。使用 Windows Media Player 也可以复制 CD 音乐到媒体库中。

7.3.3　数字图像处理软件

图形图像的平面设计是一门历史悠久、应用广泛的设计技术。Photoshop 是 Adobe 公司开发的平面图形图像处理软件,它集图像采集、编辑和特效处理于一体,是多媒体技术中非常重要的图形图像处理软件。Photoshop 在各个领域中的应用非常广泛,尤其在医学领域上的应用特别多,如在医疗诊断、教学、科研中需要对医学图像进行处理操作时,基本都采用这个软件。Photoshop 的功能特别强大,在这里我们只能简单介绍一下。

1. Photoshop 的工作界面

启动 Photoshop 之后,进入它的工作界面,如图 7-12 所示。

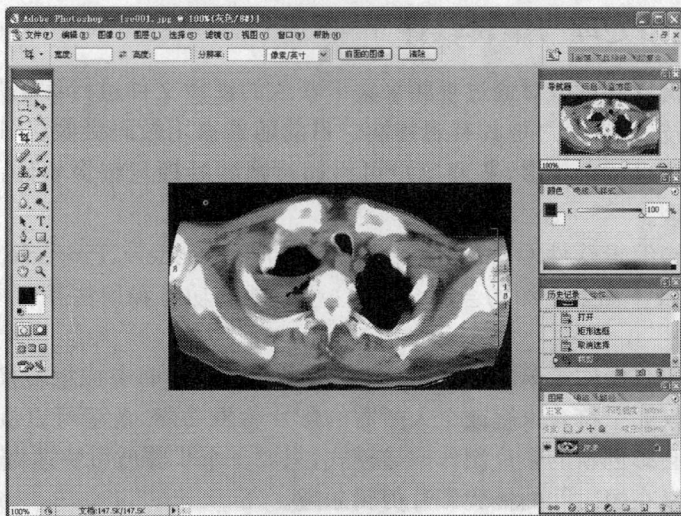

图 7-12　Photoshop 工作界面

界面中包括标题栏、菜单栏、工具选项栏、工具箱、控制面板、工作区和状态栏等几部分。

1. 菜单栏

在 Photoshop 的主菜单中包含文件、编辑、图像、图层、选择、滤镜、视图、窗口、帮助等共 9 个菜单项,菜单里面能够实现对图像的各种处理操作功能。

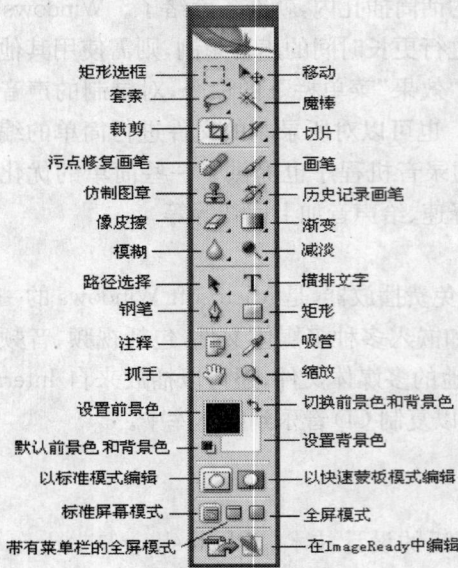

矩形选框 —— 移动
套索 —— 魔棒
裁剪 —— 切片
污点修复画笔 —— 画笔
仿制图章 —— 历史记录画笔
橡皮擦 —— 渐变
模糊 —— 减淡
路径选择 —— 横排文字
钢笔 —— 矩形
注释 —— 吸管
抓手 —— 缩放
设置前景色 —— 切换前景色和背景色
默认前景色和背景色 —— 设置背景色
以标准模式编辑 —— 以快速蒙版模式编辑
标准屏幕模式 —— 全屏模式
带有菜单栏的全屏模式 —— 在 ImageReady 中编辑

图 7-13 工具箱

2. 工具箱

工具箱包含了选择类工具、画笔类工具、绘图编辑类工具、图像查看类工具、前景色背景色设置工具及工作模式切换工具等,如图 7-13 所示。

3. 控制面板

Photoshop 有许多种不同用途的控制面板,例如导航器、信息、颜色、色板、样式、画笔、图层、路径、通道、历史记录、动作等。在工作区打开图片后,与该图片相关的信息便会显示在控制面板中,通过控制面板可以对图像进行监控或修改。控制面板可以通过窗口菜单进行打开或关闭。

4. 状态栏

显示图像的尺寸、显示比例等信息。

5. 工作区

用于显示图像,并可以在这个区域对图像进行编辑处理操作。

Photoshop 是一个功能非常强大的、重量级的图像处理软件,目前是图形图像处理方面使用最为广泛的处理软件,但其基本的文件操作仍然是非常简单的,主要是先打开或新建一个图像文件,然后对图像进行处理,最后保存就可以了。

7.3.4 视频处理与编辑软件

利用视频编辑软件可以对通过视频采集卡获取的视频文件进行编辑加工,也可以在文件中加入某些特技效果,使之更具有观赏性。目前随着家用数码摄像机(DV)的普及,对视频编辑处理的需求也越来越多,普通用户可以通过视频处理与编辑软件,在自己家里的电脑上进行视频处理。

市场上的视频编辑软件非常多,常用的有 Adobe Premiere、Pinnacle Studio、Windows Movie Maker,以及下面要介绍的会声会影,这些软件的功能和用法都相差不多,操作也较简单。

会声会影是一套操作简单的 DV、HDV 影片剪辑软件。具有成批转换功能与捕获格式完整的特点。不仅完全符合家庭或个人所需的影片剪辑功能,甚至可以挑战专业级的影片剪辑软件。会声会影创新的影片制作向导模式,只要三个步骤就可快速做出 DV 影片,即使是入门新手也可以在短时间内体验影片剪辑乐趣。

7.3.5　光盘刻录软件

在多媒体技术中,CD-ROM 的出现带来了大容量的存储器,在多媒体技术的发展过程中起到了重要作用。光驱可以用来刻录光盘,但并不是一般的光驱就可以刻录光盘,可以刻录光盘的光驱称为光盘刻录机。除了购买光盘刻录机外,还要安装光盘刻录软件,如 Easy-CD Pro、Easy-CD Creator、Nero、WinOnCD 等都是常用的刻录软件,其中 Nero 是一个由德国公司出品的光盘刻录软件,支持 ATAPI(IDE)的光盘刻录机,支持中文长文件名刻录,可以刻录多种类型的光盘片,是一个相当不错的光盘刻录程序。

Nero 是一款功能强大的刻录软件,支持多种刻录格式和完善的刻录功能,是不依赖于独特平台的、基于标准的软件,让用户可以不用考虑硬件和文件格式,自由地欣赏他们的音乐、照片和视频。作为流动影音媒体技术的创造者,Nero 允许随时随地在任意设备上创建和分发流动影音媒体内容。

Nero 的一系列软件,除 CD/DVD 刻录外,还包括图片、音乐、影像、VCD/DVD 等播放和编辑软件。Nero 中可以刻录视频光盘、音频光盘、数据光盘、照片光盘等,刻录各种光盘的操作步骤和界面基本上是一致的。

第2篇 实 验 篇

实验1 计算机基础知识

【实验目的】

(1) 了解微型计算机的基本组成和常用硬件设备。

(2) 掌握常用外部设备的连接和开关机方法。

(3) 了解计算机安全操作的基本常识。

(4) 了解键盘各键符的排列及功能。

(5) 在打字练习软件上进行指法练习。

(6) 掌握工具软件检测与清除计算机病毒的方法。

【实验内容】

(1) 计算机基本硬件组成及开关机操作。

(2) 键盘操作与指法练习。

(3) 杀毒软件的使用。

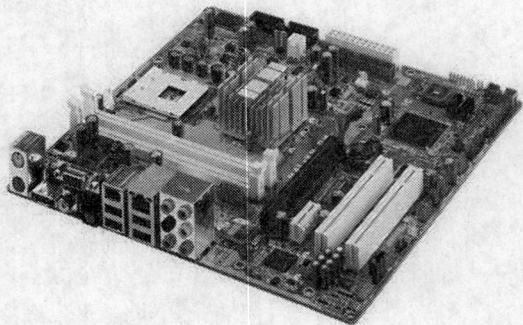

图 1-8 主板

【实验步骤】

1. 计算机基本硬件组成及开关机操作

(1) 计算机硬件的观察(教师演示)

1) 主机外部设备的观察:教师使用实物介绍计算机系统的主机、显示器、键盘、鼠标、打印机、音箱。学生注意观察。

2) 主机箱内的观察:教师打开主机箱外壳,展示并介绍主板(图 1-8)、CPU、内存、显示卡(图 1-9)、声卡(图 1-10)、总线等部件。

图 1-9 显卡

图 1-10 声卡

（2）连接系统

1）插拔插头应沿着直线方向，不要上下或左右摇晃。

2）教师用实物介绍主机箱背面的各个接口（如图 1-11），学生注意观察。①鼠标接口；②键盘接口；③打印机接口；④显示器接口；⑤网卡接口；⑥USB 接口；⑦声卡接口。

3）演示把鼠标、键盘、显示器、打印机等外部设备连接到主机箱上。

4）介绍主机箱上电源和 Reset 开关的作用和使用方法；介绍主机箱上信号灯的含义。

图 1-11　主机背部各 I/O 接口

（3）调整显示器：调整显示器主要是调整对比度和亮度。

（4）开、关机操作（学生操作）

1）按先外设后主机的顺序打开计算机的电源开关，启动操作系统。

2）观察 Windows 操作系统的界面。

3）关闭 Windows 操作系统。

4）按先主机后外设的顺序关闭计算机电源。

2. 键盘操作与指法练习

（1）掌握打字姿势及正确的击键指法

正确的打字姿势应该是：把原稿放在键盘的左侧或者右侧，击键时，双眼视线集中于原稿上；调节好坐椅的高低，腰部挺直，双脚自然地踏在地板上，头稍向前倾；上臂自然下垂，身体与键盘相距 20 厘米，肘部与身体相距 10 厘米；下臂和手腕向上倾斜，但不拱起手腕，也不能接触键盘；手指自然弯曲，轻轻地放在基准键位上。

击键要领：手指自然弯曲轻放在 ASDFJKL;八个基准键上；击键用力部位主要靠指关节，而不是用腕力；击完键后要迅速回到基准键上；用大拇指击空格键。

（2）击键操作

1）进行 26 个英文字母的练习。

2）功能键练习：Shift；Enter；Esc；CapsLock；BackSpace；Alt；Ctrl。

3）小键盘的练习。

（3）在打字练习软件上进行指法训练：从市场需求和岗位要求来看，计算机普及到各行各业，几乎无处不在，无处不用，尤其是金融、保险行业、话务、司法、文秘、电子商务人员等岗位对计算机录入技能的要求更高些。社会对打字速度的有关具体要求请见表 1-5。

表 1-5　社会对打字速度的有关具体要求

社会普通要求	基本素质	打字员	高级打字员		备注
速度标准(字/分钟)	60	120	200		看稿打
准确率(%)	95 以上	98	99		
对文员要求	普通文员	高级文员	专业文员	专业录入员	备注
速度标准(字/分钟)	45	80	120	160	看稿打
计算机协会证书	C级	B级	A级		备注
速度标准(字/分钟)	45	70	100		看屏打
速录师的国家标准	初级	中级录入师	高级录入师		备注
速度标准(字/分钟)	140	180	220		听打

3. 杀毒软件的使用

（1）以瑞星软件为例启动杀毒软件（图 1-12）。

（2）检测与清除病毒：可选择"杀毒"选项卡中的快速查杀、全盘查杀和自定义查杀。快速查杀就是对系统关键部位进行查杀，用最少的时间对系统进行安检；当用户对时间不敏感的时候就可以使用全盘查杀，这样将会最大程度保证用户系统安全；自定义查杀将会对系统单独某个文件夹进行查杀。

图 1-12　瑞星杀毒软件主界面

（3）升级杀毒软件：如果安装有瑞星杀毒软件的电脑不方便上网，用户可以在具备上网条件的电脑上登录瑞星网站手动下载升级程序文件来完成升级。瑞星网站定期提供升级程序文件，这样在用户重新安装操作系统后，都可以方便快速地更新瑞星全功能安全软件的版本。

升级方法：登录瑞星网站，使用产品序列号和用户 ID 进入产品升级更新服务页面。下载相关的升级程序，保存到本地硬盘，然后双击执行该升级程序即可。如果本机可以上网的话，可直接进行智能升级。

实验 2　Windows XP 应用基础

【实验目的】

（1）掌握 Windows XP 的基本操作和基本设置。

（2）掌握文件和文件夹的基本操作，熟练运用计算机处理文件和文件夹。

【实验内容】

Windows XP 基本设置及文件和文件夹操作。

【实验步骤】

1. Windows XP 基本操作

（1）更改桌面图标的显示方式

1）在桌面空白位置点击鼠标右键，弹出菜单中选择【排列图标】|【名称】，如图 2-49 所示，英文名按英文字母顺序排列，中文名按拼音顺序排列。

2）在桌面空白位置点击鼠标右键，弹出菜单中选择【排列图标】|【大小】，文件按所占磁盘空间从小到大排列。

3）在桌面空白位置点击鼠标右键，弹出菜单中选择【排列图标】|【类型】，把类型相同的文件排列在一起。

4）在桌面空白位置点击鼠标右键，弹出菜单中选择【排列图标】|【修改时间】，按文件的修改时间排列文件。

5）在桌面空白位置点击鼠标右键，弹出菜单，选择【排列图标】|【自动排列】，使【自动排列】左侧出现"√"，桌面图标按从上到下，从左到右的顺序排列在桌面上，否则桌面图标可以放在任意位置，如图 2-50 所示。

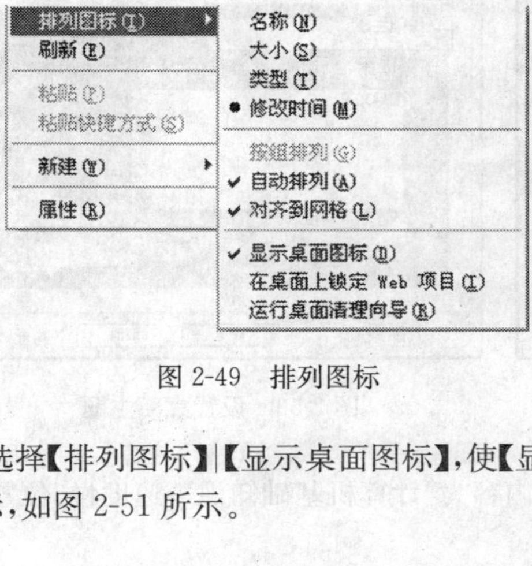

图 2-49　排列图标

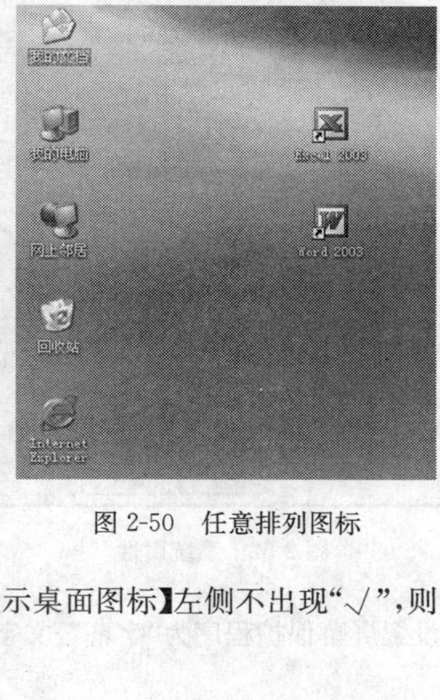

图 2-50　任意排列图标

6）选择【排列图标】|【显示桌面图标】，使【显示桌面图标】左侧不出现"√"，则桌面上不显示图标，如图 2-51 所示。

图 2-51　不显示桌面图标

（2）查看系统属性

1）在【我的电脑】图标上，点击鼠标右键，在弹出菜单中选【属性】，出现【系统属性】对话框，如图 2-52。

2）在【常规】选项卡中，查看操作系统及 CPU 信息。

（3）设置桌面的主题为"Windows 经典"：右击桌面空白位置，弹出菜单选【属性】，在弹出对话框的【主题】选项卡中选择主题为【Windows 经典】，如图 2-53，点击【确定】按钮。

图 2-52　系统属性

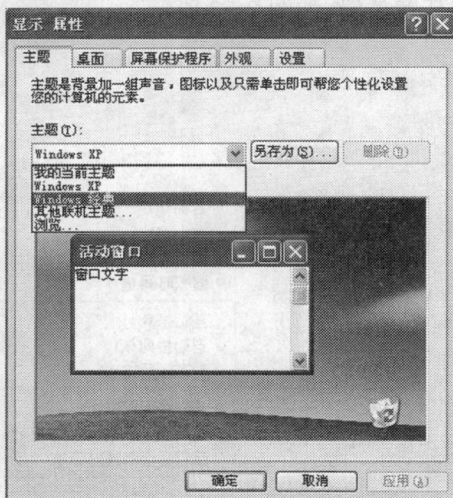

图 2-53　设置桌面主题

（4）设置屏幕保护程序为"字幕"：文字内容为"计算机基础知识"，速度慢，位置居中。

　　1）右击桌面空白位置，弹出菜单选
【属性】，在弹出对话框的【屏幕保护程序】
选项卡中选择屏幕保护程序为"字幕"。

　　2）点击【设置】按钮，弹出【字幕设置】
对话框，如图 2-54，文字为"计算机基础知
识"，速度为"慢"，位置选择"居中"。

　　（5）设置显示外观，窗口和按钮为
"Windows XP 样式"，色彩方案为"银色"，
字体大小为"大字体"。

图 2-54　字幕设置

　　右击桌面空白位置，弹出菜单选【属性】，在弹出对话框的【外观】选项卡中选择窗口和
按钮为"Windows XP 样式"，色彩方案为"银色"，字体大小为"大字体"，如图 2-55，点击【确
定】按钮。

　　（6）设置【开始】菜单为"经典开始菜单"，并显示【开始】|【设置】|【控制面板】的扩展内
容，查看设置结果。

　　1）右键点击【开始】菜单，在弹出菜单中选择【属性】，弹出【任务栏和开始菜单属性】对
话框，在【开始菜单】选项卡中选择【经典开始菜单】。

　　2）点击【自定义】按钮，弹出【自定义经典开始菜单】对话框，选择【扩展控制面板】，点击
【确定】按钮，如图 2-56。

　　3）点击【开始】|【设置】|【控制面板】查看设置结果。

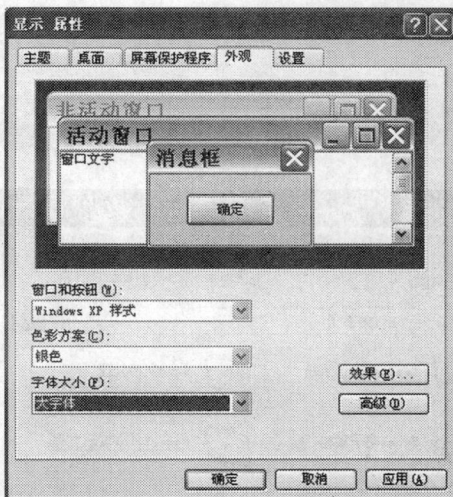

图 2-55　设置显示外观

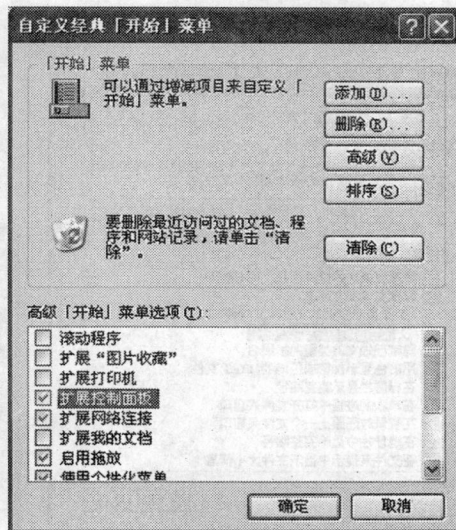

图 2-56　开始菜单自定义

　　（7）设置任务栏属性为"自动隐藏任务栏"，并且不显示时钟

　　1）右击任务栏空白处，在弹出菜单中选【属性】，弹出【任务栏和开始菜单属性】对话框，
选择【任务栏】选项卡。

　　2）选择【自动隐藏任务栏】选项，使其被选中；选择【显示时钟】选项，使其不被选中，如
图 2-57，确定并查看任务栏。

2. 文件及文件夹操作

（1）显示 C 盘内容，用"详细信息"方式查看，显示隐藏文件

1）打开【我的电脑】，进入【本地磁盘 C：】，点击【查看】按钮，在弹出菜单中选择【详细信息】，如图 2-58。

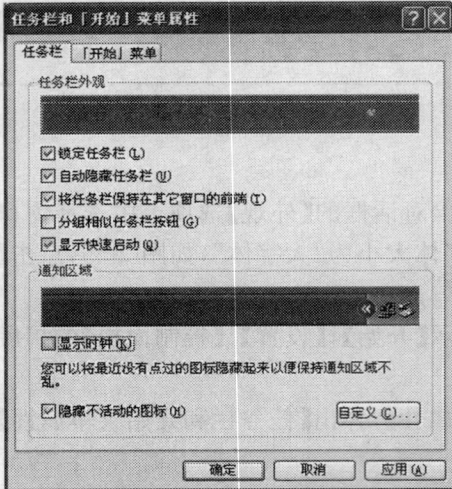

图 2-57　隐藏任务栏

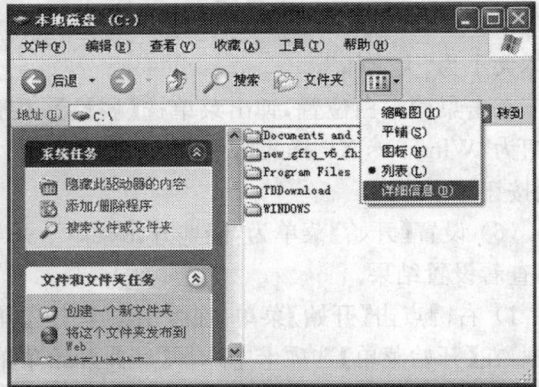

图 2-58　查看详细信息

2）选择【工具】|【文件夹选项】，弹出【文件夹选项】对话框，在【查看】选项卡中，选择【显示所有文件和文件夹】选项，如图 2-59。

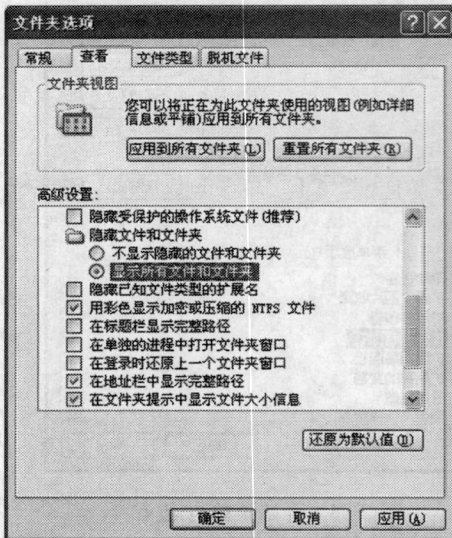

图 2-59　显示所有文件和文件夹

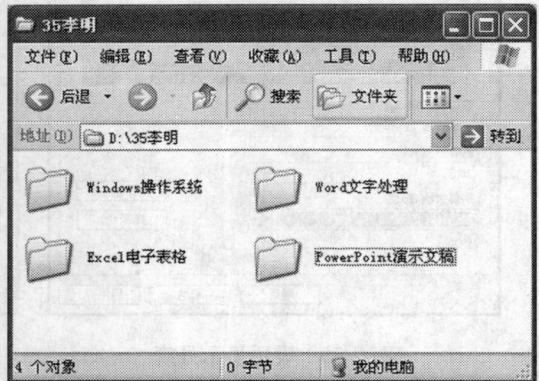

图 2-60　建立文件夹

（2）在 D 盘下建立如下的文件夹结构

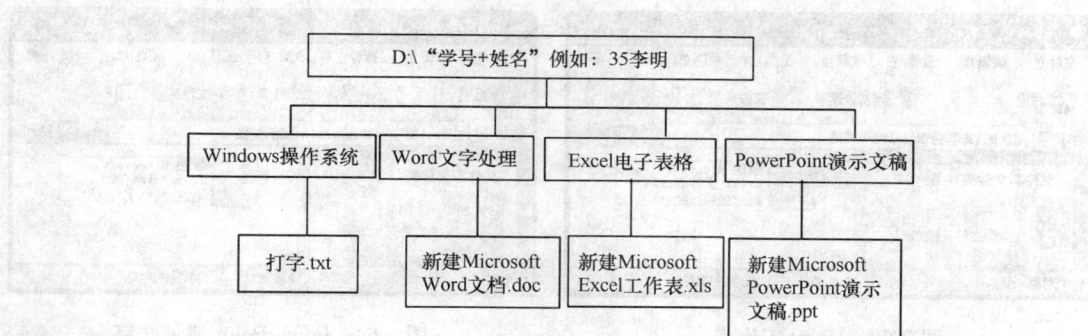

1）打开【我的电脑】，找到【本地磁盘 D:】双击打开，地址栏显示"D:\"，选择【文件】|【新建】|【文件夹】，在 D 盘下出现"新建文件夹"，输入文件夹名为"学号＋姓名"，鼠标在空白位置单击确认。

2）双击打开新建的"学号＋姓名"文件夹，按照步骤 1 中的方法分别建立"Windows 操作系统"、"Word 文字处理"、"Excel 电子表格"和"PowerPoint 演示文稿"4 个子文件夹，如图 2-60。

3）打开"Windows 操作系统"文件夹，选择【文件】|【新建】|【文本文档】，文件名为"打字 .txt"。观察文件扩展名及文件图标，如图 2-61。

4）点击工具栏的【向上】按钮，回到"学号＋姓名"文件夹，进入"Word 文字处理"文件夹，选择【文件】|【新建】|【Microsoft Word 文档】。观察文件扩展名及文件图标，如图 2-62。

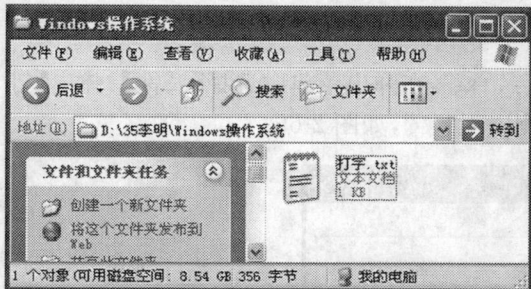

图 2-61　文本文档

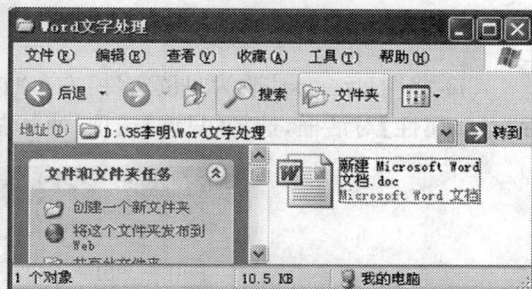

图 2-62　Word 文档

5）点击工具栏的【向上】按钮，回到"学号＋姓名"文件夹，进入"Excel 电子表格"文件夹，选择【文件】|【新建】|【Microsoft Excel 工作表】。观察文件扩展名及文件图标，如图 2-63。

6）点击工具栏的【向上】按钮，回到"学号＋姓名"文件夹，进入"PowerPoint 演示文稿"文件夹，选择【文件】|【新建】|【Microsoft PowerPoint 演示文稿】。观察文件扩展名及文件图标，如图 2-64。

（3）在"Windows 操作系统"文件夹下，找到"打字 .txt"文件并双击打开，按图 2-65 所示输入内容并保存文件。

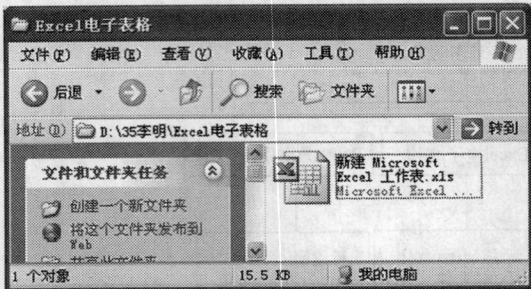

图 2-63　Excel 工作表

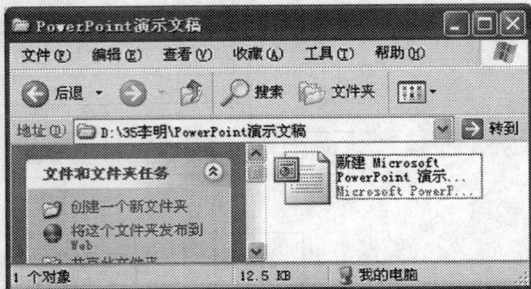

图 2-64　PowerPoint 演示文稿

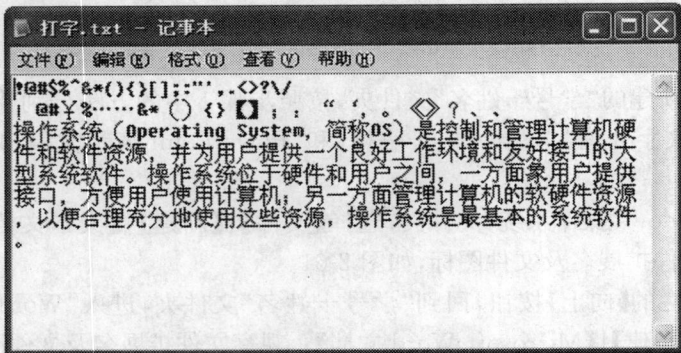

图 2-65　打字内容

（4）将"打字.txt"改为只读文件：右击"打字.txt"，在弹出菜单中选择【属性】，弹出【打字.txt 属性】对话框，选择【只读】选项，使其左侧出现"√"，如图 2-66。

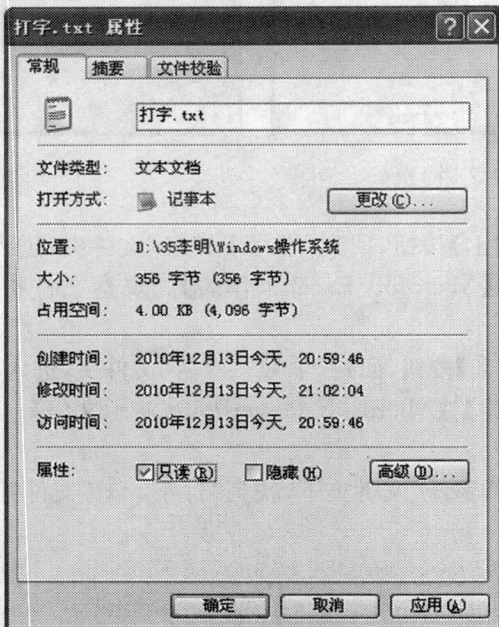

图 2-66　设置只读属性

(5) 打开【画图】程序,画一幅图,保存在【我的文档】中,名称为"我的图片.bmp"。将"我的图片.bmp"移动到"Windows 操作系统"文件夹中,并改名为"画图练习.bmp"。

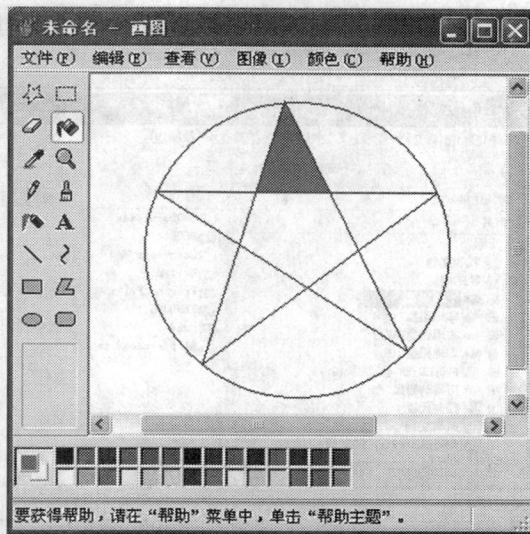

图 2-67　画图

1) 选择【开始】|【程序】|【附件】|【画图】,打开画图文件,如图 2-67,使用画笔等工具画图。

2) 选择【文件】|【保存】,文件名为"我的图片.bmp",位置为"我的文档"。

3) 在桌面上打开【我的文档】,在弹出窗口中右击"我的图片.bmp",在弹出菜单中选择【剪切】。

4) 打开"D:\学号+姓名\Windows操作系统",在空白位置右击鼠标,在弹出菜单中选择【粘贴】。

5) 右击"我的图片.bmp",在弹出菜单中选【重命名】,将文件名改为"画图练习.bmp"。

(6) 在"C:\"盘中查找"calc.exe"文件,拷贝到"Windows 操作系统"文件夹中并查看文件属性。

1) 选择【开始】|【搜索】|【文件或文件夹】,在弹出窗口中按图 2-68 左侧窗格所示填写,点击【立刻搜索】,结果如图 2-68 右侧窗格。

2) 在查找到的结果文件上右击,弹出菜单选【复制】。

3) 在"D:\学号+姓名\Windows 操作系统"的空白位置,点击右键,弹出菜单选【粘贴】。

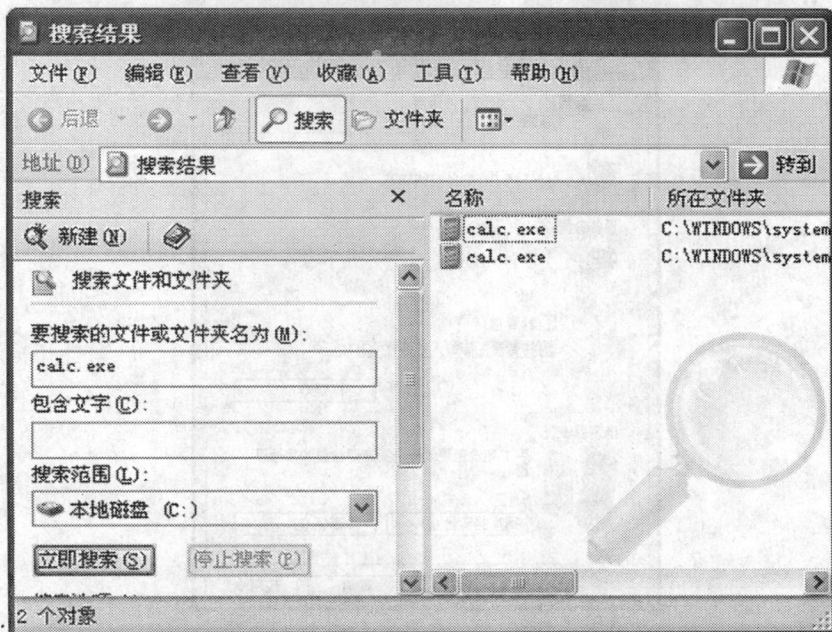

图 2-68　搜索文件

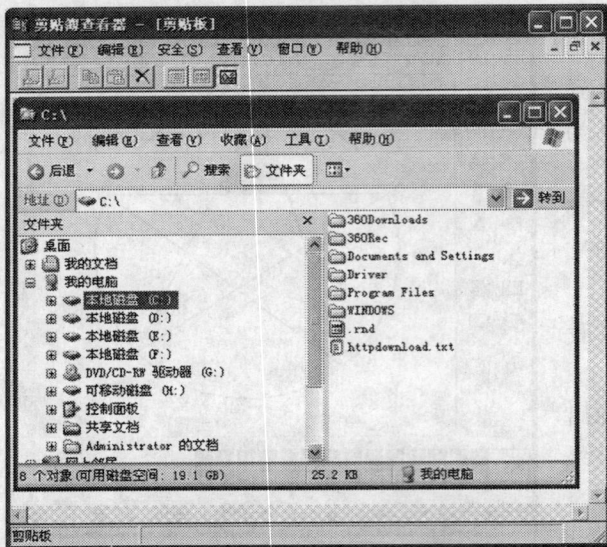

图 2-69　剪贴板

3. Windows XP 系统设置

（1）将桌面背景设为"我的图片.bmp"，并居中显示：右击桌面空白位置，弹出菜单选【属性】，在弹出对话框的【桌面】选项卡中点击【浏览】按钮，从中选择"我的图片.bmp"，在位置中选择【居中】，点击【确定】并查看桌面背景的变化。

（2）打开"资源管理器"将"学号＋姓名"文件夹复制到 E 盘：右击【开始】菜单，选择【资源管理器】，打开资源管理器窗口，选择 D 盘，在右侧窗口中选中"学号＋姓名"文件夹，向左侧窗口中的 E 盘拖拽，可以看到鼠标下面的"＋"图标。

（3）将"资源管理器"窗口截屏，并查看剪贴板：

1）右击【开始】菜单，选择【资源管理器】，打开资源管理器窗口，按下【Alt＋Print Screen】组合键。

2）选择【开始】|【运行】，在弹出的对话框中输入"clipbrd.exe"，点击【确定】按钮，打开剪贴板如图 2-69。

（4）使"音量"按钮在通知区域不显示：选择【开始】|【设置】|【控制面板】，打开控制面板窗口，打开【声音和音频设备】，在弹出对话框中选择【将音量图标放入任务栏】，使其不被选中，如图 2-70。

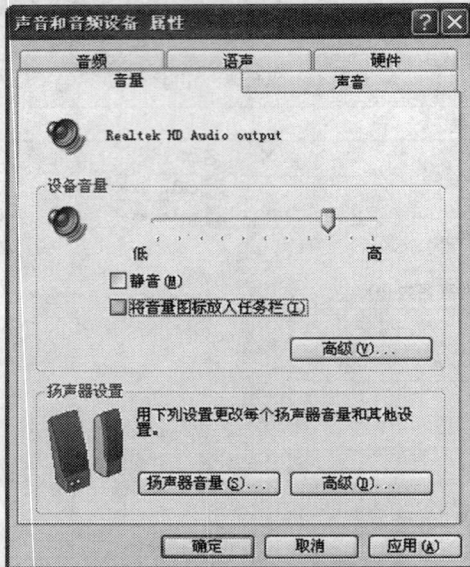

图 2-70　不显示音量按钮

（5）对 C 盘进行磁盘清理：选择【开始】|【程序】|【附件】|【系统工具】|【磁盘清理】，如图 2-71。

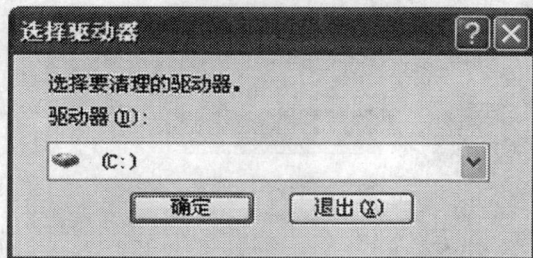

图 2-71　清理 C 盘

（6）对 D 盘进行磁盘碎片整理：选择【开始】|【程序】|【附件】|【系统工具】|【磁盘碎片整理】，如图 2-72。

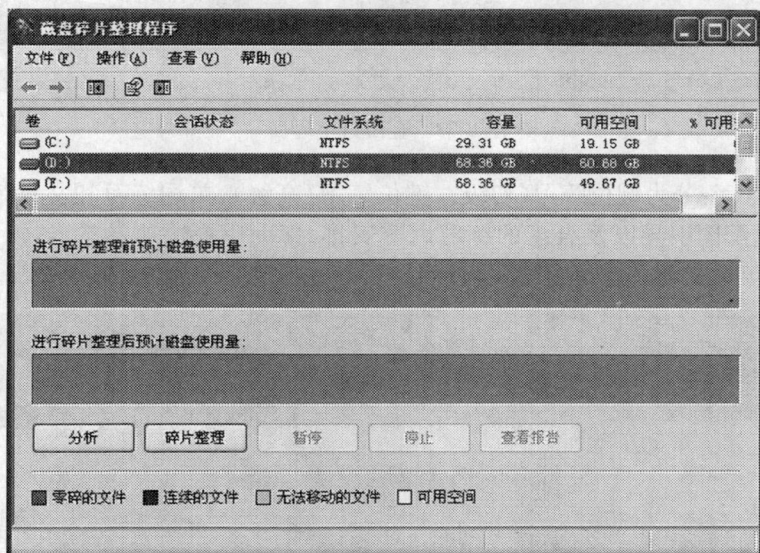

图 2-72　D 盘碎片整理

4. 使用金山打字软件进行打字练习

金山打字是金山公司推出的系列教育软件，主要由金山打字通和金山打字游戏两部分组成，是一款功能齐全、数据丰富、界面友好、集打字练习和测试于一体的打字软件，适用于打字教学、电脑入门、职业培训、汉语言培训等多种使用场景。金山打字通针对用户的水平定制个性化的练习课程，循序渐进，提供英文、拼音、五笔、数字符号等多种输入练习，并为收银员、会计、速录等职业提供专业培训。

选择【开始】|【程序】|【金山打字通】，打开金山打字通软件，界面如图 2-73，输入用户名后就可以选择英文打字、拼音打字、五笔打字、速度测试、打字游戏等功能，由于使用软件版本不同，用户实际看到界面可能和图中略有区别。

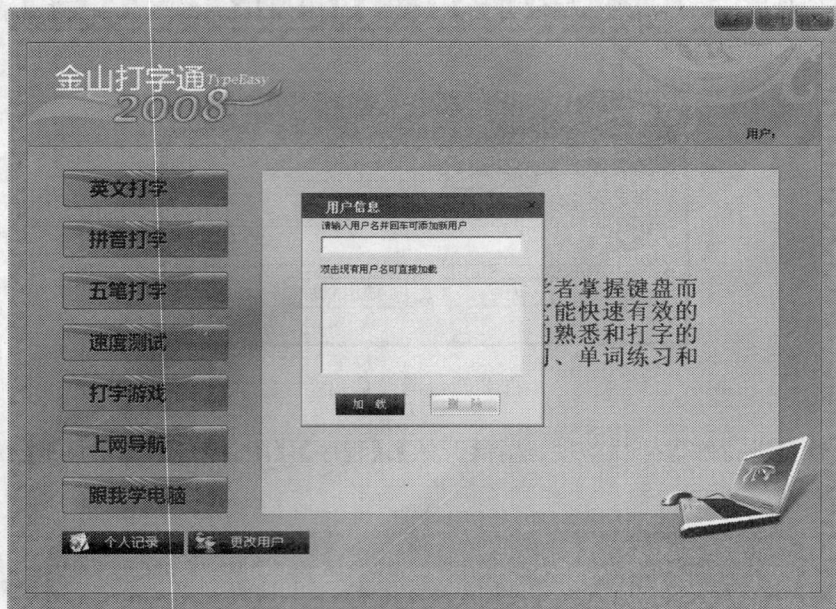

图 2-73 金山打字界面

(1) 英文打字:分为键位练习(初级)、键位练习(高级)、单词练习和文章练习。在键位练习部分,通过配图引导以及合理的练习内容安排,帮助用户快速熟悉、习惯正确的指法,由键位记忆到英文文章全文练习,逐步让用户盲打并提高打字速度,如图 2-74。

图 2-74 英文打字

(2) 拼音打字：拼音打字分为音节练习、词组练习、文章练习三部分。在音节练习阶段不但可以让用户了解拼音打字的方法，还可以帮助用户学习标准的拼音。同时还加入了异形难辨字练习、连音词练习，方言模糊音纠正练习，以及 HSK（汉语水平考试）字词的练习。这些练习给初学汉语或者汉语拼音水平不高的用户提供了极大的方便，同时也非常适合中小学生及外国留学生的汉语教学工作，为拼音录入学习提供了全套的解决方案。

(3) 五笔打字：五笔打字是从字根到词组分级练习学习五笔，有编码及拆码两种提示，并对难拆字和常用字分别训练，是短期熟悉五笔录入的绝佳工具。

(4) 速度测试：速度测试是测试用户录入速度的模块。有屏幕对照、书本对照、同声录入三种形式，每种形式都可检测打字速度，最后以速度曲线直观显示录入速度的变化。

其中 WPM(words per minute)即每分钟多少个字，是打字测速的一种标准。新手的打字速度较低，一般为 10~20wpm，30~40wpm 就可以较熟练的进行文字录入，60~70wpm 可以胜任一般单位的文字录入工作，100~110wpm 可以胜任初级秘书及一般文员的工作，120~130wpm 以上踏入高手行列。

(5) 打字游戏：打字游戏包括激流勇进、生死时速、太空大战等多个游戏，其操作简单、情节紧张刺激，使用户在轻松娱乐的过程中不知不觉地提高了打字速度，寓教于乐。

实验 3　计算机网络基础及 Internet 应用

【实验目的】

(1) 熟练掌握家用宽带的申请安装和使用方法。

(2) 掌握浏览器的基本操作方法。

(3) 能够利用百度搜索引擎检索和下载信息资源。

(4) 掌握申请免费邮箱和收发电子邮件的操作方法。

(5) 掌握 MSN 即时通讯软件的使用。

(6) 熟悉网上购物的流程。

【实验内容】

(1) 在运行 windows XP 的个人电脑上实现 ADSL 接入 internet。

(2) IE 浏览器的基本操作。

(3) 浏览新浪网并保存网页及网页内的图片到 D 盘根文件夹。

(4) 下载暴风影音播放软件并保存到 C 盘根文件夹。

(5) 百度搜索引擎的使用方法。

(6) 在网易 163 网站申请免费电子邮箱并将下载的图片作为附件发送给好友。

(7) MSN 即时软件使用方法。

(8) 在淘宝网购买"笔记本电脑"的方法。

【实验步骤】

1. 在运行 windows XP 的个人电脑上实现 ADSL 接入 Internet

(1) 申请安装方式和选择资费方案：到当地所属营业厅进行申请 ADSL 安装，客户在营业厅办理 ADSL 相关手续并交费后，即可获得 ADSL 上网用户名和密码。通常上网费用包括一次性费用(一次性接入费和综合工料费)和宽带使用费用，宽带使用费用方案有三种：限时、包月和计时。可以根据使用 Internet 的情况，选择一种方案。

(2) ADSL Modem 的安装与连接

1) 按照图 3-9 安装 ADSL Modem 和分离器

A. 将分离器的 LINE 口用电话线连接到墙面上的电话插口。

B. 若同时使用固定电话，则用电话线将电话机连接到分离器的 PHONE(TEL)口上。

C. 将 ADSL Modem 用电话线连接到分离器的 Modem 或 ADSL 口上。

D. 将计算机的网卡与 Modem 用网线连接起来。

E. 打开 Modem 电源，Modem 灯亮。

2) 用户端的软件配置：Windows XP 集成了许多硬件驱动程序和通信协议，目前 ADSL 接入方式通常采用的是用户虚拟拨号方式(PPPOE)软件拨号，PPPoE 就是其中的一种用户虚拟拨号软件。通过 Windows XP 内置的功能，ADSL 的个人或局域网用户无须安装任何其他专用的 PPPoE 软件，就可以建立 ADSL 或局域网的虚拟拨号连接。

3) 建立 ADSL 拨号连接

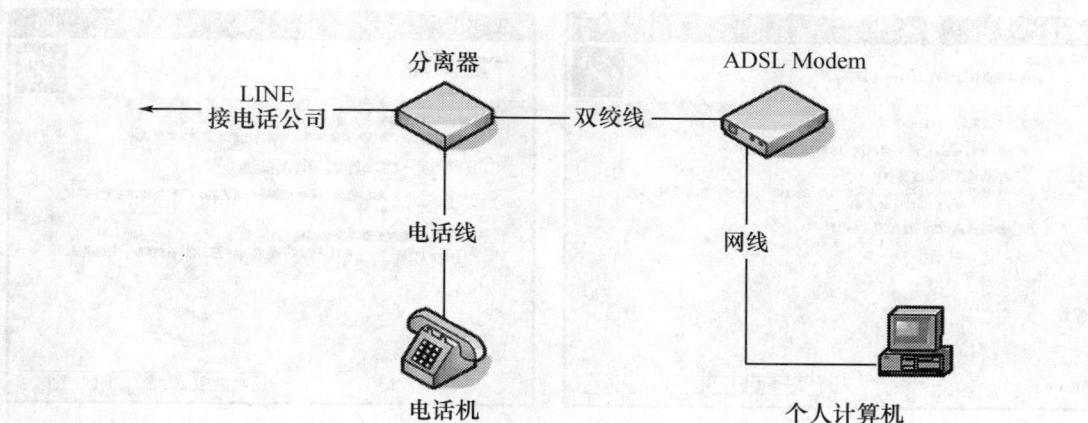

图 3-9 ADSL Modem 连接示意图

　　A. 在 Windows XP 操作系统的桌面上，右击"网上邻居"，在弹出的快捷菜单中选择
"属性"命令。在打开的"网络连接"窗口左侧的"网络任务"栏中，选择"创建一个新连接"，
即可开启"新建连接向导"，如图 3-10 所示。单击"下一步"按钮，打开如图 3-11 所示的对
话框。

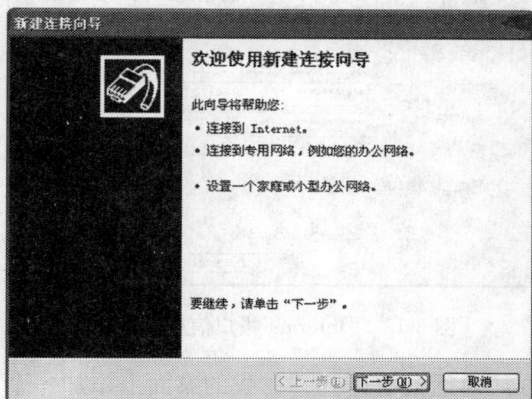

图 3-10 新建连接向导对话框

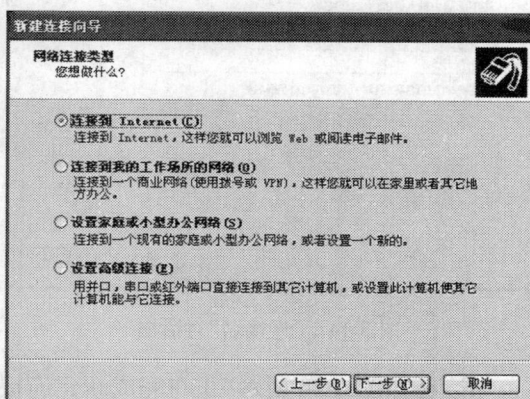

图 3-11 "网络连接类型"对话框

　　B. 在图 3-11 所示的"网络连接类型"对话框中，选中"连接到 Internet"单选按钮，然后
单击"下一步"按钮，打开如图 3-12 所示的"准备好"对话框。在这个对话框中，单击"手动设
置我的连接"单选按钮，然后单击"下一步"按钮，打开如图 3-13 所示的对话框。

　　C. 在图 3-13 所示的"Internet 连接"对话框中，单击"用要求用户名和密码的宽带连接
来连接"单选按钮，然后单击"下一步"按钮，打开如图 3-14 所示的对话框。

　　D. 在图 3-14 所示的"连接名"对话框中，输入用户为该 ISP 设置的名称（用来区分不同
ISP），本例设为 adsl-link，然后单击"下一步"按钮，打开如图 3-15 所示的对话框。

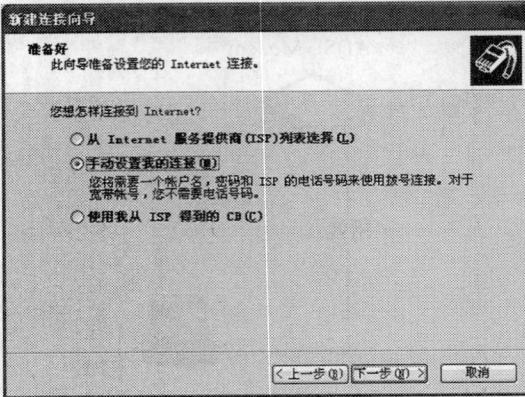

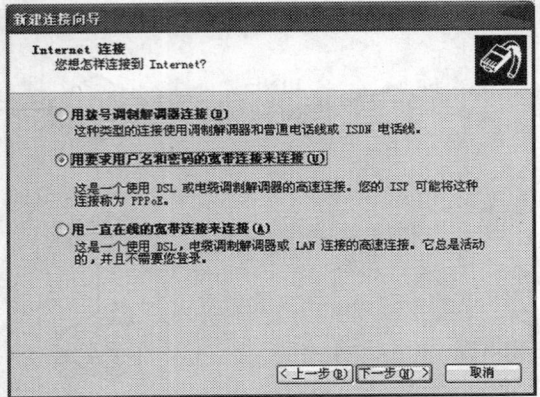

图 3-12 "准备好"对话框　　　　　　　图 3-13 "Internet 连接"对话框

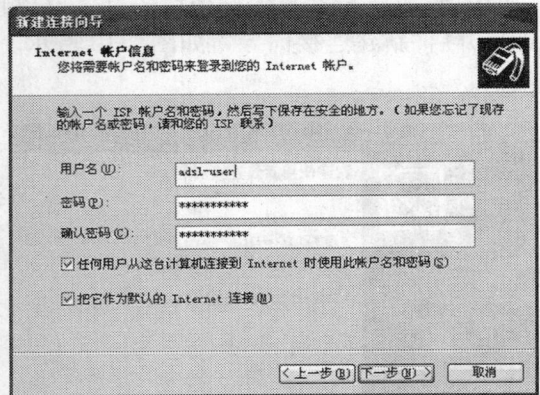

E. 在如图 3-15 所示的"Internet 帐户信息"对话框中,输入用户名和密码后,单击"下一步"按钮,打开如图 3-16 所示的对话框。

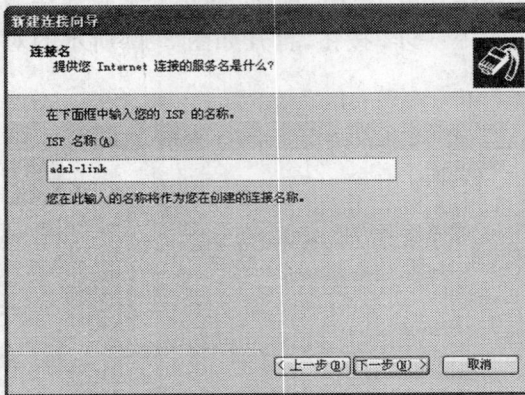

图 3-14 "连接名"对话框　　　　　　　图 3-15 "Internet 帐户信息"对话框

F. 在如图 3-16 所示"正在完成新建连接向导"对话框中,勾选"在我的桌面上添加一个到此连接的快捷方式"复选框,单击"完成"按钮,完成 ADSL 虚拟拨号连接的设置过程。此时,可以在桌面上看到 ADSL 连接快捷方式图标。

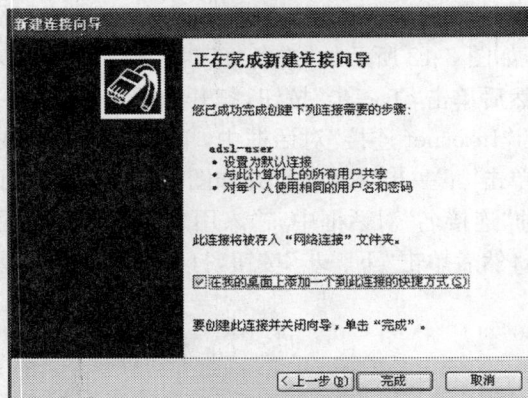

图 3-16 "正在完成新建连接向导"对话框

（3）使用 ADSL 拨号连接 Internet

1）完成 ADSL 连接设置后，可以通过在桌面上双击快捷方式图标，打开如图 3-17 所示的"连接 adsl-link"对话框。

2）在如图 3-17 所示的对话框中，输入由 ISP 提供给用户的用户名和密码，单击"连接"按钮，即可以接入 Internet。

2. IE 浏览器的基本操作

（1）打开网页：要打开某个网页，用户可以通过在 IE 浏览器的地址栏里输入该网页的网址，以打开新浪首页为例，启动 IE 浏览器后，在其地址栏中输入 http://www.sina.com.cn，然后按 ENTER 键，即可进入新浪的主页。

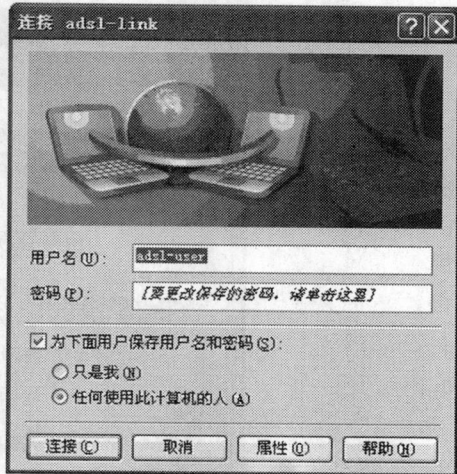

图 3-17　"adsl-link"对话框

为了避免用户重复烦琐地输入一些最近已经访问的网址，IE8 浏览器提供了网址记忆功能。借助 IE 浏览器的历史记录，用户可以快捷地打开最近访问过的网站的网址。

方法：通过单击【地址栏】右侧的"下拉"按钮，在下拉列表框中选择最近打开过的网页。

（2）网页的跳转：当用户按照上面的方法进入新浪的主页后，发现网页上只是罗列了几个标题，而用户想要得到更详细的内容，如"新闻"详细内容，把鼠标移动到网页上的"新闻"标题处，当鼠标手形图标时时单击，浏览器就会从当前新浪的首页跳转到新浪新闻的页面。若用户想查看自己感兴趣的新闻的详细内容，可重复刚才的操作。

超链接的形式不仅有文字还有图像。一般文字的超链接是蓝色，文字下面有一条下划线。当鼠标指针移动到超链接时，就会变成一只小手的形状。浏览过的文字超链接的文本颜色会变成紫色，图像超链接的颜色，则不会发生变化。

（3）关闭网页：当浏览完网页之后，应把对应的网页关闭。这样不但可以避免网页打开过多造成混淆，而且可以节约系统资源。

方法：单击 IE 浏览器标题栏右侧的"关闭"按钮，采用这种方法直接关闭了浏览器，以及所有以打开的选项卡。

（4）设置起始主页：若用户希望每次启动浏览器后首先就能看到自己喜欢的网页，可以把该网页设置为浏览器的主页。

操作步骤：

1）打开准备设置为主页的网页，以新浪为例。

2）在 IE【工具】菜单栏中，选择【Internet 选项】对话框。如图 3-18 所示。

3）选择【常规】选项卡，单击"使用当前页"按钮，可见主页栏里网址变成了"新浪"网址。

4）单击"应用"按钮，然后单击"确定"按钮，完成设置。

（5）Web 页面的收藏：对于在上网过程中遇到的一些比较喜欢的网站，可以把它们添加到 IE 收藏夹里。当以后再想访问该网站时，用户可以直接在 IE 的收藏夹里找到该网站的网址。

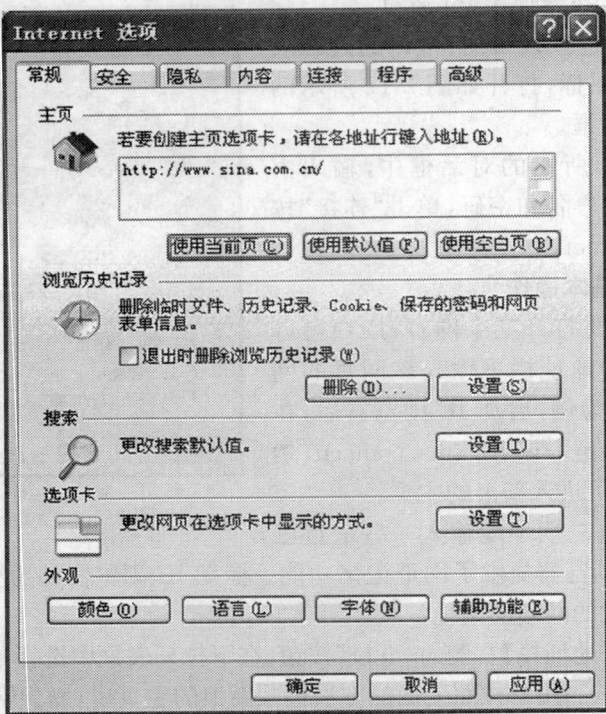

图 3-18　Internet 选项窗口

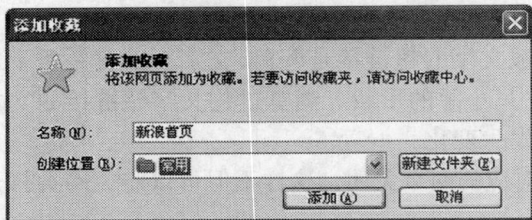

图 3-19　添加收藏窗口

保存 Web 网页地址的步骤如下：

1）选择【收藏夹】|【添加到收藏夹】命令，打开如图 3-19 所示"添加收藏"对话框。

2）在该对话框中，选择保存网页的目录，并在名称栏中输入一个代表该网站的名称。例如，将当前页面添加到"常用"文件夹下，取名为"新闻首页"。之后，单击"确定"按钮，计算机会自动完成收藏网页的任务。

（6）修改网页显示效果：为了满足不同用户的显示效果 IE 提供了自定义网页的缩放大小、网页字体和纯文字体等功能，用户可以根据自己的需求设置 IE 的网页显示效果。

1）设置网页的缩放大小：如果用户感觉网页的默认字体太小或太大，则可以通过改变网页的缩放大小来改变网页内容的显示效果。在 IE 浏览器状态栏的右侧，单击"▼"更改缩放级别按钮。选择网页的缩放级别，单击要放大或缩小的百分比选项。

若要指定自定义级别，选择【自定义】选项。在弹出的对话框中，如输入缩放值"120"，单击【确定】按钮完成设置，如图 3-20 所示。

2）改变网页上文本的大小：通过更改网页上文本的大小，可以使网页更适合用户的观看习惯。更改文本大小时，图形和控件仍保持原始大小，而文本的大小会发生改变。

图 3-20　自定义缩放窗口

单击 IE 浏览器工具栏中的页面(P)按钮,在弹出的列表中选择"文字大小"命令,选择所需的大小。

(7) 浏览新浪网并保存网页及网页内的图片到 D 盘根文件夹。

1) 在浏览器中打开新浪主页 http://www.sina.com.cn。

2) 选择【文件】|【另存为】命令,或者单击工具栏中的按钮,然后在弹出的列表中选择【另存为】命令。

3) 在弹出的【保存网页】对话框中,选择网页的保存位置 D 盘根文件夹,然后用户可以输入一个新的名字,作为网页的名称,也可以使用默认的名字,一般为该网页的标题。

4) 在【保存类型】下拉列表中,选择网页的保存类型。保存类型共种 4 种,这里选择"网页,全部"。

5) 选择编码格式,按照默认编码格式简体中文保存即可。

6) 单击保存(s)按钮,弹出保存网页对话框,并显示保存进度。

7) 网页保存完毕后,将生成一个 HTML 格式的文件和一个同名的文件夹。双击该HTML 格式的文件即可在浏览器中浏览该网页的内容。

8) 在当前网页中选择一幅图像或动画,单击鼠标右键,从弹出的快捷菜单中选择"图片另存为",保存位置选择 D 盘,则将该图像或动画保存到本地计算机。

3. Internet 应用

(1) 通过浏览器下载应用软件:很多网站都以超链接的形式在网页上提供资源,用户可以直接通过浏览器下载资源到本地计算机。这种下载方式的特点是比较简单,易操作,但不支持断点续传。

操作步骤:

1) 在浏览器中打开提供下载资源链接的网页,以下载暴风影音播放软件为例。在地址栏中输入 http://www.baofeng.com,打开暴风影音的官方网站。如图 3-21 所示。

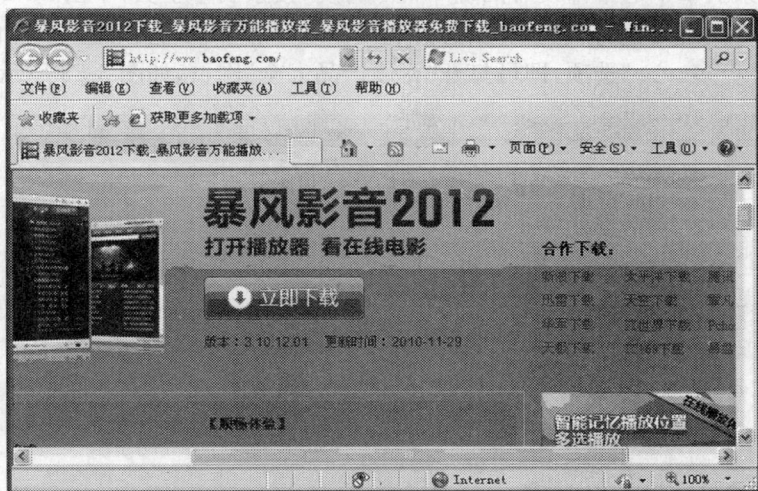

图 3-21 暴风影音下载页面

2) 右键单击"立即下载",弹出的菜单中选择【另存为】,弹出"另存为"对话框,选择指定磁盘目录 C 盘根文件夹,用户可以在"文件名"输入框中输入文件要保存的名称或者使用文件的默认名称。

3）单击"保存"按钮，然后单击保存按钮，弹出文件下载对话框，显示文件的下载进度，则暴风影音软件下载到 C 盘根目录。

（2）百度搜索引擎的使用方法

1）利用"百度"搜索引擎，搜索"计算机网络技术"并进入"百度产品大全"：在浏览器的地址栏输入百度的网址 http://www.baidu.com，进入到百度搜索主页，输入关键字"计算机网络技术"；单击"百度一下"按钮，将显示搜索到有关"计算机网络技术"的文章，如图 3-22 所示。

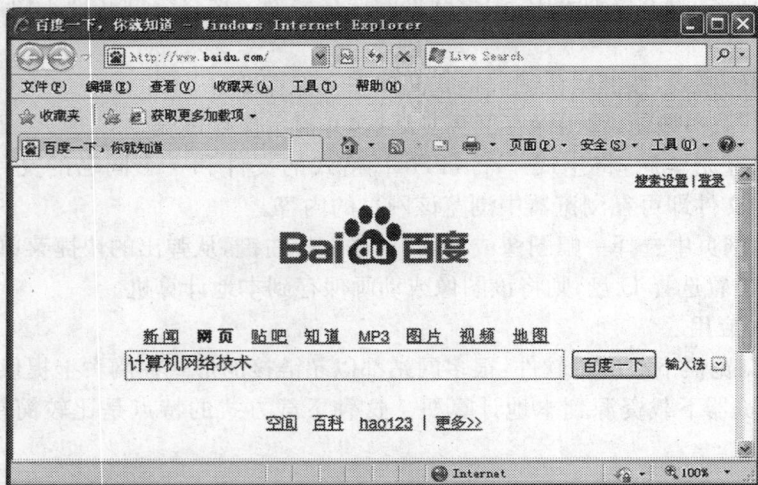

图 3-22　百度搜索页面

在各个搜索引擎中通常都设有网址库，在"百度"搜索引擎主页，单击 hao123 选项，将打开"百度-hao123 网址之家"窗口。单击感兴趣的网址，用户可以直接进入所选的网站。

如果单击"更多＞＞"选项，即可打开"百度产品大全"网页，如图 3-23 所示。

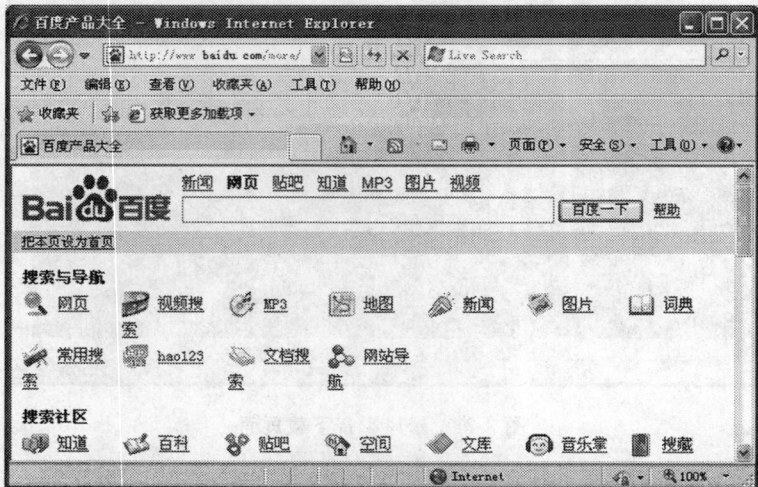

图 3-23　百度产品大全页面

"百度产品大全-常用搜索"窗口中,涵盖了上网相关的各种产品。若单击"常用搜索"选项,将切换至图 3-24。

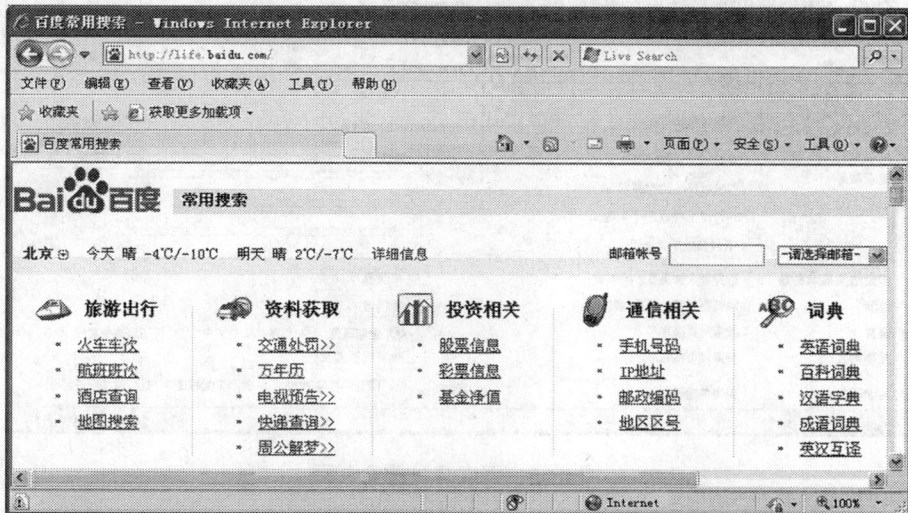

图 3-24 百度常用搜索页面

在图 3-24 所示的"百度-常用搜索-火车车次"窗口中,可以进行日常车次的查询。如在"出发城市"栏和"到达城市"栏,输入城市名称后,单击"查询"按钮,将显示相应结果。

2) 高级搜索——AND(逻辑与和逻辑"或(OR)")的应用

A. 联机上网,打开 IE 浏览器,输入网址 http://www.baidu.com。

B. 打开"百度"网站的主页窗口。

C. 在搜索栏输入多个关键词"北京"+"找工作"+"信息","+"号表示 AND,则将搜索出同时含有这些词的网页显示出来。

D. 如果用 OR 搜索结果,用","号连接关键词,会将网页中含有"北京"、"找工作"、"信息"、"北京找工作信息"都显示出来,搜索范围加大。

3) 应用高级搜索工具实现逻辑"非(NOT)"的搜索:在搜索栏输入多个关键词"歌曲 - 花儿乐队"则检索含有歌曲,不含花儿乐队的网页。"—"号前要有空格。

4) 百度搜索支持在结果中搜索和高级搜索功能,在高级搜索网页如图 3-25 所示,可以选择搜索结果显示条数,选择不同时间网页,不同文档格式,不同关键词位置的网页进行搜索。

(3) 在网易 163 网站申请并使用免费电子邮箱:根据不同网站的要求不同,申请邮箱的步骤有所差别,本题以申请网易免费邮箱为例,具体操作步骤如下:

1) 启动 IE 浏览器,在地址栏输入 www.163.com 进入网易主页,选择"免费邮箱",点击"注册免费邮箱"按钮,进入申请邮箱页面。

2) 按系统提示填入用户名 jisuanji、密码等内容,带" * "项必须填写。

3) 完成后就成功注册了免费邮箱,你的邮箱地址为:用户名@163.com。

4) 注册成功后免费邮箱地址为:jisuanji@163.com,使用该用户名及密码即可登录邮箱。

5) 登录邮箱页面后,单击左上角"写信"按钮,进入"写信"页面,填写收件人邮箱地址和邮件主题,在"内容"文本框中输入邮件内容,并单击"添加附件"按钮,在"选择要上载的文

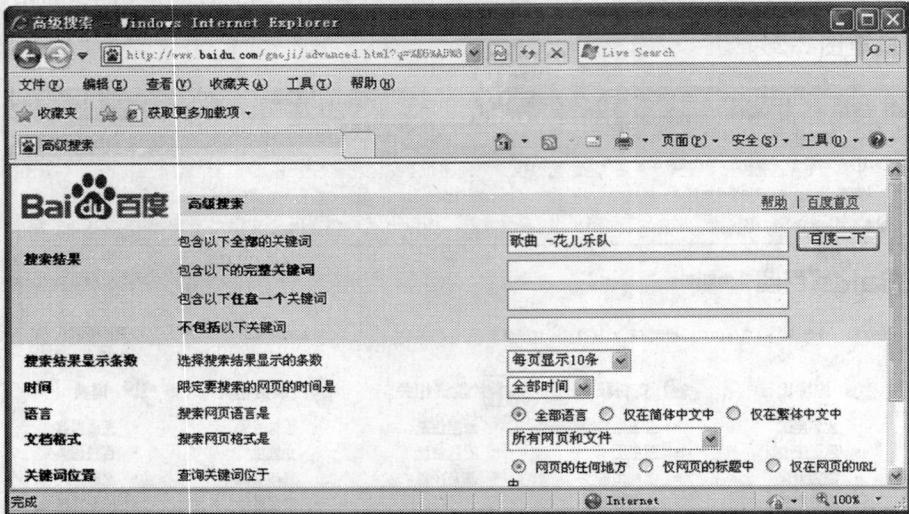

图 3-25 百度高级搜索页面

件"窗口,选择 D 盘根文件夹的图片文件,最后单击"发送"按钮即可。

(4) MSN 即时软件使用方法

1)登录 MSN:启动 IE 浏览器,打开 http://www.windowslive.cn/get.aspx 页面,下载 MSN 软件,下载完成后,在下载在保存位置处双击下载的软件安装,安装完成后,打开 windows XP 的开始菜单,选择程序,选择 Windows Live Messenger 菜单命令,即可启动 MSN,打开如图 3-26 所示界面。

2)注册 MSN 账户:在登录界面,单击"注册"按钮,注册一个 MSN 账户,按照注册页面填写相应信息,注册完成后,再登录到 MSN 即可,如图 3-27 所示。

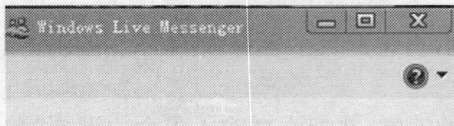

图 3-26 Windows Live Messenger 2009
登录前界面

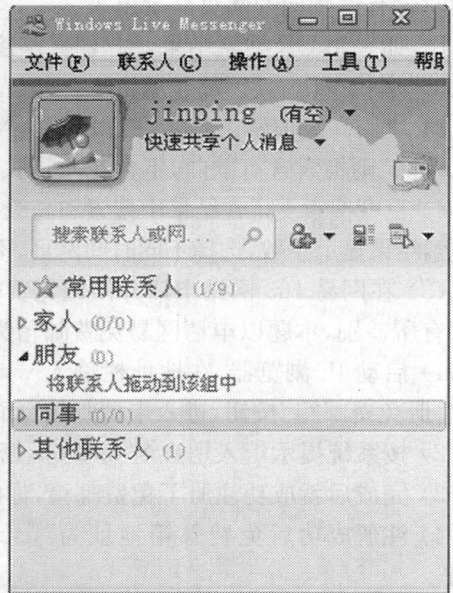

图 3-27 Windows Live Messenger 2009
登录后界面

3）使用 MSN 进行通信

A. 文字通信：通过菜单命令在 MSN 登录后的主界面，选择需要文字通信的联系人，选择【操作】|【发送即时信息】菜单命令，或者打开联系人的【对话】窗口，在文本框中输入文字，单击发送按钮，联系人桌面上将打开【对话】窗口，显示收到的信息，用相同的方法即可进行回复，回复后，通信的内容将显示在上边的文本框中，也可以双击联系人图标，打开对应的联系人进行文字通信。

B. 视频通信：在登录窗口首先选择要通话的好友，单击【操作】菜单，左键单击【视频】|【开始视频通话】，就可以进行视频通话。

C. 传送文件：在登录窗口首先选择要通话的好友，单击【操作】菜单，选择【发送其他内容】|【发送一个文件】，即可以向对方传送文件。

D. 发送电子邮件：在登录窗口首先选择要通话的好友，单击【操作】菜单，选择【发送其他内容】|【发送电子邮件】即可以向对传送邮件。

E. 共享应用程序：在登录窗口首先选择要通话的好友，单击【操作】菜单，选择【开始一个活动】即可以共享应用程序。

实验 4　文字处理软件 Word 2003 应用

【实验目的】

(1) 掌握 Word 文档新建和保存的方法。

(2) 掌握 Word 文档的基本编辑操作。

(3) 掌握 Word 文档中表格的编辑操作。

【实验内容】

(1) Word 文档的建立和编辑排版。

(2) Word 文档中插入图片和文本框,页眉页脚及页面设置。

(3) Word 文档中表格的制作。

【实验步骤】

1. Word 文档的建立和编辑排版

(1) 新建文档

要求: 新建一 Word 文档,输入下面的文章,以"实验 1-1. doc"保存至"D:\ Word 实验"文件夹下。若没该文件夹,请用户自行创建。再以"实验 1-2. doc"为文件名保存至 D 盘根目录下。原文的内容:

"天河一号"意义远超计算机本身。

　　全球超急计算机 500 强排行榜 14 日在美国公布,中国"天河一号"超级计算机以每秒 2570 万亿次的实测运算速度,成为世界运算最快的超级 Computor,这是来自欧美日之外国家的超级 Computer 首次登上榜首位置,引起多个国家和专家的高度关注。

　　"这是一个有趣的变化",英国爱丁堡大学并行计算中心主任阿瑟·特鲁教授在接受记者采访时说,"许多年来美国都以拥有世界上运算最快的超级 Computer 而骄傲,但现在中国成为这一荣誉的拥有者是是是是是是是是是是"

　　特鲁认为,与这个变化本身相比,更重要的是变化背后的努力——中国多年来在 Compater 产业上的巨大投入。他还注意到,中国现在不仅有许多超级 Computer,还有大量使用这些 Computer 的软件人才。

　　曾访问过上海的特鲁说,中国软件工程师的数量增长让西方相形见绌,他所参观的上海某研究中心有数百名软件工程师一起工作,这令他异常吃惊。因为作为欧洲最大的研究中心之一,爱丁堡大学并行计算中心只有一百来名软件工程师。

　　法国原子能委员会数字与模拟信息项目主任让·戈诺尔同样认为,"天河一号"的运算速度达到世界领先水平,其意义远远超过 Computer 本身。这位从事超级 Computer 研制工作已有 10 年的专家说,这意味着中国科研水平向前迈进了一大步,也表明中国经济竞争力的增强。

操作步骤：

1）打开 Word，单击【文件】|【新建】菜单命令，在【新建】对话框中，单击【空白文档】。

2）单击【文件】|【保存】菜单命令。

3）在弹出的【另存为】对话框中，单击【保存位置】下拉列表框，从中选择目标位置"D:\Word 实验"，在【文件名】文本框中键入新文档的名称"实验 1-1"，单击【保存类型】下拉列表框，从中选择【Word 文档】类型。

4）录入原文。在输入文字时，如果出现错误，随时按【back】键（即【←】键）向前删除。

5）单击工具栏上的【保存】按钮保存文档。

6）单击【文件】|【另存为】菜单命令，在弹出的【另存为】对话框中，单击【保存位置】下拉列表框，从中选择目标位置"D:\"，在【文件名】文本框中键入新文档的名称"实验 1-2"，单击【保存类型】下拉列表框，从中选择【Word 文档】类型。

7）关闭文档。

（2）文档编辑

要求：

1）打开"实验 1-1.doc"文件，进行英文字符拼写和语法错误检查并改正。

2）对中文字符执行插入、改写与删除，将第一段中"超急计算机"的"急"改成"级"；在第二段"记者"前插入"新华社"三个字；将第二段中最后十个"是"字改成"。"。

3）将第 1 段和第 2 段复制到文章的末尾。

4）将第 3 段到最后一段中"Computer"替换为"计算机"。

5）将最后一段删除。

6）将"法国原子能……"一段移动到第一段和第二段之间。

7）结果另存为"4.1.2.doc"。

操作步骤：

1）打开"实验 1-1.Doc"文件，将光标定位至文章起始位置，单击常用工具栏中的【拼写和语法】按钮，检查全文的中、英文输入和语法错误，发现拼写错误时，单击【更正】。

2）将光标定位至"超急计算机"文本的"急"字之前，用鼠标双击窗口状态栏上浅灰色的【改写】，此时变为黑色状态（即【插入】状态变为【改写】状态），直接输入"级"字即可；在第二段"记者"前单击鼠标，用鼠标双击窗口状态栏上浅黑色的【改写】，此时变回灰色状态（即【改写】状态变为【插入】状态），输入"新华社"三个字；用鼠标将第二段中最后十个"是"字涂黑，直接单击"。"。

3）选定原文的前 2 段，将鼠标移动到所选文本的上方，按住鼠标左键不放，同时按下【Ctrl】键，拖动鼠标至全文最后一段的段落标记之前，释放鼠标左键即可。

4）将光标定位至文档第 3 段段首，单击【编辑】→【替换】菜单命令，在打开的【替换】对话框中，单击【高级】按钮，在高级选项中的【搜索范围】下拉列表框中选择【向下】，然后在【查找内容】文本框中输入要查找的文本"计算机"，在【替换】文本框中输入要替换的文本"Computer"，利用【查找下一处】和【替换】按钮实现部分文本被替换的操作。

5）将鼠标定位最后一段的任意位置，三连击鼠标选中一段，按下【Delete】键实现删除功能。

6）在"法国原子能……"一段文档的左侧空白处双击鼠标，选中最后一段，将鼠标移动到所选文本的上方，按住鼠标左键不放，拖动鼠标至第二段第一个字前，释放鼠标左键即可。

7）单击【文件】|【另存为】，进行保存，文件名改为"4.1.2.doc"，存盘的位置不改变。

（3）文档排版

要求：打开"实验1-2.doc"文件，按操作步骤完成下列操作：

1）将第一行做标题使其居中，设置其与正文之间间隔两行后，置为黑体加粗小三号字。

2）将页边距设为3.0厘米。

3）设置正文文字为五号，行间距为1.20倍，字间距0.4磅，正文中所有"软件"一词添加深红色单下划线。

4）将第一段正文文字首字下沉2行，首字字体：黑体。

5）将第四段文字分为等宽两栏，栏间距2厘米，加间隔线。

6）加茶色背景。

7）给第二段"爱丁堡"三个字加拼音，偏移量为2磅，字号10磅，组合显示。

8）第二段"变化"两个字外加圈和菱形，加大圈号显示。

9）将第二段"超级计算机"合并字符，字号为10。

10）将第一段"14"做纵横混排，不选适应行宽项。

11）在第一段后插入文字"H20"，将其改为H20，并设文字效果为"礼花绽放"。

12）文件另存为"4.1.3.doc"。

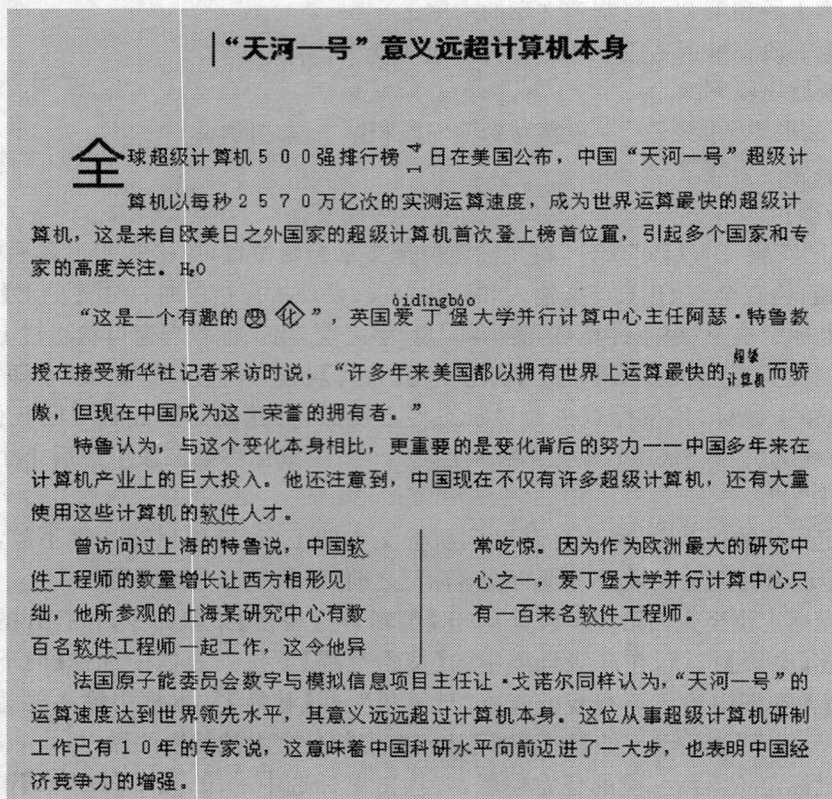

图4-70 样张4.1.3

操作步骤：

1）打开"实验 1-2. Doc"文件，单击【格式】|【字体】菜单命令，设置字体、字形和字号；单击【格式】|【段落】菜单命令，设置【常规】对齐方式为居中，设置【间距】段后为 2 行，删除句号。

2）单击【文件】|【开始】|【页面设置】菜单命令，设置页面边距上下左右都设为 3 厘米。

3）选定所有正文文字，单击【格式】|【字体】菜单命令，单击【字符间距】页标签，设字间距 0.4 磅；单击【格式】|【段落】菜单命令，设置【间距】中的【行距】为多倍行距，设置值为1.2；单击【编辑】菜单中的【替换】命令，在【查找内容】框输入【软件】，单击【高级】|【格式】|【字体】，在打开的页标签中加下划线及下划线颜色，【确定】关闭字体页标签后再单击【全部替换】按钮。

4）选中第一段，单击【格式】|【首字下沉】菜单命令，设置下沉、黑体、两行，然后单击【确定】。

5）选中第四段，单击【格式】|【分栏】菜单命令，设置两栏、分隔线、间隔 2 厘米，等宽后单击【确定】，【厘米】两字用键盘输入。

6）单击【格式】|【背景】菜单命令，鼠标指向色块时有颜色提示，加茶色背景。

7）选定第二段"爱丁堡"三个字，单击【格式】|【中文板式】|【拼音指南】菜单命令，设偏移量为 2 磅，字号 10 磅，组合显示。

8）分别选定第二段【变化】两个字，单击【格式】|【中文板式】|【带圈字符】菜单命令，加圈或菱形，选择加大圈号。

9）选定第二段"超级计算机"两个字，单击【格式】|【中文板式】|【合并字符】菜单命令，设字号为 10，单击【确定】。

10）选定第一段"14"，单击【格式】|【中文板式】|【纵横混排】菜单命令，【适应行宽】项不加对号。

11）在第一段后单击鼠标，输入"H20"，选中"2"，单击【格式】|【字体】菜单命令，在字体页标签中单击【下标】，单击【确定】。选中"H20"，单击【格式】|【字体】菜单命令，在【文字效果】页标签中单击【礼花绽放】，单击【确定】。

12）单击【文件】|【另存为】，进行保存，文件名改为"4.1.3. doc"，存盘的位置不改变。

（4）文档修饰

要求：打开"实验 1-3. doc"文件，按操作步骤完成下列操作：

1）添加标题"计算机性能"并使其居中，标题与正文之间间隔两行，并置为加粗楷体小三号字，标题文字缩放。设置正文文字为五号。

2）为前五句话添加项目符号"◆"。

3）为整段文章加"导航图"主题格式。

4）标题文字加 3 磅绿色双线阴影边框。

5）加页面边框。

6）将"首先…"～"第四…"四段文字分为等宽两栏。

7）给最后一段加紫罗兰色虚线段落边框。

8）给文档加粉红色"样本"水印。

9）文件另存为"4.1.4. doc"。

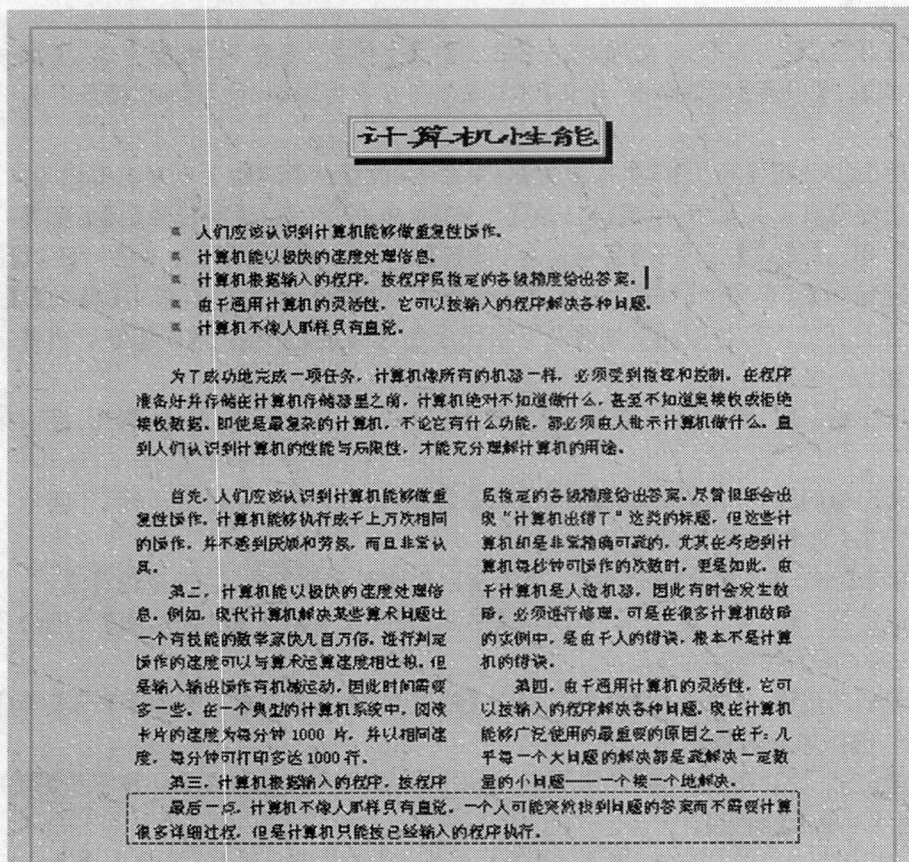

图 4-71　样张 4.1.4

操作步骤：

1）打开"实验 1-3.doc"文件，添加标题"计算机性能"，在格式工具栏中单击"居中"按钮单击"格式"→"字体"菜单命令，设置为加粗楷体小三号字，单击"格式"→"段落"菜单命令，设置"间距"中"段后"为两行。同样设置正文文字为五号。

2）选中前五行，单击"格式"→"项目符合和编号"菜单命令，为前五句话添加项目符号"◆"。

3）单击"格式""主题"菜单命令，选择"导航图"，单击"确定"。

4）选中标题，单击"文件"→"边框和底纹"菜单命令，在"边框"页标签中选择"应用于""文字"，选线性为双线，颜色为绿色，宽度为 3 磅，并单击左侧"阴影"按钮，单击"确定"。

5）单击"格式"→"边框和底纹"菜单命令。在"页面边框"页标签中加页面边框。

6）选中"首先…"～"第四…"四段文字，单击"格式"→"分栏"菜单命令，分为等宽两栏。

7）在最后一段左侧空白处双击，选中此段。单击"格式"→"边框和底纹"菜单命令，在"边框"页标签中选择"应用于""段落"，线形选虚线，颜色选择紫罗兰色，单击"确定"。

8）单击"格式"→"背景"→"水印"菜单命令，单击"文字水印"，选择"文字"为"样本"，选择"颜色"为"粉红"。

9）单击【文件】|【另存为】，进行保存，文件名改为"4.1.4.doc"，存盘的位置不改变。

附:"实验 1-3. doc"文件内容。

人们应该认识到计算机能够做重复性操作。

计算机能以极快的速度处理信息。

计算机根据输入的程序,按程序员指定的各级精度给出答案。

由于通用计算机的灵活性,它可以按输入的程序解决各种问题。

计算机不像人那样具有直觉。

为了成功地完成一项任务,计算机像所有的机器一样,必须受到指挥和控制。在程序准备好并存储在计算机存储器里之前,计算机绝对不知道做什么,甚至不知道怎样接收或拒绝接收数据。即使是最复杂的计算机,不论它有什么功能,都必须由人批示计算机做什么。直到人们认识到计算机的性能与局限性,才能充分理解计算机的用途。

首先,人们应该认识到计算机能够做重复性操作。计算机能够执行成千上万次相同的操作,并不感到厌烦和劳累,而且非常认真。

第二,计算机能以极快的速度处理信息。例如,现代计算机解决某些算术问题比一个有技能的数学家快几百万倍。进行判定操作的速度可以与算术运算速度相比拟。但是输入输出操作有机械运动,因此时间需要多一些。在一个典型的计算机系统中,阅读卡片的速度为每分钟 1000 片,并以相同速度,每分钟可打印多达 1000 行。

第三,计算机根据输入的程序,按程序员指定的各级精度给出答案。尽管报纸会出现"计算机出错了"这类的标题,但这些计算机却是非常精确可靠的,尤其在考虑到计算机每秒钟可操作的次数时,更是如此。由于计算机是人造机器,因此有时会发生故障,必须进行修理。可是在很多计算机故障的实例中,是由于人的错误,根本不是计算机的错误。

第四,由于通用计算机的灵活性,它可以按输入的程序解决各种问题。现在计算机能够广泛使用的最重要的原因之一在于:几乎每一个大问题的解决都是靠解决一定数量的小问题——一个接一个地解决。

最后一点,计算机不像人那样具有直觉。一个人可能突然找到问题的答案而不需要计算很多详细过程,但是计算机只能按已经输入的程序执行。

2. Word 文档中图片、文本框、页眉页脚的编辑及页面设置

(1)插入对象

要求:打开"实验 1-3. doc"文件,按操作步骤完成下列操作。

1) 给"首先……"一段文字设置字体为黑体、小二号、蓝色、带下划线、倾斜。

2) 插入一个剪贴画,将图片的版式设为"衬于文字下方",大小为 3 厘米宽。

3) 插入艺术字,键入"文字处理"并将此艺术字作为标题插入。

4) 插入自选图形,心形和箭头,组合成一个图形。插入两个同心圆形状,分别加入不同颜色和边线,并分别使用三维效果和阴影效果。

5) 插入文本框,将以"首先……"开头的那段文字以竖排形式输入。将文本框边线去除。文本框放在第二代和第三段之间,左侧靠近边线。

6) 插入页眉页脚:页眉包含作者名、班级名称,页脚包括"第 ? 页,共 ? 页"信息,页眉页脚设置为小五号字、宋体、页眉居中,页脚内容靠左靠右分两边。

7）文件另存为"4.2.1.doc"（图 4-72）。

图 4-72　样张 4.2.1

操作步骤：

1）选定以"首先"开头的那段文字，单击【格式】菜单中的【字体】命令，打开【字体】对话框，将【字体】设置为黑体、小二号、蓝色、粉红色双下划线、倾斜。

2）单击【插入】菜单，选择【图片】中的【剪贴画】命令，在打开的【插入剪贴画】对话框中，选择一幅剪贴画插入。双击插入的剪贴画，打开【设置图片格式】对话框，选定【版式】选项卡，将环绕方式设置为【衬于文字下方】，选定【大小】选项卡，将【宽度】设为 3 厘米，单击【确定】按钮。

3）单击【插入】菜单，选择【图片】中的【艺术字】命令，在艺术字库中选择一种样式，单击【确定】。在【编辑艺术字文字】对话框输入文字"文字处理软件 Word 2003"，单击【确定】按钮。双击艺术字，在弹出的【艺术字】窗口中单击【艺术字形状】按钮，选择【顺时针】形状。拖动艺术字边缘改变艺术字大小。将插入艺术字移到文档开始处，把光标定位在文档首位，打回车键，让文章开头空出合适的标题位置。

4）单击【插入】菜单，选择【图片】中的【自选图形】命令，选择心形，鼠标变成十字形，页面出现画布，按【Esc】键退出画布，在合适位置画出心形。相同方式画出箭头和直线。按【CTRL】键的同时用鼠标选中所有图形，右键中选【组合】；单击【插入】菜单，选择【图片】中的【自选图形】命令，选择同心圆形，按【Esc】键退出画布，在合适位置画出图形，按【CTRL】键同时用鼠标拖动图形复制一个相同的图形，在绘图工具栏上，分别选择阴影和三维形式。

双击图形,设置版式为嵌入式,设置填充色为酸橙色,边线为金色。另一个设为淡蓝色。

　　5) 单击【插入】菜单,选择【文本框】中的【竖排】命令,页面出现画布,按【Esc】键退出画布,在合适位置画出文本框,将文字拷贝到文本框中。移动文本框到合适位置,双击边线,设置边线为无色,版式为嵌入型,调整大小到合适,选中文字,在格式工具栏中设置字体颜色。

　　6) 单击【视图】菜单中的【页眉和页脚】命令,在页眉框中输入作者班级学号姓名,并设置字体为小五号字、宋体、居中。在页脚框中插入自动图文集【第 X 页共 Y 页】并设置字体为小五号字、宋体,页眉在格式工具栏中设置居中页脚中间加空格;关闭【页眉页脚】工具栏。

　　7) 单击【文件】|【另存为】,进行保存,文件名改为"4.2.1.doc",存盘的位置不改变。

　　(2) 页面及打印设置

　　要求: 对文档进行页面设置,打印文档。

　　操作步骤:

　　打开"实验 1-3.doc"文件,按操作步骤完成下列操作:

　　1) 打开 Word 文档,单击【文件】|【页面设置】菜单命令,打开【页面设置】对话框。

　　2) 单击【页边距】选项卡的【应用于】下拉列表框,从中选择【整篇文档】,依次在【上】、【下】、【左】、【右】数值框中输入"2.54 厘米"、"2.54 厘米"、"2.5 厘米"和"3 厘米",单击【装订线位置】中的【左侧】单选按钮,在装订线数值中输入"0.5 厘米",依次在【距边界】的【页眉】和【页脚】数值框中输入"1.5 厘米"和"1.75 厘米",单击页面的打印方向为【纵向】单选按钮。

　　3) 单击【纸张】选项卡的【应用于】下拉列表框,从中选择【整篇文档】,单击【纸型】下拉列表框,从中选择【A4】纸张。

　　4) 单击【版式】选项卡的【应用于】下拉列表框,从中选择【整篇文档】,单击【垂直对齐方式】下拉列表框,从中选择【顶端】对齐方式,在【预览】框中查看设置后文档的显示效果。

　　5) 单击【确定】按钮,进行保存。

　　6) 单击工具栏上的【打印预览】按钮,查看打印时的页面效果。

　　(3) 上机练习题

　　1) 按样张做一张海报(图 4-73)。

　　2) 按样张做一张请柬(图 4-74,图 4-75)。

　　3) 按样张做一张贺卡(图 4-76)。

图 4-73　样张海报

图 4-74　样张请柬封面

图 4-75　样张请柬内容

图 4-76　样张贺卡

3. Word 文档中表格的制作

（1）创建表格

要求：新建一篇空文档，在第五行插入表格，要求与提供的表格基本相似。表的名称为黑体四号字，居中，加下波浪线。表内为五号字、宋体、居中。表格外框用宽度为 1.5 的实线，表格内框用宽度为 0.5 的虚线，以"表格 1"为文件名，以"Word 文档"为保存类型，保存至目标文件夹内。

纪念馆参观申请登记单

№ 　　　　　　　　　　　　　　　　　　　　　　　　　　　　　　年　　月　　日填

参观人	姓名	性别	职业（服务机关及职务）		
合计人数	人	介绍人		介绍人与参观人的关系	
参观时间	月　日　时			引导人	
参观场所					
守卫签章	入馆　时　分　守卫			出馆　时　分　守卫	
备　注					

操作步骤：

1）单击【表格】|【插入表格】菜单命令，在弹出的【插入表格】对话框中输入 10 行 6 列，单击【确定】按钮。

2）同时选定第 1 列中第 1 个至第 5 个单元格，单击【表格】|【合并单元格】命令。

3）选定第 1 行 4 列单元格到第 1 行 6 列单元格，单击【表格】|【合并单元格】命令。再点右键单击【拆分单元格】将其拆分成 5 行 1 列。

4）选定第 3 列中第 1 至 5 个单元格，鼠标对准其右侧线变成向左右发散的箭头形状时，点鼠标向左侧拖动。

5）将第 7 行第 2 至 3 列合并，第 7 行第 5 至 6 列合并。

6）将第 8 行第 2 至 6 列合并。

7）将第 9 行第 2 至 6 列合并，再点右键单击【拆分单元格】将其拆分成 1 行 8 列。

8）将第 10 行第 2 至 6 列合并。

9）填写文字。选中文字，设置字体字号对齐方式，加波浪线。

10）选中表格，右键单击，选择【边框和底纹】，在对话框【边框和底纹】中选择【边框】选项卡，在【设置】部分选择【全部】，在【线形】中选择实形，在【颜色】中选择【黑色】，在【宽度】中选择【1.5 磅】，在预览部分去掉中间线；然后在【线形】中选择实形，在【颜色】中选择【黑色】，在【宽度】中选择【0.5 磅】，在预览部分添加中间线。单击【确定】。

11）以"表格 1"为名，以"Word 文档"为保存类型，保存至目标文件夹内。

（2）文本转换表格

要求：有文字如下：

排名	品牌	数量（辆）	比例（%）
1	捷达	512	22.85
2	桑塔纳	425	18.52
3	夏利	179	7.99
4	奥迪	115	5.13
5	神龙富康	104	4.64

1）将文字转换成 6 行 4 列的表格。

2）设置表格的列宽为 2.8 厘米。

3）表格居中。

4）在表格前插入一行，合并该行为一个单元格，并键入表格标题"7 月份各品牌轿车市场份额统计表"。

5）设置为蓝色底纹；字体设置成：仿宋体 GB_2312，三号，居中，白色。

6）表格中文字和数字均居中。

7）表格外框线和第一行单元格的底线都设置成红色，1.5 磅的实线。

操作步骤：

1）首先选中这些文字，打开【表格】菜单，单击【转换】，单击【文字转换成表格】命令，在这里的【文字分隔】位置选择【空格】，单击【确定】按钮，文字就转换成了表格。

2）设置表格列宽为 2.8 厘米：首先选中表格，右键单击选择【表格属性】。选择【列】选项卡，选中指定宽度，并设置宽度为 2.8 厘米。单击【确定】。

3）设置表格居中：选中表格，单击格式栏上的【居中】按钮。

4）插入一行，合并单元格：选中表格第一行，右键单击选择【插入行】按钮。然后右键单击，选择【合并单元格】。

5）设置第一行的底纹，输入文字并设置字体：首先将插入点设置在第一行，输入"7 月份各品牌轿车市场份额统计表"。选中该行，右键单击，选择【边框和底纹】，在对话框【边框和底纹】中选择【底纹】选项卡，选择填充颜色为蓝色。选中该行，字体设置成：仿宋体 GB_2312，三号，居中，白色。

6）设置表格中文字和数字均居中：选中表格，打开【格式】菜单，选择【段落】命令，打开【段落】对话框，选择对齐方式为【居中】。

7）设置表格外框线为红色、1.5 磅的实线：选中表格，右键单击，选择【边框和底纹】，在对话框【边框和底纹】中选择【边框】选项卡，在【设置】部分选择【方框】，在【线形】中选择实形，在【颜色】中选择【红色】，在【宽度】中选择【1.5 磅】，单击【确定】。

8）设置第一行单元格的底线为 1.5 磅的实线：首先选中第一行，右键单击，选择【边框和底纹】，在对话框【边框和底纹】中选择【边框】选项卡，在【设置】部分选择【自定义】，在【线形】中选择实形，在【颜色】中选择【红色】，在【宽度】中选择【1.5 磅】。单击预览部分的底线按钮，在【应用于】中选择【单元格】，最后单击【确定】。

9）以"表格 2"为名，以"Word 文档"为保存类型，保存至目标文件夹内。

7 月份各品牌轿车市场份额统计表			
排名	品牌	数量(辆)	比例(%)
1	捷达	512	22.85
2	桑塔纳	425	18.52
3	夏利	179	7.99
4	奥迪	115	5.13
5	神龙富康	104	4.64

(3) 表格数据排序

要求:在下表最后一列右边加一列,填写总分。在最后一行下边加一行,填写平均分。按总分降序排序,总分相同的按外语降序排列。

姓名	数学	语文	外语
王一一	95	63	71
李小李	67	73	58
张三好	100	98	99
刘四毛	72	85	72

操作步骤:

1) 在表格最后一列上方单击鼠标选中一列,单击【表格】|【插入】|【列(在右侧)】按钮。第一行输入【总分】。在表格最后一行左侧单击鼠标选中一行,单击【表格】|【插入】|【行(在下方)】按钮。第一列输入【平均分】。

2) 在第 2 行最后一列的单元格中单击鼠标,单击【表格】|【公式】,公式中自动出现【=SUM(LEFT)】,单击【确定】。第 3 行计算总分操作相同。

3) 在第 4 行最后一列的单元格中单击鼠标,单击【表格】|【公式】,公式中自动出现【=SUM(ABOVE)】,需要将【ABOVE】改成【LEFT】,单击【确定】。第 5 行计算总分操作相同。

4) 在最后一行第 2 列的单元格中单击鼠标,单击【表格】|【公式】,公式中自动出现【=SUM(ABOVE)】,单击【确定】。本行其他单元格平均分计算操作相同。

5) 选中表格前 5 行,单击【表格】|【排序】,主要关键字选【总分】,次要关键字选【外语】,均为降序,【确定】。

6) 保存文件为"表格 3.doc"。

(4) 上机练习题

1) 制作课程表

课程表						
时间 ＼ 星期		一	二	三	四	五
上午	1	高数	英语	高数（单）	体育	修养
	2					
	3	制图	普化	制图（双）	英语	高数
	4					
下午	5	普化实验	实习	班会	普化（单）	听力
	6			大学计算机		
	7			上机		
	8					

2) 制作汇票委托书

汇票委托书

汇款人		收款人						
账号或住址		账号或住址						
支付地点	省　市	兑付	汇款用途					
汇款金额			万	千	百	十	元	角
人民币								

实验 5 电子表格软件 Excel 2003 应用

【实验目的】

(1) 掌握工作表的创建、插入、删除和重命名等基本操作。

(2) 掌握工作表的编辑和格式化。

(3) 掌握数据的排序、筛选及数据的分类汇总。

(4) 掌握插入图表。

【实验内容】

(1) 工作簿与工作表的创建及数据的输入。

(2) 工作表的基本操作与格式的设置。

(3) 数据处理。

(4) 图表的创建与修饰。

【实验步骤】

1. 工作簿与工作表的创建及数据的输入

要求:

(1) 新建工作簿 sy1.xls,在 sheet1 工作表内的 A1:F9 单元格内输入如下数据并保存。

	A	B	C	D	E	F
1	工资表					
2	编号	姓名	基本工资	补助工资	扣款	实发工资
3	1	滕燕	1000	120	15	
4	2	张波	1030	180	15	
5	3	周平	100	210	0	
6	4	杨兰	2102	150	70.1	
7	5	石卫国	2100	120	70	
8	9	杨繁	2000	220	65	
9	10	石卫平	8000	190	365	

(2) 新建工作簿 sy2.xls,在 Sheet1 工作表内的 A1:E6 单元格区域内输入如下数据并保存。

	A	B	C	D	E
1	商品消费水平抽样调查表				
2	城市	食品	服装	家电	消耗日用品
3	上海	82.50	78.56	89.54	95.21
4	福州	80.60	65.23	96.25	92.12
5	天津	87.40	98.56	99.25	96.87
6	广州	85.60	95.45	105.20	89.58

（3）新建工作簿 sy3. xls，在 sheet1 工作表内的 A1：G11 单元格中输入如下数据并保存。

	A	B	C	D	E	F	G
1	学生成绩单						
2	20100117						
3	姓名	数学	英语	计算机	总分	平均分	总评
4	李萍	81	77	94			
5	刘涛	95	89	99			
6	王小军	83	76	86			
7	赵国柱	66	66	76			
8	周晓华	77	56	77			
9	陈玲	83	92	97			
10	孙强	43	66	67			
11	吴丽丽	57	77	75			

（4）新建工作簿 sy4. xls，在 Sheet1 工作表内的 A1：I10 单元格区域内输入如下数据并保存。

学号	姓名	语文	数学	英语	物理	化学	总分	平均分
001	钱梅宝	88	98	82	85	89		
002	张平光	100	98	100	97	100		
003	张宇	86	76	98	96	80		
004	徐飞	85	68	79	74	81		
005	王伟	95	89	93	87	86		
006	沈迪	87	75	78	96	68		
007	曾国芸	94	84	98	89	94		
008	罗劲松	78	77	69	80	78		
009	赵国辉	80	69	76	79	80		

操作步骤：

（1）启动 Excel 2003，选中 A1，完成数据输入后，选择【文件】|【保存】，在文件名称框中输入文件名 sy1. xls 后，保存。

（2）方法同上。

（3）方法同上。

（4）方法同上。

2. 工作表的基本操作与格式的设置

（1）对文件 sy1. xls 进行如下操作

要求：

1）打开 sy1. xls，将标题行"工资表"（A1：F1）合并居中，并将格式设为黑体，字号 20。

2）在张波和周平之间插入一条记录，数据为：周为 1500 200 20。

3）用公式求出实发工资（实发工资＝基本工资＋补助工资－扣款）。

4）将工作表 sheet1 重命名为"工资表"，并复制该表 A2：F10 区域到 sheet2 工作表中。

5）将 A2：F10 区域加边框线，外框为黑色粗实线，内框为红色细虚线。

6）将 F2：F10 加淡蓝色底纹。

7）将 C3:F10 中的数据格式改为货币型。

8）保存文件 sy1.xls。

操作步骤：

1）选中 A1:F1，点击工具栏上的合并居中按钮，将其合并居中，右键打开快捷菜单选择【设置单元格】|【字体】|设成黑体，20 号。

2）选定 A3 右键在快捷菜单中选择【插入】中的整行，在新加的空白行分别输入周为 1500，200，20。

3）选定 F3，键入＝C3＋D3－E3，回车，计算出 F3 的值，将鼠标放在单元格 F3 的右下角，按鼠标左键拖动至 F8，求出实发工资。

4）在工作表 sheet1 标签右击鼠标，在打开快捷菜单选择【重命名】，录入"工资表"，选 A2:F10，在【编辑】菜单中，选择复制，打开 sheet2 工作表，选择 A1 单元格，在【编辑】菜单中，选择粘贴。

5）选定 A2:F10 单元格，右键打开快捷菜单选择【设置单元格】|【边框】，选颜色，线型，确定完成操作。

6）选定 F2:F10 单元格，右键打开快捷菜单选择【设置单元格】|【图案】，选淡蓝色确定。

7）选定 C3:F10 单元格，右键打开快捷菜单选择【设置单元格】|【数字】中的货币确定。

8）选择【文件】|【保存】。如图 5-61 所示。

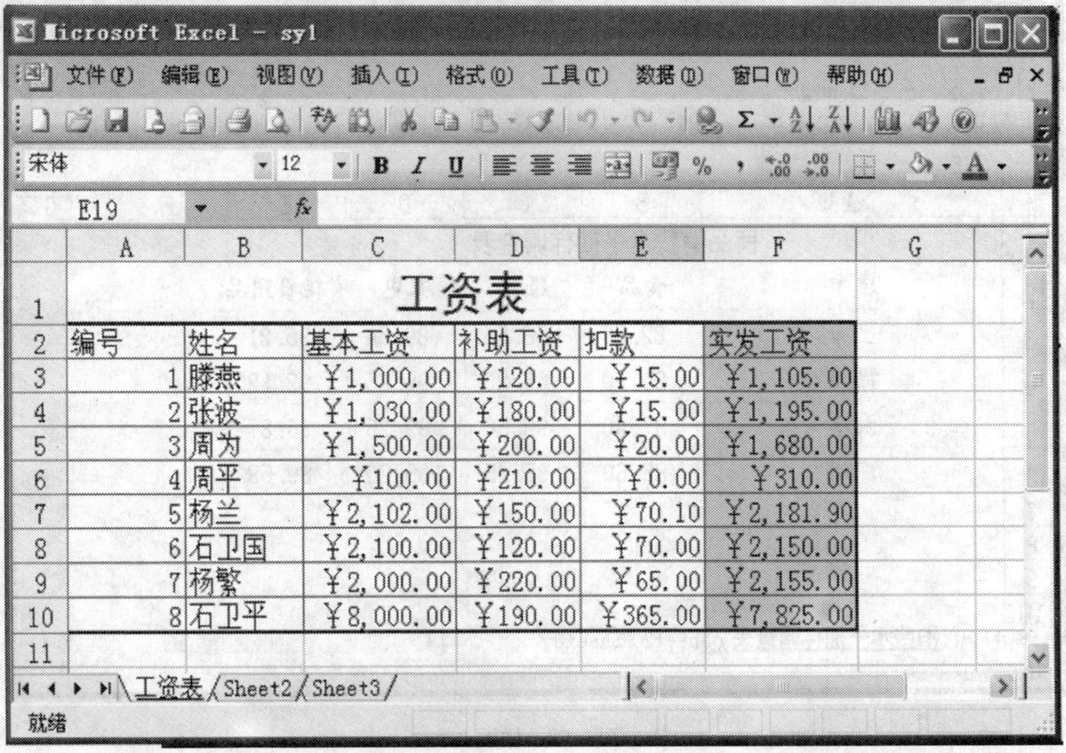

图 5-61 样图 1

（2）对文件 sy2.xls 进行如下操作

要求：

1）打开文件 sy2. xls，将 A1：E1 单元格合并成一个单元格，内容水平居中。

2）将所有的数字格式设为 2 位小数，右对齐。

3）将除标题以外的文本数据设置为 12 号、楷体，水平居中。

4）行高设为 20 磅。

5）将工作表改名为"消费水平抽样调查表"。

6）保存文件为 sy2. xls。

操作步骤：

1）选择 A1：E1 单元格，点击工具栏上的合并居中按钮，将其合并居中。

2）选择 B3：E6 单元格，右键打开快捷菜单选择【设置单元格】|【数字】中的数值，将小数位数设置成 2 位，打开【对齐】选项卡，在水平对齐中，选择靠右。

3）选择 A2：E2，按住 CTRL 键，再选择 A3：A6，在工具栏中选择 12 号、楷体，水平居中。

4）选【格式】菜单中【行】|【行高】，输入 20 确定。

5）在工作表 sheet1 标签右击鼠标，在打开快捷菜单选择【重命名】，录入"消费水平抽样调查表"。

6）选择【文件】|【保存】。如图 5-62 所示。

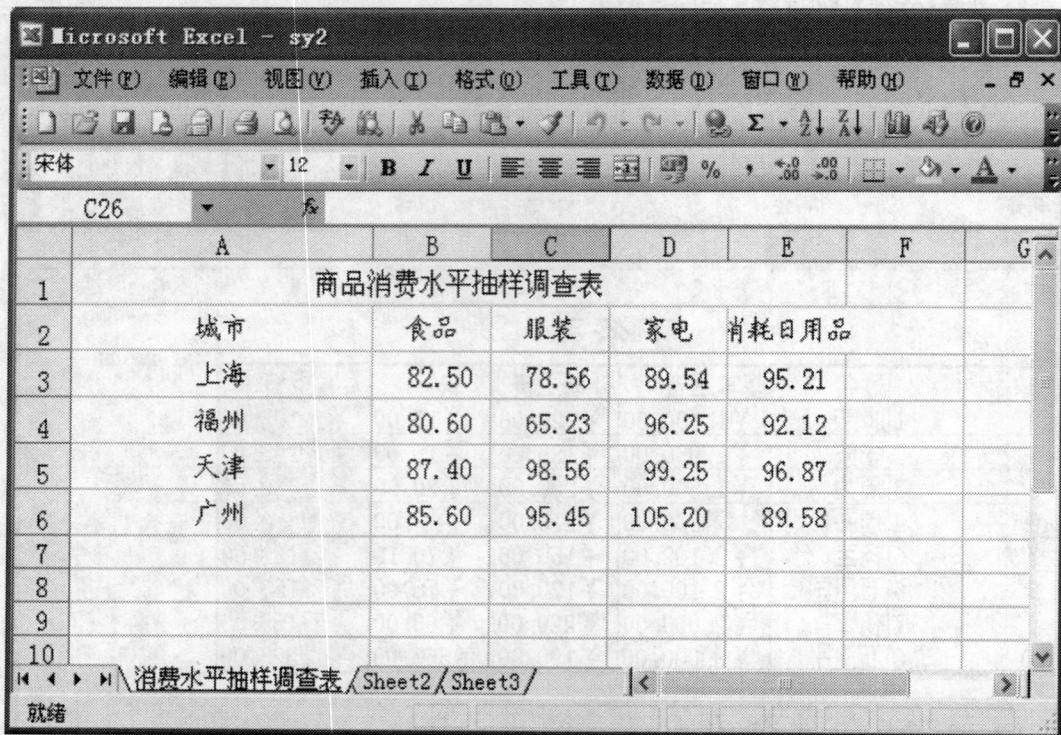

图 5-62 样图 2

（3）对文件 sy3. xls 进行如下操作

要求：

1）将 Sheet1 改名为"学生成绩表"，将整个表格复制到 Sheet2 标签下，并将标签改名为"学生成绩图表"；将"学生成绩表"，整个表格复制到 Sheet3 标签下，删除第 1、2 行，删除 G 列，并将标签改名为"学生成绩清单"。返回到学生成绩表。

2）计算总分：选定 E4 单元格，插入∑，复制至 E11。

3）计算平均分：选定 F4 单元格，插入|函数|AVERAGE，参数：B4：D4，复制到 F11。

4）条件格式设置：选定 F4：F11 单元格区域，格式|条件格式：小于、60，格式：红色；大于、90，格式：字体加粗，单元格加底纹。

5）合并单元格：选择 A1：G1 单元格区域，格式|单元格|单元格格式|对齐-合并单元格、水平对齐：居中，字体：楷体、加粗、20 磅。

6）合并单元格：选择 A2：G2 单元格区域，格式|单元格|单元格格式|对齐-合并单元格、水平对齐：靠右、宋体、常规、8 磅。

7）对齐设置：选择 A3：G11 单元格区域，格式|单元格|单元格格式|对齐-水平对齐：居中。

8）边框设置：选定 A3：G11 单元格区域，格式|单元格|单元格格式|边框-蓝色、双线、外边框，天蓝、细线、内边框。

9）保存文件为 sy3. xls。

操作步骤：

1）在工作表 sheet1 标签右击鼠标，在打开快捷菜单选择【重命名】，录入"学生成绩表"。点击左上角的全选后，在【编辑】菜单中，选择复制，打开 sheet2 工作表，在【编辑】菜单中，选择粘贴，选择工作表 sheet2，标签右击鼠标，在打开快捷菜单选择【重命名】，录入"学生成绩图表"，打开工作表 sheet3 标签，在【编辑】菜单中，选择粘贴，选择工作表 sheet3 标签，右击鼠标，在打开快捷菜单选择【重命名】，录入"学生成绩清单"，按住 CTRL 键，选择第 1、2 行和 G 列，右键打开快捷菜单中选删除，返回到学生成绩表。

2）选定 E4，单击工具栏上的"∑"，选择 B4：D4，回车，把鼠标放在 E4 的右下角，按住左键，拖动至 E11，求出总成绩。

3）选定 F4，在菜单【插入】|【函数】选择 AVGE 函数确定，在范围选项中选 B4：D4 后确定，把鼠标放在 F4 的右下角，按住左键，拖动至 F11，求出平均成绩。

4）选定 F4：F11 单元格区域，在菜单【格式】|【条件格式】中，小于 60，打开格式设置成红色后，添加后，大于 90，打开格式设置成字体加粗，单元格加底纹。

5）选择 A1：G1 单元格，点击工具栏上的合并居中按钮，将其合并居中，右键打开设置单元格中的字体，设成楷体、加粗、20 磅。

6）选择 A2：G2 单元格，右键打开设置单元格中的字体，设成宋体、常规、8 磅。打开对齐选项卡，水平靠右。

7）选择 A3：G11 单元格区域，右键打开设置单元格中的对齐选项卡，水平居中。

8）选定 A3：G11 单元格区域，右键打开设置单元格中的边框，分别选择蓝色、双线、外边框，天蓝、细线、内边框，【确定】。

9）选择【文件】|【保存】。如图 5-63 所示。

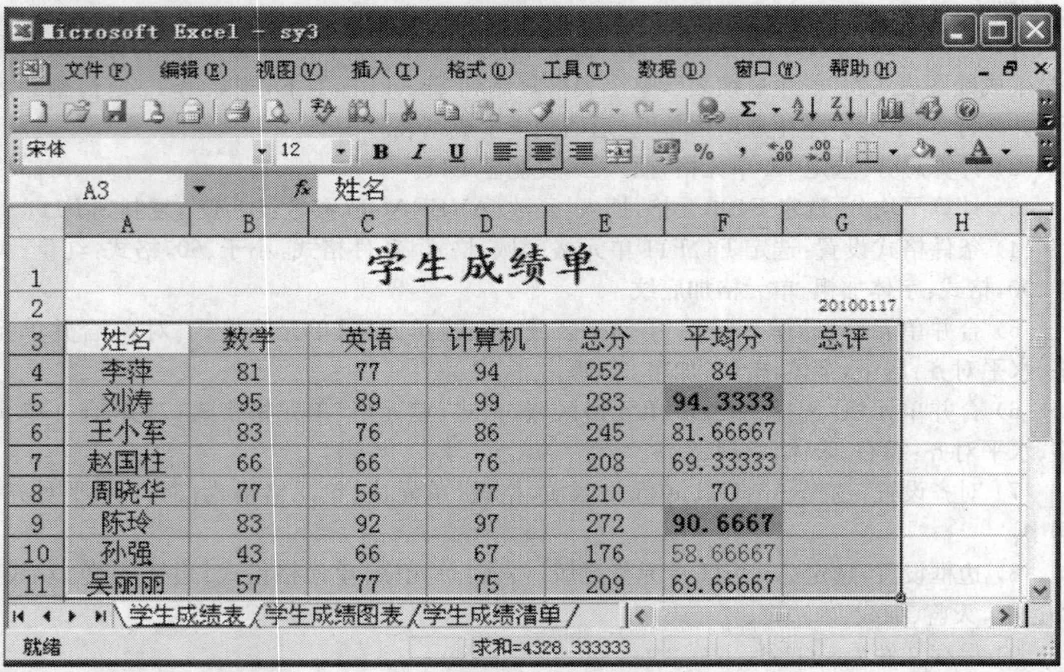

图 5-63 样图 3

3. 数据处理

（1）打开文件 sy4. xls 进行如下操作

要求：

1）在第一行插入标题：成绩统计表，合并居中，红色楷体，26 号。

2）将 A9:I9 单元格中的字改为蓝色幼园，字号 12，并垂直居中。

3）将第 10 行的行高改为 20。

4）求出每位同学的总分及平均分，平均分一列保留一位小数位。

5）将所有学生的信息按总分降序排列。

6）将总分最高的学生信息用红色字体表示。

7）将该文件保存为 sy4. xls。

操作步骤：

1）选定 A1 右键在快捷菜单中选择【插入】中的整行，输入"成绩统计表"，点击工具栏上的合并居中按钮，将其合并居中，右键打开设置单元格中的字体，设成红色楷体，26 号。

2）选择 A9:I9 单元格区域，右键打开设置单元格中的字体，设成蓝色幼园，字号 12，打开对齐选项卡，设成垂直居中后【确定】。

3）选择第 10 行，在菜单【格式】|【行】|【行高】中录入 20【确定】。

4）在 H3 中插入函数 sum，单元格区域为 C3:G3，确定后计算出 H3 的值，将鼠标放在单元格 H3 的右下角，按鼠标左键拖动至 H11，求出总分。同样的方法在 I3 插入函数 avge，求出平均分。选择 I3:I11 右键打开设置单元格中的数字中的数值，设置小数位数为 1，【确定】。

5）在菜单【数据】|【排序】中，把主关键字设成总分，降序后【确定】。

6) 选择 A3：I3 单元格区域，右键打开设置单元格中的字体，设成红色后【确定】。

7) 选择【文件】|【保存】。如图 5-64 所示。

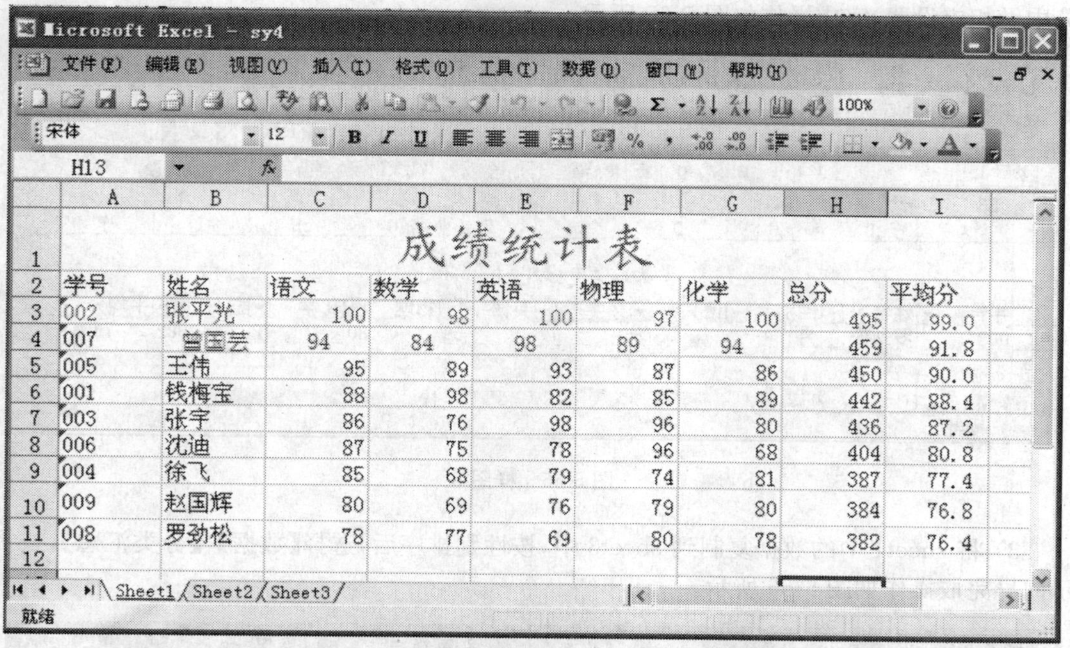

图 5-64   样图 4

(2) 打开文件 sy4. xls 进行如下操作

要求：

1) 将该文件另存为 sy6. xls。

2) 在该数据表的姓名列右侧增加"性别"列，将 1，7，8 三条记录为女同学，其余为男同学。并将数据复制到 sheet2 中，然后进行下列操作：

对 sheet2 中的数据按性别排列，男同学在前，女同学在后，性别相同的按总分降序排列。

在 sheet2 中筛选出总分小于 400 或大于 480 的男生记录；结果如图 5-65 所示。

3) 将 sheet1 中的数据复制到 sheet3 中，然后对 sheet3 中的数据进行下列操作：

按性别分别求出男生和女生的各科平均成绩（不包括总分），平均成绩。

在原有分类汇总的基础上，再汇总出男生和女生的人数。

[提示]在原有分类汇总的基础上再汇总，即嵌套分类汇总。这时只要在原汇总的基础上再进行汇总，然后将"替换当前分类汇总"复选框清空。

按样张所示，分级显示及编辑汇总数据。结果如图 5-66 所示。

4) 以 sheet1 中的数据为基础，在姓名和学号之间，加一列为"系别"，分别为：1、5、6 三条记录为计算机，2、4、7 三条记录为临床，3、8、9 三条记录为食品，在 sheet4 工作表中按系别分类和按性别分别统计各系男女生人数建立对应的数据透视表。

5) 针对英语成绩进行数据分析后存盘。

操作步骤：

1) 选择【文件】|【打开】sy4. xls 后，另存为 sy6. xls。

2）打开 sheet1，在 B 列插入一列录入数据并复制到 sheet2，选择【数据】|【排序】中的主关键字中选性别升序，总分降序后确定。选择【数据】|【筛选】中自动筛选，分别在性别和总分中做相应设置，完成操作如图 5-65 所示。

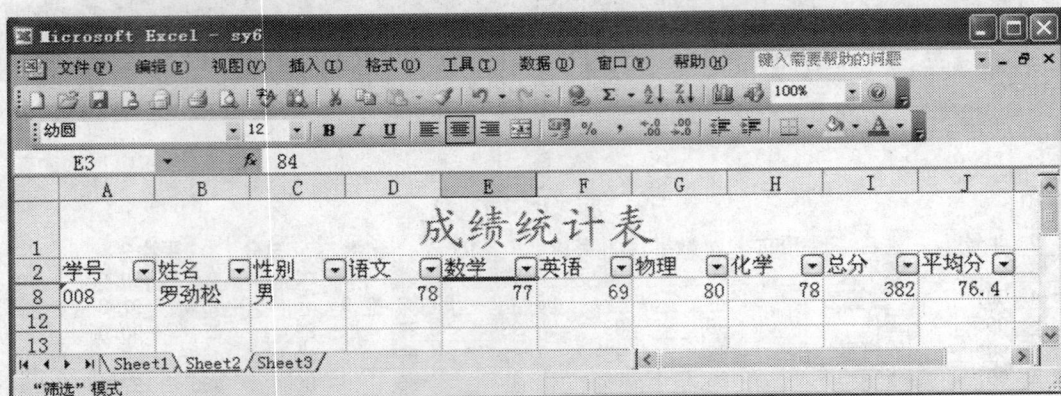

图 5-65　样图 5

3）将 sheet1 中的数据复制到 sheet3 中，按性别排序后，选择【数据】|【分类汇总】，按提示向导完成操作如图 5-66 所示。

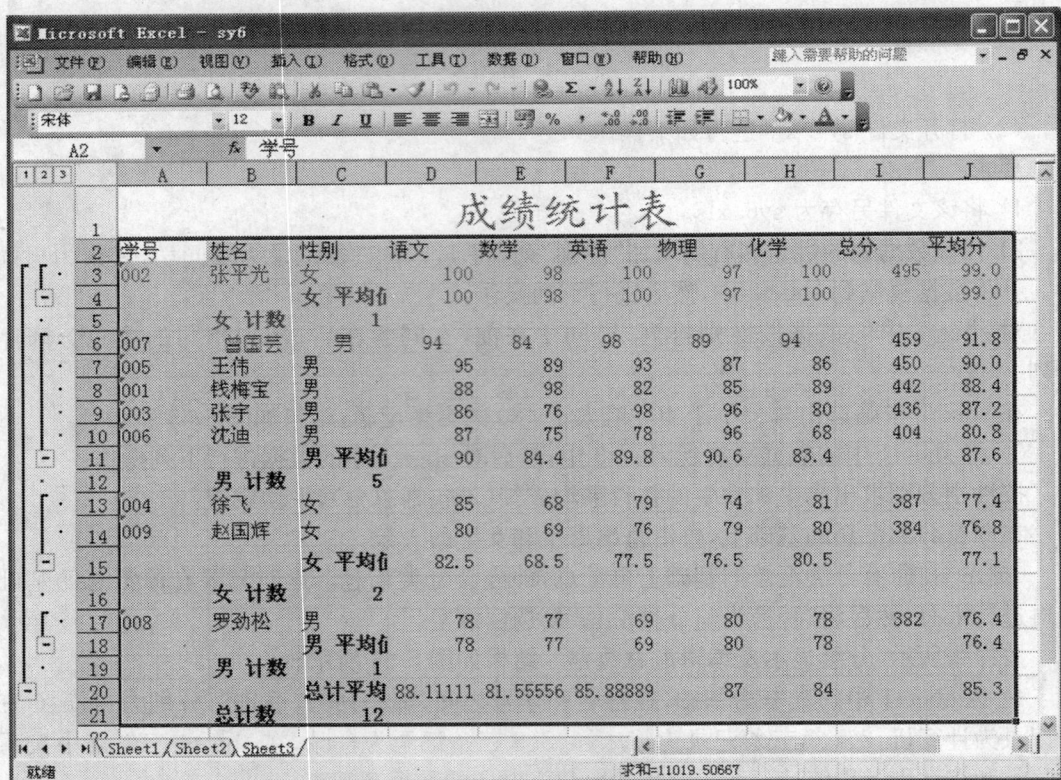

图 5-66　样图 6

4）打开 sheet1，在 B 列插入一列录入数据。选定数据清单中任一单元格，单击【数据】|

【数据透视表和数据透视图】命令,弹出相应对话框,选择下一步,在"选定数据源区域"确认范围,在版式对话框中将右边的字段拖动到左边的图上,构造如图 5-67 所示的数据透视表。

5)选择【工具】|【数据分析】命令,在【数据分析】对话框中选择【描述统计】,单击确定后保存,如图 5-68 所示。

4. 图表的创建与修饰

要求:

(1)打开前面保存的 sy4. xls 文件。

(2)选定 A2:G11 数据,在当前工作表 sheet1 中创建嵌入的折线形图表,图表标题为"成绩统计表"。

图 5-67 样图 7

(3)对 sheet1 中创建的图表进行如下编辑操作:

将该图表移动、放大到 A30:J40 区域。

删除图表中语文的数据系列,然后再将数学和化学的数据系列次序对调。

为图表中"英语"的数据系列增加以值显示的数据标记。

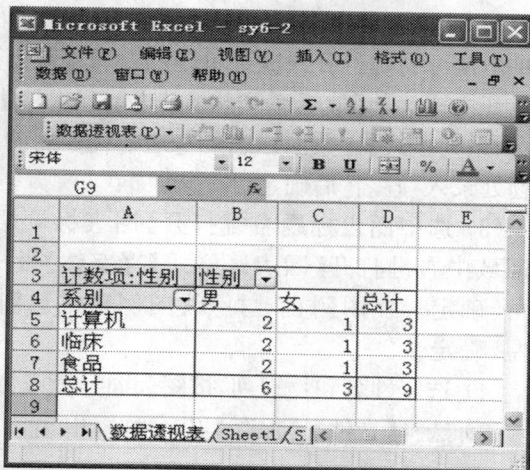

图 5-68 样图 8

为图表添加分类轴标题"姓名"。

(4)对 sheet1 中创建的图表进行如下格式化操作:

将图表标题"成绩统计表"设置为楷体,18 磅,按样张放置。

将图表区的字体大小设置为 8 磅,并选区用最粗的圆角边框。

将图例边框改为带阴影边框,并将图例移到图表区的靠左。

(5)将物理课程的部分学生成绩,创建独立的三维饼图。对该图表按样张进行格式化,调整图形的大小并进行必要的编辑。

(6)保存该文件为 sy5. xls。

操作步骤:

(1)打开 sy4. xls;选择 A2:I11 单元区域,在菜单【插入】|【图表】的对话框中,选择条形图图表,点击下一步,在图表选项中的标题选项卡中的图标标题处,输入"成绩统计表",下一步后确定。

（2）把鼠标放到图表中使之成为四头带尖的形状,拖动鼠标至 A30:J40 区域。在折线上单击鼠标右键打开快捷菜单【源数据】|【系列】中删除语文确定。再次在此处单击鼠标右键打开快捷菜单【数据系列格式】|【系列次序】中数学上移化学下移确定。双击英语折线【数据系列格式】|【数据标志】中,选中"值"后确定。右键打开【图表选项】|【标题】中分类轴标题处录入"姓名"后确定。

（3）选中图表标题右键打开【图表标题格式】|【字体】设成楷体,18 磅确定。在图表区域中右键打开【图表区格式】|【字体】设成大小设置为 8 磅,打开图案选项卡,选中圆角,确定。在图例右键打开【图例格式】|【图案】中选中阴影,打开位置选项卡,选中靠左,确定。

（4）选定姓名和物理列,按图表向导插入饼形图。

（5）选择【文件】|【保存】,在名称框中 sy5.xls 保存。如图 5-69 所示。

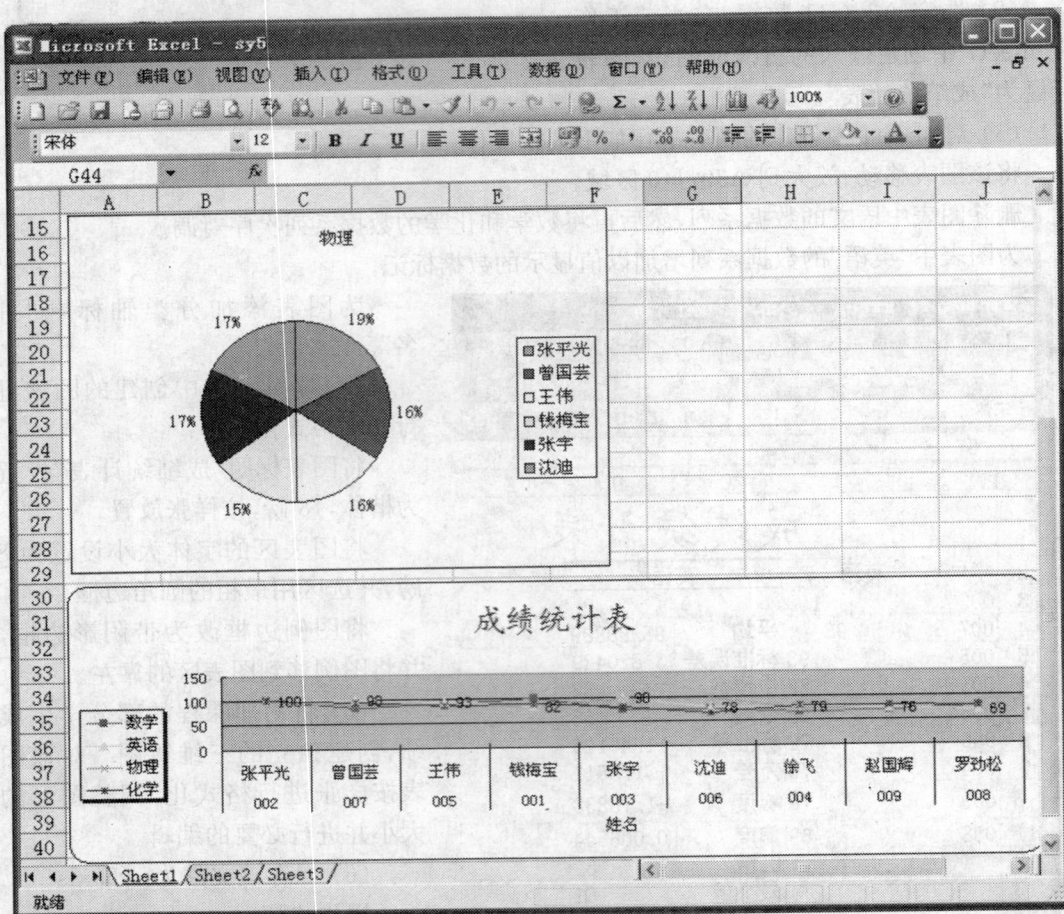

图 5-69　样图 9

实验 6　演示文稿软件 PowerPoint 2003 应用

【实验目的】

（1）掌握利用内容提示向导创建演示文稿的方法。

（2）掌握利用设计模板建立演示文稿的方法。

（3）掌握空演示文稿建立的基本过程。

（4）掌握在幻灯片中插入图片、艺术字、表格等对象的方法。

（5）掌握幻灯片版式、背景、配色方案的设计。

（6）掌握幻灯片放映、幻灯片切换、超级链接和动作按钮的使用。

【实验内容】

（1）根据内容提示向导和设计模板创建演示文稿。

（2）空演示文稿的建立及编辑。

（3）创建多媒体演示文稿。

（4）制作个人写真相册。

（5）演示文稿高级使用功能。

【实验步骤】

1. 演示文稿的创建

（1）根据内容提示向导和设计模板创建演示文稿

1）根据"内容提示向导"创建演示文稿"市场计划"

A. 启动 PowerPoint 2003。

B. 选择【文件】|【新建】命令，在【新建演示文稿】窗格中选择【根据内容提示向导】，单击【下一步】按钮。

C. 选择【市场计划】文稿类型，输入演示文稿标题【市场计划】，其他按照默认设置，单击【确定】按钮。完成后效果如图 6-60 所示。

D. 在左侧幻灯片浏览栏中单击鼠标查看各幻灯片，在【标题】、【内容摘要】等幻灯片中输入适当内容。

E. 选中第一张幻灯片，选择【幻灯片放映】|【观看放映】命令，播放演示文稿，单击鼠标向下翻看，按 Esc 键退出播放状态。

F. 将演示文稿以 P1.PPT 为文件名保存。

2）利用"设计模板"创建演示文稿

A. 选择【文件】|【新建】命令，在【新建演示文稿】窗格中选择【根据设计模板】，单击【下一步】按钮。

B. 在【应用设计模板】中选择一种自己喜欢的设计模板样式（如古瓶荷花），并选择【应用于所有幻灯片】命令。

C. 在第一张幻灯片中输入标题"个人简历"，副标题为你的名字。

D. 选择【插入】|【新幻灯片】

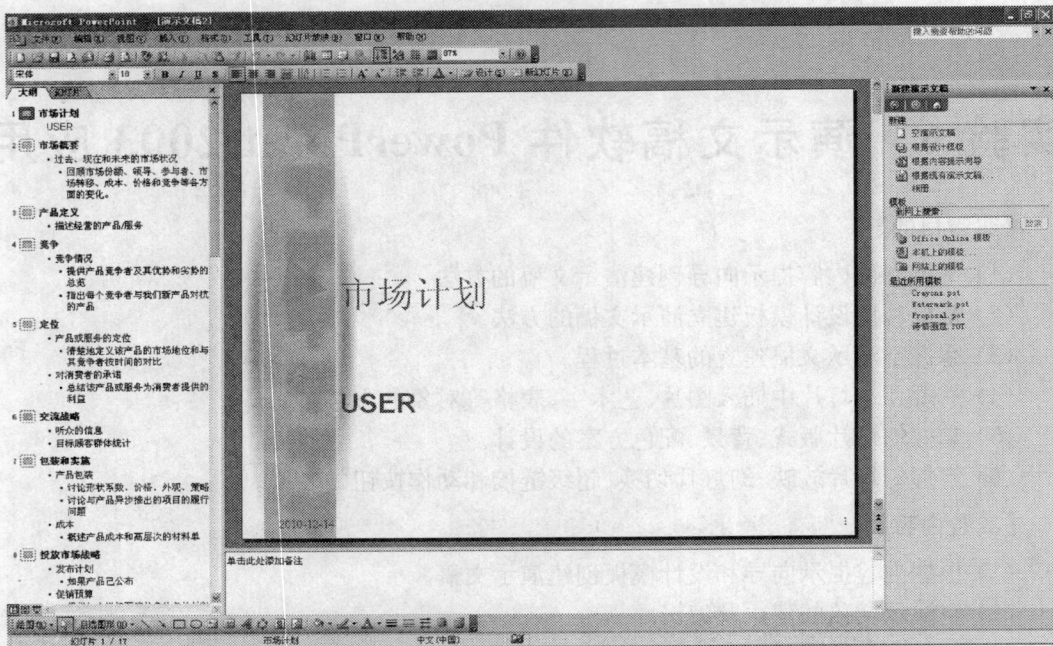

图 6-60 利用内容提示向导创建的演示文稿

● 插入的第二张幻灯片版式为"标题和文本",内容输入本人的教育经历。

● 第三张幻灯片采用"标题、文本与剪贴画"版式,标题处填入"本人爱好和特长",文本处以简要的文字填入你的爱好和特长;剪贴画选择你所喜欢的图片。

● 第四张幻灯片采用"标题和图示或组织结构图"版式,标题处输入:"班级班委会结构",双击组织结构图,在【图示库】中选择所需类型,单击【确定】按钮,在插入的组织结构图中输入相应内容。

● 第五张幻灯片采用"标题和表格"版式,标题处输入"课程表",双击填入的表格图标,在【插入表格】对话框中输入表格的行数、列数,并在插入的表格中填入表格内容。

● 第六张幻灯片采用空白版式,单击【插入】|【图片】|【艺术字】,在其中插入艺术字:"愿我们成为好朋友!"。

E. 选择【幻灯片放映】|【观看放映】命令,播放演示文稿。

F. 将演示文稿以 P2. PPT 为文件名保存。完成后效果如图 6-61 所示。

(2) 空演示文稿的建立及编辑

1) 制作标题幻灯片

A. 启动 PowerPoint 2003,建立一个空演示文稿。

B. 输入标题文字"上海",设置字体为【宋体】,【字号】为 150、【文字颜色】为红色。

C. 单击副标题文本框框线,按 Delete 键删除。

D. 选择【格式】|【幻灯片设计】命令,打开【幻灯片设计】任务窗格,单击【设计模板】链接,选择模板【诗情画意】,并选择【应用于选定的幻灯片】。

2) 制作其他幻灯片

A. 制作幻灯片"上海简介":选择【插入】|【新幻灯片】命令,插入新的空白幻灯片,同时

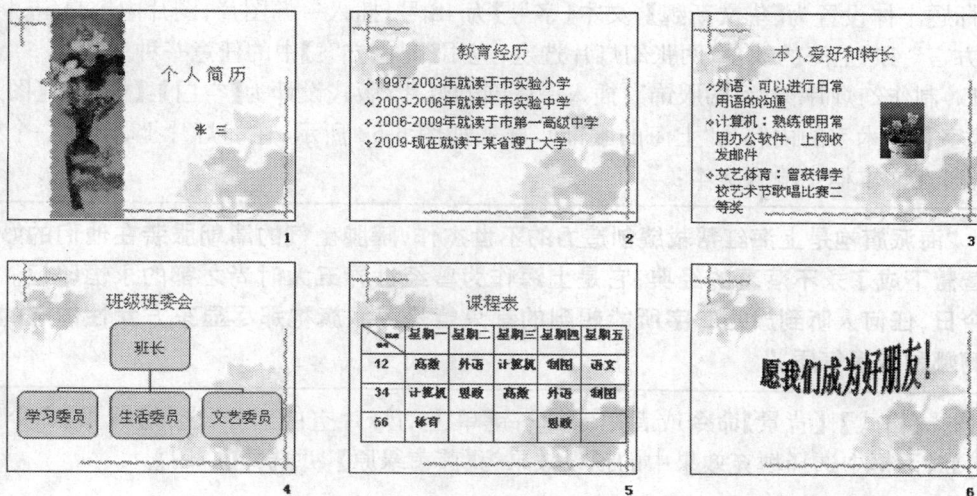

图 6-61 利用设计模板创建的演示文稿

打开【幻灯片版式】任务窗格,选择【标题和文本】版式;单击【标题】文本框,输入文字"上海简介",设置字体为【华文隶书】、【字号】为 54。单击【添加文本】文本框,输入以下文字:

> "上海,中国内地第一大城市;四个中央直辖市之一;是中国内地的经济、金融、贸易和航运中心。上海位于我国大陆海岸线中部的长江口,拥有中国最大的外贸港口、最大的工业基地。"

调整【添加文本】文本框的大小,将其拖动到适当位置。

B. 制作幻灯片"目录":插入一张新幻灯片,选择幻灯片版式为【标题和两栏文本】;【标题】文本框输入文字"目录",两栏文本框分别输入文字"方言、饮食、服饰、特产、音乐、名胜";标题设置为【左对齐】;将文本【字号】设置为 48 号;将文本框拖动到幻灯片中间位置,适当改变文本框的大小;将"上海简介"和"目录"两张幻灯片应用【设计模板】中的【吉祥如意】模板。

C. 制作幻灯片"上海的方言":插入一张新幻灯片,版式设计为【只有标题】。标题输入:上海的方言;在幻灯片上,绘制一个横排文本框,输入以下文字:

> "上海话(Shanghainese)是上海开埠以后吴语区各地移民口音在松江方言基础上自然融合而成的新型城市吴语,自 20 世纪上半叶开始逐渐取代苏州话在吴语地区的权威地位,成为吴语区的代表和共通语言。语音受移民中占优势的苏州和宁波两地影响巨大。"

将文本【字号】设置为 28 号;选择【插入】|【图片】|【来自文件】命令或者使用【复制】|【粘贴】方法将图片插入到幻灯片中,参考图 6-62,更改图片大小和位置。

D. 制作幻灯片"上海的饮食":按照默认版式插入新幻灯片;输入标题"上海的饮食",输入文本:

> "上海人称的本帮菜指的是上海本地风味的菜肴,特色可有用浓油赤酱(油多味浓、糖重、色艳)概括。常用的烹调方法以红烧、煨、糖为主,品味咸中带甜,油而不腻。
>
> 本帮炒菜中,荤菜中特色菜有响油鳝糊、油爆河虾、油酱毛蟹、锅烧河鳗、红烧圈子、佛手肚膛、红烧回鱼、黄焖栗子鸡等,真正体现本帮菜浓油赤酱的特点。"

标题字体设置为【华文新魏】,文本【字号】为48号;插入一幅图片,图片内容自定;将"上海的方言"和"上海的饮食"两张幻灯片选定,应用【配色方案】中的任意一种颜色。

E. 制作幻灯片"上海的服饰":插入一张新幻灯片,版式设计为【空白】;【插入】|【图片】|【艺术字】,艺术字的内容为"上海的服饰",样式如图6-62所示;在幻灯片上,绘制一个横排文本框;在文本框中输入文本:

> **"海派旗袍是上海红帮裁缝创造力的不世杰作,臃肿土气的清朝服装在他们的妙手和智慧下成了永不落幕的经典,它是上海作为曾经世界五大时尚之都的永恒印记。时至今日,任何人听到旗袍二字所能想到的都只能是海派旗袍那尽显东方女性体态的端正婀娜和淑媛气质。"**

选择【格式】|【背景】命令或者用鼠标右键单击幻灯片空白部分,选择【背景】命令。在【背景】对话框中选择填充效果中的预设效果为【茵茵绿原】,并选择【应用】。

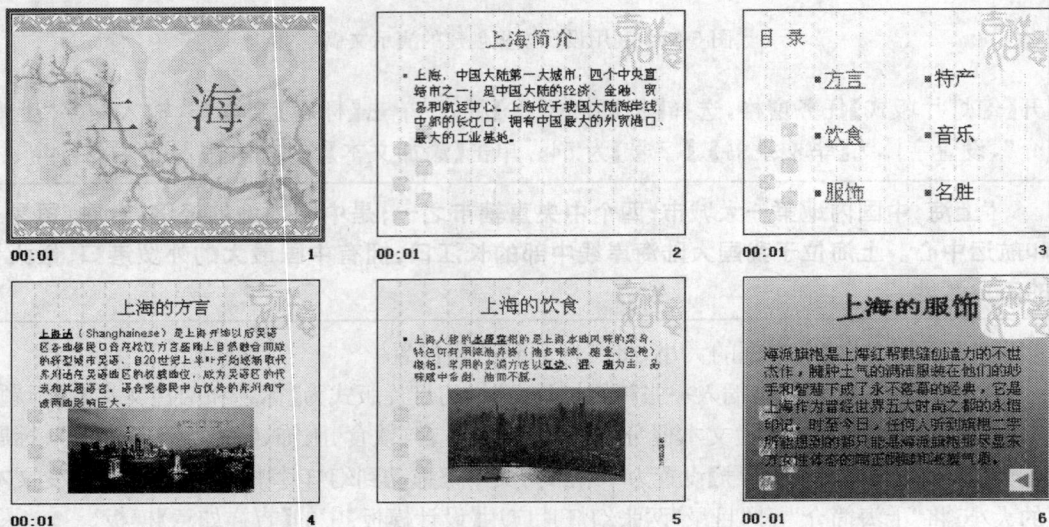

图 6-62　演示文稿"上海"

3) 制作超级链接和动作按钮

A. 插入超级链接:在普通视图下,选中第3张幻灯片"目录";选中文字"方言",选择【插入】|【超链接】命令,在打开的【插入超链接】对话框中的左侧【链接到】列表中选择【本文档中的位置】,并在【请选择文档中的位置】列表中选择"4.上海的方言",单击【确定】按钮;如图6-63所示。使用同样的方法为文字"上海的饮食"加超级链接,链接到第5张幻灯片;为"上海的服饰"加超级链接,链接到第6张幻灯片;选中第5张幻灯片"上海的饮食",插入一个竖排文本框,输入文字"返回目录"并做适当格式化;选中文本框,选择【插入】|【超链接】命令,选择链接到本文档中的第3张幻灯片"目录"。

B. 设置动作按钮:选中第6张幻灯片【上海的服饰】;选择【幻灯片放映】|【动作按钮】|【后退或前一项】,在幻灯片的空白位置绘制一个按钮;在出现的【动作设置】对话框中单击【单击鼠标】选项卡,动作设置为超链接到"幻灯片…"并设置链接目标为第3张幻灯片。

4）放映演示文稿：选择【幻灯片放映】|【观看放映】命令，播放幻灯片。

5）保存演示文稿：将演示文稿以 P3.PPT 为文件名保存。完成后效果如图 6-62 所示。

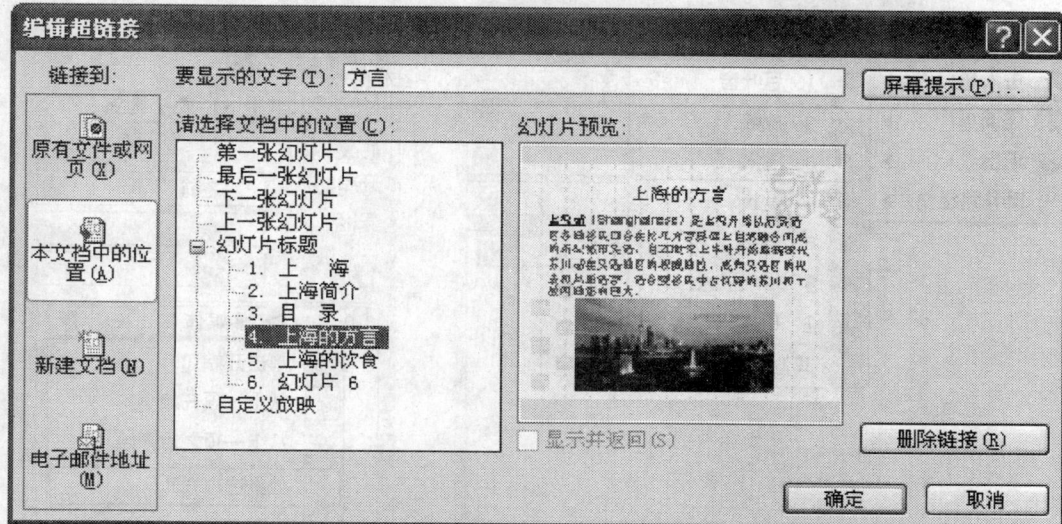

图 6-63　设置超链接

2. 创建多媒体演示文稿

（1）自定义动画的设置

1）打开演示文稿 P3.PPT。

2）选择【幻灯片放映】|【自定义动画】命令，在其任务窗格中选择要设置动画的对象，然后进行【添加效果】等的设置，如图 6-64 所示。对第二张幻灯片的标题部分"上海简介"，采用【飞入进入】的动画效果，【单击鼠标】时产生动画效果；文本部分，采用【棋盘进入】的动画效果，在【前一事件】3 秒后发生；对第四张幻灯片的标题部分"上海的方言"设置【螺旋飞入】效果；对文本设置【擦除】的效果；对图片设置【进入】的效果。动画出现的顺序，首先为图片对象，随后是文本，最后是标题；对设置有动画的幻灯片，选中任务窗格下方的【自动预览】复选框，单击【幻灯片放映】，观察动画效果。

（2）制作幻灯片切换效果

1）选择【幻灯片放映】|【幻灯片切换】命令，打开【幻灯片切换】任务窗格。

2）分别为每张幻灯片设置一种切换效果分别为水平百叶窗、溶解、盒状展开、随机等方式。

3）设置切换速度为【快速】或【中速】，设置换页方式为通过单击鼠标或每隔几秒。

（3）插入多媒体对象

1）选择第一张幻灯片。

2）选择【插入】|【影片和声音】|【文件中的声音】命令，选择声音文件，在出现的对话框中选择【自动】播放。

3）打开【自定义动画】任务窗格，将动作开始条件设置为【之前】；用鼠标右键单击【声音】列表项，选择【效果选项】命令，如图 6-65 所示。在【播放声音】对话框中，选择【停止播放】条件为【六张幻灯片后】；【重复】项设置为【直到幻灯片末尾】，如图 6-66 所示。

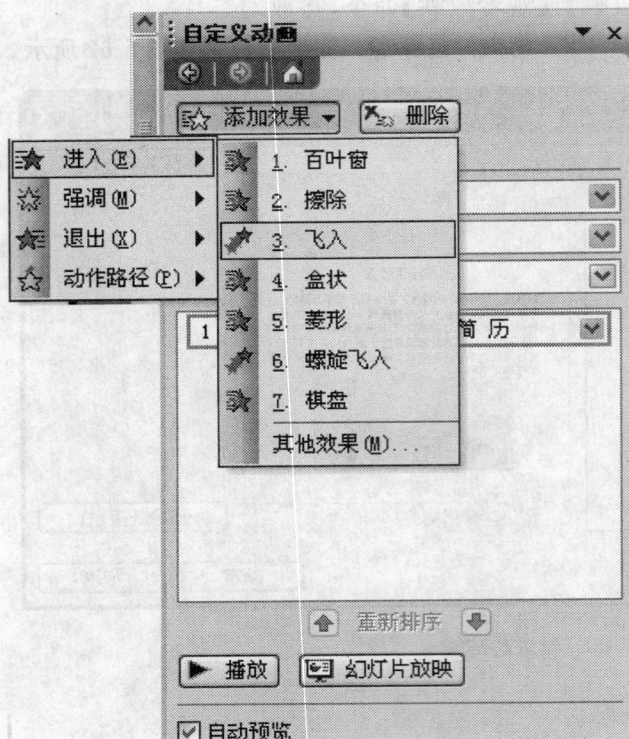

图 6-64　自定义动画任务窗格

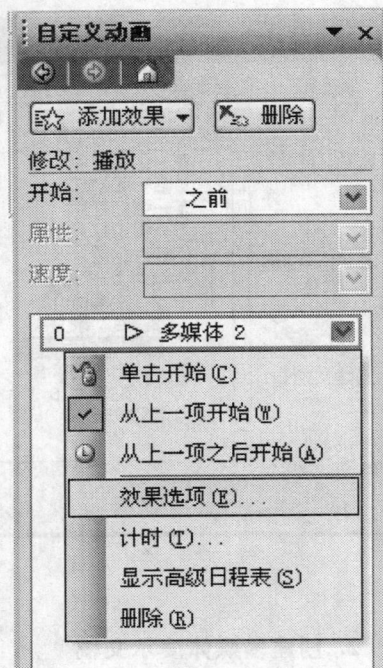

图 6-65　自定义动画中设置声音效果

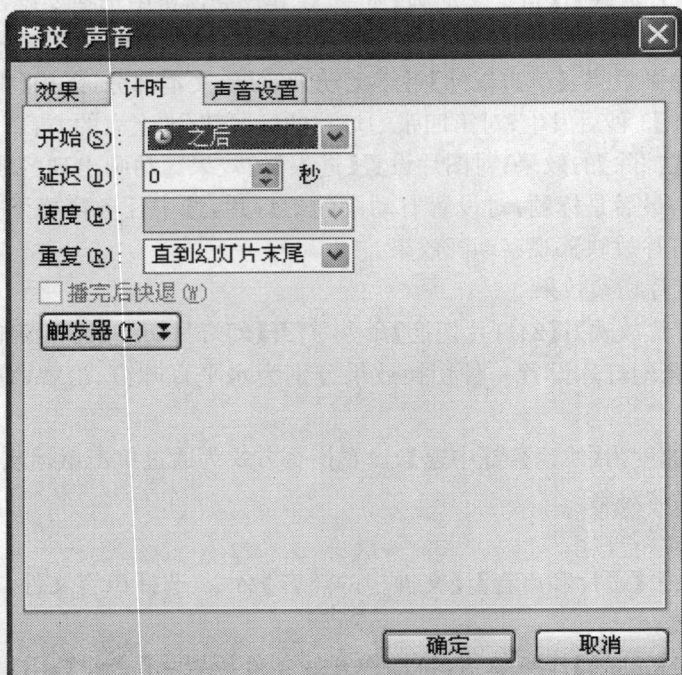

图 6-66　"播放声音"对话框

4）单击【确定】按钮，即可以为当前演示文稿设置背景音乐。

（4）放映演示文稿：将 P3. PPT 演示文稿的放映方式分别设置为【演讲者放映】、【观众自行浏览】、【在展台放映】及【循环放映】不同方式，观察放映效果。

（5）保存演示文稿：将演示文稿以 P4. PPT 为文件名保存。

3. 制作个人写真相册

（1）启动 PowerPoint 2003，在【幻灯片设计】窗格选择【Watermark】作为当前演示文稿的设计模板，如图 6-67 所示。

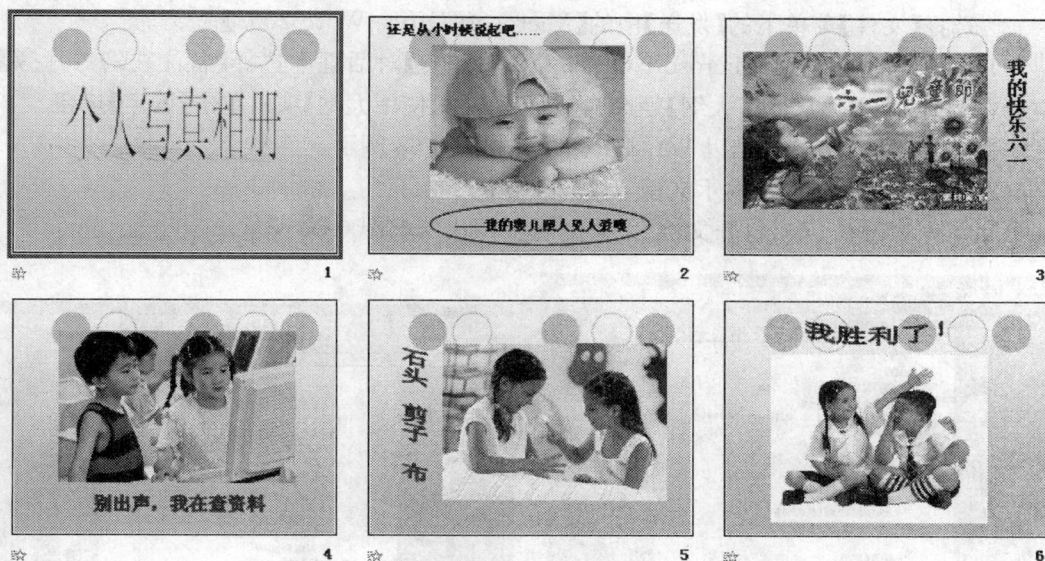

图 6-67　个人写真相册演示文稿

（2）选择【格式】菜单中的【背景】命令，在弹出的【背景】对话框中，单击【背景填充】下拉式按钮，在弹出的下拉式菜单中，选择【填充效果】对话框中【双色】单选按钮，设置【颜色 1】为黄色，【颜色 2】为浅黄色，单击【全部应用】按钮。

（3）在第一张幻灯片中，选择【插入】|【图片】|【艺术字】菜单命令，选择自己喜欢的艺术字样式，艺术字内容为"个人写真相册"。

（4）设置第二张幻灯片

1）选择【插入】|【图片】|【来自文件】菜单命令，在【插入图片】对话框中选择需要的图片；选择【插入】|【文本框】|【水平】菜单命令，在图片上方拖出一个长文本框，输入相应文字："还是从小时候说起吧……"；在图片下方填加椭圆形自选图形，在其中添加文本："我的婴儿照人见人爱噢"，并调整其位置。

2）选择【插入】|【影片和声音】|【文件中的影片】，在幻灯片中插入一段小影片。

3）选择【幻灯片放映】|【自定义动画】菜单命令，弹出【自定义动画】对话框，对幻灯片中的对象分别作如下设置：文本框部分，采用【自左侧飞入进入】的动画效果，【单击鼠标】时产生动画效果，并在【效果选项】中选择【下次单击后隐藏】；图片部分，采用【向内溶解】的动画效果；自选图形部分，采用【自底部飞入进入】动画效果，在【前一事件】1 秒后发生。

（5）插入新的幻灯片，将其他图片和文字依次插入到幻灯片中，并设置各张幻灯片上图形和文字的自定义动画效果。

（6）设置幻灯片的切换效果：各张幻灯片的切换效果依次为：【盒状收缩】、【向左上插入】、【向右上插入】、【盒状展开】、【加号】等。

（7）放映演示文稿，观看放映效果。

（8）保存演示文稿：将演示文稿以 P5. PPT 为文件名保存。完成后效果如图 6-67 所示。

4. 演示文稿高级使用功能

（1）演示文稿转换成 Word 文档

1）打开要转换的 P1. PPT 演示文稿。

2）选择【文件】菜单下的【发送】中的【Microsoft Office Word 2003】命令。

3）在弹出的【发送到 Microsoft Office Word 2003】对话框中选择【备注在幻灯片旁】、【空行在幻灯片下】、【只使用大纲】等选项（如：选择【只使用大纲】项），单击【确定】按钮。

4）将转换的 Word 文档以 W1. doc 保存。如图 6-68 所示。

（2）Word 文档转换成演示文稿

1）启动 Word 2003，打开文档"大学生创业 . doc"，如图 6-69 所示。

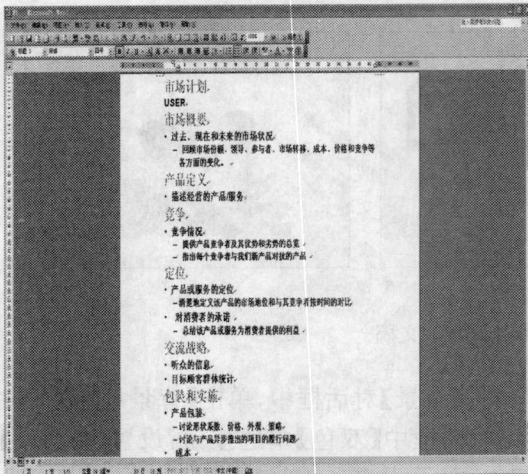

图 6-68　由演示文稿转换的 WORD 文档　　　图 6-69　"大学生创业"WORD 文档

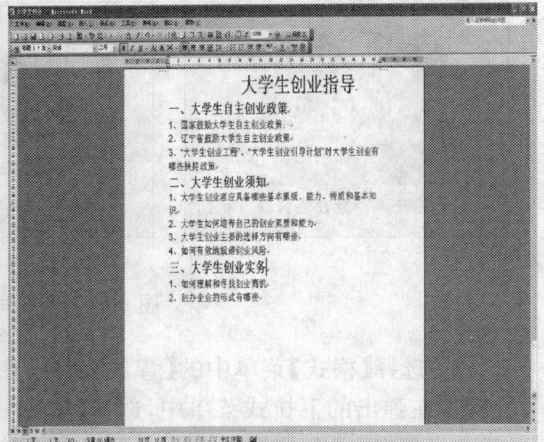

2）选择【视图】菜单中【大纲】命令，在大纲视图下对当前文档中的"大学生创业指导"、"一、大学生自主创业政策"、" 二、大学生创业须知"、"三、大学生创业实务"设置为 1 级标题，其他具体内容设置为 2 级标题，如图 6-70 所示。

3）保存并关闭当前文档。

4）启动 PowerPoint 2003，新建一个空演示文稿。

5）选择【插入】菜单中【幻灯片（从大纲）】命令，将打开【插入大纲】对话框。在【文件名】文本框中输入要转换的文档全名或从【查找范围】列表中选中所要转换的文件名，本例选择"大学生创业 . doc"文档。如图 6-71 所示。

6）单击【插入】按钮，Word 文件即已转换为演示文稿。如图 6-72 所示。

7）删除如图 6-72 所示演示文稿中的空白幻灯片。如果内容里面还有级别差异，这时需要用【大纲】选项卡进行修改。单击【大纲】工具栏上的【升级】或【降级】按钮对幻灯片进行整理。

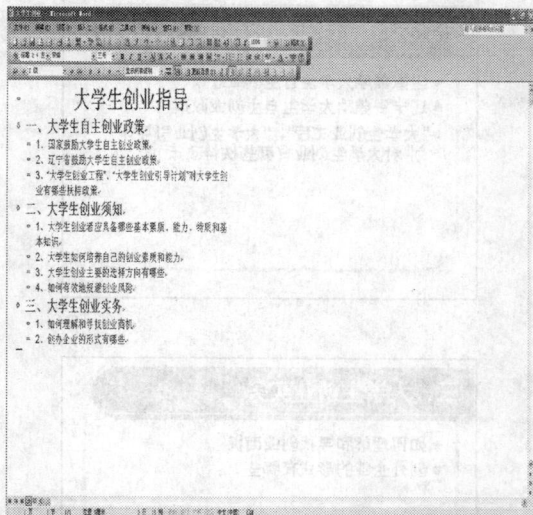

图 6-70　大纲视图下"大学生创业"文档

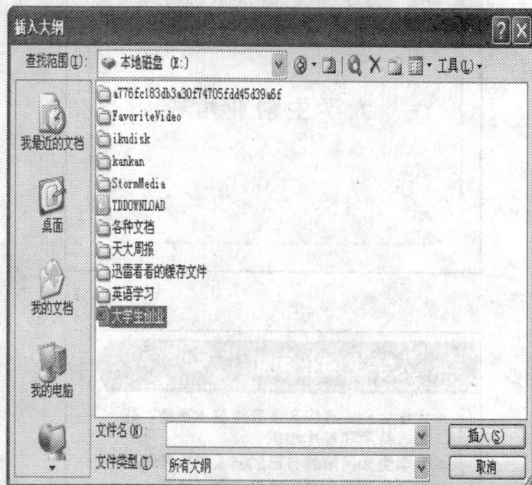

图 6-71　"插入大纲"对话框

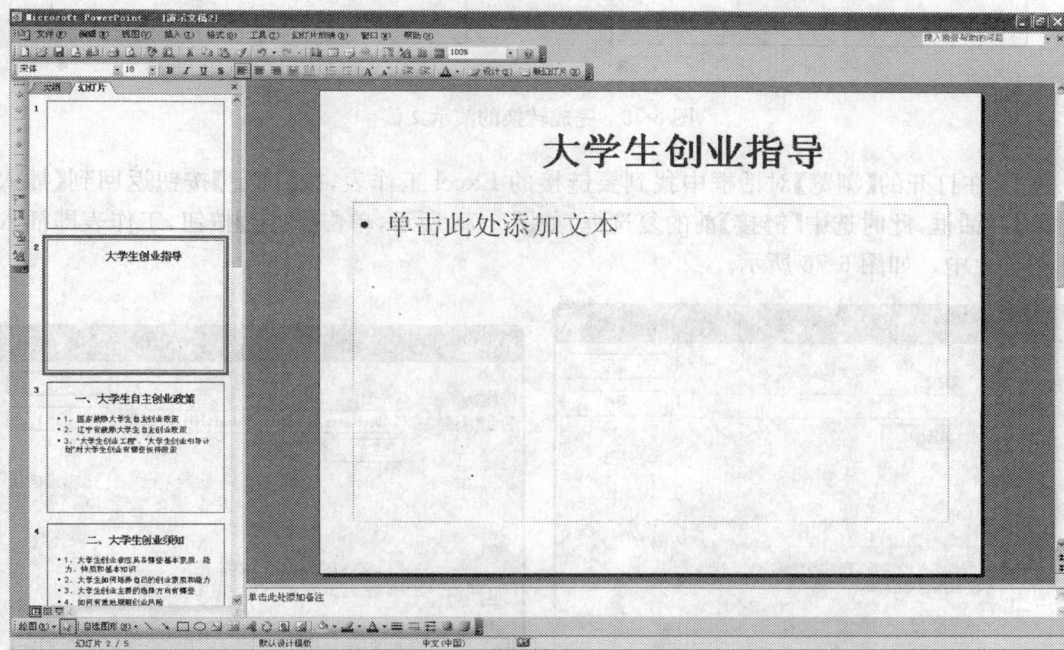

图 6-72　由 WORD 文档转换的演示文稿

　　8) 对演示文稿中的文本设置【字体】、【字号】，给演示文稿加上背景或套用一个模板，再加上一些切换效果。将完成转换的演示文稿以 P6. PPT 保存，其效果如图 6-73 所示。

　　(3) 演示文稿中的数据与 Excel 工作表中数据的同步更新

　　1) 在 PowerPoint 中新建一个演示文稿 P7. PPT，输入幻灯片标题："成绩单"。

　　2) 选择【插入】菜单中的【对象】选项，在【插入对象】对话框中选【根据文件创建】单选按钮，单击【浏览】按钮，如图 6-74 所示。

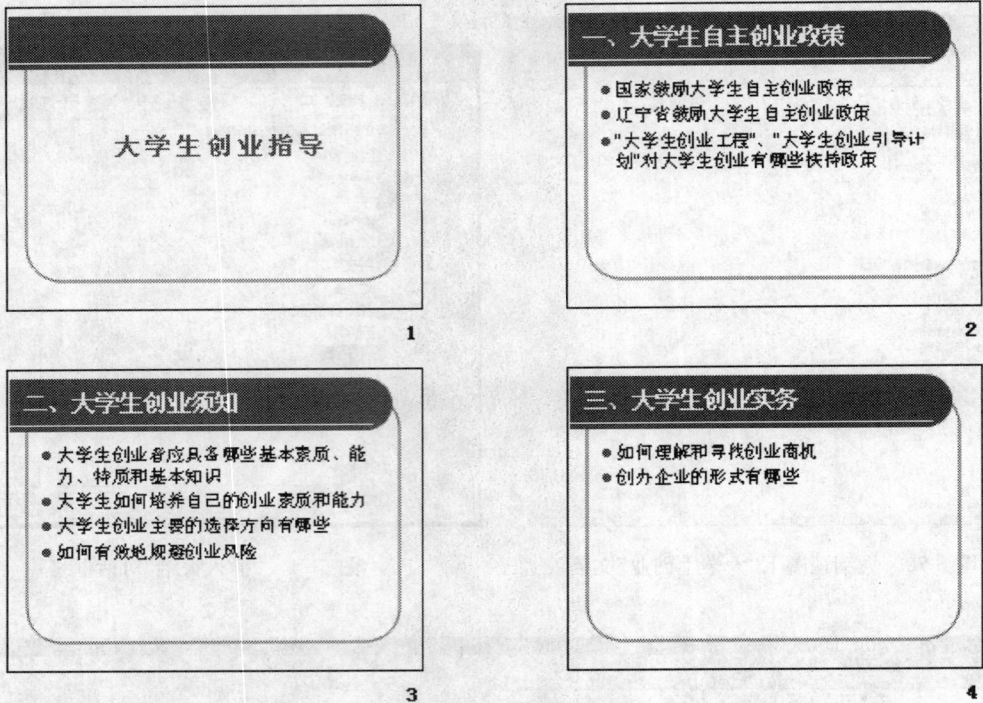

图 6-73　完成转换的演示文稿

3）在打开的【浏览】对话框中找到要链接的 Excel 工作表，按【确定】按钮返回到【插入对象】对话框，此时选中【链接】前的复选框，如图 6-75 所示，单击【确定】按钮，工作表即插入到幻灯片中。如图 6-76 所示。

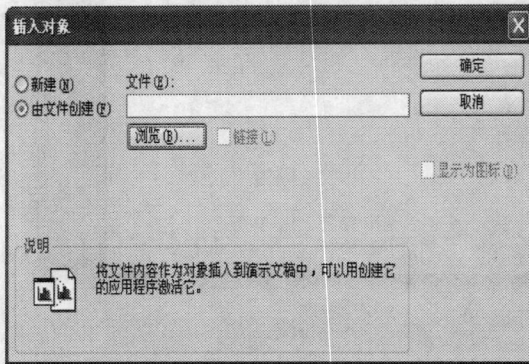

图 6-74　"插入对象"对话框

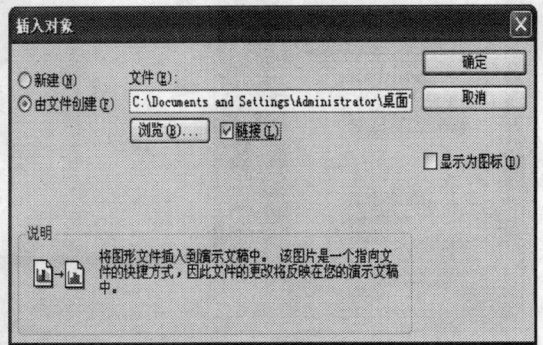

图 6-75　选择"链接"复选框

4）打开 Excel，对插入的工作表进行修改，添加一行数据，再为表格更改背景色，存盘后关闭 Excel 文件。

5）切换回 PowerPoint，在工作表上单击鼠标右键，在弹出的菜单中选择【更新链接】选项，刚才在 Excel 中编辑存盘的工作表即会自动替换原工作表，实现了同步更新。如图 6-77所示。

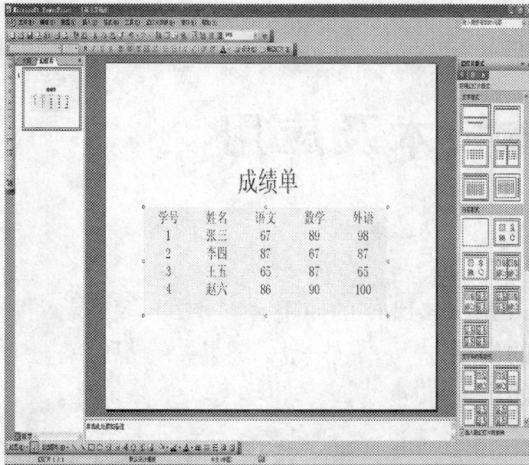

图 6-76 插入了 Excel 工作表的幻灯片

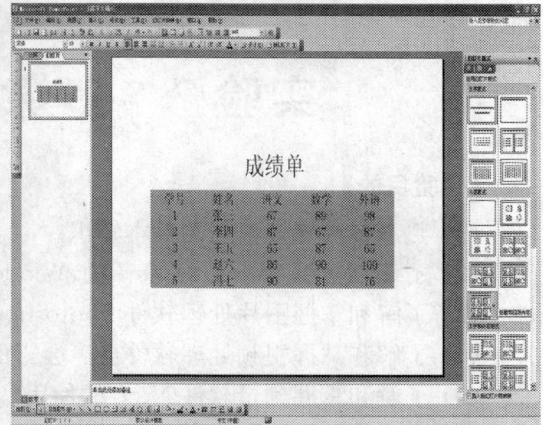

图 6-77 同步更新后的幻灯片

实验 7　多媒体技术及应用

【实验目的】

(1) 熟悉各种媒体信息的基本知识。

(2) 了解和掌握 Windows 录音机、Windows Media Play 的使用。

(3) 了解和掌握图片处理软件 Photoshop 的使用。

(4) 了解和掌握视频处理软件会声会影的使用。

(5) 了解和掌握刻录软件 Nero 的使用。

【实验内容】

(1) 使用 Windows 录音机录入一段声音。

(2) 使用 Windows Media Play 播放录入的声音。

(3) 使用 Photoshop 对图像"胸腔 CT.jpg"进行裁切。

(4) 使用会声会影对已经存在的视频"医学视频.avi"进行编辑操作。

(5) 使用 Nero 软件将"医学视频.avi"刻录成一张 DVD 视频光盘。

【实验步骤】

1. Windows 录音机的使用

图 7-14　Windows 录音机

(1) 开启 Windows 中的录音机：打开 Windows 中自带的录音机程序，如图 7-14 所示。上面的按钮都很简单，这里就不介绍了。

(2) 设置 WAV 录音文件的格式：选择【文件】|【属性】命令，进行录音文件的格式设置。先在【格式转换】栏中选择"录音格式"，再单击【开始转换】按钮。在弹出窗口中的【名称】栏中选择"CD 质量"即可。如果有特殊需要，可以按自己的要求选择其他的格式。注意，为了避免将 WAV 格式压缩转换为 MP3 时出现麻烦，尽量选择 16 位声音格式。

(3) 设置录音质量：选择录音机程序的【编辑】|【音频属性】命令，在"录音"栏中选择高级属性，最后在弹出的窗口中调节"采样率转换质量"，一般情况下都可以选择"一般"，如果要录制高质量的声音需要调节到"最佳"。

(4) 开始录音：点击录音机程序界面中的录音按钮，然后打开你的声源，或者对着麦克风讲话，录音程序即开始录制。

(5) 保存：声音录制好后，录制的 WAV 格式的声音数据是保存在内存中的，这时选择【文件】|【保存】或者【另存为】命令，将声音数据保存为 WAV 格式的声音文件。也可以在录音机程序中回放，听一听效果，如果效果不是很满意，可以重新录制或者进行优化。

2. Windows Media Play 的使用

（1）打开 Windows 中自带的媒体播放器程序，如图 7-15 所示。

（2）在标题栏上单击右键，在弹出的快捷菜单中单击【文件】|【打开】命令，选中该文件，单击【打开】按钮或双击即可播放；或者从磁盘上直接双击也可以进行播放。

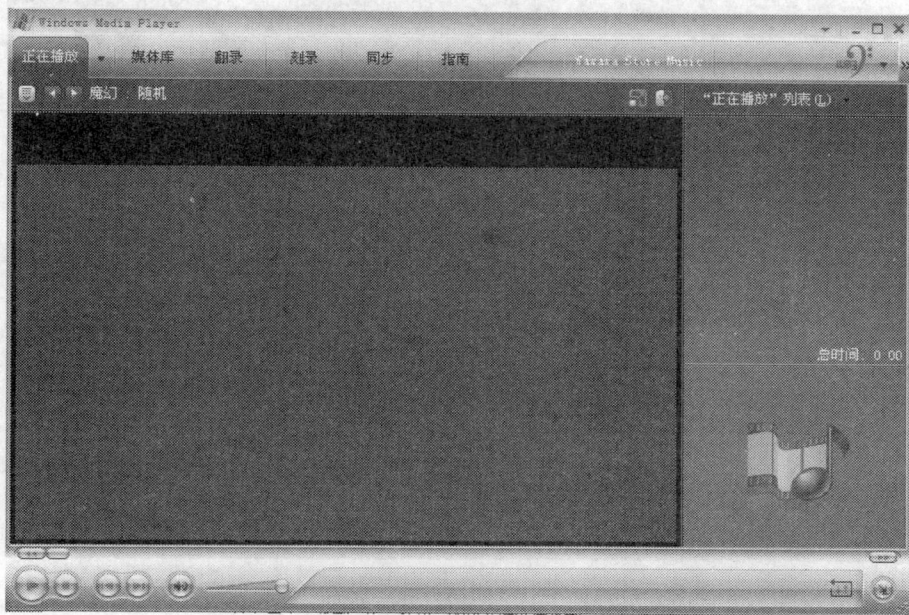

图 7-15　Windows Media Play 播放器

3. 使用 Photoshop 进行图像剪裁

（1）启动 Photoshop：启动 Photoshop 主程序，打开 Photoshop 启动界面。如图 7-16 所示。

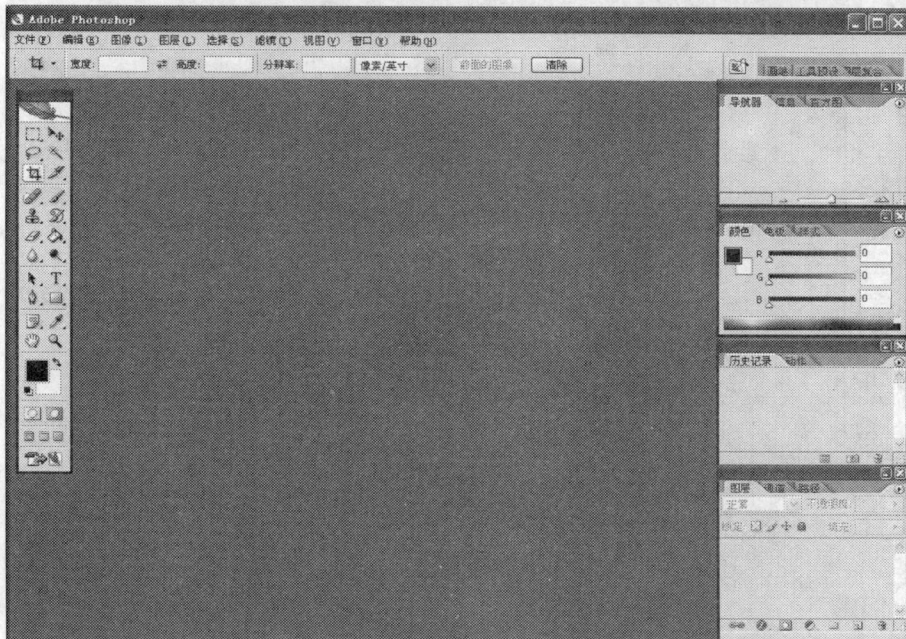

图 7-16　Photoshop 启动界面

（2）单击菜单中【文件】|【打开】命令，找到要剪裁的文件"胸部 CT.jpg"，选中该文件，单击【打开】按钮或双击即可打开，如图 7-17 所示。

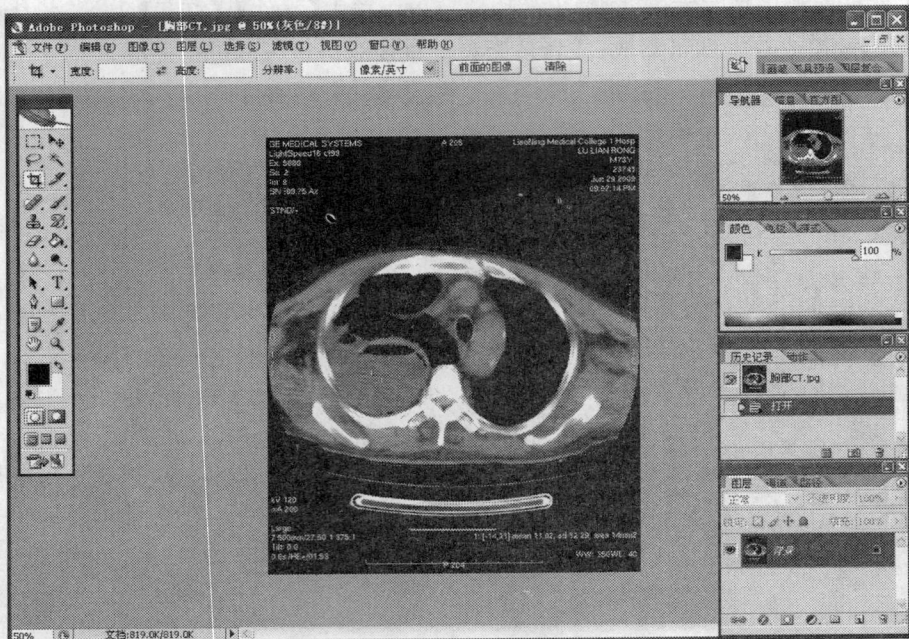

图 7-17 图像打开后界面

（3）在工具箱中选择【裁剪工具】，在图像上需要裁剪的部分上画一个矩形框，如图 7-18 所示。

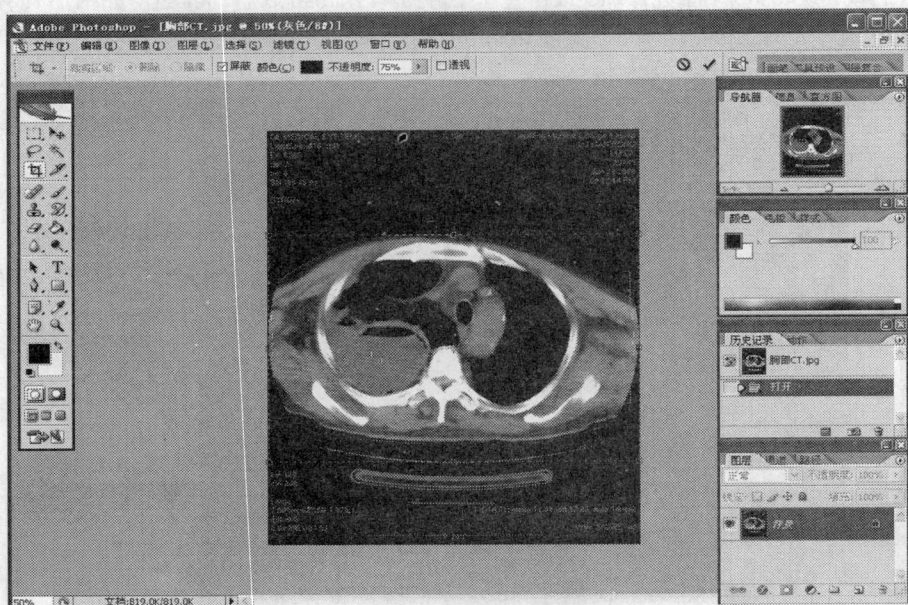

图 7-18 图像裁剪时界面

在选框上有八个调节块,可以用来改变裁剪区域的大小和倾斜角度。

(4)单击右键,选择【裁剪】命令或双击鼠标或直接按回车键,图像裁剪完成,如图 7-19 所示。

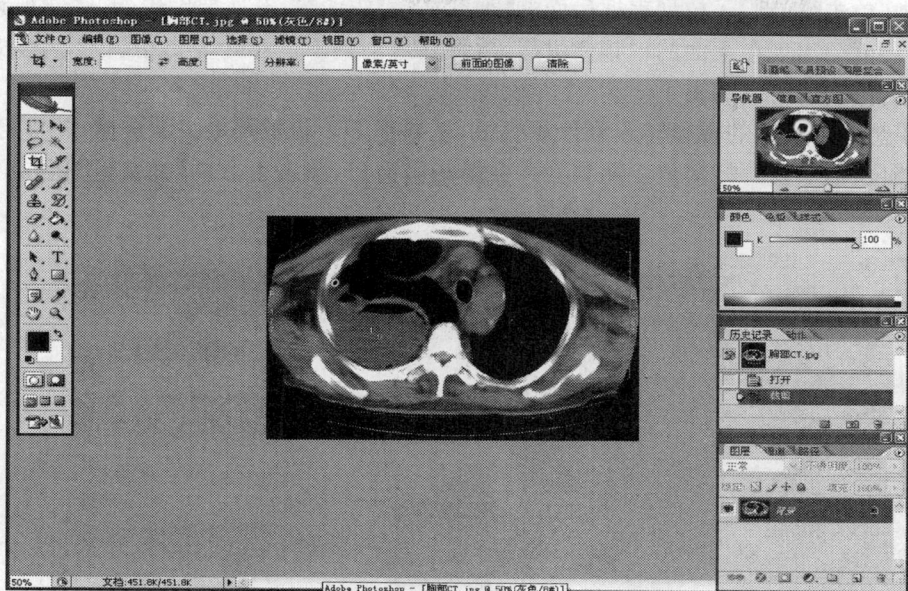

图 7-19　图像裁剪后界面

(5)单击【文件】|【存储】命令,保存裁剪后的图像文件。

4. 视频编辑

(1)打开程序:启动会声会影主程序,进入会声会影编辑器窗口中,如图 7-20 所示。

图 7-20　会声会影编辑窗口

在这个窗口中,可以对视频文件进行各种处理操作。

(2) 打开视频文件或视频采集:对现有视频文件进行编辑操作,在图 7-20 会声会影编辑窗口中,单击【视频】下拉列表框后面的【加载视频】按钮,打开所要编辑的"医学视频.avi"文件,文件就会出现在下面的视频栏里面,再将其拖动到下面影片窗口中【把视频素材拖放到这里】的位置就可以编辑了。

如果想把 DV 里的视频转入到计算机里,就要把 DV 和视频采集卡连接,然后打开 DV 到播放档位,但不要开始播放。回到会声会影编辑窗口,单击上方的【捕获】按钮,如图 7-21 所示。

图 7-21　捕获窗口

再单击【捕获视频】按钮,设置采集生成文件的路径到一个剩余空间大于 10G 的硬盘,以及采集来源和视频格式。设置完成后,单击【捕获视频】按钮开始边播放 DV 中的视频边捕获。

(3) 编辑:打开视频文件或采集完成后单击【编辑】按钮进入到编辑窗口。如图 7-22 所示。

在编辑窗口中可以修剪视频,把不需要的内容删掉,还可以把视频划分为多个场景。也可以添加片头片尾,和拖拽视频是一样的,当然也可以调用其他视频。

如果想给视频加入好看的效果,则单击【效果】按钮,然后选择效果类别,把需要的效果拖拽到两个场景中间就可以了,如图 7-23 所示。

单击【覆叠】按钮,可以再添加其他视频与当前视频进行叠加操作;单击【标题】按钮,可以为视频加上标题或字幕;单击【音频】按钮,可以进行录音操作或者把现有声音、音乐加入到视频文件中来。

图 7-22　编辑窗口

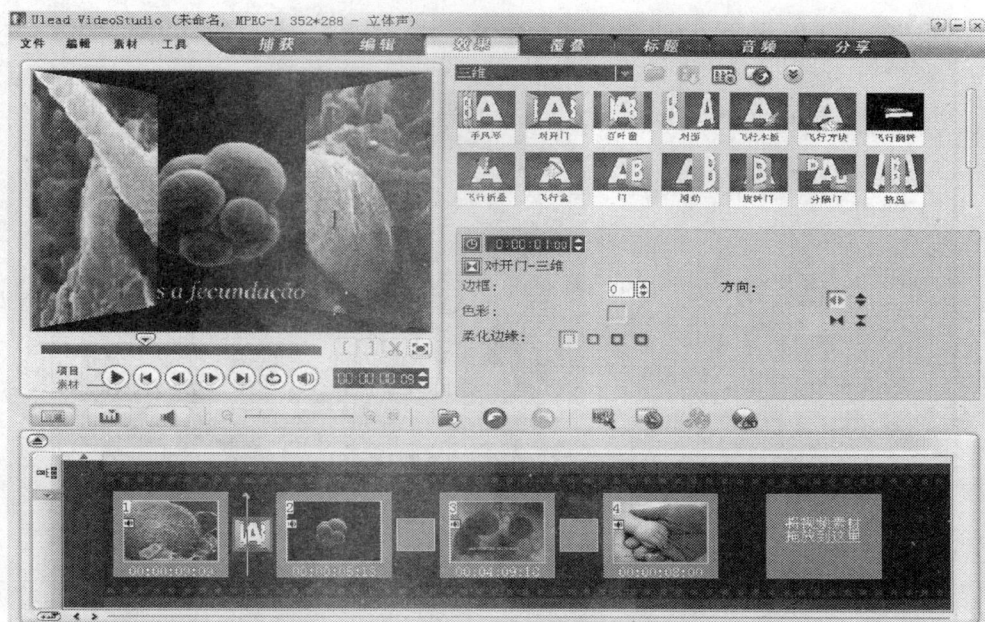

图 7-23　效果窗口

（4）输出视频：最后输出 DVD，单击【分享】按钮，如图 7-24 所示。

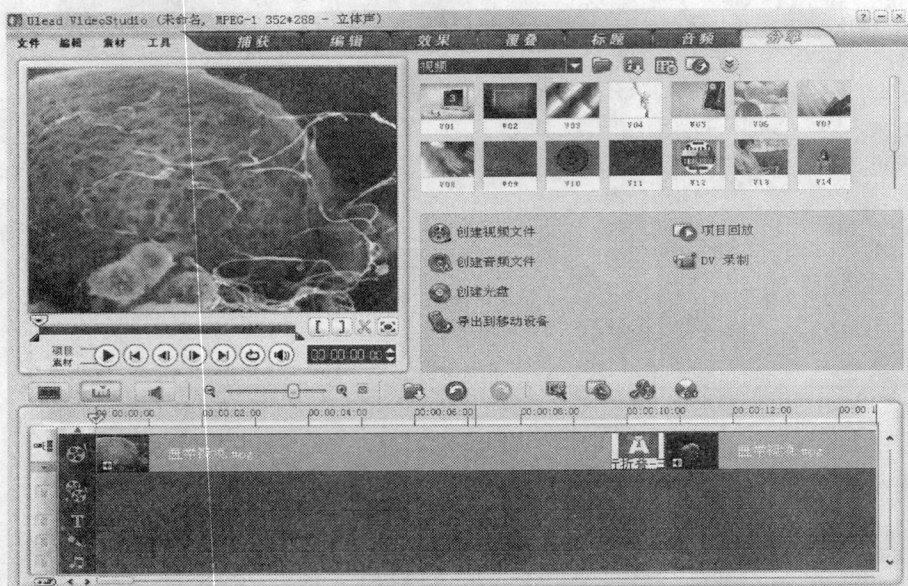

图 7-24　分享窗口

如果想把文件放在硬盘上，单击【创建视频文件】按钮，选择【PAL DVD】选项，然后选择文件存储位置就可以了。

如果机器上安装了刻录机，想直接刻录成 DVD 光盘，则在图 7-24 分享窗口里面单击【创建光盘】按钮，然后一直单击【下一步】按钮就可以刻录成自己的光盘了，如图 7-25 所示。

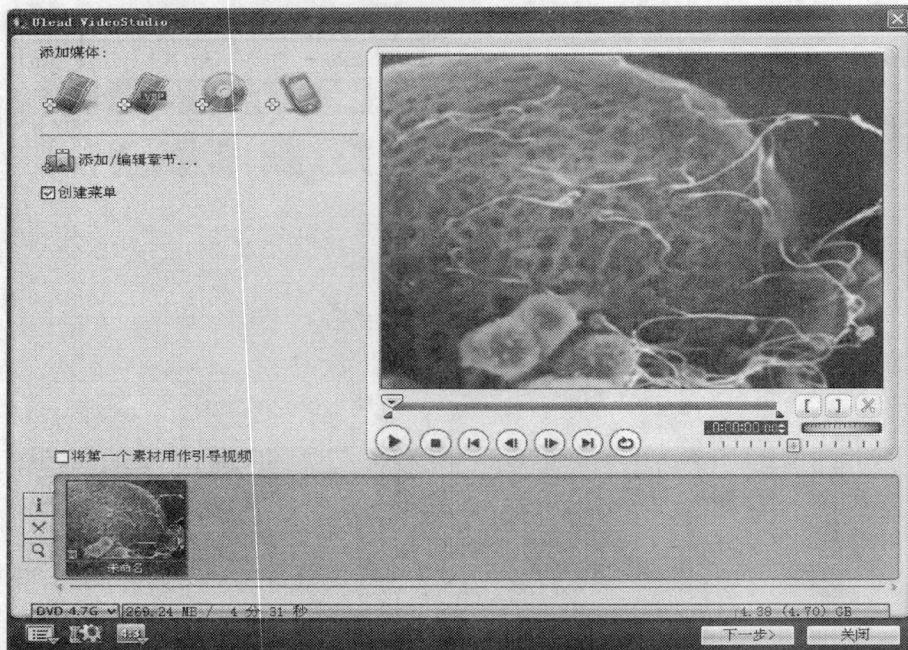

图 7-25　创建光盘窗口

5. 刻录视频光盘

（1）将空白 DVD 光盘放入到刻录机中，启动 Nero 软件，进入欢迎使用界面，如图 7-26 所示。在光盘类型框中选择【DVD】，下面的常用界面里选择【照片和视频】，如图 7-27 所示。

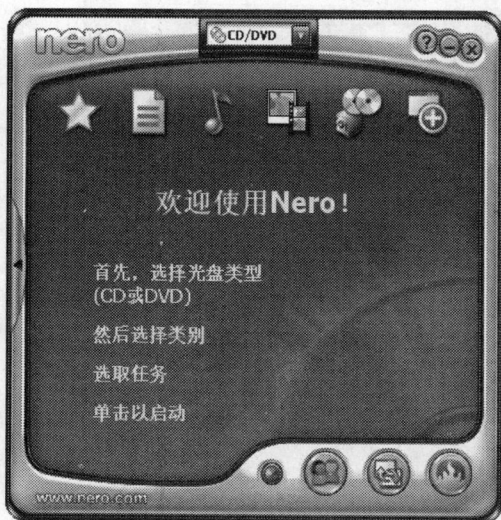

图 7-26 Nero 欢迎界面

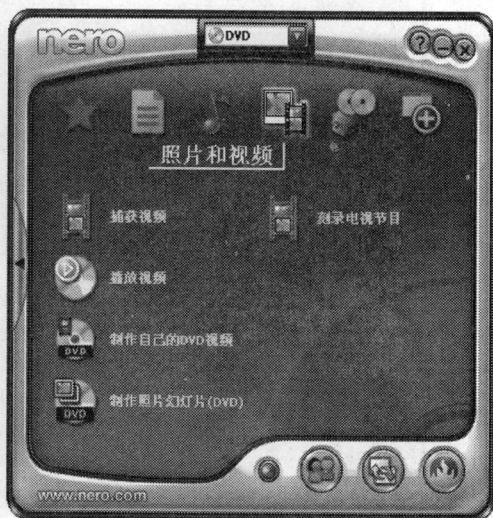

图 7-27 照片和视频界面

（2）单击【制作自己的 DVD 视频】命令，出现创建和排列项目的影片界面，如图 7-28 所示。

图 7-28 创建和排列项目的影片

（3）如果视频在数码摄像机中，则可以通过视频采集卡，使用【捕获视频】选项来添加视频。本实验是刻录已经捕获完的视频，所以选择【添加视频文件】选项，添加文件完毕后，单击【下一个】按钮，进入到选择菜单界面，如图 7-29 所示。

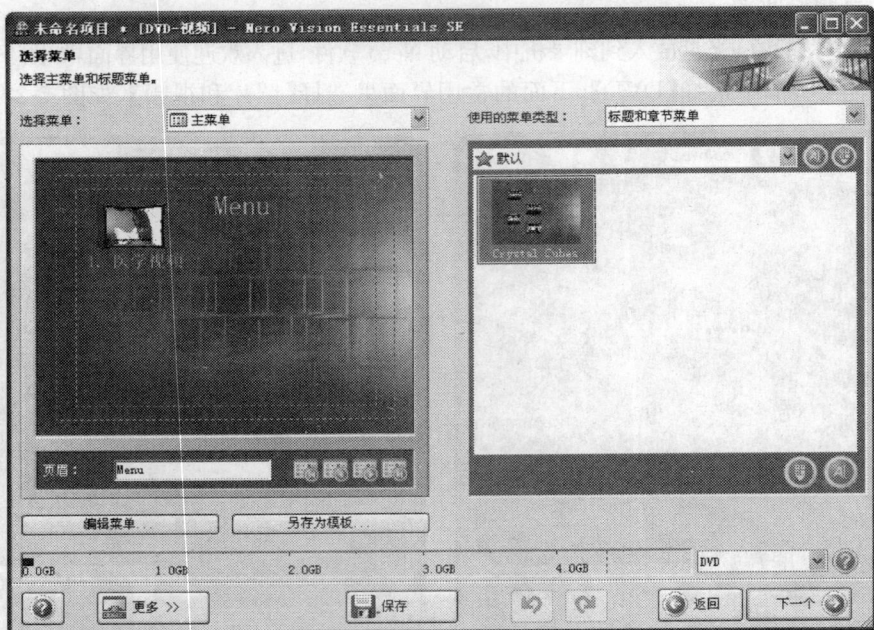

图 7-29　选择菜单

（4）当视频文件较多时，可以设置菜单以方便在 DVD 机上进行播放，如果不需要则在使用的菜单类型中选择"不创建菜单"。设置完毕后，单击【下一个】按钮，进入到预览界面，查看添加的视频是否正确，然后单击【下一个】按钮，进入到刻录选项界面，如图 7-30 所示。

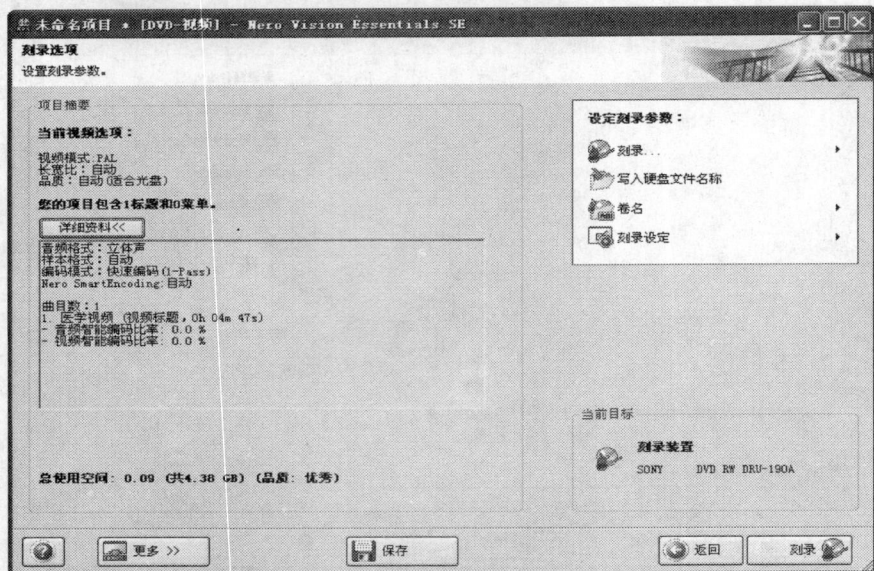

图 7-30　刻录选项

（5）在刻录选项界面上，"刻录…"项用于多个刻录机时，选择某个刻录机；"写入硬盘文件名称"项用于把视频写入到硬盘文件，而不是刻录到光盘上；"卷名"项用于设置光盘卷标；"刻录设定"项用于设置刻录速率。设置完毕后，单击【刻录】按钮，开始视频光盘刻录，边刻录边播放视频，如图 7-31 所示。

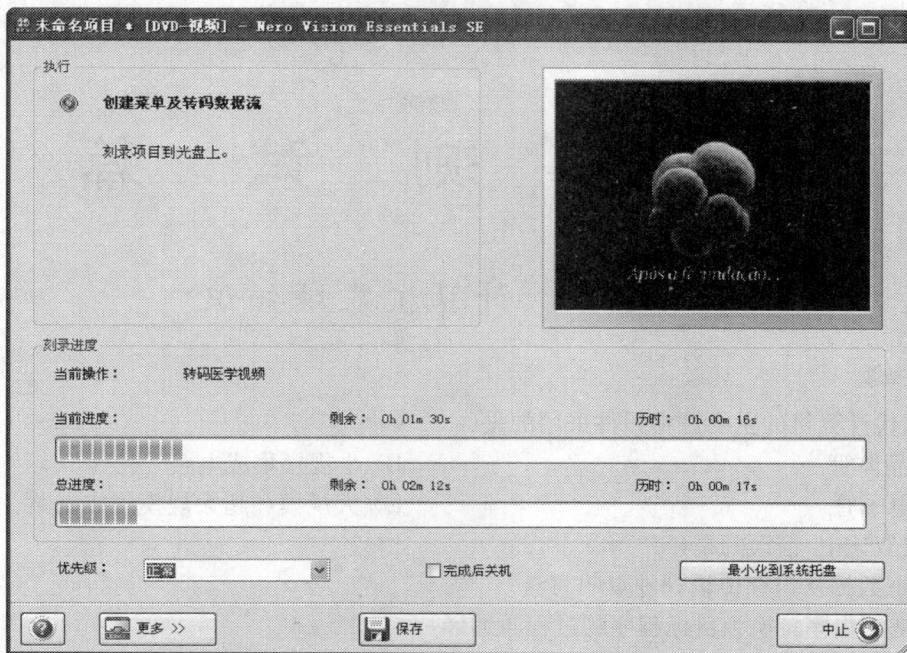

图 7-31　视频刻录

（6）刻录完成后，显示完成界面，如图 7-32 所示，单击【确定】按钮后，再单击【下一个】按钮，软件自动回到开始界面，可以进行下一个刻录操作了。

图 7-32　刻录完成

第 3 篇 测 试 篇

第 1 章 计算机基础知识

一、选择题

1. 第四代计算机的主要逻辑元件采用的是（　　）
   - A）晶体管
   - B）小规模集成电路
   - C）电子管
   - D）大规模和超大规模集成电路

2. 下列叙述中，错误的是（　　）
   - A）把数据从内存传输到硬盘叫写盘
   - B）把源程序转换为目标程序的过程叫编译
   - C）应用软件对操作系统没有任何要求
   - D）计算机内部对数据的传输、存储和处理都使用二进制

3. 计算机硬件的五大基本构件包括：运算器、存储器、输入设备、输出设备和（　　）
   - A）显示器
   - B）控制器
   - C）磁盘驱动器
   - D）鼠标器

4. 通常所说的 I/O 设备指的是（　　）
   - A）输入输出设备
   - B）通信设备
   - C）网络设备
   - D）控制设备

5. 下列字符中，ASCII 码值最小的是（　　）
   - A）a
   - B）B
   - C）x
   - D）Y

6. 十进制数 100 转换成二进制数是（　　）
   - A）01100100
   - B）01100101
   - C）01100110
   - D）01101000

7. 机器指令是由（　　）代码表示的，它能被计算机直接执行。
   - A）二进制
   - B）十六进制
   - C）八进制
   - D）十进制

8. PC 机中 PC 的含义是指（　　）。
   - A）计算机的型号
   - B）小型计算机
   - C）个人计算机
   - D）兼容机

9. 一个完整的计算机系统包括（　　）两大部分。
   - A）主机和外部设备
   - B）硬件系统和软件系统
   - C）硬件系统和操作系统
   - D）指令系统和系统软件

10. 下列最大的数是（　　）。
    - A）$(8)_{10}$
    - B）$(1001)_2$
    - C）$(1010)_2$
    - D）$(6)_{16}$

11. 对软盘加写保护后，下列说法错误的是（　　）。
    - A）不能删除盘中的数据
    - B）可以读出盘中的数据
    - C）可以列出盘中目录
    - D）能修改盘中的数据

12. 计算机的中央处理器只能直接调用（　　）中的信息。
    - A）硬盘
    - B）内存
    - C）光盘
    - D）软盘

13. 在计算机中,既可作为输入设备又可作为输出设备的是(　　)。

    A) 显示器　　　　　B) 磁盘驱动器　　　　C) 键盘　　　　　D) 图形扫描仪

14. 在下列存储器中,读写速度最快的是(　　)。

    A) 软盘存储器　　　B) 硬盘存储器　　　　C) 光盘存储器　　　D) 内部存储器

15. 计算机能直接执行的程序是(　　)。

    A) 用高级语言编制的程序　　　　　　B) 用机器语言编制的程序

    C) 用汇编语言编制的程序　　　　　　D) 用 BASIC 语言编制的程序

16. 计算机中字节是常用单位,它的英文名字是(　　)

    A) bit　　　　　　　B) byte　　　　　　C) bout　　　　　D) baud

17. 当前,大量的计算机病毒是通过(　　)进行传染的。

    A) 硬盘　　　　　　B) 网络　　　　　　C) 手的接触　　　D) 内存储器

18. 计算机病毒是一种(　　)。

    A) 特殊的计算机部件　　　　　　　　B) 游戏软件

    C) 人为编制的特殊程序　　　　　　　D) 能传染的生物病毒

19. Pentium Ⅳ1.4G 是对微处理器的一种描述,其中 1.4G 表示该 CPU(　　)。

    A) 具有 1.4GB 的内部 cache　　　　　B) 内部工作主频为 1.4GHZ

    C) 内存寻址范围为 1.4GB　　　　　　D) 与主存器之间数据传输速率为 1.4GB/S

20. 下列关于计算机病毒的说法中,正确的是(　　)。

    A) 计算机病毒通常是一段可运行的程序　　B) 加装防病毒卡的微机不会感染病毒

    C) 反病毒软件可清除所有病毒　　　　D) 病毒不会通过网络传染

21. 与二进制数 101101 等值的十六进制数是(　　)。

    A) 1D　　　　　　　B) 2C　　　　　　C) 2D　　　　　D) 2E

22. 对于 3.5 英寸软盘,若打开写保护方孔的滑块使方孔透亮,则此盘片(　　)

    A) 只能读出,不能写入　　　　　　　B) 即可读,也可写

    C) 不能读,也不能写　　　　　　　　D) 可防止磁性干扰

23. 下列不能用作存储容量单位的是(　　)。

    A) Byte　　　　　　B) MIPS　　　　　C) KB　　　　　D) GB

24. 下列叙述中,正确的是(　　)

    A) CPU 能直接读取硬盘上的数据　　　B) CPU 由存储器和控制器组成

    C) CPU 能直接存取内存储器中的数据　D) CPU 主要用来存储程序和数据

25. 下面哪个设备属于外部设备(　　)

    A) 硬盘　　　　　　B) 运算器　　　　　C) 控制器　　　　D) ROM

26. 一台计算机内存为 64MB,如果用单位 KB 表示,则是(　　)。

    A) 64000KB　　　　B) 65536KB　　　　C) 0.064KB　　　D) 60000KB

27. 操作系统是一种(　　)。

    A) 系统软件　　　　B) 应用软件　　　　C) 高级语言　　　D) 数据库管理系统

28. 计算机的应用已相当广泛,但人们发明计算机的原始动机是用于(　　)。

    A) 科学计算　　　　B) 辅助教学　　　　C) 数据库管理　　D) 办公自动化

29. 在键盘输入小写字母状态下,要输入一个大写字母必须同时按下(　　)。

    A) [Ctrl]键　　　　B) [Alt]键　　　　C) [Shift]键　　　D) [Enter]键

30. 下列叙述中,正确的是（　　　）
    A）计算机的体积越大,其功能越强
    B）CD-ROM 的容量比硬盘的容量大
    C）存储器具有记忆功能,故其中的信息任何时候都不会丢失
    D）CPU 是中央处理器的简称

31. 以下哪一项不是预防计算机病毒的措施（　　　）
    A）建立备份　　　　B）专机专用　　　　C）不上网　　　　D）定期检查

32. 下列存储器中,存取速度最快的一种是（　　　）
    A）Cache　　　　　B）RAM　　　　　C）CD-ROM　　　　D）硬盘

33. 下列各组软件中,全部属于系统软件的一组是（　　　）
    A）程序语言处理程序、操作系统、数据库管理系统
    B）文字处理程序、编辑程序、操作系统
    C）财务处理软件、金融软件、网络系统
    D）Wps、Word 2003、Windows XP

34. 计算机的技术性能指标主要是指（　　　）
    A）计算机所配备语言、操作系统、外部设备
    B）硬盘的容量和内存的容量
    C）显示器的分辨率、打印机的性能等配置
    D）字长、运算速度、内外存容量和 CPU 的时钟频率

35. 为了防治计算机病毒,应采取的正确措施之一是（　　　）
    A）每天都要对硬盘和软盘进行格式化　　　B）必须备有常用的杀毒软件
    C）不用任何磁盘　　　　　　　　　　　　D）不用任何软件

36. 计算机辅助设计的英文缩写是（　　　）
    A）CAD　　　　　B）CAM　　　　　C）CAE　　　　　D）CAI

37. 第四代计算机的主要逻辑元件采用的是（　　　）
    A）晶体管　　　　　B）小规模集成电路
    C）电子管　　　　　D）大规模和超大规模集成电路

38. 微机系统的开机顺序是（　　　）
    A）先开主机再开外设　　　　　　　　B）先开显示器再开打印机
    C）先开主机再打开显示器　　　　　　D）先开外部设备再开主机

39. 个人计算机属于（　　　）
    A）小巨型机　　　　B）中型机　　　　C）小型机　　　　D）微机

40. 只读存储器（ROM）与随机存储器（RAM）的主要区别在于（　　　）
    A）ROM 可以永久保存信息,RAM 在掉电后信息会丢失
    B）ROM 掉电后,信息会丢失,RAM 则不会
    C）ROM 是内存储器,RAM 是外存储器
    D）RAM 是内存储器,ROM 是外存储器

二、填空题

1. 在微机的配置中常看到"处理器 PentiumIII/667"字样,其数字 667 表示_____。
2. 断电会使存储数据丢失的存储器是_____。

3. 计算机软件分为_____和_____两种。

4. 电子计算机基本结构采用的存储程序思想最早是由_____提出来的。

5. 微型机硬件的最小配置包括主机、键盘和_____。

6. 世界上第一台电子计算机的名字是_____。

7. 冯·诺依曼计算机工作原理的核心是_____和"程序控制"。

8. 在计算机存储器中,保存一个汉字需要_____个字节。

9. 中央处理器的英文缩写为_____。

10. 计算机的基本存储单位是_____。

11. 计算机存储数据的最小单位是_____。

12. 八进制数 253.74 转换成二进制数是_____。

13. CPU 能够直接访问的存储器是_____。

14. 用_____编写的程序可由计算机直接执行。

15. 微型计算机中,普遍使用的字符编码是_____。

16. 某单位的人事档案管理程序属于_____软件。

17. 在计算机键盘上,〔Num Lock〕键称为_____。

18. _____和_____合称为 CPU。

19. 计算机内部采用的是_____进制。

20. 与十进制数 291 等值的十六进制数是_____。

参 考 答 案

一、选择题

1. D 2. C 3. B 4. A 5. B 6. A 7. A 8. C 9. B 10. C 11. D 12. B 13. B 14. D
15. B 16. B 17. B 18. C 19. B 20. A 21. C 22. A 23. B 24. C 25. A 26. B
27. A 28. A 29. C 30. D 31. C 32. A 33. A 34. D 35. B 36. A 37. B 38. D
39. D 40. A

二、填空题

1. 主频 2. RAM 3. 系统软件 应用软件 4. 冯·诺依曼 5. 显示器 6. ENIAC
7. 存储程序 8. 2 9. CPU 10. 字节 11. 位 12. 10101011.1111 13. RAM 14. 机
器语言 15. ASCII 码 16. 应用 17. 数字锁定键 18. 运算器 控制器 19. 二
20. 123

第 2 章 Windows XP 应用基础

一、选择题

1. Windows 是一种(   )。
   A) 文字处理系统　　　　　　　　B) 计算机语言
   C) 字符型的操作系统　　　　　　D) 图形化的操作系统

2. 在 Windows 中,若菜单中某一命令项后有"…",则表示该命令(   )。
   A) 已开始执行　　B) 有后继菜单　　C) 有对话框　　D) 处于设定状态

3. 在 Windows 中,(   )操作不能关闭窗口。

A) 单击最小化按钮 　　　　　　　　　B) 单击控制菜单的关闭项
C) 单击文件菜单中的退出项 　　　　　D) 双击控制菜单图标

4. 在 Windows 中,更改文件名的操作是:鼠标右键单击文件名图标选择(　　　)命令。

   A) 重命名 　　　　B) 复制 　　　　C) 粘贴 　　　　D) 打开

5. 安装中文输入法后,用户使用(　　　)来启动或关闭中文输入法。

   A) Ctrl＋Alt 键 　　B) Ctrl＋Space 键 　　C) Ctrl＋Shift 键 　　D) Ctrl＋Tab 键

6. Windows 的对话框中,某些项目前有小方框出现,如果被选中,则其左边的方框打叉,该方框称为(　　　)。

   A) 选项钮 　　　　B) 列表框 　　　　C) 复选框 　　　　D) 文本输入框

7. 在 Windows 中,某些对话框中有圆形按钮,通常以组的方式出现,组内每一选择项前有一个圆圈。当该圆圈内包含一个黑点时表示该项被选中。该圆形按钮称为(　　　)。

   A) 列表框 　　　　B) 核对框 　　　　C) 单选项 　　　　D) 列表框

8. 在 Windows 的资源管理器中,选定多个连续文件方法是(　　　)。

   A) 单击第一个文件,然后单击最后一个文件
   B) 双击第一个文件,然后双击最后一个文件
   C) 单击第一个文件,然后按住 Shift 键单击最后一个文件
   D) 单击第一个文件,然后按住 Ctrl 键单击最后一个文件

9. 资源管理器窗口分左、右窗格,右窗格是用来(　　　)。

   A) 显示活动文件夹中包含的文件夹或文件
   B) 显示被删除文件夹中包含的文件夹或文件
   C) 显示被复制文件夹中包含的文件夹或文件
   D) 显示新建文件夹中包含的文件夹或文件

10. 在资源管理器窗口的【查看】菜单中,提供了(　　　)种文件夹及文件显示排列的方式。

    A) 3 　　　　B) 4 　　　　C) 5 　　　　D) 6

11. 在 Windows 中,有一些文件的内容较多,即使窗口最大化,也无法在屏幕上完全显示出来,此时可利用窗口的(　　　)来阅读整个文件的内容。

    A) 窗口边框 　　　　B) 滚动条 　　　　C) 控制菜单 　　　　D) 最大化按钮

12. Windows 对磁盘信息的管理和使用是以(　　　)为单位的。

    A) 文件 　　　　B) 盘片 　　　　C) 字节 　　　　D) 命令

13. 在 Windows 中,剪贴板是指(　　　)。

    A) 高速缓存中的一块区域 　　　　B) 硬盘上的一块区域
    C) 软盘上的一块区域 　　　　　　D) 内存中的一块区域

14. Windows 把整个屏幕称为(　　　)。

    A) 窗口 　　　　B) 桌面 　　　　C) 工作空间 　　　　D) 对话框

15. 在 Windows 的资源管理器左窗格中,有的文件夹左边有"＋"符号,表示(　　　)。

    A) 该文件夹的图标 　　　　　　　B) 文件夹中还有子文件夹
    C) 文件夹中还有文件 　　　　　　D) 该文件夹是打文件夹

16. 在【资源管理器】的文件夹内容窗格中,如果需要选定多个不连续排列的文件,应该使用(　　　)键。

    A) Shift 　　　　B) Ctrl 　　　　C) Alt 　　　　D) Tab

17. 在 Windows 中,把运行程序的窗口最小化后,该应用程序将(　　)。
    A) 在前台运行　　　　B) 在后台运行　　　　C) 暂时停止运行　　　D) 程序被关闭

18. 在 WINDOWS 下,硬盘中被逻辑删除或暂时删除的文件被放在(　　)。
    A) 光驱　　　　　　　B) 根目录下　　　　　C) 回收站　　　　　　D) 控制面板

19. 在 WINDOWS 中,若在某一文档中连续进行了多次剪切操作,当关闭该文档后,"剪贴板"中存放的是(　　)。
    A) 空白　　　　　　　　　　　　　　　B) 所有剪切过的内容
    C) 最后一次剪切的内容　　　　　　　　D) 第一次剪切的内容

20. 关于 Windows XP 是一个怎样的操作系统,正确的说法应该是(　　)。
    A) 单用户单任务　　　B) 单用户多任务　　　C) 多用户多任务　　　D) 多用户单任务

21. Windows 文件的目录结构形式属于(　　)。
    A) 关系型　　　　　　B) 网络型　　　　　　C) 线型　　　　　　　D) 树型

22. 在查找程序的名称框中输入"a? c. exe"可以匹配文件名(　　)。
    A) abc. exe　　　　　B) abcc. exe　　　　　C) abc. doc　　　　　　D) abcc. doc

23. Windows XP 的任务栏(　　)。
    A) 只能在屏幕的下方　　　　　　　　　B) 只能在屏幕的上方
    C) 只能在上方或左边　　　　　　　　　D) 可以在屏幕四周

24. 用鼠标右键单击【我的电脑】,并在弹出的快捷菜单中选择【属性】,可以直接打开(　　)。
    A) 系统属性　　　　　B) 控制面板　　　　　C) 硬盘信息　　　　　D) C 盘信息

25. 在 WINDOWS 中,回收站是(　　)。
    A) 内存中的一块区域　　　　　　　　　B) 硬盘上的一块区域
    C) 软盘上的一块区域　　　　　　　　　D) 高速缓存中的一块区域

26. 在 Window XP 中,当一个窗口已经最大化后,下列叙述中错误的是(　　)。
    A) 该窗口可以被关闭　　　　　　　　　B) 该窗口可以移动
    C) 该窗口可以最小化　　　　　　　　　D) 该窗口可以还原

27. 在 Windows XP 中,为保护文件不被修改,可将它的属性设置为(　　)。
    A) 只读　　　　　　　B) 存档　　　　　　　C) 隐藏　　　　　　　D) 系统

28. 在 Windows XP 中,呈灰色显示的菜单意味着(　　)。
    A) 该菜单当前不能选用　　　　　　　　B) 选中该菜单后将弹出对话框
    C) 选中该菜单后将弹出下级子菜单　　　D) 该菜单正在使用

29. 在 Windows XP 的【资源管理器】窗口中,若希望显示文件的名称、类型、大小等信息,则应该选择【查看】菜单中的(　　)。
    A) 列表　　　　　　　B) 详细资料　　　　　C) 大图标　　　　　　D) 小图标

30. Windows XP 中磁盘碎片整理程序的主要作用是(　　)。
    A) 提高文件访问速度　　　　　　　　　B) 修复损坏的磁盘
    C) 缩小磁盘空间　　　　　　　　　　　D) 扩大磁盘空间

31. 不可能在任务栏上的内容为(　　)。
    A) 对话框窗口的图标　　　　　　　　　B) 正在执行的应用程序窗口图标
    C) 已打开文档窗口的图标　　　　　　　D) 语言栏对应图标

32. 在 Windows 窗口的任务栏中有多个应用程序按钮图标时,其中代表应用程序窗口是当前窗口的图标状态呈现（　　　）。

A) 高亮　　　　　　B) 灰化　　　　　　C) 压下　　　　　　D) 凸起

33. 下列有关快捷方式的叙述,错误的是（　　　）。

A) 快捷方式改变了程序或文档在磁盘上的存放位置

B) 快捷方式提供了对常用程序或文档的访问捷径

C) 快捷方式图标的左下角有一个小箭

D) 删除快捷方式不会对源程序或文档产生影响

34. 在资源管理器中,复制文件命令的快捷键是（　　　）。

A) Ctrl＋x　　　　B) Ctrl＋s　　　　C) Ctrl＋c　　　　D) Ctrl＋v

35. 在 Windows 操作环境下,将整个屏幕画面全部复制到剪贴板中使用的键是（　　　）。

A) Print Screen　　B) Page Up　　　C) Alt＋F4　　　D) Ctrl＋Space

36. 在 Windows 中,画图文件默认的扩展名是（　　　）。

A). crd　　　　　　B). txt　　　　　　C). wri　　　　　　D). bmp

37. 【附件】|【系统工具】菜单下,可以把一些临时文件、已下载的文件等进行清理,以释放磁盘空间的程序是（　　　）。

A) 磁盘清理　　　B) 系统信息　　　C) 系统还原　　　D) 磁盘碎片整理

38. 在 Windows 中要使用"计算器"进行十六进制数据计算和统计时,应选择（　　　）。

A) 标准型　　　　B) 统计型　　　　C) 高级型　　　　D) 科学型

39. 文件 ABC. Bmp 存放在 F 盘的 T 文件夹中的 G 子文件夹下,它的完整文件标识符是（　　　）。

A) F:\T\G\ABC　　　　　　　　　　B) T:\ABC. Bmp

C) F:\T\G\ABC. Bmp　　　　　　　　D) F:\T:\ABC. Bmp

40. 在 Windows 资源管理器中选定了文件或文件夹后,若要将它们移动到不同驱动器的文件夹中,操作为（　　　）。

A) 按下 Ctrl 键拖动鼠标　　　　　　B) 按下 Shift 键拖动鼠标

C) 直接拖动鼠标　　　　　　　　　　D) 按下 Alt 键拖动鼠标

二、填空题

1. 如果在删除文件或文件夹时,直接删除不放入回收站中,可在选择【删除】命令或拖曳到回收站的同时按住_____键。

2. 在 Windows 中如果要选定几个连续的图标,可用鼠标单击第一个图标,然后按住_____键,再单击最后的那个图标。

3. _____是 Windows 的控制设置中心,其中各个对象组成对计算机的硬件驱动组合、软件设置以及 Windows 的外观设置。

4. 如果要将当前窗口的信息以位图形式复制到剪贴板中,可以按_____＋_____键。

5. 智能 ABC 汉字输入法有_____和"双打"两种工作方式。

6. "回收站"里面存放着用户删除的文件。如果想再用这些文件,可以从回收站中执行"还原"操作。如果不再用这些文件,可以_____。

7. 在 Windows 中,将选定的内容剪切到剪贴板中的快捷键是:按 Ctrl＋_____。

8. 在 Windows XP 中,要删除已经安装好的应用程序,可在控制面板中选择_____命令。

9. 对话框和非最大最小化的窗口非常相似,不同之处之一是_____不能调整大小。

10. 在 Windows XP 中,一般情况下,不显示具有_____属性的文档的目录资料。

11. 选定全部内容的快捷键是_____＋_____。

12. 在 Windows XP 中,当多个窗口同时打开时,可用 Alt＋_____或 Alt＋Tab 键盘操作在各个窗口之间切换。

13. 在资源管理器中,文件和文件夹的排序方式有 4 种,它们分别是按_____、按名称、按大小、按类型,可以在【查看】菜单命令中的【排列图标】选项中选择。

14. 将剪贴板信息移到应用程序的操作,称为_____。

15. Windows 桌面的最下面是一个_____栏,它的最左端是【开始】按钮,这个按钮的右边是快速启动工具栏区和已打开的程序文件按钮图标,它的最右端是提示区。

16. 窗口的右上角一般有三个小按钮,分别为最小化按钮、最大化按钮或还原按钮、_____按钮。

17. 菜单中若某命令项为灰色,则说明当前条件下该命令_____。

18. 如果要选定的是几个不连续的图标,可按住_____键不放,再单击各个图标。

19. 在 Windows 中进入和退出中文输入法按 Ctrl＋_____键。

20. 在 Windows 以及它的各种应用程序中,获取联机帮助的快捷键是_____功能键。

参 考 答 案

一、选择题

1. D　2. C　3. A　4. A　5. B　6. C　7. C　8. C　9. A　10. C　11. B　12. C　13. D　14. B　15. B　16. B　17. B　18. C　19. C　20. C　21. D　22. A　23. D　24. A　25. B　26. B　27. A　28. A　29. B　30. A　31. A　32. A　33. A　34. C　35. A　36. D　37. A　38. D　39. C　40. B

二、填空题

1. Shift　2. Shift　3. 控制面板　4. Alt＋Print Screen　5. 标准　6. 清空回收站　7. X　8. 添加/删除程序　9. 对话框　10. 隐藏　11. Ctrl A　12. Esc　13. 日期　14. 粘贴　15. 任务栏　16. 关闭　17. 不可用　18. Ctrl　19. space　20. F1

第 3 章　计算机网络基础及 Internet 应用

一、选择题

1. 要把学校里行政楼和实验楼的局域网互连,可以通过(　　)实现。
   A) 交换机　　　　　B) MODEM　　　　　C) 中继器　　　　　D) 网卡

2. 以下哪一类 IP 地址标识的主机数量最多?(　　)
   A) D 类　　　　　B) C 类　　　　　C) B 类　　　　　D) A 类

3. 子网掩码中"1"代表(　　)。
   A) 主机部分　　　　　B) 网络部分　　　　　C) 主机个数　　　　　D) 无任何意义

4. 给出 B 类地址 190.168.0.0 及其子网掩码 255.255.224.0,请确定它可以划分几个子网?
   (　　)
   A) 8　　　　　B) 6　　　　　C) 4　　　　　D) 2

5. 在常用的传输介质中,(　　)的带宽最宽,信号传输衰减最小,抗干扰能力最强。

  A) 光纤 　　　　　　 B) 同轴电缆 　　　　　　 C) 双绞线 　　　　　　 D) 微波

6. 根据域名代码规定,域名为 www. sina. com 表示的网站其组织类别应是( )。

  A) 商业组织 　　　　 B) 军事部门 　　　　 C) 教育机构 　　　　 D) 国际组织

7. WWW 客户机与 WWW 服务器之间通信使用的传输协议是( )

  A) FTP 　　　　　　 B) POP3 　　　　　　 C) HTTP 　　　　　　 D) SMTP

8. 路由器是根据目的主机的( )寻径的。

  A) IP 网络号 　　　 B) IP 地址 　　　 C) MAC 地址 　　　 D) 域名地址

9. 下面有效的 IP 地址是( )。

  A) 202. 280. 130. 45 　　　　　　　　 B) 130. 192. 33. 45

  C) 192. 256. 130. 45 　　　　　　　　 D) 280. 192. 33. 456

10. 冲突检测载波监听多路访问 CSMA/CD 技术,只用于( )。

  A) 总线型网络拓扑结构 　　　　　　 B) 总线/星型网格拓扑结构

  C) 环型网络拓扑结构 　　　　　　　 D) 树型网络拓扑结构

11. 管理计算机通信的规则称为( )。

  A) 协议 　　　　　　 B) 介质 　　　　　　 C) 服务 　　　　　　 D) 网络操作系统

12. HTML 的中文全称是( )。

  A) 超文本标记语言 　　　　　　　　 B) 超文本文件

  C) 超媒体文件 　　　　　　　　　　 D) 超文本传输协议

13. B 类地址中用( )位来标识网络中的一台主机。

  A) 8 　　　　　　　 B) 14 　　　　　　　 C) 16 　　　　　　　 D) 24

14. ( )是一种总线结构的局域网技术。

  A) Ethernet 　　　　 B) FDDI 　　　　　 C) ATM 　　　　　　 D) DQDB

15. IPv4 地址共有 5 类,常用的有( )类,其余留作其他用途。

  A) 1 　　　　　　　 B) 2 　　　　　　　 C) 3 　　　　　　　 D) 4

16. 当前采用的 IPv6 地址位数是( )。

  A) 16 位 　　　　　 B) 32 位 　　　　　 C) 64 位 　　　　　 D) 128 位

17. 一般认为决定局域网特性的主要技术有三个,它们是( )。

  A) 传输媒体、差错检测方法和网络操作系统

  B) 通信方式、同步方式和拓扑结构

  C) 传输媒体、拓扑结构和媒体访问控制方法

  D) 数据编码技术、媒体访问控制方法和数据交换技术

18. "更改默认主页"是在 Internet Explorer 浏览器的选项卡中进行设置,这个选项卡是( )

  A) 安全 　　　　　　 B) 连接 　　　　　　 C) 内容 　　　　　　 D) 常规

19. 在网络互连中,在网络层实现互连的设备是( )。

  A) 中继器 　　　　　 B) 路由器 　　　　　 C) 网桥 　　　　　　 D) 网关

20. 关于网络协议,下列_____选项是正确的。( )

  A) 是网民们签订的合同

  B) 是计算机之间的相互通信需要共同遵守的规则

  C) TCP/IP 协议只能用于 Internet,不能用于局域网

  D) 拨号网络对应的协议是 IPX/SPX

21. 关于 Internet,下列说法不正确的是。(　　)

    A) Internet 是全球性的国际网络　　　　B) Internet 起源于美国

    C) 通过 Internet 可以实现资源共享　　　D) Internet 不存在网络安全问题

22. 下列 IP 地址与子网掩码中,不正确的组是。(　　)

    A) 259.197.184.2 与 255.255.255.0

    B) 127.0.0.1 与 255.255.255.64

    C) 202.196.64.5 与 255.255.255.224

    D) 10.10.3.1 与 255.255.255.192

23. 在许多宾馆中,都有局域网方式上网的信息插座,一般都采用 DHCP 服务器分配给客人笔记本电脑上网参数,这些参数不包括。(　　)

    A) IP 地址　　　　B) 子网掩码　　　　C) MAC 地址　　　　D) 默认网关

24. (　　)是 Internet 的主要互联设备。

    A) 以太网交换机　　　　　　　　　　B) 集线器

    C) 路由器　　　　　　　　　　　　　D) 调制解调器

25. 搜索引擎可以查询海量的信息,下列网站哪个属于搜索引擎。(　　)

    A) www.sina.com.cn　　　　　　　　B) www.edu.cn

    C) www.yahoo.com　　　　　　　　　D) www.baidu.com

26. 网络协议是(　　)。

    A) 用于网络数据交换的规则和标准的集合

    B) 用于网络的数据库

    C) 用于网络的操作系统

    D) 网络产品的技术标准

27. 要在 IE 中返回上一页,应该(　　)。

    A) 单击"后退"按钮　　　　　　　　B) 按 F4 键

    C) 按 Delete 键　　　　　　　　　　D) 按 Ctrl+D 键

28. 调制解调器的作用是(　　)。

    A) 把数字信号转换为模拟信号　　　　B) 把模拟信号转换为数字信号

    C) 兼有 A 和 B 的功能　　　　　　　D)以上三个答案都不对

29. 服务器和工作站的主要区别在于(　　)。

    A) 服务器速度快、容量大,工作站速度慢、容量小

    B) 服务器能设置密码,工作站不能设置

    C) 服务器提供服务,工作站接受服务

    D) 服务器装有网卡,工作站不安装网卡

30. 一座建筑物内的几个办公室要实现联网,应该选择的方案属于(　　)。

    A) LAN　　　　　B) MAN　　　　　C) WAN　　　　　D) PAN

31. 网络工作站具有与网络互连的物理连接,在局域网上,工作站通过(　　)与网络互连。

    A) 集线器　　　　B) 网卡　　　　C) 铜轴电缆　　　　D) 中继器

32. 启动互联网上某一地址时,浏览器首先显示的那个文档,叫做(　　)。

    A) 主页　　　　　B) 域名　　　　C) 站点　　　　D) 网点

33. 由于 IP 地址难以记忆,人们采用域名来表示网上的主机,域名与 IP 地址的对应关系是

用（　　）协议进行转换。

A）ARP（地址解析协议）　　　　　　　B）RARP（反向地址解析协议）

C）DNS（域名字解析）　　　　　　　　D）WINS＜Windows Internet 名字解析）

34. 下面不是 URL 的是（　　）。

A）boozhang@sdb. ac. cn　　　　　　B）http：//WWW. sdb. ac. cn

C）ftp：//ftp. ustc. edu. cn　　　　　　D）news//：rec. arts. theatre

35. 调制调解器的英文名字是（　　）。

A）Bridge　　　　　B）Router　　　　　C）Cateway　　　　　D）Modem

36. 在 Internet 浏览器上，某个主页地址名为：http://www. acb. de. cn 则对应的主机名为
（　　）。

A）www. acb. de. cn　　　　　　　　B）acb. de. cn

C）de. cn　　　　　　　　　　　　　D）http://www. acb. de. cn

37. （　　）是文本传输协议，提供文件传送服务。

A）HTTP　　　　　B）FTP　　　　　C）DNS　　　　　D）DHCP

38. 下面格式正确的 E-mail 地址是（　　）。

A）bill-gates@microsoft　　　　　　B）boozhang@ustc. edu. Cn

C）yongli. inpme. com@　　　　　　D）@bill-clinton. whitehouse. gov

39. 下列叙述中正确的是（　　）。

A）电子邮件只能传输文本

B）电子邮件只能传输文本和图片

C）电子邮件可以传输文本、图片、视像、程序等

D）电子邮件不能传输图片

40. 免费电子信箱申请后提供的使用空间是（　　）。

A）没有任何限制　　　　　　　　　B）根据不同的用户有所不同

C）所有用户都使用一样的有限空间　　D）使用的空间可自行决定

二、填空题

1. 在计算机网络的定义中，一个计算机网络包含多台具有自主功能的计算机；把众多计算机有机连接起来要遵循规定的约定和规则，即_____；计算机网络的最基本特征是资源共享。

2. 常见的计算机网络拓扑结构有：星型结构、_____、总线型结构。

3. 常用的传输介质有两类：有线和无线。有线介质有双绞线、同轴电缆、_____。

4. 网络按覆盖的范围可分为广域网、_____、城域网。

5. 电子邮件系统提供的是一种存储转发式服务，WWW 服务模式为_____。

6. B 类 IP 地址的范围是_____。

7. IP 地址由 32 位二进制数组成；标准的 IP 地址中包括网络地址和_____两个部分。

8. 光纤通信中按使用的波长不同可分为单模光纤通信方式和_____通信方式。

9. 在上网设备中能够把计算机的数字信号和模拟的音频信号相互转换的是_____。

10. URL 的表示主要有三部分组成：协议类型、_____、和路径及文件名。

11. Internet 上各种网络和各种不同计算机间相互通信的基础是_____协议。

12. 在计算机网络中，将网络的层次结构模型和各层协议的集合称为计算机网络_____。

其中,实际应用最广泛的是 TCP/IP 协议,由它组成了 Internet 的一整套协议。

13. IP 地址中主机部分如果全为 1,则表示_____,IP 地址中主机部分若全为 0,则表示网络地址。

14. WWW 客户机与 WWW 服务器之间的应用层传输协议是_____;HTML 是 WWW 网页制作的基本语言。

15. 在一个 IP 网络中负责主机 IP 地址与主机名称之间的转换协议称为_____。

16. 计算机网络系统主要由网络工作站点、网络通信介质、_____构成。

17. _____是局域网组网的核心设备,配备于工作站和服务器,以实现普通计算机与网络的连接。

18. 将几个异种网络混合连接起来的网络连接设备是_____。

19. 一个网络协议由语义、_____和时序三个要素组成。

20. 用网络搜索引擎进行布尔检索时,若要查询的资料应含有"北京",但不要"上海",而"沈阳"则可有可无,则查询项为_____。

参 考 答 案

一、选择题

1. A　2. D　3. B　4. B　5. A　6. A　7. C　8. A　9. B　10. B　11. B　12. A　13. C
14. A　15. C　16. D　17. C　18. D　19. B　20. B　21. D　22. A　23. C　24. C　25. D
26. A　27. A　28. C　29. C　30. A　31. B　32. A　33. C　34. A　35. D　36. B　37. B
38. B　39. C　40. C

二、填空题

1. 通信协议　2. 环型结构　3. 光纤　4. 局域网　5. B/S　6. 128.0.0.0-191.255.255.255　7. 主机地址　8. 多模光纤　9. 调制解调器　10. 主机名　11. TCP/IP　12. 体系结构　13. 广播地址　14. HTTP　15. DNS　16. 网络互联设备　17. 网卡　18. 路由器　19. 语法　20. 北京-上海,沈阳

第 4 章　文字处理软件 Word 2003 应用

一、选择题

1. 中文 Word2003 是在(　　)环境下运行的。
　　A) DOS　　　　　　B) UCDOS　　　　　C) 高级语言　　　　D) Windows

2. 在 Word 2003 中,按(　　)键与工具栏上的复制按钮功能相同。
　　A) Ctrl+C　　　　　B) Ctrl+V　　　　　C) Ctrl+A　　　　　D) Ctrl+S

3. 使用(　　)可以进行快速格式复制操作。
　　A) 编辑菜单　　　　B) 段落命令　　　　C) 格式刷　　　　　D) 格式菜单

4. 按快捷键〈Ctrl〉+〈S〉的功能是(　　)。
　　A) 删除文字　　　　B) 粘贴文字　　　　C) 保存文件　　　　D) 复制文字

5. 目前在打印预览状态,若要打印文件,则(　　)。
　　A) 必须退出预览状态后格可以打印　　B) 在打印预览状态可以直接打印
　　C) 在打印预览状态不能打印　　　　　D) 只能在打印预览状态打印

6. Word 2003 中,在有文字的区域绘制图形,则在文字与图形的重叠部分( )。
   A) 文字不可能被覆盖　　　　　　　B) 文字可能被覆盖
   C) 文字小部分被覆盖　　　　　　　D) 文字部分大部分被覆盖

7. ( )不能关闭 Word。
   A) 双击标题栏左边的"W"　　　　　B) 单击标题栏右边的"×"
   C) 单击文件菜单中的关闭　　　　　D) 单击文件菜单中的退出

8. 在图形编辑中,如果单击绘图工具中的直线图标按钮,此时鼠标光标在文本区内变为( )图形。
   A) ↖　　　　　B) |　　　　　C) ↗　　　　　D) +

9. 在 Word 2003 中,编辑区显示的"坐标线"在打印时( )出现在纸上。
   A) 不会　　　B) 全部　　　C) 一部分　　　D) 大部分

10. 在 Word 2003 中,如果使用了项目符号或编号,则项目符号或编号在( )时会自动出现。
    A) 每次按回车键　　　　　　　　　B) 一行文字输入完毕并回车
    C) 按 Tab 键　　　　　　　　　　　D) 文字输入超过右边界

11. 在 Word2003 表格中,对当前单元格左边的所有单元格中的数值求和,应使用( )公式。
    A) = SUM(RIGHT)　　　　　　　　B) = SUM(BELOW)
    C) = SUM(LEFT)　　　　　　　　　D) = SUM(ABOVE)

12. 将当前编辑的 Word 文档转存为其他格式的文件时,应使用【文件】菜单中的( )命令。
    A) 保存　　　B) 页面设置　　　C) 另存为　　　D) 发送

13. 欲在当前 Word 文档中插入一个特殊符号,应在( )菜单中去寻找。
    A) 插入　　　B) 工具　　　C) 视图　　　D) 格式

14. 当输入一个 Word 文档到右边界时,插入点会自动移到下一行最左边,这是 Word 的( )功能。
    A) 自动更正　　　B) 自动回车　　　C) 自动格式　　　D) 自动换行

15. 在 Word 中,要使文字和图片叠加,应在插入的图片格式中选择( )方式。
    A) 四周环绕　　　B) 紧密环绕　　　C) 无环绕　　　D) 上下环绕

16. 在 Word 2003 中,当选定表格中的一列时,常用工具栏上的"插入表格"按钮提示将( )。
    A) 不会改变　　　B) 变为插入单元格　　　C) 变为插入行　　　D) 变为插入列

17. 在文档中每一面都要出现的基本相同的内容都应放在( )中。
    A) 页眉页脚　　　B) 文本　　　C) 文本框　　　D) 表格

18. 下列说法错误的是( )。
    A) Ctrl+C 是执行剪贴板的复制操作　　　B) Ctrl+V 是执行剪贴板的粘贴操作
    C) Ctrl+x 是执行剪贴板的剪切操作　　　D) Ctrl+S 是执行全选操作

19. Word 中可通过页面设置进行( )操作。
    A) 设置行间距　　　B) 设置纸张大小　　　C) 设置段落格式　　　D) 设置分栏

20. 在 Word 编辑状态下,选定了整个表格,执行了"表格"菜单中的"删除行"命令,则( )。
    A) 整个表格被删除　　　　　　　　B) 表格中的一行被删除

  C) 表格中的一列被删除   D) 表格中没有被删除的内容

21. Word 双击文档前的文本选择区,则可选择( )。
  A) 插入点所在行   B) 插入点所在列
  C) 整篇文档   D) 鼠标对应的整段文档

22. 在 Word 编辑状态下进行"替换"操作,应使用( )菜单命令。
  A) 工具   B) 格式   C) 视图   D) 编辑

23. 使用( )菜单中的标尺项,可以显示或隐藏标尺。
  A) 工具   B) 格式   C) 窗口   D) 视图

24. 在 Word 编辑状态下,按先后顺序打开 D1.doc、D2.doc、D3.doc、D4.doc 四个文档,当前活动窗口是( )。
  A) D1.doc   B) D2.doc   C) D3.doc   D) D4.doc

25. 设定打印纸张大小时,应当使用的命令是( )。
  A) 文件菜单的"打印预览"命令   B) 文件菜单的"页面设置"命令
  C) 视图菜单的"工具栏"命令   D) 视图菜单的"页面"命令

26. 如果在 Word 主窗口中显示常用工具按钮,应使用菜单是( )。
  A) 工具菜单   B) 视图菜单   C) 格式菜单   D) 窗口菜单

27. 在 Word 编辑状态下,利用( )菜单的命令可以选定单元格。
  A) 工具菜单   B) 插入菜单   C) 格式菜单   D) 表格菜单

28. 在 Word 编辑状态下,下列四种组合键中( )可以从汉字输入状态切换到英文状态。
  A) Ctrl+空格键   B) Ctrl+Alt   C) Shift+空格键   D) Alt+空格键

29. Word"文件"菜单底部显示的文件名所对应的文件为( )。
  A) 最近被操作过的文件   B) 当前已经被打开的所有文件
  C) 扩展名为 .doc 的所有文件   D) 当前被操作的文件

30. 在 Word 中,文档可以多栏并存,以下( )视图可以看到分栏效果。
  A) 普通   B) 页面   C) 大纲   D) 主控文档

31. 选定整个文档,使用组合键( )。
  A) Ctrl+A   B) Ctrl+Shift+A   C) Shift+A   D) Ait+A

32. 在 Word 文档中,默认的格式是( )。
  A) 居中   B) 两端对齐   C) 左对齐   D) 右对齐

33. 将选定的文本从文档的一个位置复制到另一个位置,可按住( )键再用鼠标拖动。
  A) Ctrl   B) Alt   C) Shift   D) Enter.

34. 执行分栏命令后,Word 自动在分栏的文本内容上、下各插入一个( ),以便与其他文本区别。
  A) 分页符   B) 分节符   C) 分段符   D) 分栏符

35. Word 进行强制分页的方法是( )。
  A) Ctrl+Shift   B) Ctrl+Enter   C) Ctrl+Space   D) Ctrl+Alt

36. 在 Word 中,( )显示方式可查看与打印效果一致的各种文档。
  A) 大纲视图   B) 页面视图   C) 普通视图   D) 主控文档

37. 在保存新建立的 Word 文档时,系统默认保存在( )文件夹中。
  A) C:\My documents   B) C:\

C) C:\MSOFFICE   D) C:\Windows

38. 在 Word 中,只显示文档而无工具栏、标尺和其他屏幕元素,可选择"视图"菜单的(   )命令。

    A) 页面视图   B) 大纲视图   C) 全屏显示   D) 普通视图

39. 在 Word 中,系统默认的中/英文字体的字号是(   )。

    A) 二   B) 三   C) 四   D) 五

40. 在 Word 中,(   )操作不能选择当前文档的全部内容。

    A) 在文档左侧空白处连击三下左键。   B) Ctrl+A

    C) Shift+End   D)编辑菜单中的"全选"操作。

二、填空题

1. Word 中要使用"字体"对话框进行字符编排,可选择"_____"菜单中的"字体"选项,打开"字体"对话框。

2. Word 格式栏上的 B,I,U,代表字符的粗体、_____、下划线标记。

3. 在图形编辑状态中,单击"矩形"按钮,按下_____键的同时拖动鼠标,可以画出正方形。

4. _____栏位于在 Word 窗口的最下方,用来显示当前正在编辑的位置、状态等信息。

5. Word 中将剪贴板中的内容插入到文档中的指定位置,叫做_____。

6. Word 文档 缺省的扩展名为_____。

7. Word 中导入图片分为两种_____和从剪贴板导入。

8. Word 中取消最近一次所做的编辑或排版动作,或删除最近一次输入的内容,叫做_____。

9. Word 中如果键入的字符替换或覆盖插入点后的字符的功能叫_____。

10. Word 中拖动标尺左侧上面的倒三角可设定_____。

11. Word 中文档中两行之间的间隔叫_____。

12. 如果要将 Word 文档中的一个关键词改变为另一个关键词,需使用"_____"菜单项中的"替换"命令。

13. 如果要设置 Word 文档的版面规格,需使用【文件】菜单项中的"_____"命令。

14. 在 Word 中,按键_____与工具栏上的粘贴按功能相同。

15. 在 Word 中,要对文档内容(包括图形)进行编辑,都要先_____操作对象。

16. 在 Word 文档编辑区中,要删除插入点右边的字符,应该按_____键。

17. 在 Word 中,格式工具栏上标有"B"字母按钮的作用是使选定对象_____。

18. 在 Word 中,要为文档自动加上页码,可以使用_____菜单项中的"页码…"命令。

19. 在 Word 中,如果要选定较长的文档内容,可先将光标定位于其起始位置,再按住_____键,单击其结束位置即可。

20. 段落标记是在按_____后产生的。

参 考 答 案

一、选择题

1.D 2.A 3.C 4.C 5.B 6.B 7.C 8.D 9.A 10.A 11.C 12.C 13.A

14.D 15.C 16.D 17.A 18.B 19.B 20.A 21.D 22.D 23.D 24.D 25.B

26. B　27. D　28. A　29. A　30. B　31. A　32. B　33. A　34. D　35. B　36. B　37. A
38. C　39. D　40. C

二、填空题

1. 格式　2. 斜体　3. shift　4. 状态　5. 粘贴　6. Doc　7. 从文件导入　8. 撤销　9. 改写方式　10. 首行缩进　11. 行距　12. 编辑　13. 页面设置　14. Ctrl＋V　15. 选定
16. Delete　17. 变为粗体　18. 插入　19. Shift　20. Enter

第 5 章　电子表格软件 Excel 2003 应用

一、选择题

1. 工作表标签是用来标识工作簿中工作表的（　　）的。
   A) 当前状态　　　　B) 位置　　　　　　C) 标题　　　　　D) 名称
2. 选定多个且不相邻的单元格区域时，拖曳鼠标选定第一个单元格区域，接着按住（　　）键，然后使用鼠标选定其他单元格区域。
   A) Alt　　　　　　B) Shift　　　　　　C) Ctrl　　　　　D) Tab
3. 要修改单元的部分数据，需要（　　）。
   A) 单击单元格　　B) 双击单元格　　　C) 右击单元格　　D) 以上都不对
4. 默认情况下，单元格中的文本（　　）对齐。
   A) 靠右　　　　　B) 靠左　　　　　　C) 居中　　　　　D) 两端
5. 如果数字数据不参与运算，而作为文本数据输入，可在数字数据前加上一个英文输入状态的（　　）符号。
   A) ；　　　　　　B)，　　　　　　　C) '　　　　　　D)：
6. 如果下面几个运算符同时出现在一个公式中，Excel 将先计算（　　）。
   A) ＋　　　　　　B) －　　　　　　　C) ＊　　　　　　D) ∧
7. 在插入分类汇总之前，用户必须根据需要进行分类汇总的数据列对数据清单（　　）。
   A) 自动筛选　　　B) 数据合并　　　　C) 排序　　　　　D) 高级筛选
8. 下列公式地址中相对地址是（　　），绝对地址是（　　）。
   A) ＝A1＋A2　　B) ＝A1＋＄A2　　C) ＄A1＋A2　　D) ＄A＄1＋＄A＄2
9. 当在单元格中输入数值型数据时，因列宽不够而显示不下时，则显示一串（　　）号。
   A) "＃"　　　　　B) "＊"　　　　　　C) "?"　　　　　　D) "!"
10. 某区域由 A1、A2、A3、B1、B2、B3，6 个单元格组成，下列表示方法不正确的是（　　）。
    A) A1:A3,B1:B3　B) A1:B3　　　　C) A1:B1,A2:B3　D) A1:B1
11. 例如单元格中有一数字 13.67，选中该单元格后，单击"格式"工具中的％按钮，则该单元格内容为（　　）。
    A) 13.67％　　　B) 137％　　　　　C) 1367％　　　　D) 136.7％
12. 在 Excel 中，（　　）是数据清单的一种管理工具。
    A) 高级筛选　　　B) 记录单　　　　　C) 分类汇总　　　D) 自动筛选
13. 在 Excel 2003 工作表中已输入的数据如下所示：

	A	B	C	D
1	20	40	＝＄B＄1＋＄C1	

2　　　15　　　30

如将 C1 单元格的公式复制到 C2 单元格中,则 C2 单元格的值为(　　)。

A) 55　　　　　　　　B) 70　　　　　　　　C) 65　　　　　　　　D) ♯REF!

14. 在 Excel 函数的参数表中各参数之间用(　　)分隔。

A) ":"　　　　　　　B) ","　　　　　　　C) "。"　　　　　　　D) ";"

15. 绝对引用就是公式中单元格的精确地址,它在列号和行号前分别加上(　　)。

A) "@"　　　　　　　B) "&"　　　　　　　C) "$"　　　　　　　D) "*"

16. 在首次创建一个新工作簿时,默认情况下,该工作簿包括了(　　)个工作表。

A) 1　　　　　　　　B) 2　　　　　　　　C) 3　　　　　　　　D) 4

17. 要在一个单元中输入数据,这个单元格必须是(　　)。

A) 空单元格　　　　B) 当前单元格　　　C) 提前定义格式　　D) 行首单元格

18. 一个工作簿最多有(　　)行(　　)列单元格。

A) 255　　　　　　　B) 256　　　　　　　C) 63356　　　　　　D) 65536

19. Excel 2003 提供了(　　)种标准类型的图表。

A) 12　　　　　　　　B) 13　　　　　　　　C) 14　　　　　　　　D) 15

20. 用筛选条件"数学>65 与总分>250"对成绩数据进行筛选后,在筛选结果中都是(　　)。

A) 数学分>65 的记录　　　　　　　　B) 数学分>65 且总分>250 的记录
C) 总分>250 的记录　　　　　　　　D) 数学分>65 或总分>250 的记录

21. 单元格中输入(　　),使该单元格显示 0.3。

A) 6/20　　　　　　　B) =6/20　　　　　　C) "6/20"　　　　　　D) ="6/20"

22. 把单元格指针移到 Q205 的最简单的方法是(　　)。

A) 拖动滚动条

B) 按 Ctrl+Q205

C) 在名称框中输入 Q205

D) 先用 Ctrl+→移动到 Q 列,再用 Ctrl+↓移动到 205 行

23. 在单元格中输入"=average(10,−3)-pi()",则单元格显示的值(　　)。

A) 大于零　　　　　　B) 小于零　　　　　　C) 等于零　　　　　　D) 不确定

24. 在 Excel 2003 中,单元格 B2 的内容为"北京",单元格 C2 内容为"奥运会",要用单元格
D2 的内容为"北京 2008 奥运会",则单元格 D2 应输入公式(　　)。

A) =B2"2008"+C2　　　　　　　　　B) =B2&2008&C2
C) =B2&"2008"&C2　　　　　　　　 D) B2&"2008"&C2

25. 在 Excel 2003 工作表的一个单元格中输入公式时,应先输入(　　)。

A) '　　　　　　　　B) &　　　　　　　　C) "　　　　　　　　D) =

26. 在 Excel 2003 中,单元格 A1 的内容是 2,单元格 B2 的内容为 4,则在单元格 C2 中应输
入(　　)使其显示 A1+B2 的和。

A) A1+B2　　　　　　B) "A1+B2"　　　　　C) "=A1+B2"　　　　D) =SUM(A1,B2)

27. Excel 的主要功能是(　　)。

A) 电子表格、文字处理、数据库管理　　　B) 电子表格、网络通信、图表处理
C) 工作簿、工作表、单元格　　　　　　　D) 电子表格、数据库管理、图表处理

28. 向 Excel 工作表的单元格输入内容都必须确认,确认的方法有(　　)。

　　A) 单击编辑区中的√按钮　　　　　　　B) 按回车键

　　C) 单击另一个单元格　　　　　　　　　D) 按光标移动键

29. 在一个既有工作表又有图表的工作簿中，单击"文件"菜单中的"保存"命令后，Excel 将
（　　　）。

　　A) 仅保存工作表

　　B) 将工作表和图表保存到一个文件中

　　C) 仅保存图表

　　D) 将工作表和图表分别保存到两个文件中

30. 在 Excel 表格中，第 2 行第 3 列单元格可以用（　　　）来表示。

　　A) B3　　　　　　　B) C2　　　　　　　C) B2　　　　　　　D) C3

31. 在一个 Excel 工作表区域 B1:C9 中，如各单元格中输入的数据如下：

```
    A          B            C
1          姓  名        成绩
2          王  红         88
3          李  辉         缺考
4          王小燕         77
5          李  三         50
6          总  分       =SUM(C2:C5)
```

那么，C6 单元格的显示结果是（　　　）。

　　A) ♯VALUE!　　　B) 215　　　　　　　C) 315　　　　　　　D) 错误

32. 在 Excel 2003 中，下列运算的优先级不正确的是（　　　）。

　　A) 乘除号的优先级高于加减号

　　B) 乘方的优先级低于字符串连接运算符（&）

　　C) 比较运算符低于加减号的优先级

　　D) 百分数运算符的优先级高于乘除号

33. 下列公式中位置的引用，说法不正确的是（　　　）。

　　A) 交叉位置引用　　B) 相对位置引用　　C) 混合位置引用　　D) 绝对位置引用

34. 在 Excel 2003 中，要清除某些单元格中的数据时，可以选定单元格或区域后按 Delete
键，它相当于在"编辑"菜单中选择"清除"命令，在弹出的级联菜单中，选择（　　　）。

　　A) 全部　　　　　　B) 格式　　　　　　C) 内容　　　　　　D) 单元

35. 在 Excel 2003 中设置工作簿打开密码，要在"工具"菜单的（　　　）下拉菜单中完成。

　　A) "常规"　　　　　B) "选项"　　　　　C) "保护"　　　　　D) "安全性"

36. 对工作表建立的柱形图表，若删除图表中某数据系列柱形图，（　　　）。

　　A) 则数据表中相应的数据消失

　　B) 则数据表中相应的数据不变

　　C) 若事先选定与被删柱形图相应的数据区域，则该区域数据消失，否则保持不变

　　D) 若事先选定与被删柱形图相应的数据区域，则该区域数据消失，否则将消失

37. 工作表中表格大标题对表格居中显示的方法是（　　　）。

　　A) 在标题行处于表格宽度居中位置的单元格输入表格标题

　　B) 在标题行任一单元格输入表格标题，然后单击"居中"工具按钮

C) 在标题行任一单元格输入表格标题,然后单击"合并及居中"工具按钮

D) 在标题行处于表格宽度范围内的单元格中输入标题,选定标题行处于表格宽度范围内的所有单元格,然后单击"合并及居中"工具按钮

38. 要选定区域 A1:C3 和 D3:E5,应(　　)。

A) 按鼠标左键从 A1 拖动到 C3,然后按鼠标左键从 D3 拖动到 E5

B) 按鼠标左键从 A1 拖动到 C3,然后按住 Ctrl 键,并按鼠标左键从 D3 拖动到 E5

C) 按鼠标左键从 A1 拖动到 C3,然后按住 Shift 键,并按鼠标左键从 D3 拖动到 E5

D) 按鼠标左键从 A1 拖动到 C3,然后按住 Tab 键,并按鼠标左键从 D3 拖动到 E5

39. 在数据表中查找"总分>250"的记录,其有效方法是(　　)。

A) 依次查看各记录"总分"字段的值

B) 按 Ctrl+QA 组合键,在打开的对话框的"总分"文本框输入:>250,再单击"确定"按钮

C) 在"记录单"对话框中连续单击"下一条"按钮

D) 在"记录单"对话框中单击"条件"按钮,在"总分"文本框输入:>250,再单击"下一条"记录

40. 在 Excel 2003 中,当在"单元格格式"对话框中的"数字"标签中,"分类"列表中选择"日期"项,再在"类型"列表中选择"1997 年 3 月 4 日"项单击"确定"按钮后,单元格中输入数字 1998-10-12,则单元格中显示内容为(　　)。

A) 1998-10-12　　　　　　　　　B) 一九九八年十月十二日

C) 0/12/1998　　　　　　　　　 D) 1998 年 10 月 12 日

二、填空题

1. Excel 环境中,用来储存并处理工作表数据的文件,称为_____。

2. Excel 可同时打开的工作簿数量_____。

3. 在 Excel 的一个工作簿中,系统默认的工作表数是_____。

4. 一个 Excel 工作表的大小为 65536 行乘以_____列。

5. 全选按钮位于 Excel 窗口的_____。

6. 在 Excel 中,当用户希望使标题位于表格中央时,可以使用对齐方式中的_____。

7. 在 A1 单元格中有公式=SUM(B2:D5),在 C3 单元格插入一列,再删除一行,则 A1 中的公式变为_____。

8. 在 Excel 的单元格内输入日期时,年、月、日分隔符可以是_____。

9. 在 Excel 中,要在公式中使用某个单元格的数据时,应在公式中键入该单元格的_____。

10. 在 Excel 数据清单中,按某一个字段内容进行归类,并对每一类做出统计的操作是_____。

11. Excel 中工作簿的扩展名是_____。

12. 在 Excel 中,A5 单元格的值是 A3 单元格值与 A4 单元格值之和的负数,则公式可写为_____。

13. 如果 A1:A5 包含数字 8、11、15、32 和 4,MAX(A1:A5)=_____。

14. 在 Excel 中,选择多张不相邻的工作表,可先选择第一张工作表,然后按_____键,再单击其他工作表标签。

15. 填充柄位于单元格的_____。

16. 使用分类汇总功能时,必须先对数据清单进行_____操作。

17. 工作表中行、列交叉处用于存放数据的长方形格称为_____,其地址是由_____和_____组成的

18. 在单元格中输入公式,输入的第一个符号是_____。

19. 某公式中引用了一组单元格(C3:D7,A2,F1),该公式引用的单元格总数为_____。

20. 在 Excel 的工作表中,每个单元格都有固定的地址,如 A5 代表_____。

参 考 答 案

一、选择题

1.D 2.C 3.B 4.B 5.C 6.D 7.C 8.AD 9.A 10.D 11.C 12.D 13.A
14.B 15.C 16.C 17.B 18.DB 19.C 20.B 21.B 22.C 23.A 24.B 25.D
26.C 27.D 28.B 29.B 30.D 31.A 32.B 33.D 34.C 35.C 36.B 37.D
38.B 39.D 40.D

二、填空题

1. 工作簿　2.255　3.3　4.256　5.左上角　6.居中　7.Sum(B2:E4)　8."/"或"－"
9. 地址　10.分类汇总　11..xls　12.＝-(A3＋A4)　13.32　14.CTRL　15.右下角
16. 排序　17.单元格　列标　行号　18.＝　19.12　20.A 列 5 行的单元格

第 6 章　演示文稿软件 PowerPoint 2003 应用

一、选择题

1. 若演示文稿文件已经打开,则不能放映它的操作是(　　)。

   A) 单击"幻灯片放映"菜单的"观看放映"命令

   B) 单击"幻灯片放映"菜单的"幻灯片放映"命令

   C) 单击"视图"菜单的"幻灯片放映"命令

   D) 单击"视图"工具栏的"幻灯片放映"命令

2. 下列不是演示文稿的输出形式是(　　)

   A) 打印输出　　　　B) 幻灯片放映　　　　C) 在网上传播　　　D) 幻灯片拷贝

3. PowerPoint 2003 演示文稿缺省扩展名是(　　)。

   A).DOC　　　　　　B).TXT　　　　　　　C).PPT　　　　　　D).XLS

4. 确切地说,一个 PowerPoint 2003 演示文稿中包含的内容是(　　)

   A) 一张幻灯片　　　　　　　　　　　B) 若干幻灯片

   C) 一套幻灯片中的全部文字与图表　　D) 一套幻灯片及其相关信息

5. 如果要求幻灯片能够在无人操作的环境下自动播放,应事先对演示文稿进行(　　)设置

   A) 自动播放　　　　B) 排练计时　　　　　C) 存盘　　　　　　D) 打包

6. 下列各项中不属于幻灯片视图方式的是(　　)

   A) 大纲视图　　　　B) 草稿视图　　　　　C) 幻灯放映视图　　D) 幻灯片浏览视图

7. 在幻灯片浏览视图中,可以进行的操作是(　　)

   A) 添加、删除、移动、复制幻灯片　　　B) 添加说明或注释

C) 添加文本、声音、图像及其他对象　　　　D) 演示指定幻灯片

8. 在 PowerPoint 2003"幻灯片视图"方式下,文本的编辑方法是(　　　)

　　A) 在 PowerPoint 的空白处　　　　　　B) 用插入的方法

　　C) 在文本框里　　　　　　　　　　　　D) 在标题栏外

9. 在 PowerPoint 2003 的"幻灯片放映"菜单中,下列四项里可以改变幻灯片放映顺序的是
(　　　)

　　A) 动作按钮　　　　B) 动作设置　　　　C) 幻灯片切换　　　　D) 自定义动画

10. PowerPoint 2003 中,有三种幻灯片放映方式,其中"演讲者放映"与"观众自行浏览"两
种方式最大的不同点是(　　　)

　　A) 全屏幕显示/窗口显示　　　　　　　　B) 可循环显示/不可循环显示

　　C) 中止放映/不可中止放映　　　　　　　D) 可复制幻灯片/不可复制幻灯片

11. 如要关闭演示文稿,但不想退出 PowerPoint 2003,可以(　　　)

　　A) 选择文件菜单的关闭　　　　　　　　B) 选择文件菜单的退出

　　C) 关闭窗口　　　　　　　　　　　　　D) 单击窗口左下角的"控制菜单"按钮

12. 在 PowerPoint 2003 中打开文件,下列叙述正确的是(　　　)

　　A) 只能打开一个文件　　　　　　　　　B) 最多能打开四个文件

　　C) 不能同时打开多个文件　　　　　　　D) 同时打开多个文件

13. PowerPoint 2003 的用途是(　　　)

　　A) 制作电子表格　　　B) 编辑文本　　　C) 网页设计　　　D) 制作演讲文稿

14. 为幻灯片添加剪贴画,图片,艺术字需要执行(　　　)菜单中的命令

　　A) 视图　　　　　　　B) 插入　　　　　　C) 工具　　　　　　D) 格式

15. 母版实际上就是一种特殊的幻灯片,它用于设置演示文稿中每张幻灯片的预设格式,以
下说法错误的是(　　　)

　　A) 母版能使演示文稿有统一的内容　　　B) 母版能使演示文稿有统一的颜色

　　C) 母版能使演示文稿有统一的字体　　　D) 母版能使演示文稿有统一的项目符号

16. 能够全屏显示的视图是(　　　)

　　A) 普通视图　　　　B) 幻灯片浏览视图　　C) 幻灯片放映视图　D) 大纲视图

17. 需要删除某张幻灯片的操作是在"幻灯片"选择卡中选中需要删除的幻灯片,然后按(　　　)

　　A) Delete　　　　　　B) Backspace　　　　C) Enter　　　　　　D) Insert

18. PowerPoint 2003 不支持(　　　)声音文件

　　A) WAV　　　　　　　B) MIDI　　　　　　C) MP3　　　　　　D) MOV

19. PowerPoint 2003 不支持以下的(　　　)格式的影片文件

　　A) WMV　　　　　　　B) MPEG　　　　　　C) MP4　　　　　　D) AVI

20. 讲义母版包括五大部分,分别是(　　　)

　　A) 页眉区、页脚区、日期区、数字区、虚线占位符

　　B) 标题区、对象区、日期区、页脚区、数字区

　　C) 页眉区、页脚区、日期区、数字区、幻灯片缩略图片

　　D) 页眉区、页脚区、日期区、数字区、备注文本区

二、填空题

1. PowerPoint 2003 演示文稿具有_____种视图方式。

2. PowerPoint 2003 创建的演示文稿的扩展名为_____。

3. 打开演示文稿的快捷键是_____。

4. _____是事先定义好格式的一批演示文稿方案。

5. 在 PowerPoint 2003 中,设置幻灯片放映时的换页效果为"向下插入",应使用"幻灯片放映"菜单下的_____选项。

6. 运行打包的演示文稿文件,需要运行_____文件。

7. 在 PowerPoint 2003 中,为了在切换幻灯片时添加声音,可以使用_____菜单的"幻灯片切换"命令。

8. 创建演示文稿通常有三种方法,分别是_____、_____和_____。

9. 选择 PowerPoint 2003 中_____的"背景"命令可以改变幻灯片的背景。

10. 要使幻灯片在放映时能够自动播放,需要为其设置_____。

11. 在幻灯片视图方式下使用_____菜单中的"标尺"命令,可以显示或隐藏标尺。

12. 第一次保存新建的演示文稿时,系统将弹出_____对话框。

13. PowerPoint 2003 提示的母版功能,分_____、_____和_____母版。

14. _____就是一组预先定义好的动画效果和切换效果。

15. 特殊效果的背景主要是指为背景添加_____、_____、_____等效果。

参 考 答 案

一、选择题

1. B　2. D　3. C　4. D　5. B　6. B　7. A　8. C　9. A　10. A　11. A　12. D　13. D　14. B　15. A　16. C　17. A　18. D　19. C　20. A

二、填空题

1. 四　2. PPT　3. CTRL+O　4. 设计模板　5. 幻灯片切换　6. PLAY. BAT　7. 幻灯片放映　8. 创建空演示文稿　根据设计模板创建演示文稿　根据内容提示向导创建演示文稿　9. 格式　10. 排练计时　11. 视图　12. 另存为　13. 幻灯片母版　讲义母版　备注母版　14. 预设动画方案　15. 渐变　纹理　图案

第 7 章　多媒体技术及应用

一、选择题

1. 所谓的媒体是指(　　)。
   A) 表示和传播信息的载体　　　　B) 各种信息的编码
   C) 计算机屏幕显示的信息　　　　D) 计算机的输入和输出信息

2. 多媒体中媒体元素不包括(　　)。
   A) 文本　　　　B) 光盘　　　　C) 声音　　　　D) 图像

3. 多媒体计算机是指(　　)。
   A) 具有多种外部设备的计算机　　B) 能与多种电器连接的计算机
   C) 能处理多种媒体的计算机　　　D) 借助多种媒体操作的计算机

4. 有关 WINRAR 软件说法错误的是(　　)。
   A) WINRAR 默认的压缩格式是 RAR

    B) WINRAR 可以为压缩文件制作自解压文件

    C) WINRAR 不支持 ZIP 类型的压缩文件

    D) WINRAR 可以制作带口令的压缩文件

5. 在多媒体应用中,文本的多样化主要是通过其(　　　)表现出来的。

    A) 文本格式　　　　　B) 编码　　　　　　C) 内容　　　　　　D) 存储格式

6. 下面关于图形媒体元素的描述,说法不正确的是(　　　)。

    A) 图形也称矢量图　　　　　　　　　　　B) 图形主要由直线和弧线等实体组成

    C) 图形易于用数学方法描述　　　　　　　D) 图形在计算机中用位图格式表示

7. 分辨率影响图像的质量,在图像处理时需要考虑(　　　)。

    A) 屏幕分辨率　　　　B) 显示分辨率　　　C) 像素分辨率　　　D) 上述三项

8. PCX、BMP、TIFF、JPG、GIF 等格式的文件是(　　　)。

    A) 动画文件　　　　　B) 视频数字文件　　C) 位图文件　　　　D) 矢量文件

9. 因特网上最常用的用来传输图像的存储格式是(　　　)。

    A) WAV　　　　　　　B) BMP　　　　　　C) MID　　　　　　D) JPEG

10. 图像数据压缩的目的是为了(　　　)。

    A) 符合 ISO 标准　　　　　　　　　　　B) 减少数据存储量,便于传输

    C) 图像编辑的方便　　　　　　　　　　　D) 符合各国的电视制式

11. 视频信号数字化存在的最大问题是(　　　)。

    A) 精度低　　　　　　B) 设备昂贵　　　　C) 过程复杂　　　　D) 数据量大

12. 计算机在存储波形声音之前,必须进行(　　　)。

    A) 压缩处理　　　　　B) 解压缩处理　　　C) 模拟化处理　　　D) 数字化处理

13. (　　　)直接影响声音数字化的质量。

    A) 采样频率　　　　　B) 采样精度　　　　C) 声道数　　　　　D) 上述三项

14. MIDI 标准的文件中存放的是(　　　)。

    A) 波形声音的模拟信号　　　　　　　　　B) 波形声音的数字信号

    C) 计算机程序　　　　　　　　　　　　　D) 符号化的音乐

15. 声卡是多媒体计算机不可缺少的组成部分,是(　　　)。

    A) 纸做的卡片　　　　B) 塑料做的卡片　　C) 一块专用器件　　D) 一种圆形唱片

16. 下面关于动画媒体元素的描述,说法不正确的是(　　　)。

    A) 动画也是一种活动影像　　　　　　　　B) 动画有二维和三维之分

    C) 动画只能逐幅绘制　　　　　　　　　　D) SWF 格式文件可以保存动画

17. JPEG 是一种图像压缩标准,其含义是(　　　)。

    A) 联合静态图像专家组　　　　　　　　　B) 联合图像专家组

    C) 国际标准化组织　　　　　　　　　　　D) 国际电报电话咨询委员会

18. DVD 光盘采用的数据压缩标准是(　　　)。

    A) MPEG-1　　　　　B) MPEG-2　　　　　C) MPEG-4　　　　D) MPEG-7

19. 常用于存储多媒体数据的存储介质是(　　　)。

    A) CD-ROM、VCD 和 DVD　　　　　　　B) 可擦写光盘和一次写光盘

    C) 大容量磁盘与磁盘阵列　　　　　　　　D) 上述三项

20. 多媒体计算机系统由(　　　)。

    A）计算机系统和各种媒体组成

    B）计算机和多媒体操作系统组成

    C）多媒体计算机硬件系统和多媒体计算机软件系统组成

    D）计算机系统和多媒体输入输出设备组成

21. 下面是关于多媒体计算机硬件系统的描述，不正确的是（　　　）。

    A）摄像机、话筒、录音机、扫描仪等是多媒体输入设备

    B）打印机、绘图仪、音响、显示器等是多媒体的输出设备

    C）多媒体功能卡一般包括声卡、电视卡、图形加速卡、多媒体压缩卡、数据采集卡等

    D）由于多媒体信息数据量大，一般用光盘而不用硬盘作为存储介质

22. 下列设备，不能作为多媒体操作控制设备的是（　　　）。

    A）鼠标器和键盘　　　　　　　　　B）操纵杆

    C）触摸屏　　　　　　　　　　　　D）话筒

23. 多媒体计算机软件系统由（　　　）、多媒体制作软件、多媒体应用软件等组成。

    A）多媒体数据库软件　　　　　　　B）多媒体计算软件

    C）多媒体系统软件　　　　　　　　D）多媒体通信协议

24. 采用工具软件不同，计算机动画文件的存储格式也就不同。以下几种文件的格式哪一种不是计算机动画格式（　　　）。

    A）GIF 格式　　　　B）MIDI 格式　　　　C）SWF 格式　　　　D）MOV 格式

25. 请根据多媒体的特性判断以下（　　　）属于多媒体的范畴。

    A）交互式视频游戏　　B）图书　　　　C）彩色画报　　　　D）彩色电视

26. 要把一台普通的计算机变成多媒体计算机，（　　　）不是要解决的关键技术。

    A）数据共享　　　　　　　　　　　B）多媒体数据压编码和解码技术

    C）视频音频数据的实时处理和特技　D）视频音频数据的输出技术

27. 多媒体技术未来发展的方向是（　　　）。

    A）高分辨率，提高显示质量　　　　B）高速度化，缩短处理时间

    C）简单化，便于操作　　　　　　　D）智能化，提高信息识别能力

28. 目前音频卡具备以下（　　　）功能。

    A）录制和回放数字音频文件　　　　B）混音

    C）语音特征识别　　　　　　　　　D）实时压缩/解压缩数字音频文件

29. 在多媒体计算机中常用的图像输入设备是（　　　）。

    A）触摸屏　　　　　B）彩色扫描仪　　　C）视频信号数字化仪　　D）摄像机

30. 视频采集卡能支持多种视频源输入，下列（　　　）是视频采集卡支持的视频源。

    A）照相机　　　　　B）摄像机　　　　　C）扫描仪　　　　　D）CD-ROM

二、填空题

1. 数字音频的质量主要由_____、采样量化位数/采样精度以及声道数三个方面决定的。

2. 音频编码和视频编码都采用的国际标准是_____。

3. 常见的音频文件中声音质量最好的是_____。

4. 用 WinRAR 软件创建压缩文件时，文件的后缀名为_____。

5. _____就是将模拟的声音转换为计算机能够处理的数字化数据的过程。

6. 衡量打印机好坏的指标主要有三项：_____、打印速度和噪声。

7. 用 WinRAR 软件创建自解压文件时,文件的后缀名为_____。

8. 多媒体技术能处理的对象包括字符、图形、图像、_____和_____数据。

9. 只读光盘 CD—ROM 属于_____媒体。

10. 多媒体信息在计算机中的存储形式是_____信息。

11. 声卡是多媒体计算机处理_____的主要设备。

12. _____是指从影碟机、录像机、摄像机等音像设备中得到的连续活动图像信号。

13. 图像的基本属性包含_____、像素深度、真彩色/伪彩色/直接色等三个特性。

14. 能够处理各种文字、声音、图像和视频等多媒体信息的设备是_____。

15. 与传统媒体相比,多媒体的特点有多样性、_____、_____、_____。

16. _____是对数据重新进行编码,以减少所需存储空间的通用术语。

17. _____是指压缩文件自身可进行解压缩,而不需借助其他软件。

18. 人工合成制作的电子数字音乐文件是_____。

19. 在声音的数字化处理过程中,当采样频率高,_____高,声道数越多时,声音越逼真,声音文件也越大。

20. 流媒体技术不是单一的技术,它是_____及音频、视频技术的有机结合。

参 考 答 案

一、选择题

1. A　2. B　3. C　4. C　5. A　6. D　7. D　8. C　9. D　10. B　11. D　12. D　13. D
14. D　15. C　16. C　17. B　18. B　19. D　20. C　21. D　22. D　23. C　24. B　25. A
26. A　27. D　28. A　29. B　30. B

二、填空题

1. 采样频率　2. MPEG　3. CD(数字激光唱盘)　4. rar　5. 音频数字化　6. 打印分辨率
7. exe　8. 音频　视频　9. 存储　10. 二进制数字　11. 音频　12. 视频　13. 分辨率
14. 多媒体计算机　15. 集成性、交互性、实时性　16. 数据压缩　17. 自解压文件
18. MIDI 文件　19. 量化精度　20. 网络技术

参 考 文 献

柴靖 . 2007. 中文版 Word 2003 实用教程 . 北京 : 清华大学出版社

甘登岱等 . 2004. 精通 Office 2003. 北京 : 清华大学出版社

黄旭明 . 2005. Microsoft Office PowerPoint 2003. 北京 : 高等教育出版社

李大友等 . 2001. 多媒体技术及应用 . 北京 : 清华大学出版社

李绍勇 . 2007. 中文版 Office 2003 完全自学手册 . 北京 : 兵器工业出版社

秦昌平 . 2004. 计算机应用基础实训教程 . 北京 : 中国电力出版社

施威铭 . 2002. Windows XP 使用手册 . 北京 : 人民邮电出版社

谭浩强 . 2010. Internet 技术与应用教程 . 北京 : 清华大学出版社

王世伟 . 2009. 医学计算机与信息技术应用基础 . 北京 : 中国铁道出版社

肖峰等 . 2009. 计算机基础教程 . 北京 : 人民邮电出版社

肖华 . 2004. 精通 2003. 北京 : 清华大学出版社

杨振山等 . 2006. 大学计算机基础简明教程 . 北京 : 高等教育出版社

余雪丽等 . 2007. 多媒体技术与应用 . 北京 : 科学出版社

张书钦 . 2009. Internet 基础与操作 . 北京 : 人民邮电出版社